原 子 量 表 (2016)

(元素の原子量は，質量数 12 の炭素 (^{12}C) を 12 とし，これに対する相対値とする。但し，この ^{12}C は核および電子が基底状態にある結合していない中性原子を示す。)

多くの元素の原子量は通常の物質中の同位体存在度の変動によって変化する。そのような 12 の元素については，原子量の変動範囲を $[a, b]$ で示す。この場合，元素 E の原子量 $A_r(E)$ は $a \leq A_r(E) \leq b$ の範囲にある。ある特定の物質に対してより正確な原子量が知りたい場合には，別途求める必要がある。その他の 72 元素については，原子量 $A_r(E)$ とその不確かさ (括弧内の数値) を示す。不確かさは有効数字の最後の桁に対応する。原子番号 113, 115, 117, 118 の元素名は暫定的なものである。これらの元素は査読を受けた科学論文誌でその存在が報告されているが，正式な元素名は IUPAC で決められていない。

原子番号	元素名	元素記号	原子量	脚注	原子番号	元素名	元素記号	原子量	脚注
1	水素	H	[1.00784, 1.00811]	m	60	ネオジム	Nd	144.242(3)	g
2	ヘリウム	He	4.002602(2)	g r	61	プロメチウム*	Pm		
3	リチウム	Li	[6.938, 6.997]	m	62	サマリウム	Sm	150.36(2)	g
4	ベリリウム	Be	9.0121831(5)		63	ユウロピウム	Eu	151.964(1)	g
5	ホウ素	B	[10.806, 10.821]	m	64	ガドリニウム	Gd	157.25(3)	g
6	炭素	C	[12.0096, 12.0116]		65	テルビウム	Tb	158.92535(2)	
7	窒素	N	[14.00643, 14.00728]	m	66	ジスプロシウム	Dy	162.500(1)	g
8	酸素	O	[15.99903, 15.99977]	m	67	ホルミウム	Ho	164.93033(2)	
9	フッ素	F	18.998403163(6)		68	エルビウム	Er	167.259(3)	g
10	ネオン	Ne	20.1797(6)	gm	69	ツリウム	Tm	168.93422(2)	
11	ナトリウム	Na	22.98976928(2)		70	イッテルビウム	Yb	173.045(10)	g
12	マグネシウム	Mg	[24.304, 24.307]		71	ルテチウム	Lu	174.9668(1)	g
13	アルミニウム	Al	26.9815385(7)		72	ハフニウム	Hf	178.49(2)	
14	ケイ素	Si	[28.084, 28.086]		73	タンタル	Ta	180.94788(2)	
15	リン	P	30.973761998(5)		74	タングステン	W	183.84(1)	
16	硫黄	S	[32.059, 32.076]		75	レニウム	Re	186.207(1)	
17	塩素	Cl	[35.446, 35.457]	m	76	オスミウム	Os	190.23(3)	g
18	アルゴン	Ar	39.948(1)	g r	77	イリジウム	Ir	192.217(3)	
19	カリウム	K	39.0983(1)		78	白金	Pt	195.084(9)	
20	カルシウム	Ca	40.078(4)	g	79	金	Au	196.966569(5)	
21	スカンジウム	Sc	44.955908(5)		80	水銀	Hg	200.592(3)	
22	チタン	Ti	47.867(1)		81	タリウム	Tl	[204.382, 204.385]	
23	バナジウム	V	50.9415(1)		82	鉛	Pb	207.2(1)	g r
24	クロム	Cr	51.9961(6)		83	ビスマス	Bi	208.98040(1)	
25	マンガン	Mn	54.938044(3)		84	ポロニウム*	Po		
26	鉄	Fe	55.845(2)		85	アスタチン*	At		
27	コバルト	Co	58.933194(4)		86	ラドン*	Rn		
28	ニッケル	Ni	58.6934(4)	r	87	フランシウム*	Fr		
29	銅	Cu	63.546(3)	r	88	ラジウム*	Ra		
30	亜鉛	Zn	65.38(2)	r	89	アクチニウム*	Ac		
31	ガリウム	Ga	69.723(1)		90	トリウム*	Th	232.0377(4)	g
32	ゲルマニウム	Ge	72.630(8)		91	プロトアクチニウム*	Pa	231.03588(2)	
33	ヒ素	As	74.921595(6)		92	ウラン*	U	238.02891(3)	gm
34	セレン	Se	78.971(8)	r	93	ネプツニウム*	Np		
35	臭素	Br	[79.901, 79.907]		94	プルトニウム*	Pu		
36	クリプトン	Kr	83.798(2)	gm	95	アメリシウム*	Am		
37	ルビジウム	Rb	85.4678(3)	g	96	キュリウム*	Cm		
38	ストロンチウム	Sr	87.62(1)	g r	97	バークリウム*	Bk		
39	イットリウム	Y	88.90584(2)		98	カリホルニウム*	Cf		
40	ジルコニウム	Zr	91.224(2)	g	99	アインスタイニウム*	Es		
41	ニオブ	Nb	92.90637(2)		100	フェルミウム*	Fm		
42	モリブデン	Mo	95.95(1)	g	101	メンデレビウム*	Md		
43	テクネチウム*	Tc			102	ノーベリウム*	No		
44	ルテニウム	Ru	101.07(2)	g	103	ローレンシウム*	Lr		
45	ロジウム	Rh	102.90550(2)		104	ラザホージウム*	Rf		
46	パラジウム	Pd	106.42(1)	g	105	ドブニウム*	Db		
47	銀	Ag	107.8682(2)	g	106	シーボーギウム*	Sg		
48	カドミウム	Cd	112.414(4)	g	107	ボーリウム*	Bh		
49	インジウム	In	114.818(1)		108	ハッシウム*	Hs		
50	スズ	Sn	118.710(7)	g	109	マイトネリウム*	Mt		
51	アンチモン	Sb	121.760(1)	g	110	ダームスタチウム*	Ds		
52	テルル	Te	127.60(3)	g	111	レントゲニウム*	Rg		
53	ヨウ素	I	126.90447(3)		112	コペルニシウム*	Cn		
54	キセノン	Xe	131.293(6)	gm	113	ウンウントリウム*	Uut		
55	セシウム	Cs	132.90545196(6)		114	フレロビウム*	Fl		
56	バリウム	Ba	137.327(7)		115	ウンウンペンチウム*	Uup		
57	ランタン	La	138.90547(7)	g	116	リバモリウム*	Lv		
58	セリウム	Ce	140.116(1)	g	117	ウンウンセプチウム*	Uus		
59	プラセオジム	Pr	140.90766(2)		118	ウンウンオクチウム*	Uuo		

* : 安定同位体のない元素。これらの元素については原子量が示されていないが，ビスマス，トリウム，プロトアクチニウム，ウランは例外で，これらの元素は地球上で固有の同位体組成またはその原子量が与えられている。
g : 当該元素の同位体組成が通常の物質が示す変動幅を越えるような地質学的試料が知られている。そのような試料中では当該元素の原子量とこの表の値との差が，表記の不確かさを越えることがある。
m : 不鮮な，あるいは不適切な同位体分別を受けたために同位体組成が変動した物質が市販品中に見いだされることがある。そのため，当該元素の原子量が表記の値とかなり異なることがある。
r : 通常の地球上の物質の同位体組成に変動があるために表記の原子量より精度の良い値を与えることができない。表中の原子量および不確かさは通常の物質に適用されるものとする。

©2016 日本化学会　原子量専門委員会

元素の周期表

1	2	3	4	5	6	7	8	9	10	11	12	13	14	15	16	17	18
1 H																	2 He
3 Li	4 Be											5 B	6 C	7 N	8 O	9 F	10 Ne
11 Na	12 Mg											13 Al	14 Si	15 P	16 S	17 Cl	18 Ar
19 K	20 Ca	21 Sc	22 Ti	23 V	24 Cr	25 Mn	26 Fe	27 Co	28 Ni	29 Cu	30 Zn	31 Ga	32 Ge	33 As	34 Se	35 Br	36 Kr
37 Rb	38 Sr	39 Y	40 Zr	41 Nb	42 Mo	43 Tc	44 Ru	45 Rh	46 Pd	47 Ag	48 Cd	49 In	50 Sn	51 Sb	52 Te	53 I	54 Xe
55 Cs	56 Ba	57 La ★	72 Hf	73 Ta	74 W	75 Re	76 Os	77 Ir	78 Pt	79 Au	80 Hg	81 Tl	82 Pb	83 Bi	84 Po	85 At	86 Rn
87 Fr	88 Ra	89 Ac ▲	104 Rf	105 Db	106 Sg	107 Bh	108 Hs	109 Mt	110 Ds	111 Rg	112 Cn	113 Nh	114 Fl	115 Mc	116 Lv	117 Ts	118 Og

★ランタノイド系列

57 La	58 Ce	59 Pr	60 Nd	61 Pm	62 Sm	63 Eu	64 Gd	65 Tb	66 Dy	67 Ho	68 Er	69 Tm	70 Yb	71 Lu

▲アクチノイド系列

89 Ac	90 Th	91 Pa	92 U	93 Np	94 Pu	95 Am	96 Cm	97 Bk	98 Cf	99 Es	100 Fm	101 Md	102 No	103 Lr

分析化学

千葉大学名誉教授　　神奈川大学名誉教授　　埼玉大学教授
理学博士　　　　　　理学博士　　　　　　理学博士
黒田六郎　　　　　杉谷嘉則　　　　　渋川雅美

共　著

（改訂版）

東京 裳華房 発行

ANALYTICAL CHEMISTRY
revised edition

by

ROKURO KURODA, DR. SCI.
YOSHINORI SUGITANI, DR. SCI.
MASAMI SHIBUKAWA, DR. SCI.

SHOKABO

TOKYO

JCOPY 〈出版者著作権管理機構 委託出版物〉

改訂版 まえがき

　本書の初版が出版されてから，早くも15年の月日が流れた．この間，分析化学の発展・展開は著しいものがあり，それを一部なりと本書に反映させるべき時期にきた．もとより，学部学生を対象とする基礎の教科書であるから，基本的内容についての大幅な変更はない．しかしながら，時勢の流れとともに，世の中の大勢は古典的分析から機器分析へと変化しつつあるのは事実である．それらの点を踏まえつつ，必要な改訂を試みたものが今回のものである．改訂の大まかな点を挙げれば，［1章］［2章］に関しては古い記述内容を削除し，新しい用語，概念の導入を試みた．定性分析は最近は流行らなくなっているが，分析のみならず，無機化学の基礎としても教育上重要なので，記述を簡略化しながらも，欠くべからざるものとして残した．［3章］から［7章］は，分析化学の本道というべき部分である．部分的に整理縮小し，必要な部分につき稿を追加した．［8章］の電気化学は，近年大きく進展しているが，本書では酸化還元の基礎概念とその周辺のみの記述にとどめてある．［9章］は機器分析の基礎で，小さな改訂にとどめた．［10章］のクロマトグラフィーは，近年の分析分野における重要な部分である．この10年の変転をも踏まえてかなり稿を改め一新させた．［11章］の内容は，最近の変化/発展の著しい分野であるが，今日の教育体制からみれば，大学院での課題とすべき面が多く（NMRや赤外などは除いて），したがって基礎概念に触れるにとどめた．ただし，旧版では扱われていなかった質量分析と熱分析を加筆した．

　さて，本書旧版において指導的役割を果たされた黒田六郎先生は，約2年間にわたるガン闘病生活ののち，2001年9月に他界された．遺憾なことである．先生は誠に真摯な分析化学者であり，ご自身古典分析に立脚しながら

も，各種機器分析等の新しい側面をも積極的に評価し，受け入れられた．その精神が本書の特徴のひとつとなってきた．今回の改訂にあたり，先生が主として執筆された古典基礎部分は，最近の一般傾向とページ数の関係から，やや短縮せざるを得なかったが，その基本精神は残すべく努力したつもりである．大方のご批判を乞いたい．

2004年3月

著者しるす

初版 まえがき

　本書は大学学部あるいは高専高学年における分析化学の教科書・参考書として書かれたものである．

　分析化学は古くかつ新しい学問分野で，確立された知識体系は深く科学・技術の世界に根をおろしているが，同時にいつも時代とともに新しい物質の評価の方法を求め，かつ創造してきた．本書はこのような分析化学の動向を分析化学学習に反映するよう内容を構成し，執筆したものである．

　第1章から5章までは文献・試薬・器具・単位系・誤差などの総論に続いて系統的定性分析，重量分析，容量分析の基礎や実際を，新しいデータ・事実にもとづいて，平易に記述した．この部分は本書の約50％の多くを占めるが，分析化学の基礎となるところである．6，7章では分離分析法としての溶媒抽出，イオン交換を述べ，8章では電気化学的分析法のうち電位差法，ポーラログラフ法とその周辺の分析法を記述した．9章は光を利用する分析化学の分野で，吸光光度法や原子吸光法のほか，サーマルレンズ・光音

響法など最近の新しい高精度分析法にふれた．10章はクロマトグラフ法の広汎な普及に鑑み，一般的な基礎理論を述べたのち，液体クロマトグラフィー・ガスクロマトグラフィーを中心にしつつも，多くの新しい方法に留意して章を構成した．高純度物質や機能性物質を開発する場合には，その純度や機能性の実現は分析化学の評価にまたなければならないが，このため多くの機器分析手段が登場し，広く用いられている．第11章はこのような分析手段として，X線分析，電子分光法，マイクロビームアナリシス，赤外・ラマン法，磁気分析などを取り上げ，物質評価との関わりを解説した．第9章の後半以降は特論的内容といえようが，新しい時代の学生諸君にとっては不可欠のバックグラウンドである．

　本書は，分析化学の基礎である化学的方法と機器分析法とを合わせ含む現代の新しい分析化学の入門書を意図したものである．わかりやすさを目標としたため，項目によっては多少の重複もあり，長々と書き連ねたところも多い．若い学生諸君が本書からよい養分を吸い上げて，新しい世紀に向かって旅立たれることを祈ってやまない．

　　1988年4月　陽春の候

著者しるす

目 次

1. 分析化学の基礎

1・1 分析化学とは …………………1
  1・1・1 化学分析に用いられる方法 …………………1
  1・1・2 分析化学と文献 …………3
1・2 基本操作・分析用器具 ………5
  1・2・1 質量測定 …………………5
  1・2・2 試薬と器具 …………………9
1・3 物理量と単位 …………………18
1・4 分析データの取り扱い ………20
  1・4・1 測定値と誤差 ……………20
  1・4・2 真度と精度 ………………20
  1・4・3 偶然誤差と正規分布 …21
  1・4・4 結果の表わし方 …………24
  1・4・5 相関と回帰 ………………26

2. 定性分析

2・1 試料の分解 ……………………28
2・2 陽イオンの定性分析 …………28
  2・2・1 陽イオンの分属 …………28
  2・2・2 第1属陽イオンの分析法 …………………29
  2・2・3 第2属陽イオンの分析法 …………………30
  2・2・4 第3属陽イオンの分析法 …………………33
  2・2・5 第4属陽イオンの分析法 …………………34
  2・2・6 第5属陽イオンの分析法 …………………34
  2・2・7 第6属陽イオンの分析法 …………………35
2・3 陰イオンの定性分析 …………37
  2・3・1 陰イオン分析用試料の調製 …………………37
  2・3・2 陰イオンの分属 …………38

3. 溶液内化学平衡

3・1 化学平衡の理論 ………………40
  3・1・1 化学平衡とは …………40
  3・1・2 自由エネルギーと化学平衡 …………………41
  3・1・3 溶液組成の表わし方 …43
  3・1・4 理想気体と理想溶液の化学ポテンシャル …45
  3・1・5 活量と活量係数 …………46
  3・1・6 質量作用の法則 …………50
3・2 電解質水溶液 …………………52
  3・2・1 イオンの水和 ……………52
  3・2・2 イオン活量 ………………54
  3・2・3 Debye-Hückel の理論 …………………56
3・3 酸塩基平衡 ……………………58
  3・3・1 酸と塩基の概念 …………58
  3・3・2 酸および塩基の解離定数 …………………60
  3・3・3 pH ………………………63
  3・3・4 化学平衡計算の基本則

…………65	3・4・4　金属イオン濃度緩衝液
3・3・5　強酸と強塩基の溶液　…65	…………83
3・3・6　弱酸と弱塩基の溶液　…66	3・4・5　硬い酸塩基と軟らかい
3・3・7　緩衝溶液　……………73	酸塩基（HSAB）……84
3・4　錯生成平衡　………………75	3・5　沈殿平衡………………………87
3・4・1　金属錯体の構造　……75	3・5・1　強電解質の溶解度と
3・4・2　錯体の生成定数　……78	溶解度積　……………87
3・4・3　錯生成平衡に及ぼす	3・5・2　共通イオン効果　……88
pHの影響…………80	3・5・3　溶解度積と沈殿生成　…88

4. 試料の調製と重量分析

4・1　試料の分解　………………91	4・3　沈殿の純度　………………104
4・1・1　酸による無機物質の溶解	4・3・1　共沈　…………………104
…………91	4・3・2　吸蔵　…………………105
4・1・2　有機物の分解　………93	4・4　重量分析の実際　……………106
4・1・3　融解　…………………94	4・4・1　ひょう量（はかり取り）
4・2　沈殿の機構　………………96	…………106
4・2・1　沈殿の生成　…………96	4・4・2　沈殿，沪過，洗浄　……107
4・2・2　沈殿粒子の成長　……98	4・4・3　沈殿の乾燥，灰化，灼熱，
4・2・3　沈殿の性質　…………101	ひょう量　……………109
4・2・4　沈殿条件　……………102	4・5　重量分析に用いられる試薬
4・2・5　均質沈殿法　…………102	…………112
4・2・6　沈殿の熟成　…………103	

5. 容量分析

5・1　濃度　………………………115	5・4・3　酸塩基滴定　……………138
5・1・1　モル濃度　……………115	5・5　沈殿滴定　……………………141
5・1・2　規定度　………………116	5・5・1　モール法　……………141
5・2　体積器具とその校正　……118	5・5・2　フォルハルト法　……143
5・2・1　化学用体積計　………118	5・5・3　吸着指示薬法　………144
5・2・2　化学用体積計の校正　…123	5・6　酸化還元滴定　………………145
5・3　標準液の調製　……………127	5・6・1　酸化還元反応　………145
5・3・1　容量分析用標準試薬　…127	5・6・2　滴定曲線　……………147
5・3・2　標定の方法　…………129	5・6・3　滴定に用いられる酸化
5・4　酸塩基滴定　………………129	還元反応　……………150
5・4・1　滴定曲線　……………130	5・7　キレート滴定　………………157
5・4・2　指示薬　………………137	5・7・1　滴定試薬　……………157

5・7・2 滴定曲線 …………159
5・7・3 金属指示薬 …………163
5・7・4 EDTA による滴定……166

6. 溶媒抽出

6・1 溶媒抽出の基礎理論 ………168
 6・1・1 分配係数 …………168
 6・1・2 分配比と抽出百分率 …169
6・2 電荷をもたない簡単な分子の抽出 ……………171
6・3 金属キレートの抽出 ………174
 6・3・1 キレート抽出平衡 ……175
 6・3・2 金属イオンの相互分離と半抽出 pH …………177
 6・3・3 協同効果 …………179
6・4 イオン対抽出 ………………181
6・5 溶媒抽出を利用した定量分析 ……………183
 6・5・1 抽出吸光光度法 ………183
 6・5・2 不足当量法 …………184
6・6 溶媒抽出の操作と方法 ……184
 6・6・1 バッチ抽出法 …………184
 6・6・2 溶媒抽出で用いられる操作 ……………186
 6・6・3 連続抽出法 …………187
 6・6・4 向流分配法 …………188

7. イオン交換

7・1 イオン交換現象 ……………194
7・2 イオン交換体の種類と特性 ……………195
 7・2・1 有機イオン交換体 ……195
 7・2・2 無機イオン交換体 ……197
 7・2・3 イオン交換膜 …………198
7・3 イオン交換平衡 ……………199
 7・3・1 イオン交換容量 ………199
 7・3・2 イオン交換平衡と選択性 ……………200
7・4 イオン交換を利用した定性および定量分析 ……204

8. 電気化学的分析法

8・1 電極 …………………………206
 8・1・1 電極反応と電位差 ……206
 8・1・2 電極電位 …………208
 8・1・3 Nernst の式 …………210
 8・1・4 カロメル電極と銀-塩化銀電極 ……………213
 8・1・5 膜と電位差 …………215
 8・1・6 イオン選択性電極 ……216
8・2 電位差分析法 ………………218
 8・2・1 溶解度積の決定 ………218
8・3 電解分析 ……………………220
 8・3・1 定電位電解分析 ………220
 8・3・2 定電流電解分析 ………222
8・4 ポーラログラフィー ………225
 8・4・1 直流ポーラログラフィー ……………225
 8・4・2 その他のポーラログラフィー ……………227

9. 光を利用する分析法

9・1 光分析の基礎 ………………229
9・2 吸光光度法 …………………234

9・2・1 ランベルト・ベールの
　　　　法則 …………………234
9・2・2 吸光光度定量分析 ……236
9・2・3 錯体の結合比の決定 …240
9・2・4 測定装置 …………………242
9・2・5 光音響分光法 …………249
9・3 原子吸光分析 ……………253
　9・3・1 基礎原理 ………………253
　9・3・2 測定装置 ………………257
9・4 発光分光分析 ……………262
　9・4・1 フレーム発光分析 ……262
　9・4・2 プラズマ発光分析 ……270

10. クロマトグラフィー

10・1 クロマトグラフィーの分類
　　　　………………………276
10・2 クロマトグラフィーの基礎
　　　　理論 ……………………277
　10・2・1 クロマトグラフィーに
　　　　おける溶質の保持 …277
　10・2・2 理論段数 ………………282
　10・2・3 バンドの広がり ………284
　10・2・4 分離度 …………………288
10・3 ガスクロマトグラフィー …290
　10・3・1 装置の基本構成 ………291
　10・3・2 カラム …………………293
　10・3・3 検出器 …………………294
　10・3・4 昇温ガスクロマトグラフ
　　　　ィー ……………………296
10・4 液体クロマトグラフィー …297

10・4・1 液体クロマトグラフィー
　　　　の分離様式 ………298
10・4・2 高速液体クロマトグラフ
　　　　ィー ……………………306
10・4・3 ペーパークロマトグラフ
　　　　ィー ……………………310
10・4・4 薄層クロマトグラフィー
　　　　………………………312
10・5 電気泳動法 ………………313
　10・5・1 電気泳動の原理 ………313
　10・5・2 電気泳動法の分類 ……314
　10・5・3 キャピラリーゾーン電気
　　　　泳動 ……………………315
　10・5・4 動電クロマトグラフィー
　　　　………………………318

11. 物質の評価

11・1 X線分析 …………………320
　11・1・1 X線回折法 ……………320
　11・1・2 けい光X線分析 ………323
11・2 電子分光分析 ……………326
　11・2・1 光電子分光分析 ………326
　11・2・2 オージェ電子分光分析
　　　　………………………329
11・3 マイクロビームアナリシス
　　　　………………………331
　11・3・1 X線マイクロアナリシス
　　　　………………………331

11・3・2 二次イオン質量分析
　　　　………………………334
11・4 赤外・ラマン分析 ………336
　11・4・1 赤外吸収分析 …………336
　11・4・2 ラマン分析 ……………343
11・5 磁気分析 …………………346
　11・5・1 核磁気共鳴 ……………347
　11・5・2 電子スピン共鳴 ………353
11・6 放射能分析 ………………356
　11・6・1 放射能とその測定 ……356
　11・6・2 放射分析 ………………358

11・6・3 同位体希釈分析 ……359	11・7 質量分析法 ……………361
11・6・4 不足当量分析 ………360	11・8 熱分析 …………………364
11・6・5 放射化分析 …………360	

付　表

| 付表1 酸と塩基の解離定数………367 | 付表3 錯体の生成定数……………370 |
| 付表2 標準電極電位……………368 | 付表4 難溶性塩の溶解度積………372 |

索引 …………………………………………………………………………373

# 分析化学の基礎

1·1 分析化学とは

分析化学とは,基本的には物質の化学組成を明らかにする方法を研究する学問領域をいう.方法自体を化学分析(chemical analysis)といい,定性分析(qualitative analysis)と定量分析(quantitative analysis)の二つの分野に分けることができる.定性分析は物質の同定(identification)を扱う分野であり,与えられた試料中にどのような元素あるいは化学種が存在するかを明らかにする目的をもつ.定量分析は,どれくらいの量で問題の成分が試料中に存在するかを明らかにするための方法である.

例えば,硫化水素を用いて行う系統的定性分析法は,古くから知られた元素確認の方法である.また,スポットテスト(点滴反応)は小量の試料溶液を用いて行う高感度の定性分析法であり,多くの無機イオンや化学種の検出・確認に用いられた.ペーパークロマトグラフィーや薄層クロマトグラフィーなどのクロマトグラフ法も,有機,無機の物質の同定にすぐれた方法である.また一方,発光スペクトルによる方法や蛍光X線スペクトルを用いる方法は,無機物質の確認に非常に有用な方法である.さらに赤外線吸収スペクトルを用いれば,多くの有機化合物や無機物質の存在を確実に検証することもでき,現在すぐれた定性分析法を構成している.

一般に,クロマトグラフ法(chromatography)やスペクトルを利用する方法(spectroscopy)は,定性分析に用いられるほか,定量分析法としても有用な手段であることが多い.

1·1·1 化学分析に用いられる方法

化学分析の対象は森羅万象に及ぶものであって,その方法も多岐にわたるが,上に述べたような定性・定量分析を行うに当っては,分析に当る人は,

対象物についての化学的知見や手段についての知識にもとづいて,適切な対応が必要となる.すなわち原子,イオン,分子についての化学的,物理的な諸性質を測定することに関する知識のほか,化学分離,試料の採取(サンプリング),データの統計処理についても新しい方法を熟知していることが必要である.

実際の分析はサンプリングから始まるが,用いる試料は問題の物質の組成を代表するものでなくてはならない.ここには統計学的方法の知識が必要である.分析の次のステップは,多くの場合問題の成分の分離(separation)であるが,用いる分析法や試料の性質によっては省略できることもあるし,またマスキング剤の使用によって避けられることもある.

次いで測定(measurement)に移るが,測定の方法には物理的,化学的ならびに生物学的な方法があり,いずれも多様な技術が用いられる.各種の滴定や重量分析は代表的な化学的測定法であり,またスペクトロスコピーは物理的方法を代表するものである.物理的測定を含む分析法を機器分析(instrumental analysis)ということがあり,化学測定を主とする化学分析に対比させることがある.測定の部分は分析において重要なステップであり,分析法の名称を決めるほどの重みがあるが,サンプリングや分離の問題も分析の成否を決める重要性をもつ.

分析化学的測定に関わる理論の多くは,平衡条件からくる非定量性を問題にすることが多い.沈殿分離の場合の沈殿の不完全さや共沈は誤差の原因となり,滴定では当量点と終点のずれは問題であろう.また,例えばクロマトグラフィーでは主たる分離機構に加えて,ほかの分離機構がはたらき,分離された成分のテーリングや分離能の低下がおこることなどは避けたい問題である.このような問題に対しては,分析化学の理論の構築があり,それによって回避の方策を立て,実験的に定量性を確保する方針を立てる.

Theorie leitet und Experiment entscheidet.

I. M. Kolthoff

1·1·2　分析化学と文献

　学問の体系は，研究者の不断の研究の成果によって構成される．分析化学も例外ではない．研究の成果は主として学術雑誌に論文として公刊されるが，多くの批判を経て生き残ったものが共通の知識・学術上の財産として普遍的に使われる．例えば，"Folin-フェノール試薬によるタンパク質の測定"と題するO. H. Lowryらの論文（1951年）[1]は，1984年の時点で100 639件の論文に引用されるという特筆すべき業績であるが[2]，これは多くの分析関係のハンドブックや専門書にフォリーン・フェノール法として収載されており，人類の共有する貴重な財産である．研究論文は，この例のように生き残り重要な貢献をなすものばかりではなく，消え行くものも少なくない．

a. 学術雑誌

　広い分析化学分野をカバーする総合的な学術雑誌を次に示す．これ以外に多くの専門誌（specialty journals）がある．

　Analyst　1877年創刊．英国Royal Society of Chemistryの刊行．

　Analytical Chemistry　アメリカ化学会刊行の分析化学専門誌．1947年までは*Analytical Edition of Industrial and Engineering Chemistry*（*Anal. Ed.*, *Ind. Eng. Chem.*）と呼ばれた．

　Analytica Chimica Acta　1947年創刊．Elsevier Science Publishers B. V.刊行の国際誌．

　Analytical Letters　1968年，Marcel Dekker Inc.により刊行．速報性の論文を迅速に掲載するもの．

　Analytical Sciences　1985年創刊．㈳日本分析化学会刊行の英文誌．

　Mikrochimica Acta　1953年復活刊行．Springer-Verlag刊．

　Talanta　1958年，Pergamon Pressによって創刊．現在はElsevierから刊行されている．

　Analytical and Bioanalytical Chemistry　1862年，*Fresenius' Zeitschrift fur*

---

[1]　O. H. Lowry, N. J. Rosebrough, A. L. Farr and R. J. Randell : *J. Biol. Chem.*, **193**, 265（1951）．
[2]　T. Braum : *Fresenius' Z. Anal. Chem.*, **323**, 105（1986）．

Analytishe Chemie の名称で創刊. その後 1990 年, *Fresenius' Journal of Analytical Chemistry* と改名. さらに 2002 年に現在の名称に変更している. Springer-Verlag 刊.

分析化学　1952 年創刊. ㈳日本分析化学会刊行の邦文論文誌.

1980 年の時点で, 抄録雑誌である *Chemical Abstracts* に収載される論文の 65 % は英文で書かれており, 英語の学術上の意義は重大である.

b. 抄　録　誌

Chemical Abstracts　1907 年創刊のアメリカ化学会発行の抄録誌で, 約 8 000 の定期刊行学術雑誌より原論文の抄録を行い, また特許文献の抄録を行っている. 週 1 回刊行, 年間約 55 万件の原論文と 20 万件の特許文献の抄録を刊行している. 冊子体と CD-ROM で提供されているほか, 創刊以来の抄録がすべてデータベース CAplus におさめられており, STN や SciFinder 等のオンライン検索サービスによりパーソナルコンピューターを通して容易に検索することが可能である.

Analytical Abstracts　英国王立化学協会 (Royal Society of Chemistry) の刊行物で分析化学専門の抄録誌である. 月刊誌, 年 12 回刊行. 250 の国際誌から毎月約 1 400 の抄録が行われている. *Chemical Abstracts* と同様, 冊子体と CD-ROM で提供されているほか, オンライン検索も可能である.

なお科学技術全般に関するものとして, 科学技術文献速報 (科学技術振興機構刊), 化学全般にわたるものとして化学抄報 (㈳化学情報協会刊) がある.

c. 便覧・データブック

分析化学便覧 (改訂五版)　㈳日本分析化学会編 (2001), 丸善. あらゆる分野で使用される分析法を網羅し, 公定分析法へのアプローチも容易である.

実験化学ガイドブック　㈳日本化学会編 (1984), 丸善. 実験室の設備・管理, 基本器具, 基本操作, 実験装置, 汎用試薬, 化学・物理数値表などを含む.

分析化学データブック (改訂 4 版)　日本分析化学会編 (1994), 丸善. 分析化学関係の広範囲にわたるデータを収録した小型のデータ集で, 携帯に便利.

分析化学実験ハンドブック　日本分析化学会編 (1992), 丸善. 分析化学に用いられる機器, 装置, 試薬のほか, 方法論を集大成したもの.

分析化学ハンドブック　編集委員会編（1992），朝倉書店．化学研究に用いられる方法論を集大成したもの．

機器分析ガイドブック　日本分析化学会編（1996），丸善．最新の機器分析の解説．

1・2　基本操作・分析用器具

1・2・1　質量測定

化学における基本的な測定の一つは質量の測定である．一定質量の試料中にどのような成分がどのくらい含まれているかを測定するのが定量分析であるから，質量測定は定量分析の根幹である．この測定には天秤（てんびん）を使う．

各種の天秤には，それぞれ安全にはかり得る最大許容質量があり，この値を天秤のひょう量（weighing capacity）という．ひょう量を超える荷重をかけると天秤がこわれることがある．天秤で測定できる最小質量をその天秤の感量といい，また読み取ることのできる最小質量を読み取り限度という．

a. 定感量式直示天秤

現在ではほとんど使用されていないが，質量測定の原理を理解するために，1980年代まで広く使用された定感量式直示天秤（図1・1）について説明しよう．概念図を図1・2に示す．質量は直接測定にかからない量であるから，地球重力場で受ける物体の質量 m に比例する力 $F(=m\cdot g)$ を，分銅と被測定物について比較して求める．直示天秤では，被測定物と同じ力点にかかっている分銅を被測定物とほぼ等しい分だけ取りはずし（置換ひょう量法），わずかな質量差分はさおの傾き（ϕ）から求め，質量を測定する．図1・2で支点と力点が同一直線上にあるとすると

$$a\left(m-\frac{m}{d_m}\rho\right)g = b\left(W-\frac{W}{d_w}\rho\right)g \qquad (1\cdot1)$$

$$a\cos\phi\left(M-\frac{M}{d_M}\rho\right)g = G\cdot g\cdot h_G\sin\phi + b\cos\phi\left(W-\frac{W}{d_w}\rho\right)g \qquad (1\cdot2)$$

$(1\cdot2)-(1\cdot1)$ より，ϕ が小さいので $\cos\phi\fallingdotseq1$，$\sin\phi\fallingdotseq\phi$ とし次式を得る．

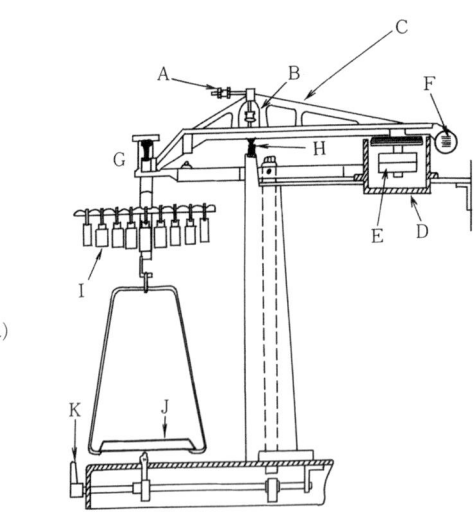

図 1·1 直示天秤 (a)構造, (b)読み取り目盛.
A：ゼロ点調整ねじ, B：重心調整ねじ, C：さお, D：エアダンパー, E：おもり, F：目盛板, G：力点, H：支点, I：内蔵分銅, J：皿, K：ハンドル

$$a\left(M-m-\frac{M}{d_M}\rho+\frac{m}{d_m}\rho\right) = G \cdot h_G \cdot \phi \tag{1·3}$$

$M \fallingdotseq m$ とすれば, 被測定物の質量 M は

$$\begin{aligned}M &= m + m\left(\frac{\rho}{d_M} - \frac{\rho}{d_m}\right) + \frac{G \cdot h_G}{a} \cdot \phi \\ &= m + m \cdot K + k \cdot \phi\end{aligned} \tag{1·4}$$

ただし,

$$K = \left(\frac{\rho}{d_M} - \frac{\rho}{d_m}\right), \quad k = G \cdot h_G / a$$

$m \cdot K$ は浮力補正項であり, k はさおの傾き ϕ を質量になおす係数に当る

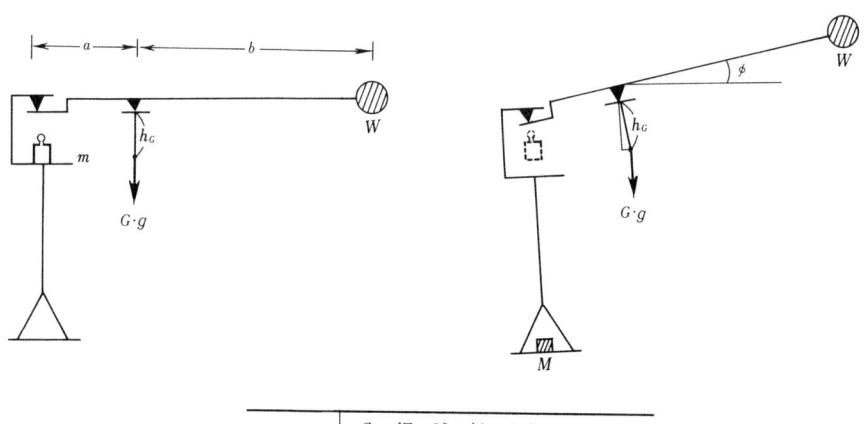

g：重力の加速度，h_G：重心距離
ρ：空気密度，d：密度

図 1·2　質量測定の原理図

が，測定して求めることはしない．微小分銅 Δm を追加して生ずる傾き角の増加 $\Delta\phi$ より，感度 (sensitivity) $\beta (=\Delta\phi/\Delta m)$ を求め，次式の関係を利用する．

$$\beta = 1/k = a/G \cdot h_G \tag{1·5}$$

この式から感度は h_G を変えることにより，所定の値にすることができるので，$k \cdot \phi$ の項は ϕ/β として質量単位で直読されることになる．

　式 (1·4) 第 2 項 $m \cdot K$ は空気浮力の補正項であり，精密測定では問題となる．空気密度 ρ は $1.2\,\mathrm{mg/cm^3}$ 程度であり，分銅の密度 d_m は $8.0\,\mathrm{g/cm^3}$ 程度のものが多い．被測定物と分銅の間に密度差がなければ補正の必要はないが，密度 $1\,\mathrm{g/cm^3}$ の試料では，$d_m = 8.0$ として試料質量の $0.1\,\%$ 程度の誤差を生じ，分銅やはかりの精度の比ではない．例えば，ひょう量 $100 \sim 200\,\mathrm{g}$，最小内蔵分銅 $0.1\,\mathrm{g}$ の直示天秤で，$d_M = 1.0\,\mathrm{g/cm^3}$，$M = 100\,\mathrm{g}$ の試料を加えると，式 (1·4) の各項は次の通りである．

分銅の値 m	100.0	g
さおの傾きの値 $k\cdot\phi$	.01	g
空気浮力の値	.1	g
	100.1	

この例では $k\cdot\phi$ を細かく読んでも，測定精度に貢献せず，温度・圧力・相対湿度によって密度を求めたり，試料の密度を正確に求めることのほうが先決となることがわかる．

b. 電子天秤

最近では，操作が容易で測定精度の高い電子天秤と呼ばれる電磁式の天秤が使用されている．電子天秤は，荷重と電磁力を釣合わせて質量を測定するもので，試料の重量を電磁力で釣合わせる電磁力発生機構，釣合いの状態を監視する変位検出機構，および制御機構から成り立っている．電磁力発生機構の模式図を図1·3に示す．磁束 B を生じる永久磁石の両極間に導線をコイル状（図中の導線は紙面の垂直方向に延びている）にしておき，電流を流すとフレミングの左手の法則により導線に電磁力 F が発生する．コイルに荷重 W が加わった状態で，電流を調節してちょうど釣合い状態になったとき，コイルに発生する電磁力 F と荷重 W が一致していることになる．F と電流 I の間には式 (1·6) で表わされる関係があるので，荷重 W は電流に変換されることになる．

$$W = F = 2\pi rnBI \qquad (1\cdot 6)$$

ここで，r はコイルの半径，n はコイルの巻数である．電流 I はアナログ信号なのでこれを A/D 変換器でデジタル信号に変換する．すなわち，試料を天秤の試料皿の上に置いて荷重をかけた状態で，変位検出機構により，元の位置を維持するように電流を流す．荷重 W はその電流値から求められることに

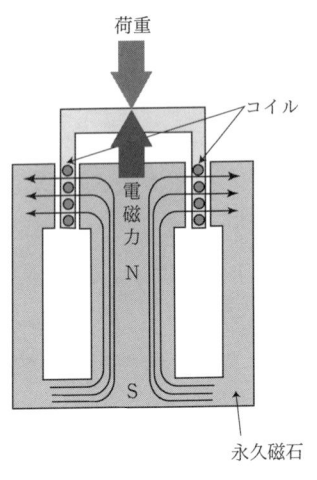

図 1·3 電子天秤のしくみ

なる．なお，永久磁石の磁場の強度は温度に依存して変化するので，温度センサーを内蔵して電流測定値を自動補正するようになっている．

1・2・2 試薬と器具
a. 分析試薬（reagent chemicals, analytical reagents）

ある物質に化学反応などをおこさせるために用いる薬品を試薬（JIS K 0211 分析化学用語（基礎部門））というが，一般にはその品質が一定の規格に適合するものが製品化されている．わが国の公定試薬規格には，現在，工業標準化法による日本工業標準（Japanese Industrial Standards, JIS）試薬規格がある．JIS は国産試薬の形状，品質，成分，性能，耐久性，分析方法などの全国的統一や単純化を目的とする基準で，これにより生産の能率増進，合理化，取引の公正化などが図られている．

試薬は用途や品質により以下のように分類され，それぞれの目的にあったものが使用される．

(1) 一般用試薬（特級，一級，高純度精密分析用，化学用など）
(2) 特定用途用試薬
 ・機器分析用（高速液体クロマトグラフ用，原子吸光分析用，電子顕微鏡用，NMR 用など）
 ・有害物質及び環境汚染物質測定用（有害金属測定用，水質分析用，食品分析用など）
 ・その他（pH 測定用など）
(3) 標準物質（標準試薬）
 　容量分析用（p.127），原子吸光用，滴定用など
(4) 生化学用試薬
(5) 臨床検査用試薬

欧米の規格では，米国化学会分析試薬委員会による ACS Standards，英国の AnalaR，ドイツの Merck Standards などが著名である．

b. 精製水
水は分析化学の実験では極めて重要であり，純度の低い水を使うと，微量成分の定性や定量はできなくなる．不純物として含まれる

物質には，無機イオン類，天然あるいは人間活動由来の有機物（フミン酸，農薬，クロロアミンなど），懸濁微粒子，微生物等があり，水の使用目的に応じて，原水からこれらの物質を除去しなくてはならない．実験室では，イオン交換カラムで精製した脱イオン水 (deionized water)，蒸留器で蒸留して得た蒸留水 (distilled water)，あるいはこれらの方法に加えて活性炭吸着や限外沪過等により高度に精製された純水が用いられる．

蒸 留 法 蒸留器には金属製，ホウケイ酸ガラス製，石英製，プラスチック製のものがある．スズめっき銅製蒸留器 ($3 \sim 5 \, l \, h^{-1}$) は広く使われているが，蒸留水中には銅，亜鉛，鉛などの重金属イオンが数百 ppb[1] 含まれていることが多い．図 1·4 a)，b) に通常の蒸留器および石英製蒸留器を示す．石英製の場合でも ppb レベルのケイ素が混入してくるので，これをきらう場合は，全ポリエチレン製の蒸留器 ($0.1 \, l \, h^{-1}$) を用いるとよい．加熱は 100 °C の水浴で行う．

沸点で蒸留を行うと，小さな飛まつをはね上げ，これが水蒸気とともに冷却管に運ばれるおそれがある．また溶液の表面張力で原液が壁面を伝わり，蒸留側へ流れること（クリープ現象）もある．このため，水を全く沸騰させないで蒸留を行う方式もあり，その一例を図 1·4 c) に示した．この場合は水面より上の蒸留器の内側は乾いた状態にあり，クリープが防止される．液表面を赤外線ヒーターで加熱し，原水をオーバーフローさせながら，沸騰させないで蒸発を行わせ，水蒸気を浅い V 字型の冷却管で凝縮させ，中央部に集めるものである[2]．

イオン交換法 一般に，H 形強酸性陽イオン交換樹脂と OH 形強塩基性陰イオン交換樹脂を 1：2 の体積比で混合した混床式イオン交換カラムに原水を通して，脱イオン水を得るものである ($10 \sim 50 \, l \, h^{-1}$)．使用後は比重差により両樹脂を分離し，陽イオン交換樹脂は $1 \sim 2$ M HCl で，陰イオン交換樹脂は $1 \sim 2$ M NaOH で再生し，それぞれ H 形，OH 形に戻して再利用

---

1) ppb = part per billion，分率を表わす記号で $1 : 10^9$ を意味する．
2) この種の蒸留器は塩酸，硝酸，過塩素酸や有機溶媒の精製にも有用である．

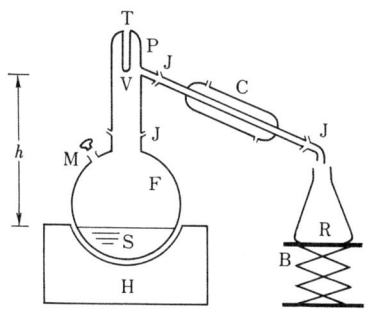
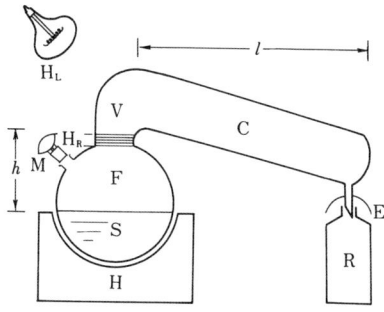

B:架台, C:冷却器, F:フラスコ, H:ヒーター, J:すり合わせ, M:栓, P:導入口, R:受器, S:溶液, T:温度計用くぼみ, V:蒸気室, h:液面との高さ
a) 普通の蒸留器

C:冷却器, E:蒸留液出口, F:フラスコ, H:ヒーター, H_L:赤外線ランプ, H_R:リボンヒーター, M:栓, R:受器, S:溶液, V:蒸気室, h:~10cm, l:20~30cm
b) 石英製蒸留器

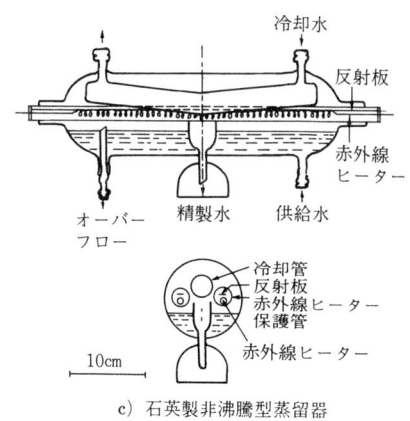

c) 石英製非沸騰型蒸留器

図 1·4 蒸留装置

する．この方法ではイオンは十分に除去されるが，微粒子，微生物などの多くは除かれず，また樹脂（特に陰イオン交換樹脂）がフミン酸などで汚染されて交換能力が低下し，再生が困難になることがある．また，イオン交換樹脂自身の微量の分解生成物が溶出することもある．

その他の方法　単一の方法ですべての不純物を除去することは非常に

困難である.そこで,種々の方法を複数組合わせて水の精製を行う装置が市販されている.使用されている方法には,以下のようなものがある.

活性炭による吸着処理　有機物の多くを除去する

逆浸透　半透膜を使用して溶解しているイオンや分子を除去する.水処理速度が大きい.

紫外線照射　波長 254 nm の低圧水銀ランプにより微生物の殺菌を行う.最近開発された 185 nm と 254 nm の紫外光を発するランプを用いれば有機化合物の光酸化分解を行うことができ,全有機炭素量(total organic carbon, TOC)を低下させることができる.

電気透析　イオンを連続的に除去する(7・2・3 参照)

精密沪過　メンブランフィルターにより微粒子を除去する

得られる精製水の比抵抗 MΩ cm はホウケイ酸ガラス 1 回蒸留 0.35,同 3 回蒸留 0.7,石英蒸留器 3 回蒸留 1.5,混床式イオン交換 12.5 程度であるが,活性炭処理・逆浸透・イオン交換・蒸留・精密沪過を組合わせた近年の純水製造装置によれば,理論純水(18.3)に近い値の精製水が得られている.

c. 器　具　類

(i) ガラス器具　分析化学実験では分析操作に応じて,非常に多くの種類のガラス器具を使用する.材質は現在ではほとんど硬質ガラスで,耐熱性,耐薬品性が高い.ガラス材の諸性質を表 1・1 に示した.

化学分析で繁用されるガラス器具類を図 1・5 に示した.ガラス器具の洗浄にはクロム酸混液が有用である.これは粗製の二クロム酸カリウム 12.7 g を 100 ml の水に加熱溶解し,この中に 100 ml の濃硫酸を注入混和したものである.下記のような処方もある.

$K_2Cr_2O_7$　　[2 g/5 ml　　[10 g/100 ml　　[12.7 g/100 ml　　[15 g
濃 H_2SO_4　　　65 ml　　　　75 ml　　　　　900 ml(18 N)　　　500 ml

6 M 硝酸に 30 % 工業用過酸化水素を 3:1 に混合した溶液も有用で,ピペット,メスフラスコ,ビュレットなどに最適である.

表 1·1　ガラス材料の性質

	並ガラス（ソーダガラス）	普通硬質ガラス	超硬質ガラスパイレックス	バイコールガラス	石英ガラス
例（コーニング番号）	0080	7052	7740	7910	7940
熱膨張係数/10^7 K^{-1}	92	46	32.5	8	5.6
最高使用温度/℃[1]	460	420	490	1200	1100
軟化点/℃[2]	695	708	820	1500	1580
作業点/℃[3]	1000	1115	1240	—	—
密度/g cm^{-3}	2.47	2.28	2.23	2.18	2.20
化学組成，％		SiO_2 65 B_2O_3 18 Al_2O_3 8.4 BaO 3.1 Na_2O 1.9 K_2O 3.9 Li_2O 0.5	SiO_2 83.5 B_2O_3 10 Al_2O_3 2 Na_2O 4.5	SiO_2 96 B_2O_3 3 Al_2O_3 0.4 Na_2O 0.02 K_2O 0.02	SiO_2 100

1) 徐冷ガラスで短時間使用できる温度，2) 粘度が 4.5×10^7 ポアズのときの温度で，作業温度範囲の最下限である，3) ガラスの成形操作を行うときの目安となる温度．

（ii）**石英・磁器・白金器具**　石英はガラスより熱膨張係数が低く，高温で使用でき，かつ耐薬品性が大きい．るつぼ，ビーカー，蒸発皿，蒸留器などに使用されるが，はなはだ高価である．器壁への微量成分の吸着あるいは成分の溶出も少ないので，微量成分分析では重要である．ただ耐衝撃性はガラスにくらべて小さいので，われやすい．

磁製の器具にはるつぼ，蒸発皿，カセロール，燃焼ボートなどがあるが，るつぼ，蒸発皿は繁用されるものである．蒸発皿は 400 ℃ 以下，るつぼは 1100 ℃ 以下で使用する．燃焼ボートも温度によって適切なものを選んで使用する．

白金器具としては，るつぼ，蒸発皿，スパチュラ，るつぼばさみ（白金るつぼとふれる先端部分を加工，白金板でおおっている），白金電極など多く，用途が広い．化学的に非常に安定なものとされ，フッ化水素酸や熱濃硫酸にも侵されないが，取り扱いを誤ると，破損，溶解などの不測の事態を生ずる

図 1・5 ガラス器具のいろいろ

1・2 基本操作・分析用器具

図 1・5

(8) 乾燥器具

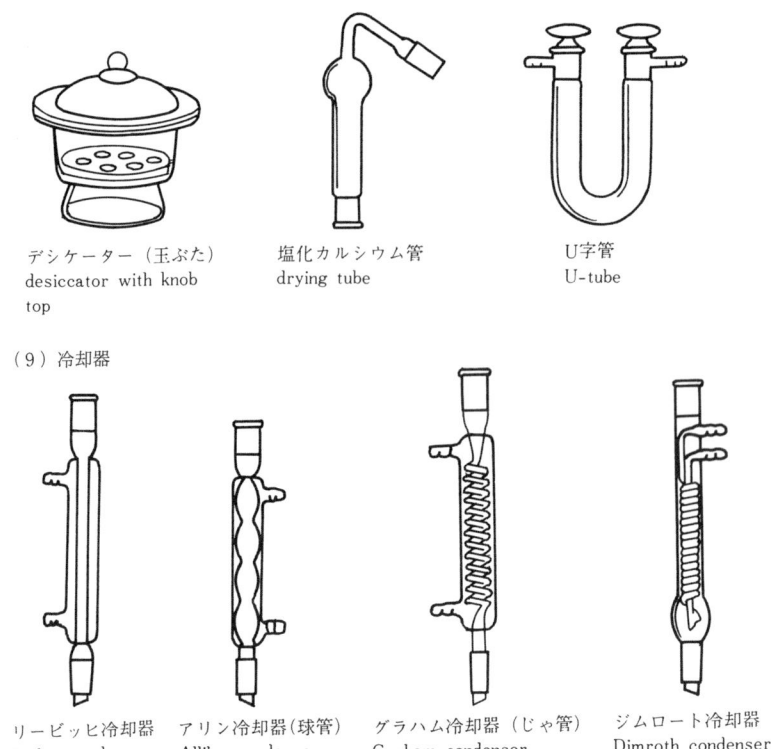

図 1·5

ことがある．例えば，SnO_2 の沈殿を沪紙で沪別したものを白金るつぼに入れて重量分析の操作を行えば，SnO_2 の一部は Sn 金属に還元され，白金るつぼと合金をつくる．塩化ナトリウムを含む溶液に硝酸を加えれば，王水を生じて白金器具は溶損する．ガスバーナーでるつぼなどを加熱するとき，還元炎に当てると，灰色の炭化白金 Pt_3C を生じ，もろくなり，使用できなくなる．この部分が酸に接すると水素や炭化水素を放出し，穴ができることがある．これは，還元炎中には C_2 分子があり，次の反応により侵入型の炭化

1・2 基本操作・分析用器具   17

(10) ガラス体積計

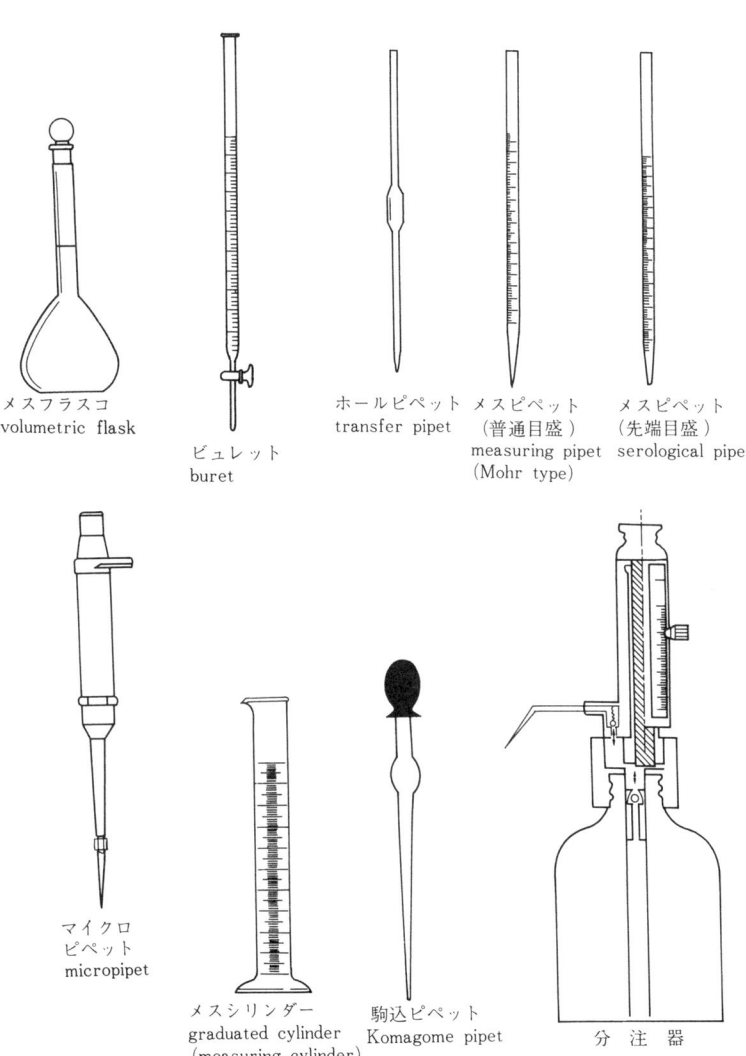

図 1・5

18　　　　　　　　　　　　1　分析化学の基礎

物を生ずるためである．
$$6\,Pt + C_2 \rightarrow 2\,Pt_3C$$
　白金器具のよごれは，硝酸と加熱して除くが，取れないときは硫酸水素カリウム融解法を用いるとよい[1]．

(iii)　合成樹脂製器具　プラスチックは大別すると熱可塑性樹脂と熱硬化性樹脂に分かれる．前者は耐熱性はあまり望み得ないが，材料，器具として広く使われている．各樹脂の諸性質や実験室における加工法については次の文献を参照するとよい．

　日本化学会編：新実験化学講座（1），基本操作II，p. 829, 1975, 丸善．
　日本化学会編：第4版実験化学講座（2），基本操作II，p. 298, 1990, 丸善．

1·3　物理量と単位

　長さ，質量，時間などの単位の表示法には昔から，CGS単位系，MKS単位系，ヤードポンド法，わが国の尺貫法などの多くの方式があり，いろいろ混乱を招いていた．そこで合理的に組立てられた単位系として国際単位系（International System of Units, SI単位系）が1960年国際度量衡総会で採用され，各国および各学会でその使用が奨励されるようになった．

　SI単位系では裏見返し（1）に示す七つの基本単位とそれから導かれる誘導単位とが用いられ，これらすべての単位はコヒーレント[2]な単位系（coherent system of units）をなすように構成されている．コヒーレントな単位系とは，すべての物理量の単位がいくつかの基本単位の掛算または割算で導かれ，1以外の数値の係数が入らないような単位系のことである．

　七つのSI基本単位は次のように定義されている．

　メートル (meter)：真空中で光が1/299 792 458秒間に進む距離を1メートルとする．

---

1)　$2\,KHSO_4 \rightarrow K_2S_2O_7 + H_2O$, $K_2S_2O_7 \rightarrow K_2SO_4 + SO_3$
　　SO_3によりFe_2O_3などのよごれは可溶性の硫酸塩となる．
2)　首尾一貫したの意．

キログラム (kilogram)：パリ郊外にある国際度量衡局に保管されている国際キログラム原器[1]の質量を 1 キログラムとする．

秒 (second)：セシウム-133 原子の基底状態における二つの超微細準位間の遷移に対応する放射光が 9 192 631 770 周期継続する時間を 1 秒とする．

アンペア (ampere)：断面積が小さく無限に長い 2 本の直線導体を真空中に 1 メートルだけ隔てて平行に張り，それに定電流を通じたとき，その導体間に 1 メートル当り 2×10^{-7} ニュートンの力を生じさせる電流を 1 アンペアとする．

ケルビン (kelvin)：水の三重点を表わす熱力学的温度の 1/273.16 を 1 ケルビンとする．

カンデラ (candela)：周波数 540×10^{12} Hz の光（波長約 555 nm）を放出し，1 ステラジアン当り 1/683 ワットのエネルギーを放出する光源の光度を 1 カンデラとする．

モル (mole)：0.012 kg の炭素-12 に含まれる炭素原子と同数の単位粒子を含む系の物質の量を 1 モルとする．ただし単位粒子とは原子，分子，イオン，電子その他の粒子またはこれらの組合わせで，それが明確に規定されていなければならない．

例：1 モルの HgCl の質量は 0.236 04 キログラムである．
1 モルの Hg_2Cl_2 の質量は 0.472 08 キログラムである．
1 モルの電子の質量は 5.4859×10^{-7} キログラムである．

裏見返し（4）に示すものは，誘導単位の中でも代表的なもので，特別の名称と記号をもっているものである．一方，同（5）に示すものは，特別の名称をもってはいないが，しばしば使われる重要な単位である．

物理量を表わす記号は，ラテン文字あるいはギリシャ文字の 1 字をイタリック体で示し，単位を表わす記号はローマン体（直立体）で示す．

従来の文献には，以上の SI 単位のほかに非 SI 単位がしばしば使われている．このうち裏見返し（2）に示すものは，従来の慣習も考慮して SI との併用が認められているものである．一方，同（3）に示すものは，無用な混

---

[1] 白金・イリジウム合金の棒．

乱を招くことのないように，もはや使用が認められていないものである．古い文献等に見かけた場合に備え，表中に SI 単位による換算値を示してある．

1・4 分析データの取り扱い

実験で得られた測定値を整理し，必要な計算や処理を行って，最終的な分析結果として発表するにはどうしたらよいだろうか．そのためのいくつかの基礎的事項について概観しよう．

1・4・1 測定値と誤差

測定値を x，真の値を X とするとき，

$$\varepsilon = x - X$$

で与えられる ε を誤差（error）または絶対誤差（absolute error），ε/X を相対誤差（relative error）という．相対誤差は百分率（％）で表わされることが多い．誤差は系統誤差（systematic error）と偶然誤差（random error）に分けて考えることができる．系統誤差は，一連の同じ測定において，どの測定に対しても一定の値となるか，または予想できる変動をする誤差の成分であり，偏り（bias）と呼ばれることもある．測定機器に由来するものや，測定者の読み取り癖によるものなどがあり，可能であれば除くのが原則である．一方，偶然誤差は予測できない変動をする誤差の成分である．偶然誤差は人間が制御することができないような自然界のさまざまな要因が複雑にからんで生じるものである．このような誤差は無作為に現われるものであり，一般に統計的に処理することが行われる．

1・4・2 真度と精度

測定値の分布が真の値からどれだけ離れているかの度合いを真度（trueness）という．これに対して，くり返し測定して得た測定値の分布の広さ（標準偏差）の程度を精度（precision）という．図 1・6 は真度と精度の善し悪しの概念を示したものである．両者は全く異なる概念であるので混同してはならない．一方，正確さ（accuracy）は精確さともいい，"測定の結果と

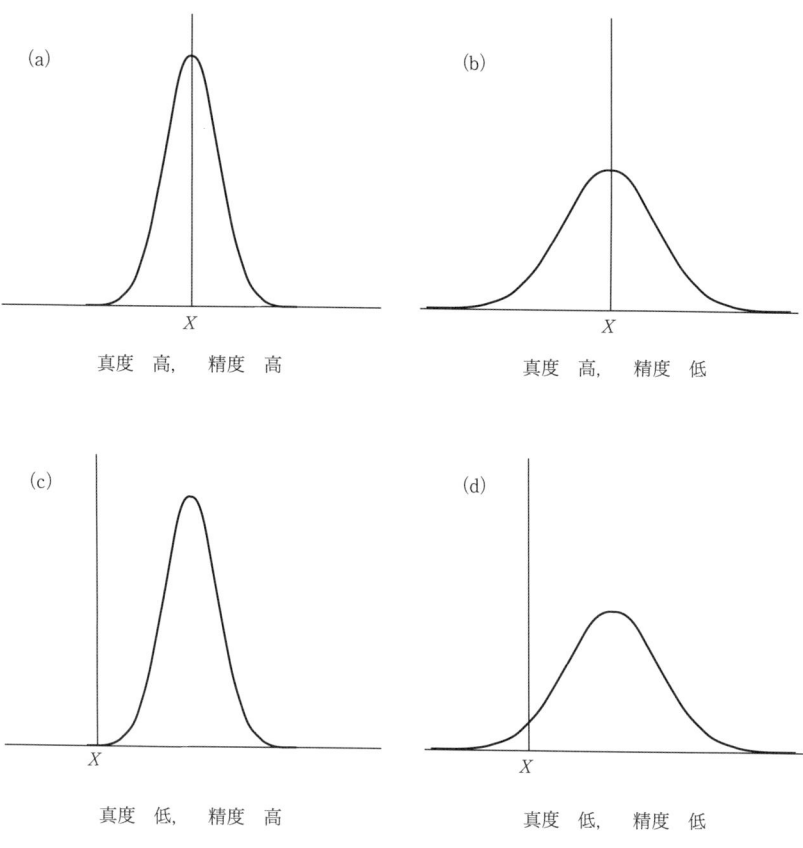

図 1·6　真度と精度の概念

真の値との間の一致の程度"と定義されている．すなわち，真度と精度の定性的な総合概念で，真度がよいだけでなく，精度も高いことを正確さが高い（よい）という．

1·4·3　偶然誤差と正規分布

ある測定を N 回くり返し，$x_1, x_2, \cdots, x_N$ の測定値を得たとする．測定回数 N を限りなく大きくしたとき，横軸に測定値を，縦軸にその測定値が現われる回数（頻度）をプロットすると，その極限において図 1·7 で示される

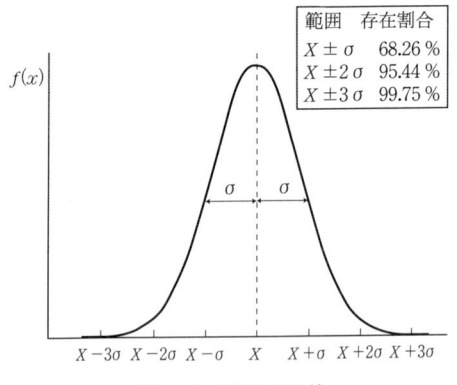

図 1・7　正規分布曲線

正規分布 (normal distribution) 曲線になる．この曲線は次式で与えられる．

$$f(x) = \frac{1}{\sigma\sqrt{2\pi}} e^{-(x-X)^2/2\sigma^2} \tag{1・7}$$

ここで，σ は標準偏差 (standard deviation), σ^2 は分散 (variance) と呼ばれる．$f(x)$ は $x=X$ で最大となり，かつ $x=X$ に対して対称である．われわれが N 回の測定を行って，$x_1, x_2, \cdots, x_N$ の測定値を得たということは，分布関数 $f(x)$ で表現されるような母集団（無限個の測定値の集まり）から任意に抽出された N 個の標本値が，$x_1, x_2, \cdots, x_N$ であるということに相当する．N 個という限られたデータから，母集団についての正しい知識を得ようとすることが，測定データ処理における主な目的である．

a. 平 均 値

N 個のデータ $x_1, x_2, \cdots, x_N$ に対し，次式で与えられる $\bar{x}$ を平均値 (mean value) という．

$$\bar{x} = (x_1 + x_2 + \cdots + x_N)/N \tag{1・8}$$

系統誤差が完全に除かれていれば，測定回数が多くなるにつれて $\bar{x}$ は X に近づいていく．すなわち算術平均 $\bar{x}$ は最も確からしい値 (most probable value) を与えるといえる．

b. 標準偏差と信頼限界

式 (1・7) の σ は N が非常に大きければ次式で与えられる.

$$\sigma = \sqrt{\sum_{i=1}^{N}(x_i-X)^2/N} \tag{1・9}$$

現実には真の値 X はわからず，N も有限の値である．したがって式 (1・10) で与えられる実験標準偏差 (experimental standard deviation) s が用いられる．

$$s = \sqrt{\sum_{i=1}^{N}(x_i-\bar{x})^2/(N-1)} \tag{1・10}$$

実験標準偏差は測定値のばらつきを示す．一方，平均値 $\bar{x}$ の分布についての標準偏差 s_m は次式で推定される．

$$s_m = \frac{s}{\sqrt{N}} = \sqrt{\sum_{i=1}^{N}(x_i-\bar{x})^2/N(N-1)} \tag{1・11}$$

s_m は平均値の実験標準偏差と呼ばれる．

s_m を用いることにより，信頼区間 (confidence interval) を以下のように表わすことができる．ここで信頼区間とは，ある一定の確率で，真の値がその範囲内に含まれていると統計的に主張できる範囲のことをいう．

$$\bar{x}-ts_m < X < \bar{x}+ts_m \tag{1・12}$$

$\bar{x} \pm ts_m$ を信頼限界 (confidence limit) という．t (Student の t) の値は表 1・2 から求められる．例えば 5 個の測定値 (34.3, 34.2, 33.9, 34.0, 35.1) があるとする．その平均値 $\bar{x}$ は 34.3，実験標準偏差 s は 0.474 である．信頼限界 95% とすると，表 1・2 から $t = 2.78$ であるから

$$X = 34.3 \pm \frac{2.78 \times 0.474}{\sqrt{5}} = 34.3 \pm 0.59$$

すなわち，5 個の測定値から，真の値が 34.3−0.59 から 34.3+0.59 の範囲に存在する確率が 95% である，と解釈される．

以上のことがらは，あくまでも偶然誤差が正規分布をなすことを仮定した上での議論であるが，この仮定自体は，無限個の測定値を対象とする場合に成り立つもので，現実の問題では正しく成り立っているとはいえない．した

表 1·2 Student の t 値

測定数	信頼限界		
	90%	95%	99%
2	6.31	12.71	63.66
3	2.92	4.30	9.92
4	2.35	3.18	5.84
5	2.13	2.78	4.60
6	2.01	2.57	4.03
7	1.94	2.45	3.71
8	1.89	2.36	3.50
9	1.86	2.31	3.35
10	1.83	2.26	3.25
∞	1.65	1.96	2.58

がって有限個のデータを扱う場合，それが正規分布からややかけ離れた分布になる場合もないわけではない．特にあるデータがほかとかけ離れていて，一見不自然に思われる場合がよくある．このような場合は，かけ離れたデータは思い切って棄ててしまうのも悪くない方法であろう．また，最大と最小のデータは除いて，残りのデータについて平均をとる，などもよく行われる方法である．

1·4·4 結果の表わし方

一般に測定結果は信頼限界で表示する．あるいは，平均値±実験標準偏差で表わしてもよい．ただし，測定回数を明記しなければならない．また，相対標準偏差（relative standard deviation）$s/\bar{x}$ を用いることもできる．ここで平均値としては，実験値として意味のある数字のみを表記しなくてはならない．これを有効数字（significant figure）といい，確実な位の数字すべてとその次の不確実な位の数字をあわせたものと定義されている．例えば，天秤で測定して得た質量を 12.5 mg と表わした場合，有効数字は 3 桁であるという．12.50 mg と表わせば有効数字は 4 桁で，前者は 0.1 mg の精密さで表現しているのに対し，後者は 0.01 mg の精密さで表現している．0 は有効数字として使われる場合と，単に位取りのために用いられる場合とがあ

る．例えば 12.5 mg を g 単位で書いて 0.012 5 g としても有効数字は 125 の三つだけで，あとの二つの 0 は位取りのためである．有効数字の桁数があいまいにならないように書くには，べき指数の形で表わすのがよい．有効数字が 3 桁の場合は 1.25×10^4，4 桁の場合は 1.250×10^4 と書くべきで，12 500 と書くと両者の区別ができなくなる．

複数の測定値を使って目的の値を計算する場合，それぞれの測定値に付随する誤差が累積していくので，有効数字の桁数に注意しなくてはならない．各測定値が独立である場合，加減算では絶対誤差が累積する．例えば，

$$Y = A+B-C \tag{1・13}$$

の計算をするとき，A，B，C の実験標準偏差をそれぞれ $s_A{}^2$，$s_B{}^2$，$s_C{}^2$ とすると，計算によって求められる値 Y の実験標準偏差は次式で与えられる．

$$s_Y{}^2 = s_A{}^2 + s_B{}^2 + s_C{}^2 \tag{1・14}$$

以下の計算をする場合を考えてみよう．

$$(1.213\pm0.002)+(5.2\pm0.1)-(2.34\pm0.01)$$

計算の結果得られる値の実験標準偏差は，

$$s_Y = (0.002^2+0.1^2+0.01^2)^{1/2} = 0.10$$

であるから，有効数字は小数第 1 位までということになり，計算結果は 4.1 と表記する．

一方，乗除算の場合は相対誤差が累積する．すなわち，次のような計算をするとき

$$Y = AB/C \tag{1・15}$$

求められる値 Y の実験標準偏差は次式で与えられる．

$$\left(\frac{s_Y}{Y}\right)^2 = \left(\frac{s_A}{A}\right)^2 + \left(\frac{s_B}{B}\right)^2 + \left(\frac{s_C}{C}\right)^2 \tag{1・16}$$

次の計算を行う場合について考えてみよう．

$$\frac{(20.00\pm0.02)\times(5.000\pm0.001)}{2.50\pm0.01}$$

計算の結果得られる値の相対標準偏差は

$$\frac{s_Y}{Y} = \left(\left(\frac{0.02}{20.00}\right)^2 + \left(\frac{0.001}{5.000}\right)^2 + \left(\frac{0.01}{2.50}\right)^2\right)^{1/2} = 0.0041$$

であるので,

$$s_Y = \frac{20.00 \times 5.000}{2.50} \times 0.0041 = 0.16$$

となり,小数第1位までが有効数字であることがわかる.したがって計算結果は 40.0 と表記する.このように見てくると,加減算では,小数点の位置と位取りをそろえ,それ以下の数字について有効数字の桁数の小さいものに合わせるように丸めればよく,また,乗除算では,答えの有効数字は有効桁数の最小のものに一致するようにすればよいことがわかる.

数値の丸め方は,4以下は切り捨てて,5以上は切り上げるという四捨五入が一般的である.しかしこれでは,多くのデータの平均を求める場合,大きめにかたよってしまう.そこで,n 桁に丸める際に,$(n+1)$ 桁目の数字が5でかつそれ以下の桁の数字が不明である場合には,n 桁目の数字が偶数であれば切り捨て,奇数ならば切り上げて,n 桁目が常に偶数になるようにする(以下の例を参照せよ).

$0.455 \rightarrow 0.46$　(切り上げる)

$0.465 \rightarrow 0.46$　(切り捨てる)

1・4・5　相関と回帰

濃度と吸光度など,2変量 x と y との間に相関関係があるとき,x の値から y の値を予測する数式を求めることを回帰分析 (regression analysis) といい,その数式を回帰式,グラフを回帰線という.その最も簡単なものは直線(回帰直線)であり,最小2乗法 (least squares method) によって求められる.x と y の N 個の測定データの組 $(x_1, y_1), (x_2, y_2), \cdots, (x_N, y_N)$ に対して,回帰直線 $y = ax+b$ の傾き a と切片 b は次式で与えられる.

$$a = \frac{\sum_{i=1}^{N} x_i y_i - \bar{x} \sum_{i=1}^{N} y_i}{\sum_{i=1}^{N} x_i^2 - N\bar{x}^2} \tag{1・17}$$

$$b = \bar{y} - a\bar{x} \tag{1・18}$$

1・4 分析データの取り扱い

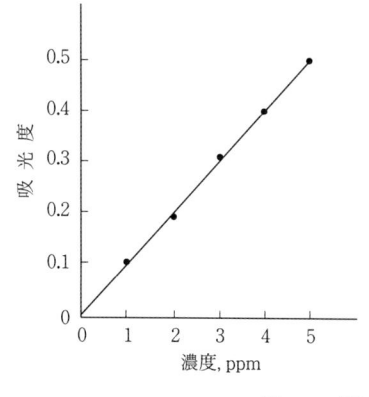

x(濃度)	y(吸光度)
1.00	0.105
2.00	0.193
3.00	0.306
4.00	0.395
5.00	0.492

$y=0.0976\,x+0.0052$
相関係数 $r=0.9993$

図 1・8　回帰直線

最小2乗法によって求めた回帰直線の一例を図1・8に示した．この方法は，直線から求められる y の推定値 y' と測定値 y の差 $(y'-y)$ の2乗の和を最小にするように回帰直線を定めている．

2変量の相関の大きさ，または回帰直線の直線性の高さは，相関係数 (correlation coefficient) r によって表わされる．

$$r = \frac{\sum_{i=1}^{N}(x_i-\bar{x})(y_i-\bar{y})}{\sqrt{\sum_{i=1}^{N}(x_i-\bar{x})^2 \sum_{i=1}^{N}(y_i-\bar{y})^2}} \quad (1\cdot 19)$$

r は $-1<r<1$ の値をとる．定量分析のための検量線は $r=0.999$ 以上の直線性を示すことが望ましい．

2 定性分析

定性分析 (qualitative analysis) とは，与えられた試料がどのような化学種から成り立っているかを知るために行う分析法である．一般に元素，イオン，化合物などの特異な化学反応を利用して定性を行うほか，各種のクロマトグラフィー，いろいろなスペクトロスコピーが利用される．スペクトロスコピー，クロマトグラフィーのほとんどは同時に定量分析法として重要であり，後章で記述する．

化学反応を利用して行う定性分析としては，古い歴史をもつ系統的定性分析法がある．19世紀に Liebig がそれまでの化学教育の方法を一新して，実験室を中心とする教育法を確立し，定性分析を学生に課して以来，この実習は世界的に広がり，化学者の育成に貢献した．

実用的には現在でも放射化学分離などで用いられるが，むしろ無機化学の重要な反応体系を伝えるものとして評価される．

2・1 試料の分解

固体試料は，水，硝酸，王水，その他の酸・アルカリなどに対する溶解性を調べ，試料がこれらのいずれか一つに溶解する場合は，それに溶解して溶液を調製する．溶解しない場合や残留物がある場合は，融解 (fusion) により分解する．試料が有機物を含むときは，キールダールフラスコを用いて有機物をあらかじめ分解しておくことが必要である．

2・2 陽イオンの定性分析

2・2・1 陽イオンの分属

前節に従って陽イオンの定性分析用溶液を調製したのち，通常次のイオン

検出を試みる．

Ag, Hg, Pb, Bi, Cu, Cd, As, Sb, Sn, Fe, Cr, Al,
Ni, Co, Mn, Zn, Ca, Sr, Ba, Mg, Na, K, NH_4^+

　系統的定性分析では，化学的性質の似たイオンを同一の沈殿剤でまとめて沈殿させ，検出の容易化を図る．この目的に使われる試薬を分属試薬といい，分属試薬によるグループ分けを分属という．通常，希塩酸，硫化水素，アンモニア＋塩化アンモニウム，硫化アンモニウム，炭酸アンモニウムが分属試薬として使用される．イオンの分属および分属試薬を一括して表2·1に示した．

表 2·1　陽イオンの分属表

属	分属試薬	所属イオン
第1属	希塩酸	Ag^+, Hg_2^{2+}, Pb^{2+}
第2属	硫化水素	Cu^{2+}, Cd^{2+}, Hg^{2+}, Pb^{2+}, Bi^{3+}, Sn^{2+}, Sn^{4+}, As^{3+}, As^{5+}, Sb^{3+}, Sb^{5+}
第3属	塩化アンモニウム＋アンモニア	Fe^{3+}, Al^{3+}, Cr^{3+}
第4属	硫化アンモニウム	Ni^{2+}, Co^{2+}, Mn^{2+}, Zn^{2+}
第5属	炭酸アンモニウム	Ca^{2+}, Sr^{2+}, Ba^{2+}
第6属	―	Mg^{2+}, Na^+, K^+, NH_4^+

　分属の方法はこれ以外にも多くあり，硫化水素の代用品を用いる方法，有機試薬・抽出などを主とする方法，イオン交換による方法などがある．しかし，初期の分析化学教育を主目的とするときは，古典的方法が適当である．

2·2·2　第1属陽イオンの分析法

　第1属陽イオンの分離および確認の方法を表2·2に示す．第1属，第2属は硫化物の溶解度積の小さい陽イオン群で，酸性溶液から硫化物を沈殿するグループである．このうち，塩化物の溶解度の特に小さいイオン Ag^+，Hg_2^{2+}，Pb^{2+} を分けて第1属としているのである．

　水銀(I)イオンは，固体，溶液中とも $(Hg-Hg)^{2+}$ のように，金属-金属結合を含むので，Hg_2^{2+} と書く．このイオンは水溶液中では不均化（dis-

表 2·2 第1属陽イオンの分析法

試料溶液に 2 M HCl を滴下, Ag^+, Hg_2^{2+}, Pb^{2+} を塩化物として沈殿させる. HCl を加えても新たに沈殿を生じないことを見極めたのち濾過し, 沈殿を 5~10 ml の 2 M HCl で洗う. 洗液は捨てる.

P1 AgCl, Hg_2Cl_2, $PbCl_2$：煮沸した熱湯を濾紙上に注ぎ, $PbCl_2$ を溶解させる.	F1 少量の Pb^{2+} を含む. 第2属以下の分析に供する.
P2 AgCl, Hg_2Cl_2：濾紙上に 6 M NH_3 5~10 ml を注ぎ, 塩化銀を溶かす[1].	F2 $PbCl_2$ を含む溶液を2分し, 一部に 1.5 M K_2CrO_4 溶液を加えると, $PbCrO_4$ の黄沈を生ずる. ほかの一部に硫酸を加えると, $PbSO_4$ の白沈を生ずることにより Pb^{2+} を確認.
P3 $Hg(NH_2)Cl + Hg$：黒色(Hg^0 による色)を示せば Hg_2^{2+} 存在の証明[2].	F3 $[Ag(NH_3)_2]Cl$：2 M HNO_3 で微酸性とすると, 再び AgCl の白沈を生ずることにより Ag^+ を確認.

1) $AgCl + 2NH_3 \rightarrow [Ag(NH_3)_2]Cl$ （可溶）
2) $Hg_2Cl_2 + 2NH_3 \rightarrow Hg^0 + Hg(NH_2)Cl + NH_4Cl$

proportionation reaction)

$$Hg_2^{2+} \rightleftharpoons Hg^0 + Hg^{2+} \qquad (2·1)$$

を行うので, Hg^{2+} と反応する試薬を加えると, 式 (2·1) の反応は右に進んで, Hg_2^{2+} はすべて Hg^0 と Hg^{2+} の化合物となる. Hg^0 は微粒子であるので, 全体は黒色を呈する.

2·2·3 第2属陽イオンの分析法

第1属を分離した濾液に, 酸性で硫化水素を通ずると, 硫化物として沈殿する陽イオンが第2属である. 第4属の陽イオンはアルカリ性で硫化水素を通ずるとき沈殿するもので, 第2属にくらべ溶解度積が大きい. 通常 0.3 M HCl 溶液に硫化水素を通ずる. 例えば, 第4属陽イオンの濃度が高いときは, 溶解度積の小さい Zn^{2+} などの一部分は沈殿を始める. 水素イオン濃度がこれより上下に大きくはずれると, 沈殿の分離は不完全になる.

第2属は甲, 乙2種に分類される. 甲類とはその硫化物が黄色硫化アンモニウムに難溶のもの, 乙類はチオ酸として可溶のものである. 黄色硫化アンモニウムは, ポリ硫化アンモニウム $(NH_4)_2S_x$ ($x=2, 3, 4, 5, 9$) で, 市販品

もあるが，硫化アンモニウム ($(NH_4)_2S$) に硫黄を溶かしてつくることもできる．

第1属の泸液より第2属を分属する操作および甲，乙両類の分離法を表2・3に示す．黄色硫化アンモニウムで第2属硫化物を処理すると，乙類硫化物はすべてチオ金属酸イオンになると推定されている．例えば，

$$As_2S_3 + 3\,S_2^{2-} \rightarrow 2\,AsS_4^{3-} + S \downarrow$$

表2・3 第2属陽イオンの分析法

第1属沈殿の泸液を0.3M HCl に調節，加温して H_2S を通じ，生じた沈殿を泸過する．H_2S 水で洗う．	
P1 CuS（黒），HgS（黒），PbS（黒），Bi_2S_3（黒），CdS（橙黄），As_2S_3（濃黄），As_2S_5（黄），Sb_2S_3（赤橙），Sb_2S_5（橙），SnS(褐)，SnS_2（黄）：沈殿をスパチュラでビーカーに移し，6 M $(NH_4)_2S_x$ 10 ml を加えて加温，水10 ml を加えて泸過する．洗液は5% NH_4NO_3.	F1 第3属以下の分析に供する．
P2 甲類：HgS, PbS, Bi_2S_3, CuS, CdS	F2 乙類：SnS_3^{2-}, AsS_4^{3-}, SbS_4^{3-}

a. 甲類の分析法

甲類の分析法を表2・4に示す．

P 4：$PbSO_4$ が酢酸イオンを含む溶液に溶けるのは酢酸鉛の電離度が小さいためである．

F 5：CN^- は軟らかい配位子（p.84）の仲間で周期表8〜12族の低い原子価の軟らかい陽イオンと安定な錯体をつくる．

$[Cu(NH_3)_4]^{2+}$ に KCN を加えると，

$$2[Cu^{II}(NH_3)_4]^{2+} + 9\,CN^- + 2\,OH^- \rightarrow$$
$$2[Cu^{I}(CN)_4]^{3-} + CNO^- + 8\,NH_3 + H_2O$$

となり，Cu(I) のシアノ錯体ができるので色が消える．H_2S を通じても Cu_2S（$K_{sp}=3\times 10^{-48}$）の沈殿はできない．$[Cd(NH_3)_4]^{2+}$ も KCN によりシアノ錯体に変るが，Cu(I) 錯体ほど安定でないので，CdS を沈殿するのに十分な Cd^{2+} が存在するのである．

表 2·4 甲類の分析法

表2·3のP2に2M HNO₃ 20mlを加え，2～3分間煮沸後，沪過する．少量のHNO₃を含む水で洗う．

P3 HgS：ビーカーに移し，王水数mlと加熱溶解する．煮沸してCl₂を追い出し，水10mlを加え沪過（残留物は硫黄）する．沪液にSnCl₂溶液を加え，灰黒色の沈殿Hg＋Hg₂Cl₂を生ずれば，Hg存在の証明．	F3 Pb^{2+}, Bi^{3+}, Cd^{2+}, Cu^{2+}：蒸発皿に移し約5mlのH₂SO₄を加えて白煙まで蒸発する．冷却後，20mlの水を含むビーカーに注ぐ．静置し沪過する．洗浄は0.3M H₂SO₄で行う．
P4 PbSO₄（白色）：3M CH₃COONH₄の熱溶液10mlをくり返し沪紙上の沈殿に注ぎ溶解する．6M CH₃COOHで酸性とし，1.5M K₂CrO₄を加える．黄沈PbCrO₄の生成はPb存在の証明．水で洗浄する．	F4 Bi^{3+}, Cu^{2+}, Cd^{2+}：6M NH₃の過剰を加え，温めて沪過する．白色沈殿が生ずればBiの存在が推定され，溶液が濃青色を呈すれば，Cuの存在が推定される．沪過し，希NH₃
P5 Bi(OH)₃：新しくつくったNa₂SnO₂の溶液を注ぐ．沈殿の黒変はBiの存在の確証．	F5 $[Cu(NH_3)_4]^{2+}$, $[Cd(NH_3)_4]^{2+}$：一部を取り，0.25M K₄[Fe(CN)₆]を加える．赤褐色の沈殿あるいは溶液の赤

褐呈色は，Cu存在の確証．沪液のほかの一部に1M KCNを滴下，溶液の青色を消失させたのち，H₂Sを通ずる．Cuが存在しない場合は直接H₂Sを通ずる．黄色の沈殿CdSはCd存在の証明．

表 2·5 乙類の分析法

F2（表2·3）SnS_3^{2-}, AsS_4^{3-}, SbS_4^{3-}：同体積の水で薄め，6M HClを加え酸性としたのち加熱する．生じた沈殿の色が白または淡灰色のときは(NH₄)₂Sₓからきた硫黄である．沈殿が黄色ないし橙色のときは沪別し，温1% NH₄Clで洗う．沈殿を小型ビーカーに移し，濃HCl 10mlと10分間加熱（水浴使用），少量の水を加えて沪過する．

P3 As₂S₅：王水に加熱溶解し，生じた硫黄を沪別，沪液を蒸発して2ml程度とする．6M NH₃でアルカリ性とし，マグネシア混液を滴下する．白色結晶性沈殿MgNH₄AsO₄·6H₂OはAs存在の証明．	F3 Sb(V), Sn(IV)：煮沸してH₂Sを除

いたのち，水で4倍に薄める．この溶液をa, bに2分する．

a 1Mシュウ酸5mlを加え加温，H₂Sを通ずる．橙色の沈殿Sb₂S₃はSb存在の証明．	b FeまたはAl片を加え，数分間温めSbを金属単体として析出させる．沪過し，沪液に0.1M HgCl₂溶液を加える．白沈Hg₂Cl₂を生じ，これが灰黒色に変ればSnの存在を示す．

b. 乙類の分析法

乙類の分析は甲類にくらべると難しく，特に Sb が存在するときは，操作は複雑になる．乙類分析の操作を表 2・5 に示す．

2・2・4 第3属陽イオンの分析法

第2属を分離した沪液は H_2S を含むので煮沸して追い出す．鉄は H_2S で Fe(II) にまで還元されているので，硝酸で酸化しておく．次に NH_4Cl，NH_3 により $Fe(OH)_3$，$Al(OH)_3$，$Cr(OH)_3$ を一括分離するのである．水酸化物沈殿の始まる pH は，金属イオン濃度と溶解度積より計算されるが，0.01 M 金属イオン濃度の場合，Fe^{3+} は pH 2～3，Cr^{3+} は 5～6，Al^{3+} は 4～5 程度である．Mn^{2+}，Mg^{2+} の水酸化物は溶解度積が比較的大きく，pH 8 ぐらいでは沈殿しない．しかし，水酸化物を長く空気にさらすと，$Mn(OH)_3$，$MnO(OH)_2$ が沈殿してくるので注意が必要である．

表 2・6 第3属陽イオンの分析法

第2属沈殿の沪液（表 2・3，F1）を煮沸して H_2S を追い出す．濃 HNO_3 数滴を加えて Fe^{2+} を酸化する．溶液の体積の 1/5 ぐらいの 3 M NH_4Cl を加え，6 M NH_3 で微アルカリ性とする．温浸後沪過する．	
P1 $Al(OH)_3$，$Fe(OH)_3$，$Cr(OH)_3$：沈殿は 1～2% NH_4Cl 溶液で洗ったのち，ビーカーに移し，少量の 6 M HCl に加熱溶解する．3 M NaOH を加え十分アルカリ性としたのち加熱する．等容の水で薄め沪過し，沈殿を熱湯を用いて洗浄する．	F1 NH_3 水を滴下加温し，沈殿の生じないことを確かめたのち，第4属の分析に供する．
P2 $Cr(OH)_3$，$Fe(OH)_3$：沈殿をビーカーに移し，10 ml の 2 M NaOH と 10 ml の飽和臭素水[1] を加えて加熱する．沪過し，湯で洗う．	F2 AlO_2^-：HCl で酸性とし，NH_3 水を加えると，白色寒天状沈殿を生ずる．
P3 $Fe(OH)_3$：沈殿の一部を 6 M HCl に溶かし水で薄めて 2 分する．一方には 1 M KSCN，他方には 0.25 M $K_4[Fe(CN)_6]$ を加える．前者により赤色の呈色，後者により紺青沈殿を生ずれば Fe 存在の証明．	F3 CrO_4^{2-}（黄色）：6 M CH_3COOH を加えて酸性とし，煮沸したのち，0.5 M $Pb(CH_3COO)_2$ を 5～10 ml 滴下する．$PbCrO_4$ の黄色沈殿は Cr の存在を示す．

1) 臭素水のかわりに 3% H_2O_2 を使ってもよい．

第3属イオンを沈殿させるのに，NH_3のほかNH_4Clを加えるのは，OH^-イオンの過度の増大を防ぐためである．pHが上がりすぎると，第4属の水酸化物も沈殿するおそれがある．

H_2Sを十分追い出さないままアルカリ性にすると，FeS（黒色）をはじめ第4属硫化物も沈殿してしまう．Fe^{2+}の酸化を行わないと，水酸化物沈殿の沪液がしだいに濁り $\{Fe(OH)_2 \rightarrow Fe(OH)_3\}$，分離が不完全になるため，沈殿のつくり直しを必要とすることになる．また，冷時水酸化物の沈殿をつくったり，NH_3水の量が足りないと，沈殿の沈み方が悪く，沪過は困難となる．

2・2・5 第4属陽イオンの分析法

第3属沈殿を除いた沪液にH_2Sを通ずると，S^{2-}の濃度が高くなり，溶解度積の大きいCo^{2+}，Ni^{2+}，Mn^{2+}，Zn^{2+}も硫化物として沈殿してくるようになる．第4属硫化物混合物を1M HClで処理すると，MnS，ZnSは容易に溶解するが，CoS，NiSは不溶のまま残る．

H_2Sを通じて初めに得られるピンク色のMnSは，コロイド状沈殿で沪紙の目を通りやすいが，緑色の結晶性沈殿は速やかに沈降し，沪過も容易である．塩化アンモニウムの存在は第4属硫化物沈殿の完成に必要であるが，MnSの結晶化を妨げる．塩化アンモニウム共存下加温して十分量のH_2Sを通ずるのは，沈殿の完成と緑色種のMnSの生成を促すためである．第4属陽イオンの分析法を表2・7に示す．

2・2・6 第5属陽イオンの分析法

第4属の沈殿を除いた沪液を酸性にしてH_2Sを追い出したのち，アンモニアアルカリ性とし，$(NH_4)_2CO_3$を加えると，第5属陽イオンCa^{2+}，Sr^{2+}，およびBa^{2+}の白色の炭酸塩が沈殿する．Mg^{2+}の炭酸塩は溶解度が大きく，特にNH_4Clの存在下では沈殿しない．この場合のNH_4Clを除くには，溶液をできるだけ濃縮したのち，容器を時計皿で覆い，濃硝酸を20 ml程度加えて加熱する．激しい発泡をおこしながら次式に従って分解する．

$$2 NH_4Cl + 8 HNO_3 \rightarrow N_2 + 8 NO_2 + Cl_2 + 8 H_2O$$

表 2·7　第4属陽イオンの分析法

第3属水酸化物の沪液（表2·6, F1）に6 M NH₃ 1〜2 ml を加え，十分 H₂S を通ずる．溶液を煮沸まで熱したのち沪過する．少量の (NH₄)₂S を含む 1 M NH₄Cl 溶液で沈殿を洗う．

P1　NiS(黒色), CoS(黒色), MnS(緑色), ZnS (白色)：沈殿を三角フラスコに移し，冷たい 1 M HCl 20〜30 ml を加えて栓をし，5〜10 分間振り混ぜたのち沪過する．硫化水素水で洗浄する．	F1　H₂S を通じても沈殿を生じないことを確かめる．酢酸酸性として煮沸して H₂S を除き，沪液を第5属の分析に供する[1]．	
P2　CoS, NiS：ビーカーに移し，6 M HCl を加えて加熱し，KClO₃ の結晶を少量ずつ加える．沈殿が溶解したのち，ほとんど蒸発乾固する．残留物を水に溶かし，析出した硫黄を沪別したのち，沪液にジメチルグリオキシム 1% アルコール溶液 5 ml	F2　Mn^{2+}, Zn^{2+}：煮沸して H₂S を追い出す．生じた硫黄を沪別したのち，2 M NaOH を加えて温め，沪過する．洗浄は湯[1]．	
	P4　Mn(OH)₂：沈殿の一部を取り，濃 HNO₃ に溶解し，少量の PbO₂ 粉末を加えて加熱する．MnO_4^- の生成(赤色)は，Mn の存在を示す[2]．	F4　$HZnO_2^-$：6 M CH₃COOH を加えて微酸性とし，H₂S を通ずる．白沈 ZnS は Zn の存在を示す．
を加え，NH₃ 水でアルカリ性とし，煮沸まで加熱して放置する．		
P3　赤沈は Ni 存在の確証[3]．	F3　Co^{2+}：赤色沈殿を沪過した沪液（あるいはジメチルグリオキシムで沈殿を生じなかった溶液）が黄〜黄褐色を呈し，かつ溶液を酸性としたとき，その色が消失しなければ Co 存在の証明[4]．	

1) NaOH 過剰だと $Zn(OH)_2 + OH^- \rightarrow HZnO_2^- + H_2O$ となって溶ける．
2) 白色の Mn(OH)₂ は空気酸化により容易に褐色の MnO(OH)₂ などに変わる．
3) アルカリ性でニッケルジメチルグリオキシムのかさ高の沈殿を生ずる．重要な反応である．
4) ホウ砂球反応による検出も優れている．

この操作はケイ酸塩分析などでもよく行われるところである．

なお分属試薬として用いる炭酸アンモニウムは不安定な物質で，市販品は純粋な (NH₄)₂CO₃ ではなく，炭酸アンモニウムとカルバミン酸アンモニウムの1：1複塩（炭酸カルバミン酸アンモニウム NH₄HCO₃·NH₄COONH₂）であることが多い．表2·8に第5属陽イオンの分析操作を示す．

2·2·7　第6属陽イオンの分析法

第5属陽イオンの沈殿を沪別した沪液には，NH₄Cl の存在のため沈殿を

表 2·8　第5属陽イオンの分析法

第4属の沈殿を沪過した沪液（表2·7, F1) に酢酸を加えて酸性とし，煮沸して H_2S を追い出し，同時に濃縮して20～30ml程度とする．これを沸騰まで加熱，3M $(NH_4)_2CO_3$ を加え，15分程度水浴上で温め，沪過する．洗液は薄い $(NH_4)_2CO_3$ 溶液．

P1　$CaCO_3$, $SrCO_3$, $BaCO_3$：熱い6M CH_3COOH 5～15ml をくり返し注いで沈殿を溶かし，ほぼ蒸発乾固する．残留物を6M CH_3COOH 2ml, 3M CH_3COONH_4 10ml, 水	F1　NH_3 水と $(NH_4)_2CO_3$ 溶液を加え，煮沸しないように温めても沈殿生成しないことを確かめ，第6属の分析に供する．

10mlに溶解，煮沸まで加熱し，1.5M K_2CrO_4 3ml を滴下する．沪過し，水で洗う．

P2　$BaCrO_4$（黄色）：沈殿を少量の濃HClでうるおし，白金線の環に付着させ，ブンゼンバーナーの淡色炎中に入れる．黄緑色の炎光はBa存在の証明．	F2　Ca^{2+}, Sr^{2+}：煮沸するまで加熱し，NH_3 水と $(NH_4)_2CO_3$ 溶液を加える．沸騰しない程度に数分間保ったのち沪別する．熱湯で洗浄したのち，沈

殿を6M CH_3COOH に溶解し，溶液をa,bに2分する．

a　溶液をほとんど蒸発乾固し，残留物を少量の水に溶解する．これに同体積の石こう水（硫酸カルシウム飽和溶液）を加えて試験管に移し，これを沸騰した水を入れたビーカーに浸す．ときどきガラス棒で試験管の内壁をこする．生じた白沈 $SrSO_4$ はSr存在の証明．沈殿を沪別，洗浄後，濃HClでうるおし，白金線の環につけて炎色反応を試みる．深紅の炎色はSr存在の証明．	b　先にaに従ってSrの存否を調べておく． (1) Srが存在しない場合：溶液に NH_3 水を加えてアルカリ性とし，沸騰まで加熱する．0.2M シュウ酸アンモニウムを加える．白沈 $CaC_2O_4 \cdot H_2O$ の生成はCa存在の証明． (2) Srが存在する場合：溶液に同体積の $(NH_4)_2SO_4$ 飽和溶液を加え，しばら

く煮沸し，生じた $SrSO_4$ の沈殿を沪別する．沪液に NH_3 水を加えたのち 0.2M $(NH_4)_2C_2O_4$ を加える．白沈 $CaC_2O_4 \cdot H_2O$ はCa存在の証明．この沈殿を少量のHClに溶かし，炎色反応を試みる．橙色の炎色はCa存在の証明．

逃れた少量の第5属陽イオンを含むおそれが大きい．これらは Mg^{2+} の検出を妨害するので，あらかじめ沈殿除去する．Mg^{2+} の検出は，沪液の一部を用いてリン酸塩を試薬として沈殿の生成の有無によって行う．リン酸塩はいわばはん用試薬で，ほとんどの陽イオンと反応するが，第6属には Mg^{2+} 以外はアルカリ金属しか存在しないので使用できるのである．また，沪液の一部を用いて Na^+, K^+ の検出を行うが，両イオンとも検出に適当な沈殿反応，呈色反応を欠き，古典法によるそれらの検出は労多く困難であり，かつ

不確実である．試薬，環境からの汚染にも留意しなければならない．K^+ を $HClO_4$ により，$KClO_4$ としてアルコール溶液で沈殿させ，Na^+ と分離する方法は，取り扱いいかんによって爆発をおこすこともあり，避けたほうがよい．本書では両元素の検出は炎色反応による方法のみ記述した（表 2・9）．

表 2・9 第6属陽イオンの分析法

表 2・8 の F1 の沪液を沸騰するまで加熱し，これに $1M(NH_4)_2SO_4$，$0.25M$ $(NH_4)_2SO_4$ および $0.25M(NH_4)_2C_2O_4$ 各 1ml を加えて少時加熱後，しばらく放置する．沈殿を生ずれば沪別して捨てる．沪液を2分し，一方は Mg^{2+} の検出に，他方は Na^+，K^+ の検出に供する．

| Mg^{2+} の検出：$2M\ HCl$ を加えて微酸性とし，蒸発濃縮後これに $1M\ Na_2HPO_4$ 数 ml を加えさらに液量の 1/3 量の濃 NH_3 水を加える．白沈 $MgNH_4PO_4\cdot6H_2O$ は Mg の証明[1]． | Na^+，K^+ の検出：少量の溶液を取り，蒸発乾固してから，2〜3滴の濃 HCl でうるおし，これを白金線の環につけて酸化炎中に入れ，炎色反応をみる．持 |

続性の著しい黄色を示せば Na^+ 存在の証明．K^+ は単独の場合にはすみれ色を示すが，Na^+ が共存するとその黄色に消されて不明となる．この場合はコバルトガラスを通して炎光を観察する．ガラスを通して紫赤色の炎光は K^+ 存在の証明．

NH_4^+ の検出：もとの試料の少量を取り，$6M\ NaOH$ を加えて温め，NH_3 臭気を確かめる．

1) $Mg^{2+} + NH_4^+ + PO_4^{3-} + 6H_2O \rightarrow MgNH_4PO_4\cdot6H_2O$
この沈殿は，過飽和溶液をつくりやすいので，薄い溶液では沈殿の析出に時間を要する．

2・3 陰イオンの定性分析
2・3・1 陰イオン分析用試料の調製

一般に陽イオンの分析後，陰イオンの分析に移る．原試料溶液に炭酸ナトリウムの濃水溶液を加え，数分間煮沸してアルカリ土類，重金属類を炭酸塩として沈殿させ，これを沪別後，沪液を酢酸，塩酸，硝酸などによって中和して分析に供する．CO_3^{2-} の検出は当然試料の一部を使って行うことになる．試料中にリン酸を含むときは，沈殿中に Fe, Al, アルカリ土類のリン酸塩として移行することがあり，沈殿についてもリンの検出を行うことが必要である．ヒ酸，亜ヒ酸についても同様の配慮を要する．水，酸に溶けない

固体試料の場合は，炭酸ナトリウムで融解し，融成物を水で処理し，沪過後沪液を酸で中和し，これを陰イオンの分析に供する．ケイ素の多い場合はここでケイ酸の析出をみることがある．

2・3・2 陰イオンの分属

陰イオンの分析では，陽イオンにみるような系統的分析法はない．一般的には，塩化バリウムおよび硝酸銀による沈殿生成の有無，ならびにこれら沈殿の酸に対する溶解性の差によって，表2・10のように5属に分属する．3属に分けることもある．

表 2·10 陰イオンの分属表

	$BaCl_2$ との反応[1]	沈殿の溶解性[2]			$AgNO_3$ との反応[1]	沈殿の溶解性[2]			所属イオン
		HCl	HNO_3	CH_3COOH		HCl	HNO_3	CH_3COOH	
第1属	沈殿	難溶	難溶	難溶	—	—	—	—	SO_4^{2-}, SiF_6^{2-}
第2属	沈殿	溶解	溶解	難溶	沈殿(F^-を除く)	溶解	溶解	難溶	CrO_4^{2-}, $C_2O_4^{2-}$, $Cr_2O_7^{2-}$, F^-, SO_3^{2-}, $S_2O_3^{2-}$
第3属	沈殿	溶解	溶解	溶解	沈殿	溶解	溶解	溶解	AsO_3^{3-}, AsO_4^{3-}, BO_2^-, CO_3^{2-}, $C_4H_4O_6^{2-}$, PO_4^{3-}, (SiO_3^{2-})
第4属	—	—	—	—	沈殿	難溶	難溶	難溶	Cl^-, Br^-, I^-, CN^-, ClO^-, SCN^-, S^{2-}, $[Fe(CN)_6]^{4-}$, $[Fe(CN)_6]^{3-}$
第5属	—	—	—	—	—	—	—	—	$C_2H_3O_2^-$, ClO_3^-, NO_2^-, NO_3^-

1) 中性溶液における反応，2) 2Mの酸についてのもの

$BaCl_2$，$AgNO_3$のいずれかを用いる方法によって分析を進めればよいわけであるが，両方とも完全な体系とはいえないので，検出の正確さを期するためには両方を併用するのが理想的といえる．ここでは$BaCl_2$を用いた分属法についてのみ扱うこととする（表2·11）．

$BaCl_2$によって沈殿する陰イオンは第1~3属に属するもので，第4，5属

2·3 陰イオンの定性分析

表 2·11 $BaCl_2$ による陰イオンの分属操作

中性の試料溶液(試料が酸性ならば NH_3 水,アルカリ性であれば CH_3COOH で中和する。微アルカリ性ならばそのまま用いてよい)の少量を取り,加熱し,これに $0.5M\ BaCl_2$ 溶液の過剰を加えてさらに加熱してから,2～3滴の $1M\ NH_3$ を加える.沈殿を生じなければ第1,2,3属陰イオンは不存である.沈殿を生じたならば沪過する.

P1 第1,2,3属:沈殿の色を観察せよ. $2M\ HCl$ を加えて穏やかに加熱,発生する気体に注意する ($CO_3^{2-} \to CO_2$, SO_3^{2-}, $S_2O_3^{2-} \to SO_2$. 吸収させ別途検出する).沈殿が全部溶けて残留物がなければ,第1属陰イオンは不存.残留物は沪過する.	F1 第4,5属
P2 第1属:残留物をビーカーに移し,濃 HCl を少量加えて加熱,冷却後水を加えて薄め沪過する.	F2 第2,3属: NH_3 水で中和し,さらに2,3滴の $2M\ NH_3$ と $0.5M\ BaCl_2$ 数滴を加えて加熱する.沈殿を生じないときは,第2,3属陰イオンは不存である.沈殿を生じたならば沪別し,沪液は捨
P3 $BaSO_4$, SO_4^{2-} の検出.	F3 SiF_6^{2-} の検出.

てる.沪紙上の沈殿に $2M\ CH_3COOH$ をくり返し注ぐ.

P4 第2属: SO_3^{2-}, $S_2O_3^{2-}$ を欠く[1].残留物の色を観察せよ.	F4 第3属: CO_3^{2-} を欠く[1]. 2分し,一部で PO_4^{3-} を検出,他部は NH_3 水で中和し,

なお2～3滴の $2M\ NH_3$ と数滴の $BaCl_2$ を加えるとき,沈殿を生ずれば,第3属の存在を示す.沈殿について各個反応を行う.

1) P1 を $2M\ HCl$ と加熱する際揮発して失われている.

陰イオンは沈殿しない.したがって $BaCl_2$ による沈殿を沪別すれば,沪液には第4,5属の陰イオンが集まり,陰イオンをとりあえず二つに大別することができる.

3 溶液内化学平衡

ある化学反応が重量分析や滴定分析に用いられるためには，反応物が事実上完全に生成物に変化するという条件を満たさなくてはならない．特定の条件下で反応が現実におこる可能性があるかどうか，またもしおこるならば，どの程度進行するのかは，熱力学にもとづいた化学平衡の理論によって明らかにされる．本章では，化学平衡の原理を解説し，次いで，酸塩基平衡，錯生成平衡および沈殿平衡の定量的取り扱いについて論ずる．

3·1 化学平衡の理論
3·1·1 化学平衡とは

今，窒素と水素を 1:3 のモル比で混合した気体を高温に保つと次の反応がおこる．

$$\frac{1}{2}N_2 + \frac{3}{2}H_2 \rightleftharpoons NH_3 \tag{3·1}$$

この反応は，完全には右側に進まない．すなわち，N_2 と H_2 とはすべて NH_3 にならず，反応条件に対応した一定量の NH_3 を生成した状態で反応が停止する．これは，反応の進行につれて逆反応（生成した NH_3 の分解反応）がおこり，一定時間後に正逆両反応の速度が等しくなったためである．このように，一定の条件のもとで，ある化学反応がおこり，それがある程度進んだところでみかけ上反応が停止した場合に，反応は平衡（equilibrium）に達したという．平衡状態では物質の濃度に変化はみられないが，正逆の両反応は停止しているのではなく，両方向に同じ速度で進行している．反応を逆方向から行っても同じ平衡状態に達する．この平衡状態は後述するように，系の温度や圧力に依存する．

3・1・2 自由エネルギーと化学平衡

前述のように,化学反応は平衡状態に向かって進行する.すなわち,化学反応の駆動力は,注目する化学系が平衡状態からどれだけ離れているかで表わされることになる.一定の温度および圧力のもとでは,この変位はGibbsの自由エネルギーを用いて定量的に表わされる.

一つの相において化学種 $1, 2, \cdots, N$ が,それぞれ $n_1, n_2, \cdots, n_N$ mol 存在するとき,その化学系の全自由エネルギー G は,

$$G = \mu_1 n_1 + \mu_2 n_2 + \cdots + \mu_N n_N = \sum \mu_i n_i \tag{3・2}$$

で与えられる.ここで μ_i は化学種 i の化学ポテンシャル (chemical potential) で,i 以外のすべての化学種の物質量 (mol) を一定に保ちながら,i の物質量を微小量だけ変化させたときの系全体の自由エネルギーの変化量として定義される.

$$\mu_i = \left(\frac{\partial G}{\partial n_i}\right)_{T,P,j} \tag{3・3}$$

ここで,添字 T, P, j は,それぞれ温度,圧力,および n_i 以外のすべての化学種の物質量一定という意味である.いいかえれば,化学ポテンシャルは,定温,定圧で,与えられた組成をもつ混合物全体の自由エネルギーに対する各化学種 1 mol 当りの寄与を示している.

Gibbs の自由エネルギーは,定温定圧のもとでの化学変化の方向を決める量である.すなわち,自由エネルギーが減少する方向に自然の変化は進み,平衡に達すると自由エネルギー変化はなくなる.

化学反応

$$a\mathrm{A} + b\mathrm{B} \rightarrow c\mathrm{C} + d\mathrm{D} \tag{3・4}$$

において,A,B,C,D は常に一定の比率で変化する.すなわち,各化学種がそれぞれ dn_A, dn_B, dn_C, dn_D と変化したとき,それらの間には

$$-\frac{dn_\mathrm{A}}{a} = -\frac{dn_\mathrm{B}}{b} = \frac{dn_\mathrm{C}}{c} = \frac{dn_\mathrm{D}}{d} = d\xi \tag{3・5}$$

の関係が存在する.各物質の反応量をその係数で割った絶対値は,互いに等しく一定値 $d\xi$ を与える.この ξ を反応進行度 (degree of advancement)

と呼ぶ．化学種 A, B をそれぞれ a, b mol 含む反応系（左辺）が完全に生成系（右辺）に変化したときは $d\xi=1$ となるから，反応がおこらないときの ξ の値を 0 とおくと

$$0 \leq \xi \leq 1 \tag{3・6}$$

となる．平衡状態では，反応の移動に関して自由エネルギーは極小になる．これを，反応進行度を用いて表現すると次のようになる．

$$-\left(\frac{\partial G}{\partial \xi}\right)_{T,P} = 0 \tag{3・7}$$

これが平衡の条件である．ξ が 0 から 1 に向かって増加していくと，G は次第に減少していき，やがて平衡に達したとき G は極小になる．反応が反応式の左辺から出発しても右辺から出発しても同じ平衡状態に達する．図 3・1 は，298 K，1 気圧でのアンモニア合成反応 (3・1) における系の全自由エネルギーを，反応進行度の関数として表わしたものである．平衡状態にお

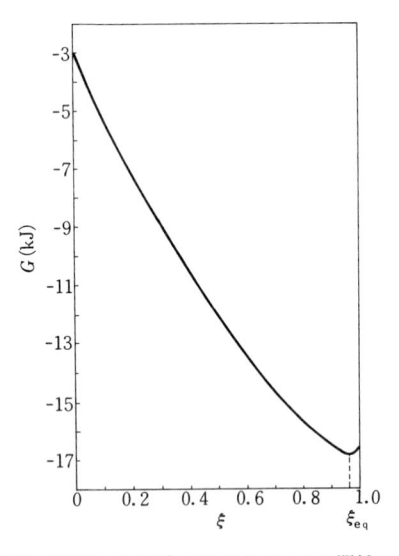

図 3・1 アンモニア合成反応（298 K，1 気圧）における G と ξ の関係．G は，気体の N_2 と H_2 がそれぞれ単独で存在するときの値を基準として計算したものである．$\xi=0$ で $G<0$ であるのは，N_2 と H_2 の混合によりエントロピーが増大し，その分 G が減少したためである．R. W. Cohen, J. C. Whitmer : *J. Chem. Educ.*, **58**, 21 (1981) より引用．

けるξの値(ξ_{eq})は，0.97である．したがって，反応が0.5モルのN_2と1.5モルのH_2の混合物から出発したとすると，平衡に達したとき，生成したアンモニアは0.97モルとなる（ただしこの温度では，この反応の速度は極めて遅く，事実上反応はおこらない）．ξ_{eq}は，温度および圧力に依存して変化する．図3·2は，300〜500 Kの範囲でのアンモニア合成反応における自由エネルギー変化を示したものである．

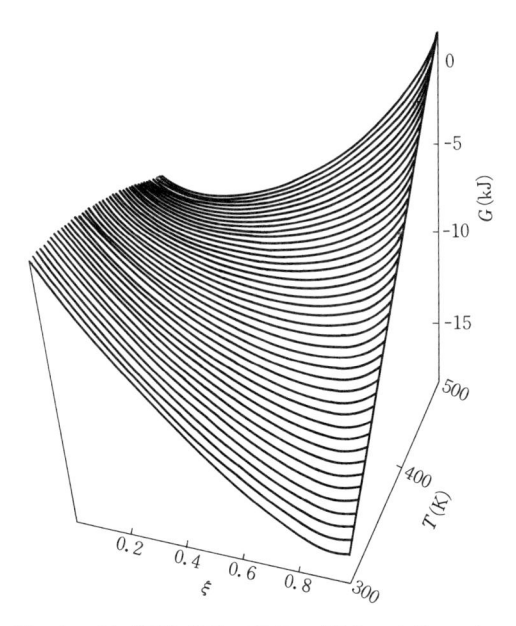

図 3·2 アンモニア合成反応（300〜500 K，1気圧）におけるGとξの関係．図3·1と同一の文献より引用．

3·1·3 溶液組成の表わし方

分析化学の研究の対象となる系は，気相，液相，固相を問わず，ほとんどは多成分系である．中でも溶液（solution）は，分析化学において最も広く取り扱われている状態であり，溶液組成の表わし方についてはあらかじめ知っておくことが必要である．

溶液は，少なくとも二つの化学種からなっている．一般に最も量の多い成

分を溶媒 (solvent) と呼び，その中に含まれている成分を溶質 (solute) という．溶液組成の表わし方には，次のようにいろいろな方法がある．

a. モル分率 (mole fraction)

溶液を構成する全成分の物質量 (mol) の和 $\sum n_i$ に対する注目成分の物質量の比であり，記号 X を用いて表わす．

$$i \text{ 成分のモル分率} = X_i = \frac{n_i}{\sum n_i}$$

したがって

$$\sum X_i = 1$$

である．

b. 重量モル濃度 (molality)

溶媒 1 kg に溶けている溶質の物質量 (mol) で，通常，記号 m で表わす．分子量 M_2 の溶質 w_2 g を溶媒 w_1 g 中に溶かした溶液であれば

$$m = \frac{1\,000 w_2}{w_1 M_2} = \frac{1\,000 n_2}{w_1}$$

c. モル濃度 (molarity)

溶液 1 l 中に含まれる溶質の物質量で，一般に，濃度記号は c，単位は mol l^{-1} または M で表わされる．溶液の調製上便利であるが，溶液の温度に依存することに注意しなくてはならない．

2 成分系では，溶質のモル分率 X_2，重量モル濃度 m，およびモル濃度 c は，相互に次のように関係づけられる．

$$X_2 = \frac{m}{\frac{1\,000}{M_1} + m} = \frac{c}{\frac{1\,000\rho - cM_2}{M_1} + c}$$

ここで，M_1, M_2 はそれぞれ溶媒および溶質の分子量であり，ρ は溶液の密度である．濃度が十分に低い希薄溶液では，X_2, m, c は互いに比例するようになる．

$$X_2 = \frac{M_1}{1\,000} m = \frac{M_1}{1\,000 \rho_1} c$$

ただし，ρ_1 は溶媒の密度である．

d. 重量パーセントおよび百万分率

重量パーセント（wt％）は，溶液 100 g 中の溶質のグラム数で示される．

$$\mathrm{wt\%} = \frac{w_2}{w_1+w_2}\times 100$$

百万分率（ppm）は溶液百万部中に何部の溶質が含まれているかを示すものである．重量パーセントと同様に，重量単位で表わすことができる．

$$\mathrm{ppm} = \frac{w_2}{w_1+w_2}\times 10^6$$

さらに低濃度であるとき，上式中の 10^6 をそれぞれ 10^9, 10^{12}, 10^{15} で置き換えた ppb，ppt，ppq を用いる．

3・1・4 理想気体と理想溶液の化学ポテンシャル

物質の化学ポテンシャルは，その物質がどのような状態で存在するかによって異なる．すなわち，固体であるか液体であるか気体であるかによって，また，温度や圧力がいくらであるかによって変化する．さらに，共存するほかの物質の濃度にも依存する．

ある相における化学種 i の化学ポテンシャルは，組成に無関係な項 $\mu_i^{\ominus}(T, p)$ と，組成の関数になる項 $\mu_i^{\mathrm{M}}(T, p, n_\mathrm{A}, n_\mathrm{B}, \cdots)$ に分けて考えることができる．

$$\mu_i = \mu_i^{\ominus}(T, p) + \mu_i^{\mathrm{M}}(T, p, n_\mathrm{A}, n_\mathrm{B}, \cdots) \tag{3・8}$$

$\mu_i^{\ominus}(T, p)$ は，成分 i の化学ポテンシャルが組成によってどのように変化するかを調べるときの基準となる項で，これを絶対温度 T，圧力 p における化学種 i の標準化学ポテンシャル（standard chemical potential）という．

反応に関わる各物質が理想気体であるならば，組成を分圧で表わすと，気体混合物中の成分 i の化学ポテンシャルは

$$\mu_i = \mu_i^p(T) + RT \ln \frac{p_i}{p^+} \tag{3・9}$$

で表わされる．ここで，R は気体定数であり，p_i は成分 i の分圧，そして p^+ は基準圧である．基準圧には，通常 1 atm（$=1.013\,25\times 10^5$ Pa）がとられる．また，μ_i^p は気体組成を分圧で表わしたときの標準化学ポテンシャル

で，p_i が基準圧 p^+ に等しいときの μ_i であり，温度のみの関数である．

　理想気体混合物の全圧を p，成分 i のモル分率を X_i とすると，分圧 p_i は Dalton の法則により，次式で与えられる．

$$p_i = X_i p \tag{3・10}$$

これを式（3・9）に代入すると

$$\mu_i = \mu_i{}^X(T, p) + RT \ln X_i \tag{3・11}$$

が得られる．ここで，$\mu_i{}^X$ もまた成分 i の標準化学ポテンシャルであり，成分 i が単独にあるときの 1 mol 当りの自由エネルギーに対応する．$\mu_i{}^X$ は，$\mu_i{}^p$ と異なり，温度と圧力の関係である．

　さて，実在の気体に対して理想気体を想定するのと同様に，実在の溶液の理想的極限として，理想溶液を考えることができる．理想気体の条件は，分子自身の体積が 0 であることと，分子間相互作用がはたらかないことであるが，溶液の場合は，いかに理想的であっても分子間相互作用のないものは考えられない．そこで，溶媒分子も溶質分子も大きさが等しく，また，すべての成分分子間相互作用が等しい溶液を理想溶液とする．このように考えると，理想溶液中における成分 i の化学ポテンシャル μ_i と組成との間には，理想気体混合物における式（3・11）と同じ形の関係が成り立つ．

$$\mu_i = \mu_i{}^\ominus(T, p) + RT \ln X_i \tag{3・12}$$

ここで，$\mu_i{}^\ominus$ は溶液中の成分 i の標準化学ポテンシャルで，温度と圧力の関数である．

3・1・5　活量と活量係数

　実在の系では，一般に成分分子の大きさはそれぞれ異なり，また，分子間相互作用も一様ではない．すなわち，実在の系では，

$$\mu_i{}^M \neq RT \ln X_i \tag{3・13}$$

である．理想性からのずれの原因を厳密な理論で解明することは，極めて困難である．そこで，われわれは適当な補正係数を導入することによって，理想溶液についての単純な関係式を，そのままの形で実在の溶液へ拡張することを考える．

2種類の液体，i と j が任意の割合で混じり合う場合を考えよう．もし，この溶液が，全組成領域にわたって理想性を示すならば，μ_i と $\ln X_i$ の間には，純粋な i の化学ポテンシャル μ_i° を通り，傾きが RT の直線関係が成り立つはずである（図3・3破線 a）．この直線は

$$\mu_i^{\mathrm{id}} = \mu_i^\circ + RT \ln X_i \tag{3・14}$$

で表わされる．もちろん，成分 j についても同様の関係が成り立つ．

$$\mu_j^{\mathrm{id}} = \mu_j^\circ + RT \ln X_j \tag{3・15}$$

ただし，μ_j° は純粋な成分 j の化学ポテンシャルである．

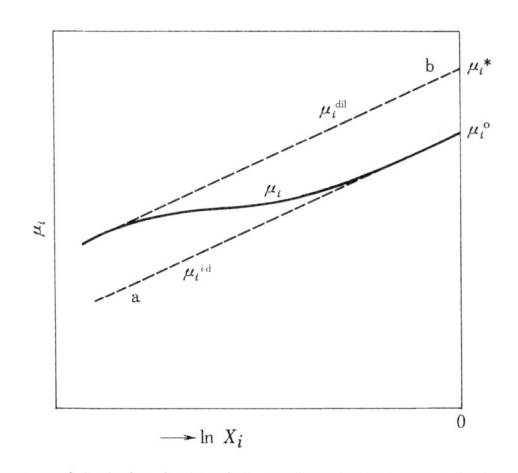

図 3・3 2成分系 $(i+j)$ 中の成分 i の化学ポテンシャルと組成の関係

一般には，2成分が任意の割合で混和することは少なく，溶質が溶媒中に存在する量には限度（溶解度）がある．したがって，溶媒については，式 (3・14) および (3・15) のように，純粋な溶媒を基準にとり，その化学ポテンシャルを標準化学ポテンシャルとするのが自然であるが，溶質については，純粋な溶質を基準にとることは極めて不便である．そこで，溶質の基準系は一般に次のように定められる．すなわち，溶液中に無限に希薄な濃度で溶質が溶けている場合，溶質分子は溶媒分子にのみ囲まれており，このような無限希釈状態では溶質分子は理想的な挙動をすると考える．

実際に，実在の溶液は，溶質濃度が十分に小さくなれば，溶媒も純粋状態に近似でき，各成分が理想的な挙動を示すようになる．これを特に，理想希薄溶液といい，この状態を溶質についての基準とする．理想希薄溶液を基準にした成分 i の化学ポテンシャル μ_i^{dll} は，次のように表わされる（図 3・3 破線 b）．

$$\mu_i^{\text{dll}} = \mu_i^* + RT \ln X_i \tag{3・16}$$

ここで，μ_i^* は，成分 i の理想希薄溶液を基準にして，仮に i があらゆる濃度において理想的な挙動を示すと仮定したときに，$X_i=1$ においてとるべき化学ポテンシャルである．したがって，μ_i^* は μ_i° とは異なり，実際には実現しえない仮想的な状態での化学ポテンシャルである．

元来，化学ポテンシャルは，その絶対量を決めることはできないので，ある基準となる状態における化学ポテンシャルとの差を議論するのが普通である．したがって，どのような状態を基準に選んでも，また，標準化学ポテンシャルには，どのような値をとってもさしつかえない．しかし，内容が明確であり，実験結果の解析に便利な上の二つの基準系が通常用いられる．ただし，用いる濃度単位が異なると，それに対応して標準化学ポテンシャルの値も変化することに注意しなくてはならない．例えば，モル濃度を用いた場合には，溶質濃度が $1\,\text{mol l}^{-1}$ になったときの化学ポテンシャルが，また，重量モル濃度を用いた場合には，$1\,\text{mol kg}^{-1}$ のときの値が標準化学ポテンシャルになる（正しくは，それぞれの濃度単位で表わしたときの活量が 1 のときの化学ポテンシャルが標準化学ポテンシャルになる）．

実在の溶液では，組成の全域にわたって理想的な挙動を示すことはなく，中間の濃度領域では，各成分の化学ポテンシャルは非理想的な挙動を示す．例えば，成分 i の化学ポテンシャルと組成との関係をプロットすると図 3・3 の実線のようになるであろう．すなわち，$X_i \to 0$ の領域では，理想希薄溶液を仮定したときの線 b に沿って変化するが，濃度が次第に高くなるに従って，成分間の相互作用に変化を生じ，μ_i^{dll} からずれてくる．さらに濃度が高くなって $X_i \to 1$ の領域に入ると，そこでは理想溶液に近似できるように

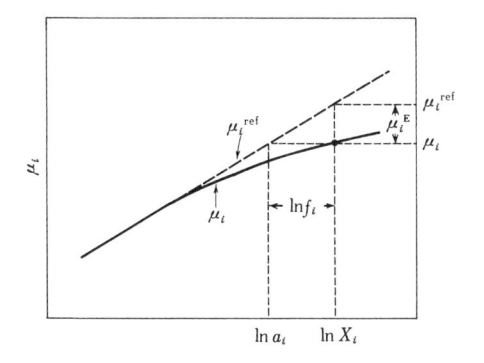

図 3·4 過剰化学ポテンシャルと活量係数

なる.

ここで，図 3·4 に示すように，ある組成 X_i における実際の化学ポテンシャル μ_i と，基準系の値 μ_i^{ref} (μ_i^{id} または μ_i^{dil}) との差を過剰化学ポテンシャル (excess chemical potential) μ_i^{E} と定義する.

$$\mu_i^{\text{E}} = \mu_i - \mu_i^{\text{ref}} \qquad (3\cdot17)$$

一方，X_i での μ_i と同じ値を示す μ_i^{ref} に対応する組成を a_i とすると，

$$\mu_i = \mu_i^{\ominus} + RT \ln a_i \qquad (3\cdot18)$$

の関係が成り立つ. この a_i を成分 i の活量 (activity) と呼ぶ. また，X_i と a_i は，モル分率にもとづいた活量係数 (activity coefficient) f_i によって関係づけられる.

$$a_i = f_i X_i \qquad (3\cdot19)$$

活量係数は，過剰化学ポテンシャルと次の関係にあり，

$$\mu_i^{\text{E}} = RT \ln f_i \qquad (3\cdot20)$$

ともに，非理想性を示す尺度である. いいかえれば，非理想性のしわ寄せは活量係数に集約されているということができよう.

用いる濃度単位が異なると，それに対応して標準化学ポテンシャルの値も異なることはすでに述べたが，活量および活量係数の値も，濃度単位によって（同じ組成の溶液でも）異なることに注意しなくてはならない. 通常，重

量モル濃度およびモル濃度に対する活量係数は，それぞれ γ および y で表わし，モル分率に対する活量係数 f と区別する．また，活量および活量係数は，無次元の量であると定義するほうが，熱力学的取り扱い上，便利である．そのため，モル分率は元来無次元なので問題はないが，重量モル濃度およびモル濃度を濃度単位としたときの活量は，それぞれ次のように定義される．

$$a_i{}^m = \frac{m_i \gamma_i}{m_i^{\ominus}} \tag{3·21}$$

$$a_i{}^c = \frac{c_i y_i}{c_i^{\ominus}} \tag{3·22}$$

ここで，$m_i^{\ominus}$ および $c_i^{\ominus}$ はそれぞれ重量モル濃度およびモル濃度の尺度での基準値（通常 $m_i^{\ominus} = 1 \text{ mol kg}^{-1}$，および $c_i^{\ominus} = 1 \text{ mol l}^{-1}$ の値をとる）である．

3·1·6　質量作用の法則

定温定圧の条件下では，多成分混合物の自由エネルギー変化 dG は，式 (3·2) から次のように導かれる．

$$dG = \sum \mu_i dn_i \tag{3·23}$$

式 (3·4) の反応について考えると，式 (3·5)，(3·7) および (3·23) から，平衡状態では次の関係式が成り立つことが証明される．

$$a\mu_A + b\mu_B = c\mu_C + d\mu_D \tag{3·24}$$

反応にあずかる各成分が理想気体であれば，式 (3·9) を化学平衡の条件を表わす式 (3·24) に代入して整理することにより次式を得る．

$$\frac{p_C{}^c p_D{}^d}{p_A{}^a p_B{}^b} = K_p \tag{3·25}$$

ここで

$$K_p = \exp\left(-\frac{c\mu_C{}^p + d\mu_D{}^p - a\mu_A{}^p - b\mu_B{}^p}{RT}\right) \tag{3·26}$$

また，式 (3·26) の対数をとると次式が得られる．

$$RT \ln K_p = -\Delta G_p^{\circ} \tag{3·27}$$

ただし，

$$\Delta G_p° = c\mu_C^p + d\mu_D^p - a\mu_A^p - b\mu_B^p \tag{3・28}$$

である．$\Delta G_p°$ は，温度 T で基準圧にある，それぞれ単独の気体 C および D が，同温同圧の単独にある A および B にくらべてどれだけ自由エネルギーが多いかを示す量であり，温度のみの関数である．したがって，K_p は一定温度のもとでは定数となり，気体組成を分圧で表わしたときの平衡定数と呼ばれる．

　これに対して，気体組成をモル分率で表わしたときの化学ポテンシャルは式（3・11）で与えられるので，式（3・29）および（3・30）が得られる．

$$\frac{X_C^{\,c} X_D^{\,d}}{X_A^{\,a} X_B^{\,b}} = K_X \tag{3・29}$$

$$RT \ln K_X = -\Delta G_X° \tag{3・30}$$

理想溶液の反応においても，式（3・29）および（3・30）と同様の関係が得られる．

　一方，実在の溶液における各成分の化学ポテンシャルは式（3・18）で与えられるから，これを式（3・24）に代入して整理すると，実在の溶液中の反応の平衡条件は次のように表わされる．

$$\frac{a_C^{\,c} a_D^{\,d}}{a_A^{\,a} a_B^{\,b}} = \frac{X_C^{\,c} X_D^{\,d} f_C^{\,c} f_D^{\,d}}{X_A^{\,a} X_B^{\,b} f_A^{\,a} f_B^{\,b}} = K_X^{\mathrm{T}} \tag{3・31}$$

ここで，K_X^{T} は，組成をモル分率で表わしたときの熱力学的平衡定数であり，温度と圧力が決まれば，反応に固有の量である．理想希薄溶液を基準系にとれば，

$$K_X^{\mathrm{T}} = \exp\left(-\frac{c\mu_C^* + d\mu_D^* - a\mu_A^* - b\mu_B^*}{RT}\right) \tag{3・32}$$

である．もちろん，組成変数に重量モル濃度やモル濃度を用いた場合でも，式（3・31）と同様の関係が成立する．ただし，その場合の活量は，それぞれの組成変数に対応したものになる．平衡定数は，系が平衡にあるとき系の中の各成分濃度の間にどのような関係があるかを示す値であり，これを知れば，はじめ反応物質をある組成で混合したとき，反応がどちらの方向に進むかを予測することができる．

溶液が理想系の性質を示す場合には，各成分の活量係数がすべて 1 に等しくなるから，

$$K_X{}^\mathrm{T} = K_X = \frac{X_\mathrm{C}{}^c X_\mathrm{D}{}^d}{X_\mathrm{A}{}^a X_\mathrm{B}{}^b} \tag{3・33}$$

の関係が成り立つ．これは，1863 年にノルウェーの化学者 C. M. Guldberg と P. Waage が定式化した古典的な質量作用の法則 (law of mass action) の表現である．実在の系では，一般に反応に関与する物質の濃度が変化すると，K_X の値も変化する．

3・2 電解質水溶液
3・2・1 イオンの水和

電解質は，一般に水によく溶け，その溶液が電気をよく導くことなどから，水溶液中ではその一部または全部がイオンに解離（電離ともいう）していることが知られている．水溶液中でイオンが安定に存在するのは，それが強く水和されていることによる．

水分子では，図 3・5 に示したように，2 個の水素原子が 104.5° の角度をもって 1 個の酸素原子と結合している．これは，正四面体構造の結合角 109°28′ に近い値である．したがって，水分子は，2 個の水素原子と酸素原

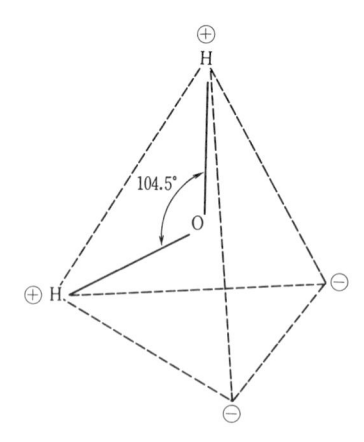

図 3・5　水分子の構造

子の2個の孤立電子対が四面体の頂点を占める形をとっていると考えることができる．水素原子と酸素原子とが共有している電子対は，電気陰性度の大きい酸素原子のほうに引き寄せられているため，正の電荷が水素原子上に，また負の電荷が残りの二つの頂点に位置している．これによって水分子は，となりの水分子との間に水素結合を形成することができる．氷は，水素結合によって水分子が規則正しく配列した構造をとっている．液体の水は，この水素結合の一部が切れた状態とみることができよう．

また，水分子では正電荷の中心と負電荷の中心とが離れて存在することになるため，水分子は大きな双極子能率をもつ．イオンと水との相互作用においては，水分子の双極子としてのはたらきが主体になる．一般に，イオンの水和とは，イオン‐双極子間力によってイオンに水が結合する現象のことをいう（広義には，イオンの存在によっておこる水の変化のすべてを指す）．

H. S. Frank と W. Y. Wen は，溶媒としての水は，水素結合によりある程度の構造性をもっているが，イオンと水分子との相互作用により，その構

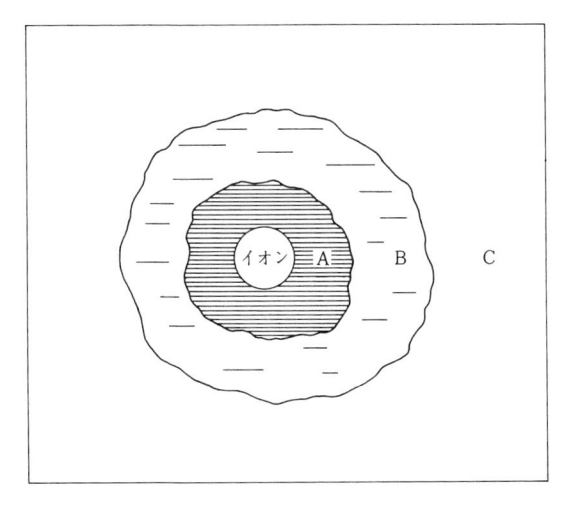

図 3·6　Frank-Wen の水和モデル
　　　　A：イオンに強く引きつけられた水の領域
　　　　B：水の構造が破壊された領域
　　　　C：通常の水の領域

造が変化すると考えた.彼らのモデルに従えば,図3・6に示したように,イオンのまわりにはA,B,Cの三つの異なった水の領域が存在する.最も内側のA領域では,水はイオン-双極子間力によりイオンに強く引きつけられて高い構造性をもっている.このA領域は,連続的にバルクの水の領域(C領域)に続くのではなく,中間により構造性の低い(バルクの水よりも水素結合的構造が破壊された)B領域が存在する.A領域とB領域の大きさは,イオンによって異なる.例えば,Li^+とCs^+をくらべると,イオン半径が小さく,表面電荷密度の大きいLi^+のほうが,厚い水和層(A領域)をもち,B領域が少ない.これに対して,Cs^+は,水分子との相互作用が比較的弱いために,イオンの周囲に強く水和した層をつくることができず,ほとんどB領域のみが形成される.前者のようなイオンを構造形成イオン(structure making ion),また,後者のようなイオンを構造破壊イオン(structure breaking ion)と呼ぶ.このモデルにより,水溶液中のイオンの挙動(イオンの移動度や電解質水溶液の粘度など)が,巧みに説明できることが明らかにされている.

3・2・2 イオン活量

電解質は,水溶液中でイオンに解離しているので,個々のイオンについての活量を問題にしなくてはならない.しかし,溶液は全体として常に電気的中性が保たれているため,単独の陽イオンだけ,あるいは陰イオンだけの活量を熱力学的に決定することは不可能である.そのため,電解質の平均の活量が用いられる.

今,ある電解質1 molが,溶液中でν_+ molの陽イオンとν_- molの陰イオンに解離するとしよう.陽イオンおよび陰イオンの溶液中における化学ポテンシャルは,それぞれ次のように表わすことができる.

$$\mu_+ = \mu_+^* + RT \ln a_+ \tag{3・34}$$

$$\mu_- = \mu_-^* + RT \ln a_- \tag{3・35}$$

ここで,μ_+^*およびμ_-^*は,理想希薄溶液を基準系としたときの標準化学ポテンシャルである.したがって,電解質の化学ポテンシャルμは,

3・2 電解質水溶液

$$\mu = \nu_+\mu_+ + \nu_-\mu_-$$
$$= (\nu_+\mu_+{}^* + \nu_-\mu_-{}^*) + RT \ln a_+{}^{\nu_+} a_-{}^{\nu_-} \qquad (3\cdot36)$$

で表わされる．

ここで，電解質を構成するイオンについての平均の活量 (mean activity) $a_\pm$ を次のように定義する．

$$a_\pm = (a_+{}^{\nu_+} a_-{}^{\nu_-})^{1/\nu} \qquad (3\cdot37)$$

ただし，

$$\nu = \nu_+ + \nu_- \qquad (3\cdot38)$$

である．電解質の濃度を重量モル濃度 m で表わすことにすれば，電解質が完全に解離する場合，その陽イオンおよび陰イオンの濃度はそれぞれ次のようになる．

$$m_+ = \nu_+ m, \qquad m_- = \nu_- m \qquad (3\cdot39)$$

また，それぞれのイオンの活量は

$$a_+ = \gamma_+ m_+, \qquad a_- = \gamma_- m_- \qquad (3\cdot40)$$

で与えられるから，電解質の活量 a は式 (3・37)～(3・40) より次式で表わされる．

$$a = a_\pm{}^\nu = (\gamma_+{}^{\nu_+} \gamma_-{}^{\nu_-})(m_+{}^{\nu_+} m_-{}^{\nu_-}) \qquad (3\cdot41)$$

ここで，平均活量と同様に，平均活量係数 (mean activity coefficient) $\gamma_\pm$，および平均重量モル濃度 (mean molality) $m_\pm$ を次のように定義すると

$$\gamma_\pm = (\gamma_+{}^{\nu_+} \gamma_-{}^{\nu_-})^{1/\nu} \qquad (3\cdot42)$$
$$m_\pm = m(\nu_+{}^{\nu_+} \nu_-{}^{\nu_-})^{1/\nu} \qquad (3\cdot43)$$

式 (3・41) は，次のように簡単にまとめられる．

$$a_\pm = m_\pm \gamma_\pm \qquad (3\cdot44)$$

電解質濃度をモル濃度やモル分率によって表わしても同様に表現することができるが，すでに述べたように，用いる濃度単位によって対応する活量係数の値も異なる．

イオンの活量あるいは活量係数は，溶解度や電池の起電力を測定すること

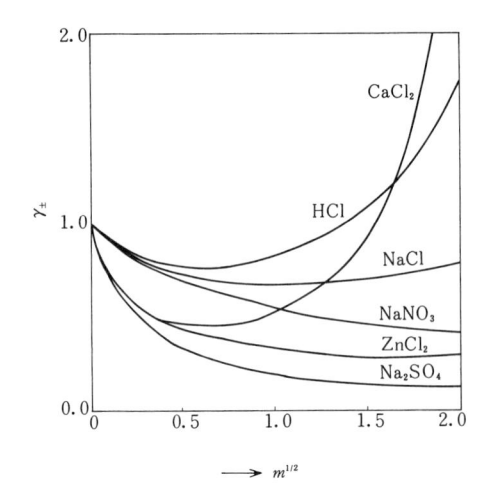

図 3・7　水溶液における種々の電解質の平均活量係数

により求めることができるが，得られる値は，もちろん，個々のイオンについての値ではなく，平均活量や平均活量係数である．

　水溶液における種々の電解質の平均活量係数の濃度変化を図 3・7 に示す．いずれも，希薄溶液では，活量係数が濃度の増加とともに減少する．しかし，多くの電解質ではさらに濃度が高くなると，活量係数は極小値を経て再び増大する．特に，多価陽イオンを含む電解質の活量係数は著しく大きくなる．この活量係数の増加は，イオン濃度の増加に従って，溶液中のイオンに水和していない水分子の数が減少するためにおこるものと考えられている．

3・2・3　Debye–Hückel の理論

　電解質水溶液の活量係数が，希薄溶液において，濃度の増加とともに減少するのは，イオン間にはたらく静電的な相互作用が最も大きな原因であると考えられる．無限希釈状態では，イオン間の静電的相互作用はなくなり，個々のイオンはそれぞれ独立な挙動を示す．しかし，電解質濃度が高くなるにつれて，イオン間の静電的相互作用が増大し，イオンの周囲には反対符号の電荷をもつイオンが集まりやすくなってくる．この局部的なイオン分布の

不均一性が，電解質溶液の非理想性の原因であると考え，P. Debye と E. Hückel は完全に解離する強電解質の希薄溶液における平均イオン活量係数 $\gamma_\pm$ に対して次の式を導いた．

$$\log \gamma_\pm = -\frac{A|z_+z_-|\sqrt{I}}{1+Ba\sqrt{I}} \tag{3・45}$$

ここで，z_+ および z_- は電解質を構成している陽イオンおよび陰イオンの電荷数である．A および B は温度と溶媒の誘電率によって決まる定数で，25 ℃ の水溶液では $A=0.512$ mol$^{-1/2}$ dm$^{3/2}$, $B=0.329\times10^8$ cm^{-1} mol$^{-1/2}$ dm$^{3/2}$ の値をもつ．a はイオンの最近接距離あるいはイオンサイズパラメーター (ion-size parameter) と呼ばれる一種の経験的パラメーターである (単位は cm).

I は，溶液のイオン強度 (ionic strength) と呼ばれ，次のように定義される．

$$I = \frac{1}{2}\sum m_i z_i^2 \tag{3・46}$$

ここで m_i はイオン i の重量モル濃度，z_i はそのイオンの電荷数である．イオン強度はイオンの電荷まで考慮に入れた濃度の表わし方であるということができる．

十分に希薄な溶液では，$Ba\sqrt{I} \ll 1$ であるので，活量係数を次の式で近似することができる．

$$\log \gamma_\pm = -A|z_+z_-|\sqrt{I} \tag{3・47}$$

これを Debye-Hückel の極限則という．

塩化ナトリウムなどの 1 価～1 価型電解質の水溶液については，0.01 mol kg^{-1} までの希薄溶液では式 (3・47) の極限則で，また，式 (3・45) を用いれば，0.1 mol kg^{-1} 程度の濃度の溶液についても，活量係数の実測値をよく説明できることが知られている．

3·3 酸塩基平衡
3·3·1 酸と塩基の概念
a. Arrheniusの定義

酸塩基平衡を定量的に取り扱うことのできる基盤は，S. A. Arrheniusによって1887年に初めて与えられた．Arrheniusは，水に溶けると水素イオンと陰イオンに解離するような水素を含む物質を酸 (acid)，また，水溶液中で水酸化物イオンと陽イオンに解離するような水酸化物イオンを含む物質を塩基 (base) と定義した．

$$酸：HA \rightleftharpoons H^+ + A^- \tag{3·48}$$
$$塩基：BOH \rightleftharpoons B^+ + OH^- \tag{3·49}$$

例えば，W. Ostwaldは，この酸塩基理論にもとづいて，酸や塩基の解離平衡に質量作用の法則を適用し，多くの弱酸や弱塩基の強さを定量的に論ずることに成功している．

しかし，Arrheniusの定義は，水という特別な溶媒についてのみ有効であり，アンモニアのようにそれ自身は水酸化物イオンをもっていないが，水溶液中で塩基性を示す物質をどう解釈するかという問題には対処できなかった．

b. Brønsted-Lowryの定義

1923年，J. N. BrønstedとT. M. Lowryは，水酸化物を塩基と定義する従来の概念は狭すぎると考え，それぞれ独立に酸と塩基の新しい概念を発表した．すなわち，酸とはプロトンを他に与えうる物質であり，塩基とは他の物質からプロトンを受け取ることのできる物質であると定義した．この定義に従えば酸塩基反応はプロトン移動反応であり，酸と塩基は相互に次の関係にあることになる．

$$酸 \rightleftharpoons 塩基 + H^+ \tag{3·50}$$

プロトンは基本単位の正電荷をもち，半径が極めて小さいので，電荷密度が高く，溶液中で孤立して存在することはできない．したがって式 (3·50) の反応は単独ではおこり得ず，酸がプロトンを放出するためには，必ずそれ

を受け取るもの，すなわち塩基の存在が必要になる．例えば，酸の水溶液では，溶媒である水がプロトンを受け取り，次の平衡が成立する．

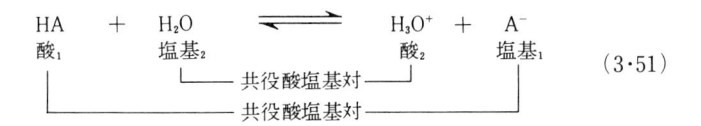

$$\underset{\text{酸}_1}{HA} + \underset{\text{塩基}_2}{H_2O} \rightleftarrows \underset{\text{酸}_2}{H_3O^+} + \underset{\text{塩基}_1}{A^-} \qquad (3\cdot 51)$$

（共役酸塩基対は 塩基$_2$ と 酸$_2$、および 酸$_1$ と 塩基$_1$ の組）

すなわち，この場合水は塩基である．ここで，水和したプロトン H_3O^+ は，オキソニウムイオン (oxonium ion)，またはヒドロニウムイオン (hydronium ion) と呼ばれる．水溶液中のプロトンは，実際には1個の水分子だけではなく，もっと多くの水分子によって水和されていると考えられているが，本書では便宜上，H_3O^+，または水和した水を省略して H^+ と表わすことにする．

ところで，この反応 (3·51) の逆反応は，オキソニウムイオンが塩基 A^- にプロトンを与えて，酸 HA と塩基 H_2O とを生じる反応である．したがって，Brønsted-Lowry の定義に従うと，酸塩基反応は単独ではおこり得ず，必ず一対の酸塩基反応が組合わさっておこることになる．酸 HA とその酸からプロトンが放出されて生じる塩基 A^- とは，互いに共役 (conjugate) であるといい，これを共役酸塩基対と呼ぶ．塩基 H_2O と酸 H_3O^+ も共役の関係にある．

一方，塩基 B の水溶液では，水分子から，塩基 B にプロトンが移動する．

$$\underset{\text{塩基}_1}{B} + \underset{\text{酸}_2}{H_2O} \rightleftarrows \underset{\text{塩基}_2}{OH^-} + \underset{\text{酸}_1}{BH^+} \qquad (3\cdot 52)$$

（共役酸塩基対）

すなわち，この場合は，水は酸として機能し，その共役塩基は OH^- である．Arrhenius の定義では説明できなかったアンモニアの塩基性もこのように考えれば自然に理解できる．

$$\text{NH}_3 + \text{H}_2\text{O} \rightleftharpoons \text{OH}^- + \text{NH}_4^+ \tag{3·53}$$
塩基$_1$　　酸$_2$　　塩基$_2$　　酸$_1$

このように，水は酸に対しては，プロトンを受け取って塩基として作用し，塩基に対しては，プロトンを放出して酸として作用する．このような物質を両性物質（ampholyte）と呼ぶ．逆の見方をすれば，水溶液中では，酸とは水にプロトンを与える物質であり，一方，塩基とは水からプロトンを受け取る物質であるということができる．

c. Lewis の定義

G. N. Lewis は 1923 年，プロトンは酸の一種であって，酸塩基反応を規定する特別なものではないとする，さらに広義な概念を発表した．Lewis の理論によれば，酸とは非共有電子対を受容できるもの，すなわち電子対受容体（acceptor）であり，塩基とは非共有電子対を供与できるもの，すなわち電子対供与体（donor）であると定義される．Brønsted-Lowry の定義にもとづく塩基は非共有電子対をもち，これをプロトンと共有して結合し，酸となる．したがって，Brønsted-Lowry の塩基は Lewis 塩基と本質的に同じものである．一方，Lewis 酸は電子対不足種であり，空の電子軌道に電子対を受け入れて共有結合を形成するものであるから，プロトンだけでなく，多くの金属イオンもこれに相当する．例えば，金属イオンと塩基である配位子とが反応して金属錯体を生成する反応は，すべて Lewis の概念にもとづいて理解できる（3・4 錯生成平衡を参照せよ）．

Lewis の定義によれば，極めて広範囲の化学反応を酸塩基反応として論ずることができるが，一般に酸塩基反応を扱う場合には，プロトンの移動に注目することが多いので，ここでは Brønsted-Lowry の定義に従って話を進めることにする．

3・3・2 酸および塩基の解離定数

Brønsted-Lowry の定義によれば，酸および塩基の強さとは相手になる塩基および酸に対しての"相対的な"強さのことであり，それぞれの酸や塩基に固有のものではない．すなわち，酸の強さは相手となる塩基のプロトン

受容性に依存し，塩基の強さは相手となる酸のプロトン供与性に依存することになる．したがって，酸や塩基の強さを定めるには，基準物質が必要である．水溶液系における酸や塩基の強さの基準となるのは溶媒である水であり，水中でのそれらの解離の程度によって強さを比較することができる．

水溶液における酸の解離反応 (3・51) の平衡定数 $K_a{}'$ は

$$K_a{}' = \frac{a_{H_3O^+} a_{A^-}}{a_{HA} a_{H_2O}} \tag{3・54}$$

で与えられる．希薄溶液においては，a_{H_2O} を一定とみなすことができ，また活量は濃度におき換えることができるので，次のように表わすことができる．

$$K_a = K_a{}' a_{H_2O} = \frac{[H_3O^+][A^-]}{[HA]} \tag{3・55}$$

この K_a を酸 HA の解離定数という．これは，水の塩基性を基準にした酸の強さを表わす尺度ということができる（$pK_a(=-\log K_a)$ の値を用いることもある）．すなわち，K_a が大きいほど，あるいは pK_a が小さいほど，酸が強いということになる．

水溶液中における塩基の強さは，反応 (3・52) の平衡定数 $K_b{}'$

$$K_b{}' = \frac{a_{OH^-} a_{BH^+}}{a_B a_{H_2O}} \tag{3・56}$$

あるいは，式 (3・55) と同様に

$$K_b = K_b{}' a_{H_2O} = \frac{[BH^+][OH^-]}{[B]} \tag{3・57}$$

で表わされる塩基解離定数によって示すことができる．K_b は水の酸性を基準にして塩基の強さを表わす尺度である．塩基が強いほど K_b は大きく，また $pK_b(=-\log K_b)$ は小さい．

酸 HA がある程度以上に強いと，平衡 (3・51) は，著しく右にかたより，HA は事実上完全に解離して H_3O^+ と陰イオン A^- になる．このため，いわゆる強酸と呼ばれる HCl, HNO_3, $HClO_4$ などは，すべて水に溶解したとき等しい強さを示す．すなわち，水溶液中ではオキソニウムイオンは最も強

い酸であり，これよりも強い酸を溶かしてもその強さはすべてオキソニウムイオンの水準にまで下げられることになる．また強塩基 B を水に溶かした場合には，すべてが HB^+ と OH^- に解離し，その強さは水酸化物イオンによって決まる塩基性の水準にそろえられる．このような現象を水平化効果 (leveling effect) という．

Brønsted–Lowry の理論に従えば，水溶液中での強酸と強塩基との間の中和反応は，水平化効果により，オキソニウムイオンと水酸化物イオンの反応と考えることができる．

$$H_3O^+ + OH^- \rightleftharpoons 2\,H_2O \tag{3・58}$$

これは，次に示す水の解離の逆反応にほかならない．

$$2\,H_2O \rightleftharpoons H_3O^+ + OH^- \tag{3・59}$$

この解離平衡の平衡定数は，次式で与えられる．

$$K_W' = \frac{a_{H_3O^+} a_{OH^-}}{a_{H_2O}^2} \tag{3・60}$$

K_W' は非常に小さく，一般に a_{H_2O} は一定とみなすことができるので，K_a を導いたときと同様に，次のように表わすことができる．

$$\begin{aligned} K_W = K_W' a_{H_2O}^2 &= [H_3O^+][OH^-] \\ &= 1.0 \times 10^{-14}\,\text{mol}^2\,\text{l}^{-2}\quad(25\,°C) \end{aligned} \tag{3・61}$$

これを水のイオン積と呼ぶ．純粋な水（純水）ではもちろん

$$[H_3O^+] = [OH^-] \tag{3・62}$$

である．また，純水に限らず，この関係が成り立つとき，その溶液は中性であるという．これに対して，$[H^+]>[OH^-]$ および $[H^+]<[OH^-]$ である溶液を，それぞれ酸性溶液および塩基性溶液という．

酸 HA の共役塩基 A^- の水との反応は，次のように表わされる．

$$A^- + H_2O \rightleftharpoons HA + OH^- \tag{3・63}$$

したがって，A^- の塩基解離定数は

$$K_b = \frac{[HA][OH^-]}{[A^-]} \tag{3・64}$$

で与えられる．式 (3・55) と式 (3・64) から，共役酸塩基対である HA の

K_a と A^- の K_b の間には次の簡単な関係があることがわかる．

$$K_a K_b = K_w \qquad (3 \cdot 65)$$

この関係式から，ある共役酸塩基対について K_a あるいは K_b がわかっていれば，もう一方の値は容易に知ることができる．したがって，K_a または K_b のいずれかによって酸およびその共役塩基両方の強さを論じることができる．

3・3・3　pH

前項で示したように，水のイオン積は極めて小さい値である．このため，水溶液中の酸塩基平衡を論ずる場合，非常に小さな水素イオン濃度や水酸化物イオン濃度を取り扱うことが多い．また，一般にそれらの濃度は広範囲にわたって変化する．そこで，S. P. L. Sørensen は 1909 年に水素イオン濃度を次のように定義される pH で表現することを提案した．

$$\mathrm{pH} = -\log c_\mathrm{H} \qquad (3 \cdot 66)$$

しかし，一般に水素イオンの測定に使用される起電力法（ガラス電極や水素電極が用いられる）により直接得られるのは，活量であって濃度ではない．Sørensen は，水素電極を用いたその後の研究にもとづいて，1927 年に pH の定義を次のように訂正した．

$$\mathrm{pH} = -\log a_\mathrm{H} \qquad (3 \cdot 67)$$

しかし，すでに 3・2・2 で述べたように，単独イオンの活量はどんな方法をもってしても実測することはできない（ただし，十分にイオン濃度が小さいときは，活量係数を 1 とおいて，$a_\mathrm{H} = c_\mathrm{H}$ とすることができるであろう）．水素イオンの活量についてもこれは例外ではない．そのため，なるべく合理的な仮定（例えば，Debye–Hückel 理論）にもとづく規約を設けて，真の熱力学的な水素イオン活量を求める工夫がなされている．通常は，設定された規約にもとづいて標準液の pH が定められ，これを基準にして，ガラス電極[1]により pH の測定を行っている．日本工業規格（JIS）により採用されている pH 標準溶液の組成と，種々の温度での pH の値を表 3・1 と 3・2 に示した．

---

1) pH 電極については 8・1・5 を参照せよ．

表 3·1 標準液の名称と組成

名　　称	組　　成
シュウ酸塩標準液	$0.05\,\mathrm{mol\,l^{-1}}$ 四シュウ酸カリウム $KH_3(C_2O_4)_2\cdot 2\,H_2O$ 水溶液
フタル酸塩標準液	$0.05\,\mathrm{mol\,l^{-1}}$ フタル酸水素カリウム $C_6H_4(COOK)(COOH)$ 水溶液
中性リン酸塩標準液	$0.025\,\mathrm{mol\,l^{-1}}$ リン酸一カリウム $KH_2PO_4^-$ $0.025\,\mathrm{mol\,l^{-1}}$ リン酸二ナトリウム Na_2HPO_4 水溶液
ホウ酸塩標準液	$0.01\,\mathrm{mol\,l^{-1}}$ ホウ酸ナトリウム（ホウ砂）$Na_2B_4O_7\cdot 10\,H_2O$ 水溶液
炭酸塩標準液	$0.025\,\mathrm{mol\,l^{-1}}$ 炭酸水素ナトリウム $NaHCO_3^-$ $0.025\,\mathrm{mol\,l^{-1}}$ 炭酸ナトリウム Na_2CO_3 水溶液

表 3·2 標準液の各温度における pH

温度[℃]	シュウ酸塩	フタル酸塩	中性リン酸塩	ホウ酸塩	炭酸塩*
0	1.67	4.01	6.98	9.46	10.32
5	1.67	4.01	6.95	9.39	(10.25)
10	1.67	4.00	6.92	9.33	10.18
15	1.67	4.00	6.90	9.27	(10.12)
20	1.68	4.00	6.88	9.22	(10.07)
25	1.68	4.01	6.86	9.18	10.02
30	1.69	4.01	6.85	9.14	(9.97)
35	1.69	4.02	6.84	9.10	(9.93)
38	—	—	—	—	9.91
40	1.70	4.03	6.84	9.07	—
45	1.70	4.04	6.83	9.04	—
50	1.71	4.06	6.83	9.01	—
55	1.72	4.08	6.84	8.99	—
60	1.73	4.10	6.84	8.96	—
70	1.74	4.12	6.85	8.93	—
80	1.77	4.16	6.86	8.89	—
90	1.80	4.20	6.88	8.85	—
95	1.81	4.23	6.89	8.83	—

＊　（　）内の値は二次補間値を示す．

3・3・4 化学平衡計算の基本則

化学平衡の計算においては,まず,平衡系を表わす基本則にもとづき,系に含まれる化学種についてそれらの濃度間の関係式をつくり,それに既知の数値を代入して,目的の数値(未知数)を求める.ときに,非常に複雑な式になることもあるが,化学的に妥当な近似を行い,簡単な関係とすることが多い.

一般に,化学平衡系は次の三つの基本則にもとづいて表現することができる.

(1) 質量作用の法則
(2) 物質均衡 (material balance) または質量均衡 (mass balance)

系内の化学種はある反応によって他の化学種に変化したり,また一つの相から他の相に移動したりする.しかし,それぞれの化学平衡により相互に関連している化学種の量の総和はつねに一定である.

(3) 電荷均衡 (charge balance)

溶液はつねに電気的に中性である.したがって,溶液中の正の電荷量と負の電荷量は等しい.

以下,これらの基本則にもとづいて,酸塩基平衡を定量的に取り扱うこととしたい.ただし,pH は $-\log c_\mathrm{H}$ として扱うことにする.

3・3・5 強酸と強塩基の溶液

すでに述べたように,強酸および強塩基は水平化効果によって水溶液中で完全に電離している.したがって,ある程度以上の濃度の強酸水溶液の水素イオン濃度,および強塩基水溶液の水酸化物イオン濃度は,それぞれの調製濃度に等しい.例えば,0.1 M の塩酸溶液の pH は 1 であり,0.1 M の水酸化ナトリウム溶液では,

$$[\mathrm{H^+}] = \frac{K_\mathrm{w}}{[\mathrm{OH^-}]} = \frac{1.0 \times 10^{-14}}{0.1} = 1.0 \times 10^{-13}\,\mathrm{M} \qquad (3\cdot68)$$

であるから,pH=13 である.これらの計算においては,水の解離によって生じる水素イオンの濃度を無視している.では,酸あるいは塩基の濃度が低

く，水の自己解離が無視できない場合はどうか，次の溶液を例にとって考えてみよう．

[例題] 1.0×10^{-7} M 塩酸溶液の pH を求めよ．

[解] 塩酸は水溶液中で完全に解離しており，HCl 分子は水溶液中に存在しない．したがって，この溶液中での考えなければならない平衡は水の解離平衡のみである．その平衡定数は水のイオン積で与えられる．

$$K_w = [H^+][OH^-] = 1.0 \times 10^{-14} \tag{1}$$

この溶液中に存在する化学種は，H^+, OH^-, および Cl^- であるから，電荷均衡の条件より，

$$[H^+] = [OH^-] + [Cl^-] \tag{2}$$

の関係が成り立つ．式 (1) および (2) より，

$$[H^+] = \frac{K_w}{[H^+]} + [Cl^-] \tag{3}$$

また，[HCl]=0 なので，物質均衡の条件から，

$$[Cl^-] = 1.0 \times 10^{-7} \text{ M} \tag{4}$$

K_w および $[Cl^-]$ についての値を式 (3) に代入することにより，次の 2 次方程式を得る．

$$[H^+]^2 - 1.0 \times 10^{-7}[H^+] - 1.0 \times 10^{-14} = 0 \tag{5}$$

これを解くと

$$[H^+] = 1.61 \times 10^{-7} \text{ M}$$

よって pH=6.79 となる．

強酸の濃度が 1×10^{-8} M より低いときには，その溶液の pH は実質的に純水の pH に等しくなる．

水酸化ナトリウムなどの強塩基の溶液についても，同様の方法で $[OH^-]$ を求め，次いで式 (1) の関係から $[H^+]$ を計算することができる．

3・3・6 弱酸と弱塩基の溶液

a. 一塩基酸および一酸塩基

濃度 C_A の弱酸 HA の溶液を考えよう．この溶液では，水の解離平衡のほかに，HA の解離平衡も成り立っている．したがって，弱酸溶液における平衡の計算においては，酸解離定数 K_a を考慮に入れなくてはならない．

$$K_a = \frac{[\mathrm{H^+}][\mathrm{A^-}]}{[\mathrm{HA}]} \tag{3·69}$$

次に，物質均衡について考えると，溶液中の酸は HA または $\mathrm{A^-}$ の形で存在しているから，

$$C_\mathrm{A} = [\mathrm{HA}] + [\mathrm{A^-}] \tag{3·70}$$

である．また，この溶液中に存在する電荷をもつ化学種は，$\mathrm{H^+}$，$\mathrm{OH^-}$，$\mathrm{A^-}$ であるから，電荷均衡の条件により

$$[\mathrm{H^+}] = [\mathrm{OH^-}] + [\mathrm{A^-}] \tag{3·71}$$

である．式 (3·71) から，

$$[\mathrm{A^-}] = [\mathrm{H^+}] - [\mathrm{OH^-}] \tag{3·72}$$

また，式 (3·70) および (3·72) から

$$[\mathrm{HA}] = C_\mathrm{A} - ([\mathrm{H^+}] - [\mathrm{OH^-}]) \tag{3·73}$$

となるので，これらを式 (3·69) に代入すると次式を得る．

$$K_a = \frac{[\mathrm{H^+}]([\mathrm{H^+}] - [\mathrm{OH^-}])}{C_\mathrm{A} - ([\mathrm{H^+}] - [\mathrm{OH^-}])} \tag{3·74}$$

この式の $[\mathrm{OH^-}]$ に $K_\mathrm{W}/[\mathrm{H^+}]$ を代入して整理すると，

$$[\mathrm{H^+}]^3 + K_a[\mathrm{H^+}]^2 - (K_\mathrm{W} + K_a C_\mathrm{A})[\mathrm{H^+}] - K_a K_\mathrm{W} = 0 \tag{3·75}$$

が得られる．これは，一塩基酸の水素イオン濃度を与える厳密な式である．

弱酸の水溶液中の水素イオン濃度を計算するのに，必ずしも上の3次式 (3·75) を解く必要はない．多くの場合，適当な近似を行って，より簡単な式を導くことができる．

酸 HA が非常に弱い酸でなければ，溶液はある程度の酸性を示すはずである．すなわち，$[\mathrm{H^+}] \gg [\mathrm{OH^-}]$ と考えられるから，式 (3·74) において $[\mathrm{OH^-}]$ は無視できる．そのような条件では，

$$K_a = \frac{[\mathrm{H^+}]^2}{C_\mathrm{A} - [\mathrm{H^+}]} \tag{3·76}$$

となり，これを整理すると

$$[\mathrm{H^+}]^2 + K_a[\mathrm{H^+}] - K_a C_\mathrm{A} = 0 \tag{3·77}$$

が得られる．これは水素イオン濃度についての2次方程式である．

さらに，酸濃度が高く，$C_A \gg [\mathrm{H}^+]$ と近似できるならば，式 (3・76) 中の $[\mathrm{H}^+]$ は C_A に対して無視できるから，より簡単な次の式が得られる．

$$[\mathrm{H}^+] = (K_a C_A)^{1/2} \tag{3・78}$$

すなわち

$$\mathrm{pH} = \frac{1}{2}(\mathrm{p}K_a - \log C_A) \tag{3・79}$$

もし，K_a が極めて小さいため溶液が近似的に中性であり，$C_A \gg ([\mathrm{H}^+] - [\mathrm{OH}^-])$ と仮定できるならば，式 (3・74) は

$$K_a = \frac{[\mathrm{H}^+]^2 - K_W}{C_A} \tag{3・80}$$

となる．したがって，水素イオン濃度は次式によって求めることができる．

$$[\mathrm{H}^+] = (K_a C_A + K_W)^{1/2} \tag{3・81}$$

通常の条件のもとでは，式 (3・78) によって水素イオン濃度を求めるが，必ず得られた結果を検証して，上述の近似が妥当であったかどうかを確認する必要がある[1]．

次に濃度 C_B の弱塩基 B の溶液について考えよう．B の塩基解離定数 K_b は，次式で与えられる．

$$K_b = \frac{[\mathrm{BH}^+][\mathrm{OH}^-]}{[\mathrm{B}]} \tag{3・82}$$

また，物質均衡および電荷均衡から，次の二つの関係式が得られる．

$$C_B = [\mathrm{B}] + [\mathrm{BH}^+] \tag{3・83}$$

$$[\mathrm{H}^+] + [\mathrm{BH}^+] = [\mathrm{OH}^-] \tag{3・84}$$

式 (3・82)，(3・83)，(3・84) から $[\mathrm{BH}^+]$ と $[\mathrm{B}]$ を消去して整理すると次のようになる．

$$K_b = \frac{[\mathrm{OH}^-]([\mathrm{OH}^-] - [\mathrm{H}^+])}{C_B - ([\mathrm{OH}^-] - [\mathrm{H}^+])} \tag{3・85}$$

弱酸の溶液の場合と同様に，式 (3・85) は以下のそれぞれの条件のもとで

---

[1] ある濃度項を，与えられた式から除外してよいかどうかの目安となる濃度差の上限は，許容できる誤差の程度に依存する．通常は，近似を行った結果得られた値に含まれる誤差が数% 以下であれば，その近似は妥当であると考えてよい．

次のように簡単になる.

$[OH^-] \gg [H^+]$ なら

$$K_b = \frac{[OH^-]^2}{C_B - [OH^-]} \qquad (3\cdot86)$$

$[OH^-] \gg [H^+]$ かつ $C_B \gg [OH^-]$ なら

$$K_b = \frac{[OH^-]^2}{C_B} \qquad (3\cdot87)$$

したがって,

$$[OH^-] = (K_b C_B)^{1/2} \qquad (3\cdot88)$$

また, $C_B \gg ([OH^-]-[H^+])$ なら

$$[OH^-] = (K_b C_B + K_W)^{1/2} \qquad (3\cdot89)$$

b. 塩の加水分解

弱酸と強塩基の塩(酢酸ナトリウムなど)が水溶液中で弱塩基性を示し,一方,強酸と弱塩基の塩(塩化アンモニウムなど)が弱酸性を示す現象は加水分解(hydrolysis)として知られている.Brønsted-Lowry の理論に従えば,これらの水溶液は,上述の弱酸あるいは弱塩基の水溶液と全く同様に扱うことができる.これを,次の例題によって考えてみよう.

[例題] 1.0×10^{-1} M の酢酸ナトリウム水溶液の pH を求めよ.酢酸の解離定数は $K_a = 1.75 \times 10^{-5}$ とする.

[解] 水溶液中では,酢酸ナトリウムは完全に解離している.

$$CH_3COONa \longrightarrow CH_3COO^- + Na^+ \qquad (1)$$

Na^+ イオンはプロトンを放出することも受容することもないので,酸塩基反応には関与しないが,CH_3COO^- イオンは,水に対して塩基として作用し,次のように反応する.

$$CH_3COO^- + H_2O \rightleftharpoons CH_3COOH + OH^- \qquad (2)$$

$$K_b = \frac{[CH_3COOH][OH^-]}{[CH_3COO^-]} \qquad (3)$$

この溶液中に存在する電荷をもつ化学種は,H^+, Na^+, OH^- および CH_3COO^- であるから,電荷均衡の条件より,

$$[H^+] + [Na^+] = [OH^-] + [CH_3COO^-] \qquad (4)$$

となる.また,物質均衡の条件より,

$$[CH_3COOH] + [CH_3COO^-] = [Na^+] = 0.10 \text{ M} \tag{5}$$

の関係が得られる.式(4)および(5)から,

$$[CH_3COO^-] = 0.10 - ([OH^-] - [H^+]) \tag{6}$$

これらを式(3)に代入すると次式が得られる.

$$K_b = \frac{K_W}{K_a} = \frac{[OH^-]([OH^-] - [H^+])}{0.10 - ([OH^-] - [H^+])} \tag{7}$$

これは,式(3・85)と同じである.酢酸イオンは弱塩基であるから,$C_B = 0.10 \gg$ [OH$^-$] $\gg$ [H$^+$] と近似できるとすると,式(3・88)より

$$[OH^-] = (K_b C_B)^{1/2}$$
$$= \left(\frac{K_W C_B}{K_a}\right)^{1/2}$$
$$= 7.6 \times 10^{-6} \text{ M}$$

この[OH$^-$]の値から

$$[H^+] = 1.3 \times 10^{-9} \text{ M}$$

が得られる.このようにして求められた[OH$^-$]と[H$^+$]の値は,仮定した条件,$C_B \gg$ [OH$^-$] $\gg$ [H$^+$] を満足している.したがって,この溶液のpHは,8.9となる.

c. 多塩基酸および多酸塩基の溶液

硫酸(H_2SO_4)やリン酸(H_3PO_4)は,プロトンとして放出しうる水素原子を1分子中に2個以上もっている.このような酸を多塩基酸と呼ぶ.多塩基酸は溶液中で段階的に解離し,各段階ごとに平衡が成立している.例えば,リン酸は次のように3段階に逐次解離する.

$$H_3PO_4 \rightleftharpoons H^+ + H_2PO_4^-$$

$$K_{a1} = \frac{[H^+][H_2PO_4^-]}{[H_3PO_4]} \tag{3・90}$$

$$H_2PO_4^- \rightleftharpoons H^+ + HPO_4^{2-}$$

$$K_{a2} = \frac{[H^+][HPO_4^{2-}]}{[H_2PO_4^-]} \tag{3・91}$$

$$HPO_4^{2-} \rightleftharpoons H^+ + PO_4^{3-}$$

$$K_{a3} = \frac{[\mathrm{H^+}][\mathrm{PO_4^{3-}}]}{[\mathrm{HPO_4^{2-}}]} \tag{3・92}$$

ここで，K_{a1}, K_{a2}, K_{a3} はそれぞれ第1，第2および第3解離定数と呼ばれる．

また，多くの水和金属イオンも次のような反応によってプロトンを放出するので多塩基酸と考えることができる．

$$\mathrm{Fe(H_2O)_6^{3+} + H_2O \rightleftharpoons H_3O^+ + Fe(H_2O)_5(OH)^{2+}}$$

$$\mathrm{Fe(H_2O)_5(OH)^{2+} + H_2O \rightleftharpoons H_3O^+ + Fe(H_2O)_4(OH)_2^+}$$

このように多くの解離平衡が存在するので，多塩基酸溶液の平衡計算はかなり複雑にみえるが，第1段の解離によって生じる水素イオンは次の解離を抑制するため，第2段以降の解離は無視できることが多い．すなわち K_{a1} は比較的大きい値でも，K_{a2}, K_{a3} は一般に非常に小さく（$K_{a1} > K_{a2} > K_{a3}$），それぞれの差は極めて大きい．したがって，多くの場合，多塩基酸溶液の pH は，すでに述べた一塩基酸の場合と同様にして計算することができる．

多酸塩基の解離平衡も多塩基酸と同様に考えることができる．例えば，リン酸イオン（$\mathrm{PO_4^{3-}}$）を含む水溶液での解離平衡は次のように書くことができる．

$$\mathrm{PO_4^{3-} + H_2O \rightleftharpoons HPO_4^{2-} + OH^-}$$

$$K_{b1} = \frac{[\mathrm{HPO_4^{2-}}][\mathrm{OH^-}]}{[\mathrm{PO_4^{3-}}]} \tag{3・93}$$

$$\mathrm{HPO_4^{2-} + H_2O \rightleftharpoons H_2PO_4^- + OH^-}$$

$$K_{b2} = \frac{[\mathrm{H_2PO_4^-}][\mathrm{OH^-}]}{[\mathrm{HPO_4^{2-}}]} \tag{3・94}$$

$$\mathrm{H_2PO_4^- + H_2O \rightleftharpoons H_3PO_4 + OH^-}$$

$$K_{b3} = \frac{[\mathrm{H_3PO_4}][\mathrm{OH^-}]}{[\mathrm{H_2PO_4^-}]} \tag{3・95}$$

それぞれの段階における塩基，$\mathrm{PO_4^{3-}}$, $\mathrm{HPO_4^{2-}}$, $\mathrm{H_2PO_4^-}$ の解離定数は，それぞれ対応する共役酸，$\mathrm{HPO_4^{2-}}$, $\mathrm{H_2PO_4^-}$, $\mathrm{H_3PO_4}$ の酸解離定数と $K_a K_b = K_w$ の関係にある．したがって，多塩基酸溶液と同様に，多くの多酸塩基溶

液のpHの計算においては，第2段以降の解離により生成する水酸化物イオンを無視することができる．

d. 酸塩基化学種濃度のpH依存性

溶液中に存在する酸塩基化学種の濃度を，pHの関数として表わすことは，いろいろな場合に有用である．例えば，重金属イオンを硫化物として沈殿させる反応では，S^{2-}イオンの濃度が問題になるが，これは，HS^-およびH_2Sと平衡関係にあり，溶液のpHによって，これらの化学種の濃度は大きく変化する．したがって，S^{2-}イオン濃度とpHの関係がわかっていれば，ある金属イオンを定量的に沈殿させることのできるpH範囲を決定できることになる．ここでは，リン酸溶液を例にとって考えることにしよう．リン酸についての物質均衡は次式で与えられる．

$$C_A = [H_3PO_4] + [H_2PO_4^-] + [HPO_4^{2-}] + [PO_4^{3-}] \tag{3·96}$$

式 (3·90)，(3·91) および (3·92) より，$[H_2PO_4^-]$，$[HPO_4^{2-}]$，$[PO_4^{3-}]$ は，$[H_3PO_4]$ の関数としてそれぞれ次のように表わすことができる．

$$[H_2PO_4^-] = \frac{K_{a1}}{[H^+]}[H_3PO_4] \tag{3·97}$$

$$[HPO_4^{2-}] = \frac{K_{a1}K_{a2}}{[H^+]^2}[H_3PO_4] \tag{3·98}$$

$$[PO_4^{3-}] = \frac{K_{a1}K_{a2}K_{a3}}{[H^+]^3}[H_3PO_4] \tag{3·99}$$

ここで $[H_3PO_4]$ の全濃度 C_A に対する比を α_0 とすると，これは式 (3·97)〜(3·99) を式 (3·96) に代入することにより次のように与えられる．

$$\begin{aligned}\alpha_0 &= \frac{[H_3PO_4]}{C_A} \\ &= \frac{[H^+]^3}{[H^+]^3 + K_{a1}[H^+]^2 + K_{a1}K_{a2}[H^+] + K_{a1}K_{a2}K_{a3}}\end{aligned} \tag{3·100}$$

同様に $[H_2PO_4^-]$，$[HPO_4^{2-}]$，$[PO_4^{3-}]$ の濃度分率をそれぞれ α_1，α_2，α_3 とすると，これらは α_0 と次のような関係にある．

$$\alpha_1 = \frac{[H_2PO_4^-]}{C_A} = \frac{K_{a1}}{[H^+]}\alpha_0 \tag{3·101}$$

$$\alpha_2 = \frac{[\mathrm{HPO_4^{2-}}]}{C_\mathrm{A}} = \frac{K_{a2}}{[\mathrm{H^+}]}\alpha_1 = \frac{K_{a1}K_{a2}}{[\mathrm{H^+}]^2}\alpha_0 \tag{3・102}$$

$$\alpha_3 = \frac{[\mathrm{PO_4^{3-}}]}{C_\mathrm{A}} = \frac{K_{a3}}{[\mathrm{H^+}]}\alpha_2 = \frac{K_{a1}K_{a2}K_{a3}}{[\mathrm{H^+}]^3}\alpha_0 \tag{3・103}$$

$K_{a1}=7.1\times10^{-3}$, $K_{a2}=6.3\times10^{-8}$, $K_{a3}=4.5\times10^{-13}$ の値を代入し,それぞれの化学種の濃度分率を pH の関数として表わすと図 3・8 のようになる.この図から,リン酸水溶液では,3 種以上の化学種が共存するような pH 領域は事実上存在しないことがわかる.

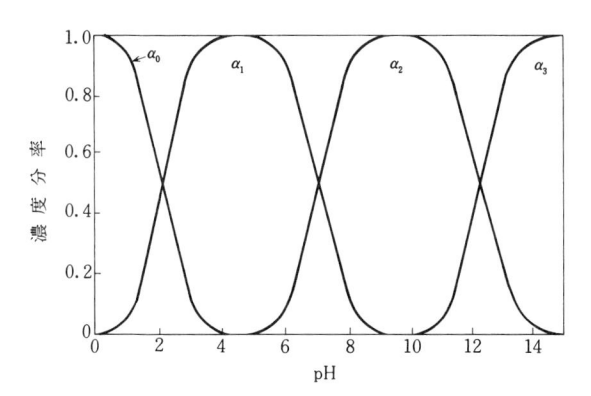

図 3・8 pH によるリン酸化学種の分布変化

3・3・7 緩衝溶液

互いに共役である酸塩基対をある濃度以上含む溶液では,少量の酸や塩基を添加しても,また,溶液を希釈あるいは濃縮しても,その pH の変化は小さい.このように水素イオン濃度の変化に抵抗性を示す溶液を緩衝溶液(buffer solution)という.

弱酸 HA(濃度 C_A)とその共役塩基のナトリウム塩 NaA(濃度 C_B)を含む混合溶液を考えよう.この溶液中では次の解離平衡が成り立っている.

$$\mathrm{HA + H_2O \rightleftharpoons H_3O^+ + A^-}$$

$$K_a = \frac{[\mathrm{H^+}][\mathrm{A^-}]}{[\mathrm{HA}]} \tag{3・104}$$

$$A^- + H_2O \rightleftharpoons HA + OH^-$$

$$K_b = \frac{K_W}{K_a} = \frac{[HA][OH^-]}{[A^-]} \tag{3·105}$$

また，物質均衡より

$$C_A + C_B = [HA] + [A^-] \tag{3·106}$$

$$C_B = [Na^+] \tag{3·107}$$

そして，電荷均衡より

$$[Na^+] + [H^+] = [A^-] + [OH^-] \tag{3·108}$$

の関係が得られる．式 (3·106)，(3·107)，(3·108) から

$$[A^-] = C_B + ([H^+] - [OH^-]) \tag{3·109}$$

$$[HA] = C_A - ([H^+] - [OH^-]) \tag{3·110}$$

となるので，これらを式 (3·104) に代入すると次式が得られる．

$$K_a = \frac{[H^+]\{C_B + ([H^+] - [OH^-])\}}{C_A - ([H^+] - [OH^-])} \tag{3·111}$$

式 (3·111) で $C_B = 0$ とおけば，一塩基酸についての式 (3·74) となり，また，$C_A = 0$ とおけば，一酸塩基についての式 (3·85) となる．

この溶液は弱酸の共役酸塩基対の溶液であるから，C_A および C_B が十分に大きければ，式 (3·111) において [H^+] と [OH^-] を無視することができる．したがって，次式が得られる．

$$\mathrm{pH} = \mathrm{p}K_a + \log \frac{C_B}{C_A} \tag{3·112}$$

このように，共役の弱酸塩基対の pH は用いた酸と塩基の濃度の比の対数に依存する．したがって，この溶液を希釈あるいは濃縮しても C_B/C_A の比は変らないから，pH は一定に保たれることになる．

この溶液に少量の強酸を加えると

$$A^- + H_3O^+ \rightarrow HA + H_2O$$

の反応によって水素イオンが消費され，それに対応して A^- が HA に変る．また，強塩基を加えると

$$HA + OH^- \rightarrow A^- + H_2O$$

のように水酸化物イオンが消費され,その分だけ HA が A⁻ に変化する.その結果,例えば,強酸を水素イオン濃度 $[H^+]_{add}$ に相当する分だけ加えると pH は

$$\mathrm{pH} = \mathrm{p}K_a + \log\frac{C_B - [H^+]_{add}}{C_A + [H^+]_{add}} \quad (3\cdot113)$$

となる.したがって,C_A, $C_B \gg [H^+]_{add}$ であれば溶液の pH はほとんど変化しないことになる.

溶液の緩衝作用の能力(緩衝能)は,次式で定義される緩衝指数(buffer index)β によって表わされる.

$$\beta = \frac{d[H^+]_{add}}{d\mathrm{pH}} \quad (3\cdot114)$$

または

$$\beta = \frac{d[OH^-]_{add}}{d\mathrm{pH}} \quad (3\cdot115)$$

これは,溶液の pH を dpH だけ変化させるのに要する強酸または強塩基の量を示すものであり,β が大きければ大きいほどその溶液の緩衝能は大きいことになる.β が最大となるのは,pH=pK_a すなわち $C_A = C_B$ のときである.したがって,緩衝溶液を調製する際には,目的の pH になるべく近い(±1 以内の)pK_a をもつ酸とその共役塩基の塩を選ぶべきである.もちろん,それらの濃度すなわち,C_A および C_B が大きければ大きいほど緩衝能は大きくなることはいうまでもない.

3・4 錯生成平衡

3・4・1 金属錯体の構造

金属錯体(metal complex)の生成は,Lewis の酸塩基理論によって説明できることはすでに述べた.すなわち,金属イオンは酸であり,これに電子対を供与して錯体を形成する分子やイオンは塩基と考えることができる.錯体中の金属イオンを中心原子(central atom),また中心原子に結合している分子やイオンを配位子(ligand)という.中心原子と配位子の結合は配位

結合（coordinate bond）と呼ばれる．配位結合は本質的には共有結合であるが，極性が強く，事実上イオン結合とみなすことのできる場合もある．

金属イオンが受容できる配位子の電子対の数は配位数（coordination number）と呼ばれ，金属イオンと配位子の組合わせ，溶媒，温度などによって決まる．しかし，一般には，金属イオンはそれぞれに特有の配位数（通常は 2, 4, 6 の値をとる）と幾何学的配置をもっている．表 3・3 にいくつかの金属イオンの通常とる配位数と幾何学的構造を示した．

表 3・3　主な金属イオンの配位数と錯体の幾何学的構造

金属イオン	配位数	幾何学的構造	例
Ag（I）	2	直　線	$Ag(NH_3)_2^+$
Fe（II）	6	正八面体	$Fe(CN)_6^{4-}$
Co（II）	4	正四面体	$CoCl_4^{2-}$
Ni（II）	4	平面四角形	$Ni(CN)_4^{2-}$
	6	正八面体	$Ni(NH_3)_6^{2+}$
Cu（II）	4	平面四角形	$Cu(NH_3)_4^{2+}$
Pt（II）	4	平面四角形	$Pt(NH_3)_4^{2+}$
Cr（III）	6	正八面体	$Cr(H_2O)_6^{3+}$
Fe（III）	6	正八面体	$Fe(CN)_6^{3-}$
Co（III）	6	正八面体	$Co(NH_3)_6^{3+}$

電子対供与原子を1個だけもち，一つの配位結合を形成する配位子（NH_3，CN^- など）を，単座配位子（unidentate ligand）と呼び，2, 3, 4個の結合をつくる配位子をそれぞれ二座（bidentate），三座（terdentate），四座（quadridentate）配位子と呼ぶ．2個以上の配位結合を形成する配位子は多座配位子（multidentate ligand）と総称される．金属イオンと多座配位子とが反応してできた錯体をキレート（chelate）またはキレート化合物（chelate compound）といい，またキレート化合物を形成する多座配位子を特にキレート試薬（chelating reagent）またはキレート配位子（chelating ligand）という．金属イオンとキレート試薬との反応によって形成されるキレート環（chelate ring）は，通常5員環あるいは6員環が安定である．一般に，キレートの生成定数（安定度定数）（後述）は，単座配位

3·4 錯生成平衡

表 3·4 キレート試薬

配位原子	名　　称	構　造　式（解離形）
O, O	β-ジケトン類 　アセチルアセトン 　（$R_1=R_2=CH_3$） 　テノイルトリフルオロアセトン 　（$R_1=$ チエニル, $R_2=CF_3$）	R_1-C(O$^-$)=CH-C(O)-R_2
	クペロン	C$_6$H$_5$-N(O$^-$)-N=O
N, N	ジメチルグリオキシム	H$_3$C-C(=N-OH)-C(=N-O$^-$)-CH$_3$
	1,10-フェナントロリン	(1,10-フェナントロリン構造)
S, S	ジエチルジチオカルバミン酸 （DDTC）	$(C_2H_5)_2$N-C(=S)-S$^-$
	キサントゲン酸	C_2H_5O-C(=S)-S$^-$
O, N	オキシン（8-ヒドロキシキノリン, 8-キノリノール）	(8-ヒドロキシキノリン構造, O$^-$)
N, S	ジチゾン （1,5-ジフェニル-3-チオカルバゾン）	C$_6$H$_5$-N=N-C(S$^-$)=N-NH-C$_6$H$_5$
O, N, N	1-(2-ピリジルアゾ)-2-ナフトール（PAN）	(ピリジル-N=N-ナフトール-O$^-$構造)

O, O, O, O, N, N	エチレンジアミン四酢酸 (EDTA)	⁻OOCCH₂\ /CH₂COO⁻ NCH₂CH₂N ⁻OOCCH₂/ \CH₂COO⁻

子からできる錯体よりかなり大きく,キレート試薬を用いて金属イオンの滴定分析(キレート滴定)を行うことができる.主なキレート試薬を表3・4に示した.

3・4・2 錯体の生成定数(安定度定数)

水分子は酸素原子が非共有電子対をもっているので,水溶液中では,ほとんどすべての金属イオンは水分子を配位したアクア錯体(aqua-complex)として存在している.水溶液中にほかの配位子が共存すると,その配位子は,水分子とおき換わって金属イオンと結合しようとする.これを便宜的に電荷を省略した形で表わすと次のようになる.

$$M(H_2O)_n + L \rightleftharpoons M(H_2O)_{n-1}L + H_2O$$

ここでMは金属イオン,Lは配位子である.この反応の平衡定数は

$$K = \frac{a_{ML} a_{H_2O}}{a_M a_L} \qquad (3\cdot116)$$

で与えられる.ここで,a_M,a_Lおよびa_{ML}は,それぞれ$M(H_2O)_n$,Lおよび$M(H_2O)_{n-1}L$の活量である.希薄溶液では,水の活量a_{H_2O}は一定とみなすことができ,また,活量は濃度におき換えることができるから,次のように表わすことができる(便宜的に水和水分子は省略して示す).

$$K = \frac{[ML]}{[M][L]} \qquad (3\cdot117)$$

これを錯体の生成定数(formation constant)または安定度定数(stability constant)という.

もし,2個以上の配位子が金属イオンと結合するならば,その反応は次の

ように段階的に進む．

$$M + L \rightleftharpoons ML \quad K_1 = \frac{[ML]}{[M][L]} \quad (3 \cdot 118)$$

$$ML + L \rightleftharpoons ML_2 \quad K_2 = \frac{[ML_2]}{[ML][L]} \quad (3 \cdot 119)$$

$$ML_2 + L \rightleftharpoons ML_3 \quad K_3 = \frac{[ML_3]}{[ML_2][L]} \quad (3 \cdot 120)$$

$$\cdots\cdots\cdots\cdots \quad \cdots\cdots\cdots\cdots$$

$$ML_{n-1} + L \rightleftharpoons ML_n \quad K_n = \frac{[ML_n]}{[ML_{n-1}][L]} \quad (3 \cdot 121)$$

各段階の生成定数，$K_1, K_2, K_3, \cdots, K_n$ を逐次生成定数（stepwise formation constant）という．ほとんどの錯体では，$K_1 > K_2 > K_3 > \cdots > K_n$ である．すべての段階の反応式を組合わせると，ML_n を生成するための全反応式を次のように書くことができる．

$$M + nL \rightleftharpoons ML_n \quad (3 \cdot 122)$$

この反応の平衡定数は全生成定数（overall formation constant）と呼ばれ，一般に β_n で表わす．

$$\beta_n = \frac{[ML_n]}{[M][L]^n} \quad (3 \cdot 123)$$

全生成定数と逐次生成定数との間には，次の関係がある．

$$\beta_n = K_1 K_2 K_3 \cdots K_n \quad (3 \cdot 124)$$

錯体の生成（安定度）定数は，熱力学的あるいは平衡論的安定度を表わすものであって，反応の活性度を示すものではない．例えば，Cu(II) は濃アンモニア水中でテトラアンミン錯体 $Cu(NH_3)_4^{2+}$ として存在し，濃青色を呈するが，この溶液に塩酸を加えて酸性にすると，直ちに淡青色になる．これは次の平衡が右にずれて $Cu(H_2O)_4^{2+}$ が生成したためである．

$$Cu(NH_3)_4^{2+} + 4 H_3O^+ \rightleftharpoons Cu(H_2O)_4^{2+} + 4 NH_4^+$$

ところが，同じ NH_3 が配位した錯体でも，ヘキサアンミンコバルト (III) $Co(NH_3)_6^{3+}$ は同様の操作を行って長時間おいても，ほとんど変化がみられない．このような差は中心金属イオンと結合している配位子の置換反応の速

度が異なることによるものであり,生成定数の大きさのちがいにもとづくものではない.それは,次の反応の平衡定数が約 10^{25} と非常に大きい値であることからも理解できる(ただし,$Co(H_2O)_6^{3+}$ は酸濃度の非常に高い溶液中でのみ存在しうる).

$$Co(NH_3)_6^{3+} + 6\,H_3O^+ \rightleftharpoons Co(H_2O)_6^{3+} + 6\,NH_4^+$$

Cu^{2+} や Zn^{2+} などのように配位子の置換が瞬時におこる錯体を置換活性 (substitution labile) であるといい,Co^{3+} や Cr^{3+} のように極めてゆっくりとしかおこらない錯体を置換不活性 (substitution inert) であるという.溶液中における金属錯体の状態変化を考える場合には,配位子置換反応における活性度を考慮しなくてはならない.

3・4・3 錯生成平衡に及ぼす pH の影響

金属イオンと錯体を形成する配位子は Lewis 塩基であり,しかも Lewis 塩基と Brønsted-Lowry 塩基とは本質的に同じものであるから,錯生成反応は pH の影響を受ける.すなわち,塩基である配位子はプロトンとも反応するので,金属イオンと錯生成することのできる配位子の濃度は全配位子濃度よりも小さくなる.

これをエチレンジアミン四酢酸 (ethylenediaminetetraacetic acid,略称 EDTA) について考えてみよう.EDTA は二つの窒素原子と四つのカルボキシ基により 6 座配位子として機能し,多くの金属イオンと通常 1:1 の安定なキレートを形成する.一方,EDTA はプロトンとして放出しうる水素原子を 1 分子当り 4 個もっており,四塩基酸でもある.EDTA を H_4Y と表わすと,その解離平衡は次のようになる.

$$H_4Y + H_2O \rightleftharpoons H_3O^+ + H_3Y^- \tag{3・125}$$

$$H_3Y^- + H_2O \rightleftharpoons H_3O^+ + H_2Y^{2-} \tag{3・126}$$

$$H_2Y^{2-} + H_2O \rightleftharpoons H_3O^+ + HY^{3-} \tag{3・127}$$

$$HY^{3-} + H_2O \rightleftharpoons H_3O^+ + Y^{4-} \tag{3・128}$$

したがって,溶液中には H_4Y,H_3Y^-,H_2Y^{2-},HY^{3-} および Y^{4-} という化学種が存在することになり,それらの分布は pH によって決まる(p.72 参

照).たとえば,pH 8~9 では,最も優勢な化学種は HY^{3-} であるから,このpH領域における錯生成反応は次のように書ける.

$$M^{n+} + HY^{3-} \rightleftharpoons MY^{(n-4)+} + H^+ \tag{3・129}$$

この反応は上の酸解離反応(3・128)と,次の錯生成反応とに分けて考えることができる.

$$M^{n+} + Y^{4-} \rightleftharpoons MY^{(n-4)+}$$

$$K_{MY} = \frac{[MY^{(n-4)+}]}{[M^{n+}][Y^{4-}]} \tag{3・130}$$

すなわち,反応(3・129)の平衡定数は次のように表わすことができる.

$$K_{MY(1)} = \frac{[MY^{(n-4)+}][H^+]}{[M^{n+}][HY^{3-}]} = K_{MY}K_{a4} \tag{3・131}$$

ここで,K_{a4} は反応(3・128)に対応する酸解離定数である.

同様にして,H_2Y^{2-},H_3Y^-,H_4Y との錯生成反応についての平衡定数 $K_{MY(2)}$,$K_{MY(3)}$,$K_{MY(4)}$ は次のように表わせる.

$$K_{MY(2)} = K_{MY}K_{a3}K_{a4} \tag{3・132}$$

$$K_{MY(3)} = K_{MY}K_{a2}K_{a3}K_{a4} \tag{3・133}$$

$$K_{MY(4)} = K_{MY}K_{a1}K_{a2}K_{a3}K_{a4} \tag{3・134}$$

EDTA の K_{a1},K_{a2},K_{a3},K_{a4} はいずれも1より小さな値であるから,$K_{MY} > K_{MY(1)} > K_{MY(2)} > K_{MY(3)} > K_{MY(4)}$ となる.pH が低くなると非解離のEDTA化学種の割合が大きくなり,それに伴って錯体の生成は困難になることがわかる.

水溶液中における錯生成反応と競合する反応には,このほかにも共存するほかの配位子と金属イオンとの反応などいろいろのものがある.そこで,これらの妨害となる反応の影響を考慮した,次のような生成定数を用いるほうが都合のよい場合が多い.すなわち,EDTA を例にとって示すと(簡単化のため電荷を省略して示す),

$$K_{MY}' = \frac{[MY]}{C_M C_Y} \tag{3・135}$$

ここで,C_M は EDTA と結合していない金属イオンの総濃度であり,C_Y は

金属イオンと結合していない EDTA の総濃度である．この K_{MY}' を条件生成定数（conditional formation constant）という．EDTA 以外の配位子 L との反応がおこれば，遊離の金属イオンの濃度は C_M より当然低くなる．すなわち

$$C_M = [M] + [ML] + [ML_2] + \cdots \tag{3・136}$$

一方，EDTA の酸解離平衡を考えると

$$C_Y = [Y] + [HY] + [H_2Y] + [H_3Y] + [H_4Y] \tag{3・137}$$

である．ここで，$[M]/C_M$ および $[Y]/C_Y$ をそれぞれ α_M および α_Y（これらを副反応係数と呼ぶ）とおくと，

$$\alpha_M = \frac{[M]}{C_M} \tag{3・138}$$

$$\alpha_Y = \frac{[Y]}{C_Y} \tag{3・139}$$

式 (3・130)，(3・135)，(3・138)，(3・139) より次の関係式を得る．

$$K_{MY}' = \alpha_M \alpha_Y K_{MY} \tag{3・140}$$

$\alpha_M \leq 1$ および $\alpha_Y \leq 1$ であるから，$K_{MY}' \leq K_{MY}$ となる．条件生成定数 K_{MY}' は，特定の条件下で問題としている金属錯体が生成する傾向を示すものであるから，事実上の錯体の安定度を表わしており，その意味で，K_{MY} よりも直接役に立つものである．

EDTA については，α_Y は次式で与えられる．

$$\alpha_Y = \frac{K_{a1}K_{a2}K_{a3}K_{a4}}{[H^+]^4 + [H^+]^3 K_{a1} + [H^+]^2 K_{a1}K_{a2} + [H^+]K_{a1}K_{a2}K_{a3} + K_{a1}K_{a2}K_{a3}K_{a4}} \tag{3・141}$$

$\log \alpha_Y$ と pH の関係を図 3・9 に示した．この図からも，pH が低くなるに従って α_Y が小さくなり，それとともに K_{MY}' が小さくなることがわかる．

EDTA 以外の錯形成剤が溶液中に存在すると，それが金属イオンと錯体をつくり，EDTA による錯生成と競合することになり，$\alpha_M < 1$ となる．このような錯生成をうまく利用すれば，溶液中に共存する妨害金属イオンを除去することができる．例えば，Cu^{2+} はシアン化物イオンと非常に安定な錯

3·4 錯生成平衡

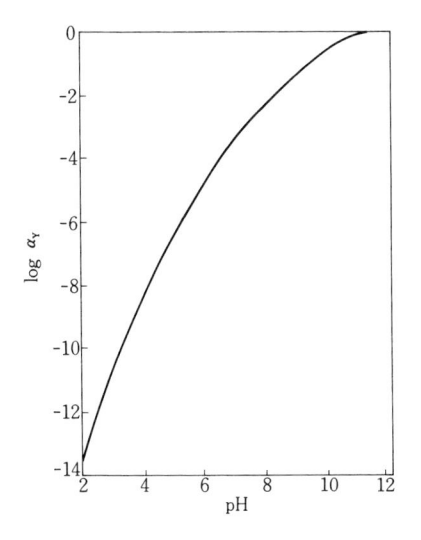

図 3·9 $\log \alpha_Y$ の pH 依存性

体を形成するが，Pb^{2+} は安定な錯体をつくらないので，Pb^{2+} を EDTA で滴定する場合にシアン化物イオンを共存させておけば，Cu^{2+} による妨害を防ぐことができる．このような効果をマスキング (masking) といい，このとき用いられる試薬をマスク剤 (masking reagent) という．これにより妨害イオンを分離することなく，混合物中の特定のイオンのみを選択的に定量することが可能になる (5·7 キレート滴定参照)．また，沈殿分離や溶媒抽出などにおいても，妨害イオンを原溶液中に残して，目的イオンだけを取り出すことを目的としてマスキングを用いることが多い．

3·4·4 金属イオン濃度緩衝液

Brønsted-Lowry の共役酸塩基対を含む溶液は，水素イオン濃度に関して緩衝作用を示すことは，すでに述べた．同様に，金属錯体と過剰の配位子とを含む溶液は，金属イオン濃度緩衝液となる．

次の錯生成平衡について考えてみよう．

$$M + L \rightleftharpoons ML \tag{3·142}$$

この平衡に関する条件生成定数 K_{ML}' は次式で与えられる．

$$K_{ML}' = \frac{\alpha_M [ML]}{[M] C_L} \qquad (3\cdot143)$$

今,生成定数が十分に大きく,また金属イオンに対して過剰の配位子を用いた場合には,

$$[ML] \fallingdotseq C_{MT}, \qquad C_L \fallingdotseq C_{LT} - C_{MT} \qquad (3\cdot144)$$

と近似できる.ここで,C_{MT} および C_{LT} はそれぞれ溶液中の金属イオンおよび配位子の全濃度である.したがって,式 (3·143) は次のようになる.

$$K_{ML}' = \frac{\alpha_M C_{MT}}{[M](C_{LT} - C_{MT})} \qquad (3\cdot145)$$

[M] について解き,対数をとると

$$pM = \log K_{ML}' + \log(C_{LT} - C_{MT}) - \log \alpha_M - \log C_{MT} \qquad (3\cdot146)$$

ここで

$$pM = -\log[M] \qquad (3\cdot147)$$

である.式 (3·146) からわかるように,この溶液の pM 値は条件生成定数ならびに金属錯体と配位子のモル比で決められる.系外から金属イオンが加えられると,錯生成反応がおこって金属イオンが消費され,逆に金属イオンが系外に除かれると,錯体の解離がおこってこれを補い,遊離金属イオン濃度が一定に保たれる.緩衝作用が最大になるのは,$[ML] = C_L$ のときである.このような金属イオン緩衝溶液は,金属イオン濃度を一定の低い値に保つ必要があるときに有用である.

3・4・5 硬い酸塩基と軟らかい酸塩基 (HSAB)

プロトンという一つの陽イオンの授受で酸塩基反応を規定した Brønsted-Lowry の理論では,酸や塩基の強さはプロトンに対する親和性の大小という共通の尺度で表現することができる.すなわち,Brønsted-Lowry の酸と塩基は,原理的には一定の強度の序列に従う.一方,Lewis は酸と塩基をそれぞれ電子対受容体および電子対供与体として定義することにより,Brønsted-Lowry の酸塩基反応をも含む一般の化学反応を酸塩基反応として体系化することには成功したが,酸塩基の強さを統一的スケールで表わす

ことはできなかった．これは，ある酸に対する塩基の親和性の序列が，ほかの酸に対しては当てはまらないためである．例えば，アルカリ土類金属やアルミニウムのイオンは硫化物イオンと反応せず，水酸化物イオンやフッ化物イオンと反応して難溶性あるいは可溶性の化合物を形成する．これに対して水銀や銀のイオンは，フッ化物イオンとはほとんど反応しないが，酸性においてもかなり難溶性の硫化物を形成する．

このような観点に立って，いろいろな金属イオンについて各種の電子対供与原子との親和性を比較すると，一般に窒素，酸素，フッ素などと強く結合するものと，硫黄，リン，ヨウ素などと強く結合するものとに分類することができる．R. G. Pearson は，酸塩基の硬さと軟らかさという概念を提案し，前者に属するものを硬い酸 (hard acid)，後者に属するものを軟らかい酸 (soft acid) と呼んだ．硬い酸と軟らかい酸が，各種の供与原子に対して示す親和性の序列をまとめると次のようになる．

$$
\begin{array}{c}
N \gg P > As > Sb \\
\text{硬い酸} \quad O \gg S > Se > Te \\
F > Cl > Br > I
\end{array}
$$

$$
\begin{array}{c}
N \ll P > As > Sb \\
\text{軟らかい酸} \quad O \ll S \sim Se \sim Te \\
F < Cl < Br < I
\end{array}
$$

Pearson は Lewis 塩基に対しても同様の分類をし，硬い酸と安定な化合物を形成する塩基を硬い塩基 (hard base)，軟らかい酸と安定な化合物を形成する塩基を軟らかい塩基 (soft base) と名づけた．

一般に，硬い酸は体積が小さく，高い正電荷をもっているのに対して，軟らかい酸は体積が大きく，低い正電荷をもっている．また，硬い塩基は分極しにくく，電気陰性度が大きいが，軟らかい塩基は分極しやすく，電気陰性度が小さい．硬い酸と塩基とが反応するとイオン結合性の強い化合物が生成するのに対して，軟らかい酸と塩基からは，共有結合性の強い化合物が生成

する．しかし，硬い酸と軟らかい塩基，および，軟らかい酸と硬い塩基とからは安定な化合物は生成しない．表3・5にいくつかのLewis酸塩基を分類して示した．

この酸塩基の硬さと軟らかさという概念は，"Hard and Soft Acids and Bases"の頭文字をとって，HSABと略して呼ばれることもある．この概念によれば，"硬い酸は硬い塩基と反応しやすく，軟らかい酸は軟らかい塩基と反応しやすい"ということになり，この簡単な基準にもとづいて多くの化学反応の予測をすることができる．

表 3・5 Lewis酸・塩基の分類

酸
[硬い酸]
H^+, Li^+, Na^+, K^+, Be^{2+}, Mg^{2+}, Ca^{2+}, Sr^{2+}, Mn^{2+}, Al^{3+}, Sc^{3+}, Ga^{3+}, In^{3+}, La^{3+}, Cr^{3+}, Co^{3+}, Fe^{3+}, Ce^{3+}, $Si(IV)$, Ti^{4+}, Zr^{4+}, Th^{4+}, VO^{2+}
[軟らかい酸]
Cu^+, Ag^+, Au^+, Tl^+, Hg^+, Pd^{2+}, Cd^{2+}, Pt^{2+}, Hg^{2+}, CH_3Hg^+, Tl^{3+}, Pt^{4+}
[中間に属するもの]
Fe^{2+}, Co^{2+}, Ni^{2+}, Cu^{2+}, Zn^{2+}, Pb^{2+}, Sn^{2+}, Ru^{2+}, Os^{2+}, Sb^{3+}, Bi^{3+}, Rh^{3+}, Ir^{3+}, $B(CH_3)_3$, SO_2, NO^+

塩基
[硬い塩基]
H_2O, OH^-, F^-, CH_3COO^-, PO_4^{3-}, SO_4^{2-}, Cl^-, CO_3^{2-}, ClO_4^-, NO_3^-, ROH, RO^-, R_2O, NH_3, RNH_2, N_2H_4
[軟らかい塩基]
R_2S, RSH, RS^-, I^-, SCN^-, $S_2O_3^{2-}$, CN^-, RNC, CO, R_3P, R_3As, $(RO)_3P$, C_2H_4, C_6H_6
[中間に属するもの]
$C_6H_5NH_2$, C_5H_5N, N_3^-, Br^-, SO_3^{2-}, NO_2^-, N_2

Rはアルキル基またはアリル基を示す．

3・5 沈殿平衡
3・5・1 強電解質の溶解度と溶解度積

ある温度における固体物質の溶解度は，溶解していない固体と接していて，それと平衡状態にある溶液，すなわち飽和溶液中の活量または濃度として定義される．固体物質が強電解質である場合は，水溶液中で陽イオンと陰イオンに完全解離するので，たとえば塩化ナトリウムの場合はその平衡を次のように表わすことができる．

$$\mathrm{NaCl}(固体) \rightleftarrows \mathrm{Na}^+(溶液) + \mathrm{Cl}^-(溶液)$$

この平衡の平衡定数は以下のように書ける．

$$K_{\mathrm{sp}} = a_{\mathrm{Na}^+} a_{\mathrm{Cl}^-} = y_{\mathrm{Na}^+} y_{\mathrm{Cl}^-} [\mathrm{Na}^+][\mathrm{Cl}^-] \tag{3・148}$$

ここで，純粋な固体（最も安定な結晶状態）は標準状態にあると約束され，活量は1であるので平衡定数に含まれる．この平衡定数 K_{sp} を溶解度積 (solubility product) と呼ぶ．NaCl の飽和水溶液は極めて高濃度であるので，Na^+ イオンと Cl^- イオンの活量係数は1から大きくはずれる（3・2・2参照）．これに対して難溶性の電解質ではイオン濃度が極めて低いので，イオン活量係数は1と近似できる．たとえば塩化銀については溶解度積が次のように与えられる．

$$K_{\mathrm{sp}} = a_{\mathrm{Ag}^+} a_{\mathrm{Cl}^-} = y_{\mathrm{Ag}^+} y_{\mathrm{Cl}^-} [\mathrm{Ag}^+][\mathrm{Cl}^-] \cong [\mathrm{Ag}^+][\mathrm{Cl}^-] \tag{3・149}$$

一般に，溶液中で次のようにイオンに解離する難溶性電解質 $\mathrm{A}_x\mathrm{B}_y$

$$\mathrm{A}_x\mathrm{B}_y(固体) \rightleftarrows x\mathrm{A}^{y+}(溶液) + y\mathrm{B}^{x-}(溶液)$$

の溶解度積は以下のように表わされる．

$$K_{\mathrm{sp}} = [\mathrm{A}^{y+}]^x [\mathrm{B}^{x-}]^y \tag{3・150}$$

電解質の溶解度は溶解度積から計算でき，また逆に溶解度積は溶解度から計算することができる．すなわち，難溶性強電解質 $\mathrm{A}_x\mathrm{B}_y$ のモル濃度で表わした溶解度が $S(\mathrm{mol\ l}^{-1})$ であるとすると，イオン A^{y+} と B^{x-} の飽和溶液中の濃度は，それぞれ xS および yS であるので，溶解度積は以下のように与えられる．

$$K_{\mathrm{sp}} = (xS)^x (yS)^y = x^x y^y S^{x+y} \tag{3・151}$$

一般に溶解度積は温度とともに増加する．また，水溶液にエタノールなどの有機溶媒を添加すると誘電率が低下し，溶解度積が低下する．このほか，イオン活量係数は溶液のイオン強度に依存するので，モル濃度で表わした溶解度積は溶液のイオン強度によって変化する．溶解度積は飽和溶液中の電解質を構成するイオンの濃度を測定することによっても求められるが，多くの難溶性電解質については，電気化学的な測定により得られている（8・2・1参照）．

3・5・2 共通イオン効果

式（3・151）の関係は，溶液内にその電解質を構成するイオンと同種のイオン（共通イオン，common ion）があらかじめ含まれていない場合に成り立つものである．共通イオンが溶液中に存在する場合は，電解質の溶解度は低下することに注意しなくてはならない．すなわち溶解度積は定数であるが，溶解度は定数ではない．

たとえば，陰イオン B^{x-} を C_B mol l^{-1} 含む水溶液中の電解質 A_xB_y の溶解度を考えてみよう．その溶解度を S' とすると，次の関係が得られる．

$$K_{sp} = (xS')^x (C_B + yS')^y \qquad (3 \cdot 152)$$

もし，$C_B \gg yS'$ と近似できるならばこの式は以下のように簡単になる．

$$K_{sp} = (xS')^x C_B^y \qquad (3 \cdot 153)$$

難溶性電解質の場合，通常このように近似できる．

3・5・3 溶解度積と沈殿生成

溶解度積が与えられていれば，ある溶液に沈殿がどの程度溶解するか，また反対に二つの溶液を混合したとき沈殿が生成するかどうかをあらかじめ知ることができる．後者の場合について考えてみよう．二つの溶液を混合した結果，注目する電解質 A_xB_y を構成するイオンの溶液中の濃度がそれぞれ $[A^{y+}]$ および $[B^{x-}]$ になるとする．ただし，この場合の濃度は沈殿を生成しないと仮定して計算したものである．これを式（3・150）の右辺に代入して得た値（イオン積という）と溶解度積を比較すれば，沈殿が生成するか否かを次の関係から知ることができる．

イオン積<溶解度積:溶液は不飽和であり,沈殿を生成しない.
イオン積>溶解度積:溶液は過飽和になっており,沈殿が生成する.
イオン積=溶解度積:溶液はちょうど飽和状態であり,沈殿は生成しない.

複数のイオンを含む溶液中から特定のイオンのみを選択的に沈殿させて,分離することも可能である.沈殿分離系は,溶解度積に基づいて設計することになる.たとえば,硫化物イオン S^{2-} は多くの金属イオンと沈殿を生成するが,その溶解度積に差があるため,硫化物イオン濃度を制御することによって金属イオンの選択的沈殿分離を行うことができる.硫化物イオンは塩基であるので,水素イオンと結合して HS^- や H_2S になるため,溶液の pH を変えることによってその濃度を自由に変化させることができる.2章にこれを利用した金属イオンの定性分析が詳しく述べられている.

4 試料の調製と重量分析

重量分析(gravimetric analysis)は,物質の組成を知るために用いられる最も基礎的な分析法である.重量分析では,はかり取った試料中の目的成分を分離し,元素あるいはその元素の化合物としてひょう量(目方をはかること)し,目的成分の組成を求める.多くの重量分析法では,定量の目的である元素あるいは基を,ひょう量に適した純粋かつ安定な化合物に変えてその重量をはかり,当該化合物の化学式および構成元素の原子量より,求める元素あるいは基の重量あるいは組成を求める.

元素あるいはそれを含む化合物の分離にはいろいろの方法が用いられるが,最も重要なものは次の方法である.

(ⅰ) 沈殿法(precipitation)
(ⅱ) 蒸発(留)またはガス発生法(volatilization or evolution)
(ⅲ) 電気分析的方法(electroanalytical methods)(8章参照)
(ⅳ) 抽出およびクロマトグラフ法(extraction and chromatography)(6, 10章参照)

化学天秤による質量測定の有効数字は非常に高く,6〜7桁にも達するので,重量分析法は非常に精度の高い方法である.また,標準試料を必要としない絶対法である.適用範囲は主成分(100〜1%),副成分(1〜0.01%)に限定され,0.01%以下の微量成分には不向きである.化学分析の方法の中では古い歴史をもつ方法であるが,操作に高度の熟練を要することが多く,時間を要する方法でもある.しかし,信頼性の高さにおいて,主成分分析ではこれに優る方法はないといってよい.また,試料の溶解,沈殿作製,沪過,洗浄,沈殿の乾燥,灼熱など,化学分析の基本操作はすべてここに含まれるので,この方法の重要性は分析化学上いささかも失われていない.

4・1 試料の分解

非破壊分析は別として,化学分析ではまず試料を分解して,以後の分離,沈殿,ひょう量などの操作を行う.未知試料の場合は,分解に先だって,粉末X線回折法 (p.322) などの同定分析により試料の素性をおよそ把握しておくとよい.

4・1・1 酸による無機物質の溶解

物質の溶解法は多種多様であって,同一物質でも純度により,また経歴によって,酸などに対する溶解の難易に大きな差があることが多い.酸による溶解法を一般化して述べることは難しいが,表4・1に非鉄金属などを試料とした場合に用いられる試薬を示した.

表 4・1 金属,硫化物,ケイ酸塩などの分解

試料	分解用試薬	試料	分解用試薬
Ag	HNO_3	合金鉄	HCl,希 H_2SO_4,$HClO_4$,HNO_3,HNO_3+HF
Al,Znベース合金	HCl,HNO_3,H_2SO_4		
Al	HCl,H_2SO_4,NaOH	Zr,Hf,Nb,Ta,Ti(金属・合金・酸化物など)	HF,HF+HNO_3,HF+H_2SO_4 など
As	HNO_3,王水		
Au	王水	Ni	HNO_3,HNO_3+H_2SO_4,$HClO_4$
Ag,Bi,Cd,Co,In,Mn,Pb,Cu,Cu合金	HNO_3	Sb	王水
		Se	HNO_3,王水
貴金属	HNO_3,王水	Sn,Te	HCl,王水,H_2SO_4
Ir,Rh	Zn合金としたのち王水	硫化物(酸可溶)	HCl,H_2SO_4,$HClO_4$
		硫化物(酸不溶)	発煙 HNO_3,HNO_3+Br_2
Pt	王水,Ag合金としたのち王水	酸化物	HCl
Pd	王水,HNO_3	ケイ酸塩	HF+H_2SO_4,HF+$HClO_4$ など
Ru	KOH+KNO_3融解など		

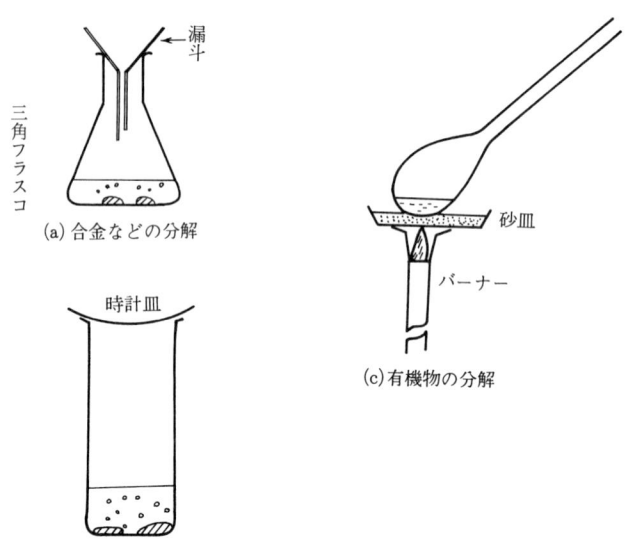

(a) 合金などの分解 — 三角フラスコ, 漏斗

(b) 粉末試料などの分解 — 時計皿

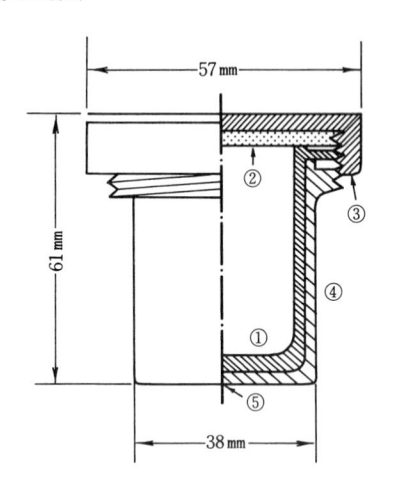

(c) 有機物の分解 — 砂皿, バーナー

(d) テフロンボンベ
57 mm, 61 mm, 38 mm
①テフロンるつぼ；②テフロン円板；③ねじぶた；④ステンレス容器；⑤漏気孔

図 4·1 試料の分解

塩酸を溶剤として用いる場合，Hg(I, II)，Sn(IV)，As(III)，Ge(IV) などは濃い塩酸酸性で加熱すれば揮散する．特に As(III)，Ge(IV) については，蒸留法はこれらを他元素より分離する方法として重要である．

表 4·1 中の H_2SO_4 は希硫酸を表わすが，濃硫酸を用いる場合もある．すなわち，トリウム，チタン，ウラン，希土類元素のリン酸塩，フッ化物などの鉱物は，多く濃硫酸処理して分解する．硫酸の沸点は 338 ℃ であるが，高温では分解反応が盛んにおこり，猛烈な白煙が生ずるものの温度は 300 ℃ を多少下まわる．過塩素酸はステンレス鋼に対するよい溶媒で，クロムは二クロム酸イオンに酸化される．過塩素酸は有機物あるいは有機物を含む試料の分解にも使われるが，必ず過塩素酸＋硝酸を用いる．単独に使用すると激しい爆発をおこす．過塩素酸分解を多用するドラフトはときどき水でよく洗うようにする．

希酸による分解を行うには図 4·1 の (a)，(b) のようにセットして，飛まつによる試料の損失を避けるとよい．

4·1·2 有機物の分解

有機物試料を分解するには，乾式灰化（dry ashing）と湿式灰化（wet ashing）の二つの方法がある．前者はるつぼ，蒸発皿などの中に試料を入れ，電気炉などで乾燥，炭化を経て灰化する操作であり，試薬を使わないので，試薬などにもとづく汚染（contamination）がなく，すぐれた手段であるが，揮発性成分（水銀，ヒ素など）の損失やるつぼなどとの反応により成分の損失を生ずる場合がある．ときに硝酸マグネシウムなどの補助酸化剤（ashing aid）を用いることもある．灰は酸などに溶解する．最近は酸素プラズマを用いて有機物試料を低温灰化することも行われるが，塊状の試料の灰化は困難である．

湿式灰化は数 g 程度の有機物質分解にはよい方法である（表 4·2）．数十 g というように多量の試料には上述の乾式灰化が向いている．湿式灰化は図 4·1(c) のように，キールダールフラスコを用いて行う．分解には，硝酸＋硫酸，硝酸＋過酸化水素，硝酸＋過塩素酸，硝酸＋硫酸＋過塩素酸が繁用さ

れる（表4·2）．分解を推進するのは硝酸であるから，加熱分解の過程ではときどき硝酸を補給する．分解途中で硝酸がなくなり，過塩素酸のみとなると危険である．硫酸のみとなると炭化がおこり，試料は泡状となってキールダールフラスコより漏出する．過酸化水素は硝酸同様にときどき補う．この方法は不揮発性の酸を用いない，すぐれた分解法である．

表 4·2 有機物質の湿式灰化の諸法

試　薬	対象試料	備　考
$H_2SO_4 + HNO_3$	植　物　体	最も一般的．As, Se, Hg などの揮発による損失あり
$HNO_3 + H_2O_2$	生　物　体	少量の試料を低温で速やかに分解できる
$HNO_3 + HClO_4$	タンパク質など	爆発の危険は少ない．Pb の損失がない
$H_2SO_4 + HNO_3 + HClO_4$	生物体一般	還流器をつけて操作すれば As, Sb, Hg の逸失を防げる
50% H_2O_2	有機物一般	試薬の保存に注意

加圧下で酸分解を行う方法もある．有機物のみならず無機物にも適用される（テフロンボンベ，図4·1(d))．試料と高純度の酸を 110～170 °C 程度で反応させたのち，室温まで冷却し，上ぶたをあけて試料を取り出す．分解ボンベには各種のものがあるが，いずれもテフロンで内張りしたものである．この容器で，例えば魚肉を硫酸・硝酸・過塩素酸の混合物で分解するときは30分で十分といわれる（通常 3～4 時間）．

4·1·3 融　解 (fusion)

酸処理では溶液にすることのできない試料に対しては融解法が用いられる．試料の性質により融剤 (flux) の種類も多いが，代表的な方法について述べる．

a. アルカリ融解 (alkali fusion)

ケイ酸塩などに対して適用する．融剤は炭酸ナトリウム (m. p. 851 °C)

が主である．るつぼは白金またはジルコニウムるつぼ[1]を用いる．試料の6倍程度の重さのNa_2CO_3を加えて強熱する．試料を$BaSO_4$とすれば，反応は次の通りである．

$$BaSO_4 + Na_2CO_3 \rightarrow BaCO_3 + Na_2SO_4$$

融成物（cake）を熱水で処理すると，$BaCO_3$は不溶，Na_2SO_4は溶液となる．ケイ酸塩試料であれば，不溶性ケイ酸塩は可溶性ケイ酸ナトリウムに変る．ほかの金属は主として炭酸塩に変り，融成物を塩酸で処理すれば，ケイ酸は不溶の沈殿となり，金属炭酸塩は塩化物となって溶解する．

b. 硫酸水素カリウムによる融解 (bisulfate fusion)

金属酸化物やある種の非ケイ酸塩鉱物などの分解に用いられる．るつぼとしては透明石英製が最適であるが，白金るつぼ，ジルコニウムるつぼを使用してもよい．後二者はわずかに融剤によって侵される．$KHSO_4$を加熱すると約200℃で融け，約350℃で分解し，ピロ硫酸カリウムとなる．

$$2\,KHSO_4 \xrightarrow{350\,℃} K_2S_2O_7 + H_2O$$

このとき放出するH_2Oにより発泡するので，この段階は慎重に行う．このため$K_2S_2O_7$を用いることもある．$K_2S_2O_7$は，加熱により次のように分解し，

$$K_2S_2O_7 \rightarrow K_2SO_4 + SO_3\uparrow$$

反応性に富むSO_3を放出する．このものが試料を攻撃して硫酸塩に変える．温度を上げすぎると，SO_3が無駄に放出され，K_2SO_4が残って融解中に結晶が析出する．このようになったら一度冷却して内容物を固結させたのち，1，2滴の濃H_2SO_4を滴下してK_2SO_4を$KHSO_4$に変え，再び融解を行う．あめ色の融成物が生成して固体物質が認められないところが完結点である．白金るつぼのFe_2O_3などによるよごれをとるためにもよく使われる．

---

[1] アルカリ融解，過酸化物融解によい．るつぼばさみはステンレス製を用いる．フッ化水素酸，王水を除くほとんどの酸，アルカリ溶液に耐性がある．ひょう量の目的には使えない．

c. ホウ酸塩融剤

ホウ酸塩はすぐれた融剤で，古くより，SiO_2，Al_2O_3，ZrO_2 などからなる耐火物の融解に用いられたが，融成物が酸に溶けにくいことと，場合によってはあとの分析操作の都合上，ホウ酸の除去[1]が必要になるなどの難点があった．しかし，融解後急冷すると均質なガラスが得られるため，最近はケイ酸塩などのけい光 X 線分析における試料調製に広く用いられている．ホウ砂，四ホウ酸リチウム $Li_2B_4O_7$ がこの目的に使用される．メタホウ酸リチウムあるいは Li_2CO_3 の混合物（1:1）はケイ酸塩をよく分解し，融成物も比較的容易に酸に溶解するので，ほかの機器分析法と組合わせて使われることが多くなっている．

4・2 沈殿の機構

沈殿が生成する場合，沈殿粒子の大きさや，結晶か無定形か，純度はどうかという問題は分析法の詳細を定める上で重要な問題である．沈殿条件，沈殿の特性，沈殿の処理などはこれらの問題と関わりをもつ．

4・2・1 沈殿の生成

沈殿粒子が形成されるのは，過飽和溶液からである．粒子が生成するには，核になるものの生成が必要である．過飽和の程度が比較的低い場合には，溶液中に浮遊する極めて細かいごみあるいはガラス壁に吸着している不純物などを中心にして，イオンの集合（clustering）がおこり，核が発生するものと思われる．このような成核プロセスは不均質的であって，核の数は過飽和の程度にはあまり関係しない．

一方，過飽和度の高い場合は，イオン同士が直接一定のパターンで集合配列してクラスターをつくり，これが核となる．成核のプロセスは均質的といわれ，過飽和の程度が増すと核の数もふえる．図 4・2 は，固体の溶解度と温度の関係を示す一般図であるが，固体の溶解度曲線は UU_1 のように示される．MM_1 の線をこえるところでは溶液は不安定となり，自発的成核，沈殿

---

[1] メタノールを加え蒸留すると，ホウ酸メチルとして除去される．

4・2 沈殿の機構

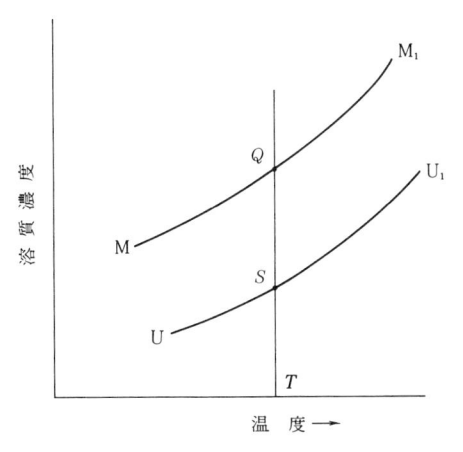

図 4・2 溶解度曲線

がおこる．両線の間は準安定ないし過飽和と呼ばれる領域であり，自発的に成核や沈殿が生ずることはないが，小結晶などをこの中に投入すると成核・沈殿が誘起される．例えば，温度 T で溶液に沈殿剤を徐々に加えると溶質濃度も次第に高まり，UU_1 曲線上の S 点に達して飽和する．さらに沈殿剤を加えると過飽和となり，MM_1 線上の Q 点に達する．過飽和は $Q-S$ で与えられる．相対過飽和度は $(Q-S)/S$ である．

過飽和度が，沈殿粒子の大きさにどのような影響を及ぼすかを初めに論じたのは von Weimarn (1926) である．溶質の沈殿生成の初速度 v は，

$$v = K\frac{Q-S}{S}$$

で与えられる．ここで，$Q=$過飽和溶液中の溶質の濃度，$S=$溶質の平衡濃度（溶解度），$K=$定数である．$Q-S$ の値の大きいほど，初めに生成する核の数は大きく，したがって沈殿粒子の大きさは小さい．S の値が大きいほど（一般には温度が高くなるほど大きくなる），$(Q-S)/S$ は小さくなり，核生成の数も減って，沈殿粒子のサイズは大きくなる．沪別や洗浄を行う場合には，大きい沈殿粒子のほうが容易であることは自明である．したが

って分析者は沈殿条件を調節して，できるだけ $(Q-S)/S$ の小さくなる条件を選ぶ．von Weimarn の式は，厳密には近似式である．それは S は大きい結晶の溶解度を示すからである．実際に沈殿粒子が初めに生成する場合には，その大きさは極端に小さく，S の値にはこれらの微細結晶の溶解度をあてねばならない（微小雨滴の蒸気圧は大雨滴の蒸気圧より大きいことに似ている）．微細結晶に対する S の値は，一般には広く測定されているわけではないが，難溶解性物質については，2×10^{-4} cm 以下になると溶解度は著しく増大することが知られている．

4・2・2 沈殿粒子の成長

核生成のプロセスに次いで沈殿の生成がおこるが，このことは核粒子の成長を意味する．結晶性物質についていえば，過飽和溶液より溶質のイオンが規則正しく核の格子に入って空間的拡がりをみせることである．イオンの大きさは 10^{-8} cm，核のクラスターは $10^{-8}\sim10^{-7}$ cm，コロイド段階で $10^{-7}\sim10^{-4}$ cm，沈殿粒子 $>10^{-4}$ cm であり，コロイド段階を経て成長する．コロイド粒子は小さいので，体積にくらべ表面積が大きい．等軸晶系の構造をもつ結晶格子では，結晶内のイオンはそれぞれ6個の反対電荷符号のイオンで囲まれているが，表面のイオンは反対符号のイオン5個で囲まれている（図4・3）．したがって表面イオンは，反対符号のイオンを粒子の表面に吸引する能力をもつ．このことは，溶液中の反対符号のイオンや，極性の分子（H_2O など）を吸着しうることを意味する．

結晶格子と共通するイオンが溶液中に存在すれば，そのようなイオンは優先的に吸着される．溶液中に共通イオンがないときは，格子イオンの一つと最難溶の化合物を生ずるイオンを溶液中より優先的に取り込む[1]．このようにしてコロイド粒子は電荷をもつに至る．

一例として，硝酸銀 $AgNO_3$ の溶液に小量の NaCl を添加する場合を考えよう．この場合は，Ag^+，NO_3^- を多量含む溶液[2] 中に AgCl の小さい粒子

---

1) F. Paneth-K. Fajans-O. Hahn adsorption rule という．
2) ほかに Na^+，H_3O^+，OH^- が共存．

4·2 沈殿の機構

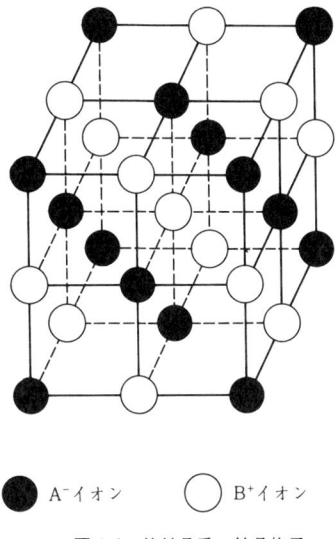

図4·3 等軸晶系の結晶格子
● A⁻イオン ○ B⁺イオン

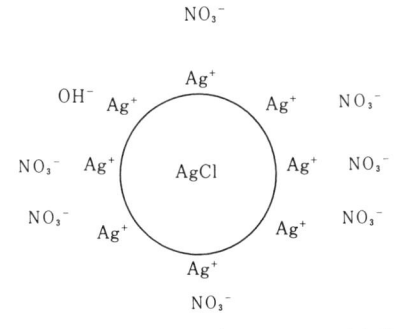

図4·4 AgNO₃ を含む溶液中の AgCl コロイド粒子

が生成する（図4·4）．これらの粒子は優先的に Ag^+ を吸着し，正の電荷をもつ．Ag^+ により形成された荷電層は反対電荷のイオン，主として NO_3^- を引きつけ，ゆるく結合した二次荷電層を形成する．逆のプロセス，すなわ

ち NaCl 溶液に小量の AgNO₃ の溶液を加えた場合は,粒子を囲む一次荷電層は Cl⁻ よりなり,二次荷電層は Na⁺(一部 H₃O⁺)よりなる.

また,格子イオンに共通するイオンのない場合の例として,NaNO₃ と CH₃COONa を含む溶液中の AgCl の微粒子を考えよう.この場合は,CH₃COO⁻ イオンが NO₃⁻ にくらべ優先的に吸着され一次荷電層をつくる.なぜなら CH₃COO⁻ イオンは AgCl 格子の Ag⁺ イオンと,NO₃⁻ イオンのつくる AgNO₃ より離溶性の酢酸銀 CH₃COOAg をつくるからである.二次荷電層は主として Na⁺(一部は H₃O⁺)よりなる.Na⁺ は一次層イオンとして吸着されることはない.なぜなら,NaCl はかなり高い溶解度をもつためである.

コロイド粒子はこのように電荷をもつため,相互に反発し合い,沪別しやすい粗大粒子への成長が妨げられる.沈殿はすべてコロイド粒子の過程を経て成長するものであるが,多くの場合この状態に長くとどまることはない.

これは,沈殿のプロセスを通してコロイド粒子のまわりの電荷が除かれるからである.電荷がとれると,コロイド粒子は結合して粗大な粒子となり,沈殿・沈降するに十分な粒子サイズに達する.コロイド粒子が電荷を失い,大きい粒子に成長する過程を凝集 (coagulation; flocculation) という.この過程は小過剰の沈殿剤を加えて行われる.例えば,AgNO₃ 溶液に NaCl 溶液を加えていくと,コロイド状の AgCl 粒子が分離し,Ag⁺ イオンを吸着するが,当量点をわずかにこえると,吸着していた Ag⁺ は Cl⁻ と Ag⁺ との強い吸引によって除かれ,AgCl 粒子は無荷電となって成長が促進され,沈殿分離ができるようになる.

凝集を行うには,沈殿格子イオンと共通なイオン以外のものでもよい.上述の Cl⁻ を一次荷電層にもつ AgCl のコロイド分散系に,例えば KNO₃,Ca(NO₃)₂,Al(NO₃)₃ を加えても凝集は行われる.一定量のコロイドを凝集させるに必要な最小量の塩の量を凝結価 (flocculation value) という.一次層に Cl⁻ を含む AgCl のコロイドに対しては,KNO₃,Ca(NO₃)₂,Al(NO₃)₃ の順に凝結価は減少する.

4・2 沈殿の機構　　　　　　　　　　101

　コロイドは凝集すると，二つのタイプの沈殿を生ずる．その一つは沈殿が著量の溶媒を含むもので，この場合，原コロイドを親液コロイド (lyophilic colloid) といい，溶媒が水であれば親水コロイド (hydrophilic colloid) という．生じた沈殿のほうをゲル (gel) という．$Fe(OH)_3$, $Al(OH)_3$ などはこの例である．これらは重量分析では強熱して Fe_2O_3, Al_2O_3 としてひょう量するが，水を失いにくく長時間の加熱が必要である上，これらの酸化物は吸湿性であるので速やかにひょう量する必要がある．

　一方，溶媒をほとんど含まない沈殿の場合は，元のコロイドは疎液コロイド (lyophobic colloid) と呼ばれ，溶媒が水の場合は疎水コロイド (hydrophobic colloid) と呼ばれる．このようなコロイドからの沈殿は，AgCl, $BaSO_4$, 硫化物沈殿などにみられ，これらに含まれる水は容易に除かれ，110 °C でひょう量可能のものもある．この場合は乾燥あるいは強熱した沈殿は吸湿性ではない．中間の性質を示す沈殿もある．

4・2・3 沈殿の性質

　溶液より析出した沈殿の物理的性質は集合速度 (aggregation velocity) と配向速度 (orientation velocity) によって支配される．集合速度とは，沈殿の初期粒子が集合してより大きい粒子に成長する速度であり，これは成核の時点における過飽和度の関数である．過飽和度が大きければ集合速度も大きい．一方，配向速度とは，沈殿イオンの無作為の集団あるいは集合体が自ら規則正しく配向して結晶格子構造の配列をとる速度である．これは沈殿の性質の関数であり，硫酸バリウムのような強い極性をもつ塩は高い配向速度を示す．

　したがって，沈殿の一次的な性質は集合速度と配向速度の相対的な大きさを反映したものとなる．前者が圧倒的に大きい場合は沈殿は無定形ないし凝乳状のものとなり，後者が大きい場合は結晶性の沈殿が生成することになる．集合速度は過飽和を増すと増大するので，$(Q-S)/S$ の値が高いと無定形，凝乳状の沈殿を与えることになる．$BaSO_4$ のような結晶性の沈殿の場合でも，Ba(II) と硫酸の両溶液の濃度を大にして混合すると $((Q-S)/S$

が大きくなる), 凝乳状の沈殿となる.

4・2・4 沈殿条件

$(Q-S)/S$ の値を比較的小さく保つことができれば, 生成核の数も少なくなり, これらが成長して, 大きい沈殿粒子が得られる. $(Q-S)/S$ を小さくするには Q を小さくするか, S を大きくすればよく, その両者であってもよい. Q を小さくするには, 試料溶液を薄くし, それに薄い沈殿剤の溶液を加えればよい. 同時に沈殿剤の溶液の添加速度を低くし, かつ攪はんを十分に行えば, 局部的に沈殿剤の濃度が高くなることが防止される.

S の値, すなわち沈殿の溶解度を大きくするには, 熱溶液から沈殿をつくればよい. 一般には難溶性沈殿の溶解度は温度とともに増大するからである. 特殊な場合には, 沈殿剤の添加の直前, 直後に溶液のpHを調節し, よく混合したあとゆっくりとpHを再調整することも行われる. したがって粗大かつ結晶性のよい沈殿を得るには, 試薬の希薄溶液をゆっくりと攪はんしながら, 熱試料溶液に加える. 結晶の成長速度は温度とともに増大するのでこの点からも高温が有利である.

4・2・5 均質沈殿法 (precipitation from homogeneous solution)

前項で述べたように, pH調節によって沈殿の溶解度を増大させ, pHをゆっくりと再調節して所定の値にもどすと, 良好な沈殿を得ることができる. 酸性で可溶な沈殿の場合にはこのような操作が適用できる. 試料と沈殿剤を含む酸性溶液にある種の試薬を加え, 試薬あるいはその反応により徐々に水素イオンを除き, 溶液のpHを再調節して沈殿が難溶のpH域に至らせる方法である. この方法を均質沈殿法 (略号PFHS) という. ここでは過飽和の程度は極めて低くおさえられるので, 生成核の数は少なく, 粗大な結晶が成長する. また, 成長速度が遅く, 沈殿の結晶性もよい. 次にこの例を示す.

尿素を酸の溶液に加えて加熱すると,

$$CO(NH_2)_2 + H_2O \rightarrow 2NH_3 + CO_2$$

のように加水分解し, 溶液のpHは徐々に上昇する. この方法はH. H. WillardとN. K. Tangにより，カルシウムをシュウ酸カルシウムとして分離するのに用いられた．Ca(II)とシュウ酸を含む溶液に尿素を加え，穏やかに煮沸すると，pHが上昇してシュウ酸カルシウムが沈殿する．

$$Ca^{2+} + HC_2O_4^- + NH_3 \rightarrow CaC_2O_4\downarrow + NH_4^+$$

Mg^{2+}やリン酸塩があっても，この沈殿は非常にきれいで再沈の要もなく，沪過は極めて容易である．

錯形成による溶解度Sの増大を利用する場合も，PFHSが適用される．この場合は，沈殿対象であるイオンと錯体を形成する物質を溶液に加え，次いで沈殿剤を加える．錯体は安定であるので，沈殿生成はおこらないが，Sの値の増大の条件が成り立っている．この系に用いた錯形成剤ともっと安定な錯体をつくるような試薬を加えると，徐々に沈殿が生成し，粗大な粒子に成長する．

4・2・6 沈殿の熟成

熱希薄溶液から生じた沈殿は，無定形沈殿の場合を除き，一般にはかなり完全な粒子をもった小さい結晶の集合である．濃溶液より生じた沈殿は，一般には無定形のゲルかあるいは非常に細かい結晶よりなり，結晶構造的には不完全なものである．このような沈殿を母液とともに放置すると，小さい結晶，不完全な結晶がより完全な結晶に成長する．この操作を浸漬[1]（温度が高ければ温浸）という．一般には小粒子は大きい粒子にくらべて溶解度が大きいので，温浸の過程で大きい粒子については過飽和の状態となり，ここに析出がおこって結晶が成長するのである．この過程を熟成（Ostwald ripening）といい，沈殿を沪別する前に必ず行われる．温浸，熟成の過程では再溶解，再析出が行われるので，不純物の放出が併行して行われ，沈殿の純度もよくなる．

---

[1] digestion

4·3 沈殿の純度

ある成分を沈殿として分離するとき,目的でない成分が沈殿に混入し,沈殿を汚染 (contamination) することがある.汚染の原因としては,同時沈殿 (simultaneous precipitation),共沈 (copreipitation),吸蔵 (occlusion) などがある.同時沈殿とは,目的成分の沈殿条件の下で難溶性の不純物沈殿が生じ,それによって沈殿が汚染されることである.例えば,試料溶液中の Cl^- を硝酸銀で沈殿させるとき,Br^- が共存すれば,AgCl の沈殿は AgBr で汚染されることになる.この種の汚染は,事前に定性分析などで試料組成を知っていれば,Cl^- と Br^- の分離などの操作により防止できる性質のものである.

沈殿が,本来溶液中に溶存すべき物質によって汚染される場合がある.これは当該物質による共沈の現象である.例えば,Na_2SO_4 の溶液に $BaCl_2$ 溶液を加えると,$BaSO_4$ の沈殿を生ずるが,これはかなりの量の Na_2SO_4, $NaHSO_4$ によって汚染されている.両物質は水に易溶であるのに関わらず沈殿を汚染する.以下,共沈,吸蔵について述べる.

4·3·1 共 沈

沈殿 (AB) 粒子の表面イオン A が溶液中にある異符号のイオンを吸着する性質があることはすでに述べた (p. 98).特に格子イオン B が溶液中に存在する場合その吸着は著しい.粒子イオン B がない場合は,B と同符号のイオン C を吸着するが,AC が難溶性であればあるほど,吸着は著しい (Paneth-Fajans-Hahn's rule).吸着イオンは一次の吸着荷電層を形成するが,その外側には反対符号のイオンによりゆるい二次荷電層が形成される.この一次,二次荷電層が吸着共沈による汚染の原因になることが多いのである.場合によっては試薬溶液に試料溶液を添加し,吸着汚染を防ぐこともある.

コロイド懸濁物の凝集すなわち沈殿生成のプロセスの間に,一次,二次荷電層のイオンはかなりの範囲で沈殿に取り込まれる.例えば,$AsCl_3$ の酸溶液に H_2S を通じて As_2S_3 を沈殿させる場合,S^{2-} は As_2S_3 の粒子の表面に

吸着し，H_3O^+ イオンがそれを取り巻く二次荷電層を形成する．しかし S^{2-}，H_3O^+ イオンが次の温浸や洗浄のステップで除かれないにしても，これらは揮発性であるので，沈殿の灼熱や乾燥の操作で除かれる．これに対して，$AsCl_3$ と $ZnCl_2$ を含む酸溶液に H_2S を通ずると，ZnS が本来沈殿しないような条件においても，一次荷電層は S^{2-} であって Zn^{2+} が二次荷電層の過半を占めることになる．これは結局 ZnS の形での汚染であり，非揮発性であるので，汚染としては深刻な問題である．

吸着共沈によって汚染された沈殿を浸漬（digestion）すると，汚染排除に有効なことがある．吸着汚染は沈殿粒子の比表面が大きいことに起因しているので，浸漬によって平均粒子サイズが増大し，全体として表面積が減少すれば，吸着効果は下がり，汚染は減少する．この場合，結晶質沈殿では，不純物は表面に吸着しているので，その効果は大きい．しかし，ゼラチン状沈殿すなわちゲルでは，浸漬の効用は低い．このような沈殿では S の値は非常に低く，再溶解—再沈殿作用による粒子サイズの増大とそれによる純化はうまく行われないのである．

沈殿の洗浄も有効であるが，これはほとんど不純物が沈殿表面に限られている結晶性沈殿に効果的である．洗浄によっても吸着不純物が除かれない場合は，一度沈殿を溶解して溶液とし，そこから再び沈殿を行わせることがしばしば行われる（再沈殿：reprecipitation）．沈殿により吸着される不純物の量は，一定温度では，沈殿の行われる溶液中の不純物濃度の関数であって，次の式で与えられる．

$$x = kc^{1/n}$$

ここで，x は単位質量の沈殿当りの吸着される不純物の量，k は比例定数，c は溶液中の不純物の濃度，n は定数（約 2 が普通）である．したがって，沈殿は溶液中の不純物のごく一部を吸着するのみであり，再溶解して得た溶液中の不純物量は格段に低くなるので，再沈の効果は大きい．

4・3・2 吸　蔵（occlusion）

沈殿粒子が成長する過程で，不純物イオンを取り込むことにより汚染を生

む場合がある．

a. 沈殿の結晶格子に入るもの

微量の Ra^{2+} と常量の Ba^{2+} 溶液に SO_4^{2-} を加える場合を考えよう．Ra^{2+} はほぼ完全に Ba^{2+} に共沈する．これは Ra^{2+} は Ba^{2+} に比較的近いサイズをもち，電荷が同じであるので，$BaSO_4$ の沈殿の表面に Ra^{2+} が吸着すると，何の抵抗もなくその上に $BaSO_4$ が成長し，混晶（mixed crystal, solid-solution）が形成されるためである．この種の汚染は浸漬や再沈殿によっても除くことはできない．

b. 沈殿の結晶格子に入らないもの

不純物イオンは通常のように沈殿粒子の表面に吸着するが，結晶の成長が速いと，それにおおわれ結晶格子中に取り込まれてしまう．これらのイオンは混晶や固溶体を形成するわけではないので，沈殿の結晶構造の欠陥（imperfection）を構成する．

ゼラチン状無定形沈殿の場合では，極端に小さい結晶の集合の状態が継続するので，外部イオンを大きく取り込むほどの成長はない．したがって，吸蔵による汚染は結晶沈殿の場合より低い．浸漬によりかなりの程度，また再沈によりほとんど汚染を除くことができる．

4・4 重量分析の実際

上述のようにして問題のイオンを沈殿として分離し，その沈殿を乾燥あるいは灼熱して化学量論的組成をもつ化合物に変え，ひょう量するのが一般的な重量分析の内容である．以下，操作の各ステップに必要な事項を述べる．

4・4・1 ひょう量（はかり取り）（weighing）

試料は過大にならないように，ひょう量びん（p.14）を用いて採取する．試料は風乾のままひょう量することも，また一定温度，一定時間乾燥後ひょう量することもある．およその質量のわかっているひょう量びんに試料を入れてその合量をひょう量し，その内容物を注意深くビーカーその他に移したのち，再びひょう量びんを精ひょうして，ビーカーなどに採取した試料の量

を求める．

4・4・2 沈殿，沪過，洗浄

　試料は p.91 に述べた方法により，損失のないように溶解し，水溶液試料とする．次にガラス棒（glass rod）を用い，小ビーカーあるいは小メスシリンダーにとった試薬溶液をガラス棒を伝わらせて小量ずつ加え，十分に攪はん（stir）する．必要小過剰の試薬を加えたのち，湯浴（water bath）などで温浸するか，一定時間放置し浸漬して沈殿の成長をうながす．ビーカーには時計皿（watch glass）をかぶせたほうがよい．次いで沈殿を沪過（filtration）して，母液（mother liquor）より分離する．沪紙（filter paper）は沈殿の性質によって適切なものを選ぶ．代表的な沪紙とその性質を表4・3に一括して示した．

　沪紙は通常四つ折りにして，それを開いて60°の円錐とし，それを漏斗（funnel）にのせ水を注ぎ指ではりつける．図4・5(a)に示したように沪紙は多少ずらして折り，三重になるほうの外側のすみを少し切り取り，沪過のとき空気がここから入らないようにするとよい．沪過のようすを図4・5(b)に，また沈殿を洗液によって洗う操作を (c) に示した．通常3回～5回の洗浄を行うが，用いる洗びん（wash bottle）を同じく (d) に示した．ポリエチレン製の"鶴首"と呼ばれるものは便利であるが，(c)のような操作では多少不便である．洗液は指定のものを用いるが，沈殿の解膠（peptization）を防ぐためアンモニウム塩の希薄溶液を使ったり，沈殿剤の希薄溶液を用いる．ビーカー内壁に付着している沈殿はポリスマン（先端にゴム管をつけたガラス棒）を使ってこすり落したのち，(c)の操作によって沪紙に移す．

　ニッケルジメチルグリオキシムの沈殿のように，比較的低温で乾燥，そのままひょう量する場合にはガラス漏斗（glass filter）を用いて沪過する．これはガラスの細粉を固めた板を加熱半融させた沪過層をもっており，沈殿を吸引沪過，洗浄したのち，加熱，乾燥してひょう量する．

表 4·3 沪 紙

	用　途	Advantec 沪紙	安積沪紙	Whatman沪紙	性　状
定性用	一般定性用	No.1	No.1	No.1	一般の沪過用として製造されたもので沪過速度は速い．ただし微細な沈殿を沪別するには不適当である．
	標準定性用	No.2	No.2	No.2	紙の厚さは No.1 より厚く，沪過速度も速い．沈殿の保持もよい．定性分析用．工業沪過用標準品．
	細菌用	No.101		No.4	性質は No.1 に近く紙面に凹凸を設け，粘ちょう液，にかわ状液の沪過に適している．
	半硬質定性用	No.131		No.5	No.2 よりさらに細かい沈殿の沪過に適している．紙質も硬く，減圧，加圧の沪過にもよく耐え，繊維の離脱が少なく，硫酸バリウムなどの沪過に用いられる．
定量用	簡易定量用	No.3		No.30	繊維を塩酸で処理し，蒸留水で洗浄したもので，紙は厚く，沪過は速い．簡単な定量分析として学生実験，工業分析に適している．
	硬質沪紙	No.4			化学処理により表面を硬化させたもので紙質は強く，加圧に耐え，耐酸，耐アルカリ性に富み微細な沈殿でも沪別できる．
	迅速定量用	No.5 A		No.41, No.541	塩酸およびフッ化水素酸二重処理を受けたもので，灰分少なく，沪過迅速で疎大沈殿の沪過に適している．
	一般定量用	No.5 B		No.40	処理は迅速定量用に同じ．沪過速度，沈殿の保持，灰分などは沪紙中の中位で，迅速用では漏れるおそれのあるような沈殿を沪別するに適している．
	硫酸バリウム用	No.5 C		No.42	処理は上と同様であるが，上の沪紙で漏れるおそれのあるような微細な沈殿を沪別するのに適している．
	標準定量用	No.6		No.44	紙質やや薄く，灰分は上記3種より少なく，沈殿保持性もよく標準分析用に適している．
	最高級定量用	No.7			最も紙質は薄く，紙層も均一で繊維の純度もよく，特に精密な分析用に用いられる．

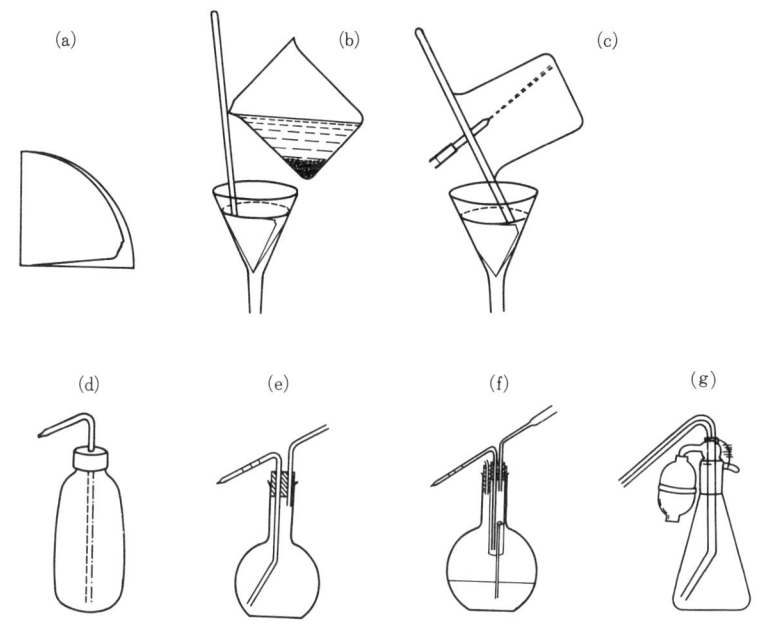

図 4・5 沈殿の洗浄・洗びん

4・4・3 沈殿の乾燥，灰化，灼熱，ひょう量

沪紙上の沈殿は，沪紙でたたみ込むようにし，沪紙のへりを上方にして，ひょう量済みのるつぼ（crucible）の中に移す．ここで灰化後，灼熱してひょう量する．

a. るつぼのひょう量（恒量）

重量分析では磁製，石英製あるいは白金製のるつぼを用いる．これらは沈殿を入れる前にその重量を正確に求めておく．新しい磁製るつぼ（porcelain crucible）は灼熱するとかなり減量するので，あらかじめ一定重量（恒量）にしておく必要がある．三角架（triangle）の上に清浄にした磁製るつぼをのせ，次いで徐々に火を強め，最終的には還元炎の直上部の酸化炎中で約1時間強熱する（白金るつぼは約15分でよい）．火を消し，直ちに図4・6

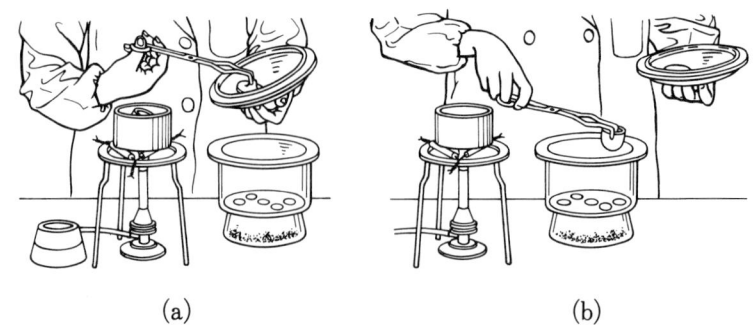

図 4·6 るつぼをデシケーターに移す操作.
まずるつぼのふたをデシケーターのふたに受け(a),次にるつぼの本体をデシケーターに移し(b),それからるつぼのふたを移す.

に示したような操作で,るつぼをデシケーター (desiccator) に移し,天秤室で40分間放冷して(白金るつぼは30分間でよい)ひょう量する.デシケーターは防湿のためのものであるから,専用にし,湿ったものはこの中に一切入れてはいけない.2度目はるつぼを30分強熱して,40分間放冷後ひょう量する.この操作をくり返しひょう量値の差が0.2mg以内になれば,るつぼは恒量になったとする.通常2回で恒量になることが多い.白金るつぼは1回のひょう量値をもって恒量値としてよい.るつぼの取り扱いは,るつぼばさみ (tongs) で行う[1].

b. 灰化,灼熱,ひょう量

漏斗の中でよく水を切った沪紙(＋沈殿)は,1枚側が外側に,3枚側が内側になるようにたたんで,1枚側を下にして恒量にしたるつぼの中に入れる.遠火で沪紙を乾燥してから徐々に温度を上げ,炎を出さないように注意して沪紙を炭化する.やや温度を上げてゆっくりと炭素を燃焼させたのち,るつぼを傾け,ふたを少しずらして,強い火で約15分間灼熱する[2].炭素の燃焼のときあまり急ぐと,炭化物などが生成し失敗することが多い.灼熱後,るつぼを放冷,ひょう量し,この操作をくり返し恒量とする.

1) 白金るつぼは白金を先端にかぶせたるつぼばさみで扱う.
2) ガスの炎でるつぼ全体を包むと酸化が不十分となり,ふたに付着している炭素もそのまま残ることがある.

c. 灼熱の温度

灼熱の温度は経験的に決められた場合が多いが，近年は熱天秤などを使用して灼熱温度を決める例が多い．熱天秤では室温から~1 000 ℃以上にわたり，温度を上昇させながら沈殿の質量を正確に測定することができる．このような熱分解曲線の例を図 4・7 に示す．ここではカルシウムの重量分析におけるシュウ酸カルシウムの沈殿の熱分解曲線が示されているが，通常の操作では沈殿を加熱分解して酸化カルシウムとし 1 000 ℃で恒量とする．

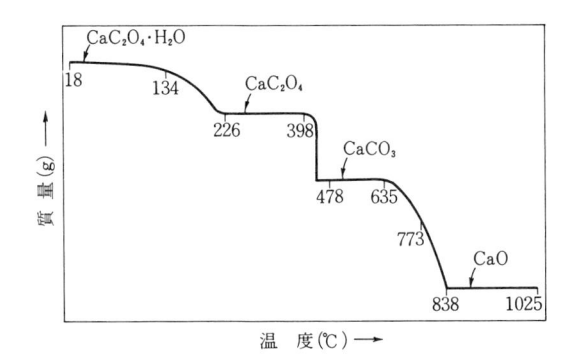

図 4・7　シュウ酸カルシウムの熱分解曲線

d. 結果の計算

重量分析では試料中の元素やイオンなどの重量百分率を求めるのが目的である．問題の元素やイオンの質量は，沈殿の質量から重量分析係数 (gravimetric factor) を使って求める．重量分析係数 f は，求める物質の式量（または原子量）とひょう量した沈殿の式量の比である．硫酸イオンを硫酸バリウムとしてひょう量した場合は，$BaSO_4 \times 0.411\ 6 = SO_4$ であるから，SO_4 を求めて原試料中の SO_4 の％を求める．0.411 6 が重量分析係数であり，原子量から求めればよいが，分析化学データブックなどに記載がある．

4・5 重量分析に用いられる試薬

重量分析で用いられる試薬は，比較的単純なものが多い．アンモニア水により水酸化物として沈殿させ，酸化物としてひょう量するものに，Al_2O_3, Fe_2O_3, Ln_2O_3（希土酸化物），TiO_2, ZrO_2, ThO_2, U_3O_8 などがある．Nb_2O_5, SiO_2, SnO_2, Ta_2O_5, WO_3 は，これらの金属塩を酸により加水分解し，含水酸化物として沈殿させ，酸化物としてひょう量するものである．$AgCl$, Hg_2Cl_2 は塩化物，$BaSO_4$, $PbSO_4$ は硫酸塩型の沈殿であり，ひょう量形も同一である．Mg, Mn, Zr, Zn などはリン酸塩として沈殿させ，ピロリン酸塩（例えば $Mn_2P_2O_7$）としてひょう量する．

これに対して，沈殿剤としてキレート試薬，イオン会合試薬を使い，難溶性沈殿を生成させることも多い．古くより有名な試薬にジメチルグリオキシムと 8-ヒドロキシキノリン（オキシン）がある．前者はニッケル，パラジウムに特異的な試薬である．

オキシンはむしろ非選択的試薬で，多くの金属イオンと難溶性の沈殿を形成し，あるものは有機溶媒に抽出することができる．沈殿は乾燥後オキシン塩としてひょう量する．Al^{3+} や Mg^{2+} の重量分析試薬として古くより用いられたものである．表 4・4 に代表的なキレート系有機沈殿試薬を掲げた．

4·5 重量分析に用いられる試薬

表 4·4 重量分析に用いられるキレート試薬

試薬	説明
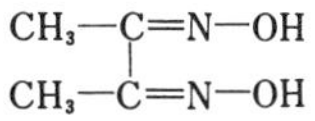 CH₃—C=N—OH CH₃—C=N—OH dimethylglyoxime	pH 5〜9 より Ni 沈殿. pH 1 より Pd (II) 沈殿. 特異性あり.
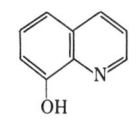 8-hydroxyquinoline	ほとんどの金属イオンと反応. 沈殿および抽出比色試薬として汎用される.
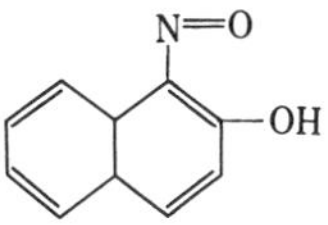 1-nitroso-2-naphthol	Cu (II), Fe (III), Pd (II), Co (II) が沈殿. Ni (II) は反応しない. Co (II) はキレート生成時 Co (III) に酸化される.
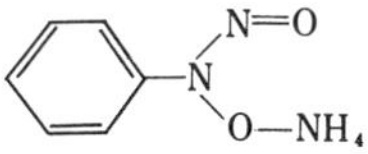 ammonium nitrosophenylhydroxylamine (cupferron)	Fe (III), Ti (IV), Sn (IV), Ce (IV), Zr (IV) など多価イオンが約 10% HCl (or H₂SO₄) 溶液より沈殿. Ti (IV) の分離に広く用いられた. 抽出試薬としても重要.
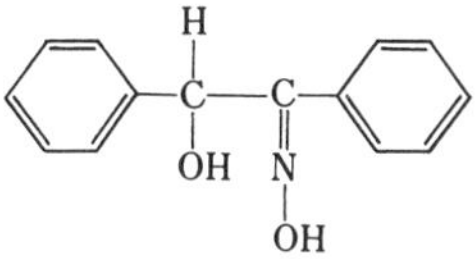 α-benzoinoxime (cupron)	Cu (II), Mo (VI) の分離, 定量に広く用いられる. Cu (II) は酒石酸アンモニウム溶液より, Mo (VI) は鉱酸溶液より選択的に沈殿する.
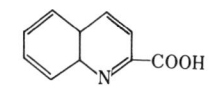 quinaldic acid	Cd (II), Cu (II), Zn の分離, 定量に用いられる.

ある種の有機沈殿試薬は溶液中で陽イオンあるいは陰イオンを与えて解離する．これらのイオンはサイズが大きく疎水性であって，反対符号のイオンと反応して難溶性の沈殿を生成する．結合はおよそイオン結合である．代表的な例はテトラフェニルアルゾニウム塩化物で，Hg(II) のクロロ錯陰イオンやレニウム（ReO_4^-：過レニウム酸イオン）などと反応し，化学量論的組成の沈殿を生成する．

$$2(C_6H_5)_4As^+ + HgCl_4^{2-} \rightarrow \{(C_6H_5)_4As\}_2HgCl_4$$

この仲間には，K^+ に対してテトラフェニルホウ酸ナトリウム $Na^+B(C_6H_5)_4^-$，SO_4^{2-}，PO_4^{3-}，WO_4^{2-} イオンの沈殿剤としてベンチジン[1]，SO_4^{2-} に対して 4-クロロ-4'-アミノジフェニル[2] などがある．

---

1) H_2N—⟨ ⟩—⟨ ⟩—NH_2　　2) Cl—⟨ ⟩—⟨ ⟩—NH_2

5 容量分析

一般に，容量分析（volumetric analysis）といわれるのは，求める成分 A と迅速に化学量論的に反応する成分 B の既知量を含む標準液 C を，求める成分 A を含む試料溶液に加え，反応完結までに要した C の体積を測定して，求める成分 A の量を求める方法をいう．迅速・簡便であるので，最も広く用いられる分析法である．特に主成分分析に適し，10.86％ というように有効数字 4 桁の分析値を得ることができる．中和滴定をはじめとし，多くの方法があり，反応終点の測定に関連して機器分析法となることもある．

5・1 濃度

容量分析で用いられる濃度にはモル濃度（molarity）と規定濃度（normality）がある．濃度の SI 誘導単位は $mol\ m^{-3}$ であるが，これには固有の名称は与えられていない．試薬のおよその濃度を示すのに重量パーセント，容量パーセントが用いられるが，これらは分率（fraction）であって単位ではない．

5・1・1 モル濃度（molarity）

これは次のように定義される．

モル濃度[1] ＝溶液 $1\ dm^3$ 中に含まれる"物質の量"（mol）．$1\ dm^3 = 1\ l$ である．"物質の量"とはかつてモル数といわれたものであるが，現在ではモル数は使ってはならない．l は当分の間許容されているので，モル濃度を表わすのに mol/l や $mol\ l^{-1}$ などが用いられる．

容量分析では 50 ml 程度のビュレットを用い，l 単位の標準液を滴下する

---
1) 単位の記号としては M を用いることが多い．

ことはほとんどない．$V \text{ mol l}^{-1}$ 濃度とは $V \text{ mmol ml}^{-1}$ の濃度[1]であるので，$V \text{ mol l}^{-1}$ 濃度の溶液 $a \text{ ml}$ の中には $aV \text{ mmol}$ の溶質を含む．

溶媒 1 kg 中に含まれる溶質の量（mol）をもって表わされる濃度を重量モル濃度（molality）といい（3・1・3 参照），物理化学では繁用されるが，重量基準であるので，容量分析には向かない．

5・1・2　規定度 (normality)

SI 単位系にはない濃度単位であるが，まだ JIS などでは採択されており，特に酸化還元滴定計算では非常に有用であるが，将来は姿を消すことになろう．

規定度＝溶液 1 l 中に含まれる溶質のグラム当量数

$$N = \text{eq}/V$$

N は規定数，eq は溶質のグラム当量数，V は溶液の体積（l）を表わす．単位は eq/l あるいは meq/ml である．

ここで，溶質のグラム当量は次のように定義される．

a.　酸・塩基（酸・塩基反応）

酸・塩基反応における 1 グラム当量とは，H^+ 1 mol を出すか，または H^+ 1 mol と反応する物質の質量をグラム単位で表わしたものである．

b.　塩

塩の 1 グラム当量とは，塩中の陽イオンが 1 価であればその塩の 1 mol，2 価であれば 1/2 mol，3 価であれば 1/3 mol に相当する塩の質量をグラム単位で表わしたものである．

c.　酸化剤，還元剤（酸化還元反応）

電子 1 mol を出すか，あるいは電子 1 mol と反応する物質の質量をグラム単位で表わしたものである．

一般に

$$\text{当量} = \text{分子量（式量）}/n$$

であり，n は 1 mol の反応物質によって授受される水素イオン，1 価陽イオ

---

[1]　mmol や ml の m は SI 接頭語で 10^{-3}（ミリ）を意味する．

ンあるいは電子などの"物質の量"(mol) で表わす．

N 規定の濃度の溶液 V ml 中には，NV meq の物質を含むことになる．

当量あるいは規定度が現在でも用いられるのは，次の理由より明らかであろう．

(1) いかなる酸，塩基でも，1グラム当量の酸は1グラム当量の塩基と反応し，1グラム当量の塩を生ずる．

$$H_2SO_4 + 2\,NaOH = Na_2SO_4 + 2\,H_2O \qquad (5\cdot1)$$
$$\text{(2 eq)} \quad\ \text{(2 eq)} \qquad \text{(2 eq)}$$

$$2\,HCl + Na_2CO_3 = 2\,NaCl + CO_2 + H_2O \qquad (5\cdot2)$$
$$\text{(2 eq)} \quad \text{(2 eq)} \qquad \text{(2 eq)}$$

式 (5·2) の反応で標準試薬炭酸ナトリウム (式量$=M$) a g をひょう量し水に溶かしたのち，未知の塩酸 N 規定 (N meq/ml) 溶液で滴定し，V ml を必要としたとすれば，塩酸 NV meq と炭酸ナトリウム $(2a/M)\times1000$ meq が反応したのであるから，

$$NV = 2000\,a/M \qquad \therefore \quad N = 2000\,a/MV$$

となり，塩酸の濃度を求めること（標定）ができる．

(2) いかなる酸化剤と還元剤の組合わせでも，1グラム当量の酸化剤は1グラム当量の還元剤と反応する（その結果，1グラム当量の酸化剤と1グラム当量の還元剤が生ずる）．

例えば，酸性溶液中での $KMnO_4$ とシュウ酸 $H_2C_2O_4$ との反応を考えよう．$KMnO_4$ は酸性溶液では

$$MnO_4^- + 8\,H^+ + 5\,e = Mn^{2+} + 4\,H_2O^{1)}$$

のように反応し，$KMnO_4$ 1 mol $=$ 5 eq である．1 M (mol/l) 溶液は 5 N ($=$meq/ml) 溶液に相当する．一方，シュウ酸は

$$2\,CO_2 + 2\,e = C_2O_4^{2-}$$

のように 1 mol 当り 2 mol の電子を放出する．1 mol$=$2 eq で 1 M (mol/l) 溶液は 2 N (meq/ml) に相当する．酸化還元反応は等しい当量数で行われるので（この場合 10 当量ずつ），

---

1) イオン電子式，両辺の原子数は等しく，かつ総荷電も等しくなっている．

$$5\,C_2O_4^{2-} + 2\,MnO_4^- + 16\,H^+ \rightarrow 2\,Mn^{2+} + 10\,CO_2 + 8\,H_2O$$

となる．純シュウ酸ナトリウム a g をひょう量し，水に溶かして硫酸酸性とし，未知濃度の KMnO$_4$（N 規定）によって滴定し，V ml で終点に達したとしよう．シュウ酸ナトリウムの式量を M とすれば，1 eq＝$M/2$(g) であり，a g は，$2a/M$ eq，$2000\,a/M$ meq に相当する．反応に要した KMnO$_4$ の meq 数は NV であるから，

$$2000\,a/M = NV$$
$$N = 2000\,a/MV$$

となって，未知濃度 N を求めることができる．

規定度はこのように便利なものであるが，SI 単位の普及に伴い，次第に姿を消す運命にある．1/5 KMnO$_4$ の 1 mol dm^{-3}，1/2 Na$_2$C$_2$O$_4$ の 1 mol dm^{-3} というような濃度表現にも慣れておく必要があろう．

5・2 体積器具とその校正

体積の SI 誘導単位は m^3 である．少し量が大きいので通常 dm^3 や cm^3 が繁用される．1964 年の第 12 回国際度量衡総会においては，リットル（l）の定義として

$$1\,dm^3 = 1\,l$$

が採択されている．それ以前は 1 l＝1.000 028 dm^3 と定義され，文献上混乱があるので，10^{-5} の桁が問題となるような高精度の測定結果を表わすには l という単位を用いるべきではないとされている．m^3，dm^3，cm^3 などは SI 単位であるが，cc[1] は英，仏語の省略形で単位の記号ではない．

5・2・1 化学用体積計

容量分析ではメスフラスコ，ビュレット，ピペットなどの測容器を用いる．これらは体積計と総称され，日本工業規格 JIS により，体積，形状，材質，体積許容差，排水時間などが細かく規定され，計量法により検定が行

---

1) cubic centimeter, centimetre cube.

5・2 体積器具とその校正

表 5・1 JIS で規定する体積計の体積許容差と排水時間

容量 (ml)	メスピペット体積許容差 (ml)	全量ピペット 体積許容差 (ml)	全量ピペット 排水時間 (s)	活栓つきビュレット体積許容差 (ml)	容量 (ml)	全量フラスコ体積許容差 (ml)	メスシリンダー体積許容差 (ml)
1	±0.015	±0.01	7〜20	—	10	±0.04	容量の 1/50
2	±0.02	±0.01	7〜20	—	20〜25	±0.06	〃 1/100
5	±0.03	±0.02	7〜25	±0.02	50	±0.10	
10	±0.05	±0.02	10〜30	±0.02	100	±0.12	
20	±0.1	±0.03	10〜40	—	200〜250	±0.15	
25	±0.1	±0.03	20〜50	±0.03	500	±0.30	〃 1/200
50	±0.2	±0.05	20〜60	±0.05	1000	±0.60	
100	—	±0.1	30〜60	±0.1	2000	±1.0	

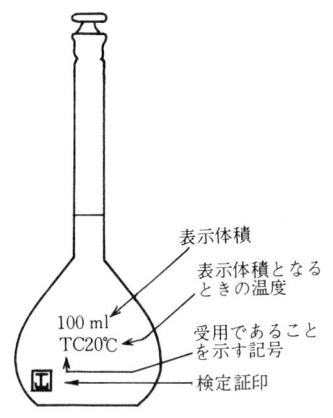

図5・1 市販のメスフラスコにつけられている表示

(表示体積, 表示体積となるときの温度, 100 ml TC20℃, 受用であることを示す記号, 検定証印)

表 5・2 受用, 出用の体積計と記号

	容量器具	記 号
受用	全量フラスコ	E (Einguss)
	メスシリンダー	TC (To Contain)
		In (Internal)
出用	ビュレット	A (Ausguss)
	メスピペット	TD (To Deliver)
	全量ピペット	Ex (External)

われている．表5·1にはJISに規定する体積計の体積許容差[1]と排水時間を示した．測容器やその内容液の体積は，温度によって変る．市販の体積計に表記してある値は，標準温度を20℃とした場合の値である（図5·1）．

体積計のうち全量フラスコ（メスフラスコ，volumetric flask）は，溶液の体積を正しく一定量とするのに用いられるものである．これを受用（ウケヨウ）といい，標線まで溶液を標準温度で満たしたとき，その体積が表示された体積になる．これに対し，ビュレット，ピペットなどは出用（ダシヨウ）で，標線まで満たした水を排出したとき，排出された水の体積が表示体積である．記号については表5·2参照．メスシリンダーの検定は受用で行われるが，精度は低く，受用，出用のいずれで用いてもよい．

体積計の取り扱い

容量分析では精密な体積計としてメスフラスコ，ビュレット，ピペットを繁用する．これらは常に内面を清浄に保たねばならない．加熱したり，内部をクレンザーを用いブラシでこすることは避けるべきである．フッ化物溶液，アルカリ溶液，EDTA溶液などは多少ともガラスを侵す．使用後は直ちによく洗う必要がある．面に付着している有機物の分解にはクロム酸混液，HNO_3-H_2O_2（p.12）が，特に油分の除去には，合成洗剤あるいは95％エタノール-飽和KOH溶液（8:2）の混合液が有効である．最後は水道水，純水の順で十分に洗う．洗浄後は必ずしも乾燥しなくてよい場合が多い．例えば，標準液を入れる場合には，問題の体積計を2，3回その標準液を用いて洗う（共洗い）と，初めにあった水分は除かれる．しかし，メスフラスコの校正の場合などは，その目方自体を知る必要があるので，完全に乾かす必要がある．

ピペット，ビュレットなどの目盛り線は管を一周していないので，その読み取りは慎重に行う．図5·2のように目を水平において，目盛り線の上縁と水際（メニスカス）（meniscus）の最下部が一致するようにする．目盛り線の背後に色釈線がある場合は，その色釈線が最もせまくみえる部分をメニス

---

[1] 検定により器差が許容差（公差）内にあるものに検定証印が付され，市販される．

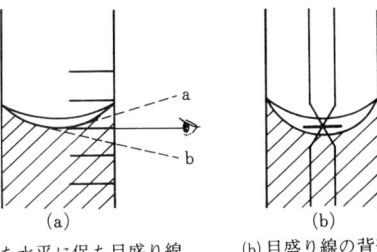

(a) 目を水平に保ち目盛線の上縁と一致させる。a, bの位置からみたときには誤差が大きい。ビュレットにガラス漏斗を垂直にあて，脚部の中をのぞくようにしてみるのが簡便でよい。

(b) 目盛り線の背後に色釈線がある場合

図 5・2 ビュレットの目盛りの読み方

カスの最下部とみなす．

　ビュレットのコックのすり合わせ部分にはワセリンを薄くぬるが，テフロンコックの場合はその必要はない．過マンガン酸カリウム，ヨウ素，硝酸銀溶液を入れるときはグリースを用いてはいけない．使用しないときはすり合わせ部分に紙片をはさみ，重心部をビュレットばさみなどで支えて逆さにして保存する．壁などに長い間もたせかけておくと，しなってしまうことがある．コックの操作は図 5・3 のように行う．ビュレットの先端は薬指で逆方向に押して支える．目盛りを読むときは，最小目盛りの 1/10 までを目測で読む．また後流誤差を避けるため，1 分くらい待ってから読むのがよい．滴定量はビュレット容量の 1/2 以上になるよう実験を計画するのがよい．

　ピペットを使うには，先端が溶液内に十分浸っているよう注意しながら，口で吸い上げる（図 5・4 (a)）．ピペットを傾けて共洗いの操作を 3 回くり返す．このあと溶液を標線の上まで吸い上げ，人指し指で吸い口を押さえる．人指し指を少しゆるめて[1]，溶液をゆっくりと排出，メニスカスを標線の上縁に一致させる（図 5・4 (b)）．内容物を受器に流出させたあと，約 10

---

1) 親指と中指で回転させるとよい．

秒待ってから吸い口を人指し指でふさぎ，ピペットの球部をにぎって内部の空気を膨脹させて残液を押し出す．揮発性成分を含む液や毒性，放射性同位体を含む溶液などは，安全ピペッター（図 5・4(c)）を用いるとよい．

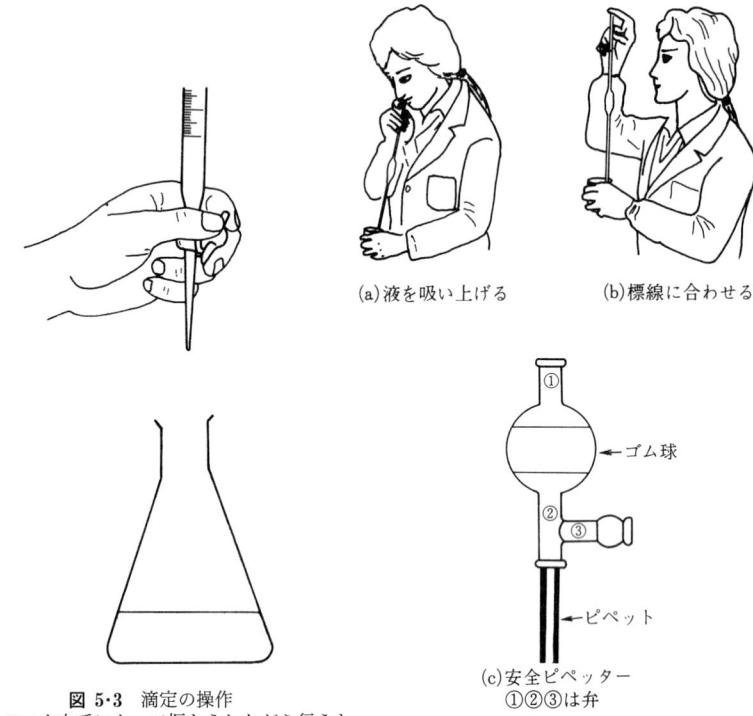

(a) 液を吸い上げる　　(b) 標線に合わせる

図 5・3 滴定の操作
三角フラスコを右手にもって振とうしながら行うと，ガラス棒がいらず便利である．

(c) 安全ピペッター
①②③は弁

図 5・4 ピペットの使い方と安全ピペッター

　メスフラスコには，溶解熱の大きいものや溶解しにくいものは，あらかじめビーカーを用いて溶解し，室温にもどしてから加える．ビーカーは水で数回洗い，洗液もフラスコに移す．標線の下約 10 mm まで溶液を入れ，あとは洗びんなどで注意深く水を加えてメニスカスを標線の上縁と一致させる．栓をして逆さにして振り混ぜ直立させる．この操作を数回行う[1]．

---

1) 均一の溶液を得るため当然の操作であるが，忘れることがある．

5・2・2 化学用体積計の校正 (calibration)
a. 校正の式

　体積計やその内容液の体積は，温度によって変化する．市販の体積計に表記している体積値は，標準温度20℃における値である．20℃以外で使用する場合が多いが，この場合は標準温度における体積に換算しなければならない．20℃において当該測容器が正確な表示の値をもつか否か，任意の温度で検定する方法を以下に述べる．

　今，t ℃の水を t' ℃の空気中でひょう量し，W g を得たとする（t と t' は等しいか，わずかしかちがわないようにする）．これはみかけの重量で，真空中の重量 W_0 と次の関係にある．

$$W_0 = W + \left(\frac{W_0}{d_t} - \frac{W}{d_w}\right)d_a \tag{5・3}$$

ここで d_t は t ℃ における水の密度（$\mathrm{g\,cm^{-3}}$），d_w は用いた分銅の密度（$\mathrm{g\,cm^{-3}}$）であり，d_a は t' ℃，$p\,\mathrm{mmHg}$ における空気の密度（$\mathrm{g\,cm^{-3}}$）である．$W \fallingdotseq W_0$ と近似すると，

$$W_0 = W\left\{1 + d_a\left(\frac{1}{d_t} - \frac{1}{d_w}\right)\right\} \tag{5・4}$$

となる．一方，問題の測容器の 20 ℃ における体積を V_{20}，t ℃ での体積を V_t とすると

$$V_t = V_{20}[1 + \beta(t-20)] \tag{5・5}$$

が成り立つ．ここで β は測容器のガラスの体膨張係数である．

$$W_0 = V_t \cdot d_t \tag{5・6}$$

であるから，式 (5・4)，(5・5)，(5・6) より

$$W = \frac{V_{20}[1 + \beta(t-20)]d_t}{1 + d_a\left(\dfrac{1}{d_t} - \dfrac{1}{d_w}\right)} \tag{5・7}$$

が得られる．式 (5・7) は，20 ℃ で V_{20}（$\mathrm{cm^3}$）を示す測容器に，t ℃ の水を満たし，空気中で水の重量を求めると，W (g) とひょう量されることを示す．表 5・3 には，$V_{20} = 1\,000\,\mathrm{cm^3}$ の場合，t の各値に対し，校正値

表 5·3 1 dm³ の測容器校正値 (mg) 表*

温度 (°C)	0.0	0.1	0.2	0.3	0.4	0.5	0.6	0.7	0.8	0.9
5.0	1 234	1 235	1 236	1 237	1 238	1 239	1 241	1 242	1 244	1 246
6.0	1 248	1 250	1 252	1 255	1 258	1 260	1 263	1 266	1 270	1 273
7.0	1 277	1 280	1 284	1 288	1 292	1 297	1 301	1 306	1 310	1 315
8.0	1 320	1 325	1 330	1 336	1 341	1 347	1 353	1 359	1 365	1 371
9.0	1 378	1 384	1 391	1 398	1 404	1 412	1 419	1 426	1 434	1 441
10.0	1 449	1 457	1 465	1 473	1 481	1 490	1 498	1 507	1 516	1 525
11.0	1 534	1 543	1 552	1 562	1 571	1 581	1 591	1 601	1 611	1 621
12.0	1 631	1 642	1 632	1 663	1 674	1 685	1 696	1 707	1 719	1 730
13.0	1 742	1 754	1 765	1 777	1 789	1 802	1 814	1 827	1 839	1 852
14.0	1 865	1 878	1 891	1 904	1 917	1 931	1 944	1 958	1 972	1 985
15.0	2 000	2 014	2 028	2 042	2 057	2 071	2 086	2 101	2 116	2 131
16.0	2 146	2 161	2 177	2 192	2 208	2 224	2 240	2 256	2 272	2 288
17.0	2 304	2 321	2 337	2 354	2 371	2 388	2 405	2 422	2 439	2 456
18.0	2 474	2 491	2 509	2 527	2 544	2 562	2 580	2 599	2 617	2 635
19.0	2 654	2 673	2 691	2 710	2 729	2 748	2 767	2 787	2 806	2 825
20.0	2 845	2 865	2 884	2 904	2 924	2 944	2 965	2 985	3 005	3 026
21.0	3 047	3 067	3 088	3 109	3 130	3 151	3 172	3 194	3 215	3 237
22.0	3 258	3 280	3 302	3 324	3 346	3 368	3 390	3 413	3 435	3 458
23.0	3 480	3 503	3 526	3 549	3 572	3 595	3 618	3 642	3 665	3 688
24.0	3 712	3 736	3 760	1 784	3 808	3 832	3 856	3 880	3 905	3 929
25.0	3 954	3 978	4 003	4 028	4 053	4 078	4 103	4 128	4 154	4 179
26.0	4 205	4 230	4 256	4 282	4 308	4 334	4 360	4 386	4 412	4 439
27.0	4 465	4 492	4 518	4 545	4 572	4 599	4 626	4 653	4 680	4 707
28.0	4 735	4 762	4 790	4 817	4 845	4 873	4 901	4 929	4 957	4 985
29.0	5 013	5 042	5 070	5 099	5 127	5 156	5 185	5 214	5 243	5 272
30.0	5 301	5 330	5 360	5 389	5 419	5 448	5 478	5 508	5 537	5 567
31.0	5 597	5 627	5 658	5 688	5 718	5 749	5 779	5 810	5 841	5 871
32.0	5 902	5 933	5 964	5 995	6 027	6 058	6 089	6 121	6 152	6 184
33.0	6 216	6 247	6 279	6 311	6 343	6 375	6 408	6 440	6 472	6 505
34.0	6 537	6 570	6 603	6 635	6 668	6 701	6 734	6 767	6 801	6 834
35.0	6 867	6 901	6 934	6 968	7 001	7 035	7 069	7 103	7 137	7 171
36.0	7 205	7 239	7 274	7 308	7 343	7 377	7 412	7 446	7 481	7 516
37.0	7 551	7 586	7 621	7 656	7 692	7 727	7 762	7 798	7 833	7 869
38.0	7 905	7 940	7 976	8 012	8 048	8 084	8 120	8 157	8 193	8 229
39.0	8 266	8 302	8 339	8 376	8 412	8 449	8 486	8 523	8 560	8 597

気温が 20°C より 1°C 上下するにしたがい干4.0 mg, 気圧が 760 mmHg より 1 mm 上下するにしたがって±1.3 mg の二次補正を行う.

* 成澤芳男, 中埜邦夫, 分析化学 **32**, T 25 (1983).

$$(1\,000.00 - W) \times 1\,000$$

の値を示した．単位は mg になる．なお β は，硬質ガラスの値（0.000 010 K^{-1}），d_a としては 20 ℃, 760 mmHg における相対湿度 50 % の湿潤空気の密度値 0.001 199 g cm^{-3}, d_w としては最近分銅として使用されるステンレス鋼の比重 8.0 を用いている．測定時の状態が 20 ℃, 760 mmHg でないと，d_a の値が変るので二次補正が必要になる．二次補正値としては，

　　　気温　20 ℃ より ±1 ℃ の変動に対し ∓4.0 mg
　　　気圧　760 mmHg より ±1 mmHg の変動に対し ±1.3 mg

をとれば十分である．

b. 体積計の校正

(i) メスフラスコの校正　メスフラスコは自然乾燥させるか，エタノールでゆすぎ，次いでエチルエーテルでゆすいで，水流ポンプで引き乾燥させる．ひょう量後，天秤室に長くおいた純水を刻線まで充たす．再びひょう量し，水の重量を求める．水温，室温，気圧をはかっておく．計算は次の例に準じて行えばよい．

[**例題**]　水温 25.4 ℃, 気温 26.3 ℃, 気圧 762 mmHg 下で，500 ml のメスフラスコを検定したところ，水のひょう量値として 498.256 g を得た．この測容器の標準温度における体積を求めよ．

[**解**]　表 5·3 より 25.4 ℃ に対する補正値は 4 053 mg である．これに次のように二次補正をほどこす．

$$4\,053 + (-4.0)(26.3 - 20.0) + (1.3)(762 - 760) = 4\,030.4$$

すなわち，表記 1 l のメスフラスコに含まれる水の重量は，$1\,000.000 - 4.030 = 995.970$ (g)，500 ml のメスフラスコであれば，497.985 g とひょう量されねばならない．実際のひょう量値は 498.256 g であるから，このメスフラスコの標準温度での体積は

$$500 \times \frac{498.256}{497.985} = 500.272 \text{ (ml)}$$

(ii) 全量ピペットの校正　天秤室に長く放置してある純水の温度をはかったのち，水を吸い上げ，液面を刻線に合わせる．これをひょう量して

表 5・4 温度補正表*

温度 (°C)	補正値 (cm³)	温度 (°C)	補正値 (cm³)
5	+1.61	23	−0.63
6	+1.60	24	−0.86
7	+1.57	25	−1.10
8	+1.53	26	−1.35
9	+1.47	27	−1.61
10	+1.40	28	−1.88
11	+1.31	29	−2.15
12	+1.22	30	−2.44
13	+1.11	31	−2.73
14	+0.98	32	−3.03
15	+0.85	33	−3.34
16	+0.70	34	−3.65
17	+0.54	35	−3.97
18	+0.37	36	−4.30
19	+0.19	37	−4.64
20	0.00	38	−4.98
21	−0.20	39	−5.33
22	−0.41		

* 成澤芳男, 中埜邦夫, 分析化学 **32**, T 25 (1983).

表 5・5 表 5・4 に対する二次補正表

溶液	濃度		
	1 N	N/2	N/10
HCl	25%	15%	3%
HNO_3	50	25	6
H_2SO_4	45	25	5
$H_2C_2O_4$	30	15	3
NaOH	40	25	5
KOH	40	20	4
Na_2CO_3	40	25	5

ある共栓つきのひょう量びんに排出し，栓をして再びひょう量する．3回位くり返し，平均をとる．計算の方法はメスフラスコの場合 (p. 125) と同じである．

(iii) ビュレットの校正 ビュレットに純水を入れ，正確に 0.00 ml に合わせる．2~3 ml ずつひょう量びんにとり，水の重量をはかる．あるいは小さい共栓つき三角フラスコを用い，0 → 5 ml, 0 → 10 ml, 0 → 15 ml… のように流出させて，それぞれの重量をはかることもある．表 5·3 にもとづき，各目盛について補正値を求める．この補正値をビュレットの目盛に対してプロットすると，補正曲線が得られる．

c. 体積計の温度補正

メスフラスコなどの測容器は，水温 20 ℃ で検定してあるので，それ以外の液温で標準液などを調製した場合には，20 ℃ における体積に換算する必要がある．

標準温度 20 ℃ で V_{20} の体積をもつ測容器を用いて，任意の液温 t で溶液調製を行った場合その体積 V は，

$$V = V_{20}\{1+\beta(t-20)\} \times \frac{d_t}{d_{20}}$$

で与えられる．d_{20} は 20 ℃ における水の密度，d_t は t ℃ における水の密度，β はガラスの熱膨張係数である．V_{20} を 1 000 cm³ として，各温度における $(V - V_{20})$ の値を計算して求めると，表 5·4 のようになる．溶液の濃度が $N/10$ をこえるときは，この表の値を補正する必要がある．この場合，若干の酸，アルカリ溶液についての補正率を表 5·5 に示した．表 5·4 の絶対値に，表 5·5 の百分率の値を加えればよい．

5·3 標準液の調製

5·3·1 容量分析用標準試薬

容量分析で用いる標準液を調製するとき，基準となるものが容量分析用標準試薬である．わが国の JIS では，特級試薬以上の純度をもち，乾燥した

ものについては，99.95％以上の含有量を小数第2位まで明記し，現在次の11品目を定めている（JIS K 8005—1992）．

炭酸ナトリウム，アミド硫酸，シュウ酸ナトリウム，三酸化二ヒ素，二クロム酸カリウム，ヨウ素酸カリウム，塩化ナトリウム，亜鉛，フッ化ナトリウム，銅，フタル酸水素カリウム．

これらの標準試薬は，それぞれ指定の乾燥条件に従って乾燥したあと，その一定量をひょう量し水に溶かして一定体積とすることにより標準液が得ら

| 標準物質 | 標準液 | 標準液 |

炭酸ナトリウム ----→ 硫酸(アルカリ) → アルコール性水酸化カリウム
                → 塩酸 → 水酸化カリウム
                    ↓
                水酸化ナトリウム → エチレングリコールイソプロピルアルコール性塩酸

アミド硫酸 ← 亜硝酸ナトリウム

シュウ酸ナトリウム → 過マンガン酸カリウム → シュウ酸
                            → シュウ酸ナトリウム
                    ↓
                硫酸鉄(II)アンモニウム → 硝酸セリウム(IV)アンモニウム
                {亜ヒ酸ナトリウム
                 亜ヒ酸カリウム}
亜ヒ酸 ----→   → 硫酸セリウム(IV)アンモニウム
                                二クロム酸カリウム
二クロム酸カリウム ----→ ヨウ素 → 亜硫酸水素ナトリウム
                        ↑↓   臭素酸カリウム
ヨウ素酸カリウム → チオ硫酸ナトリウム ← ヘキサシアノ鉄(III)酸カリウム
                        ↑   臭素
                ヨウ素酸カリウム

                                シアン化カリウム
塩化ナトリウム → 硝酸銀 → チオシアン酸アンモニウム
                ↓
                塩化ナトリウム

亜鉛 → EDTA → 酢酸亜鉛

フッ化ナトリウム → 硝酸トリウム(IV)
銅 → チオ硫酸ナトリウム(銅定量用)

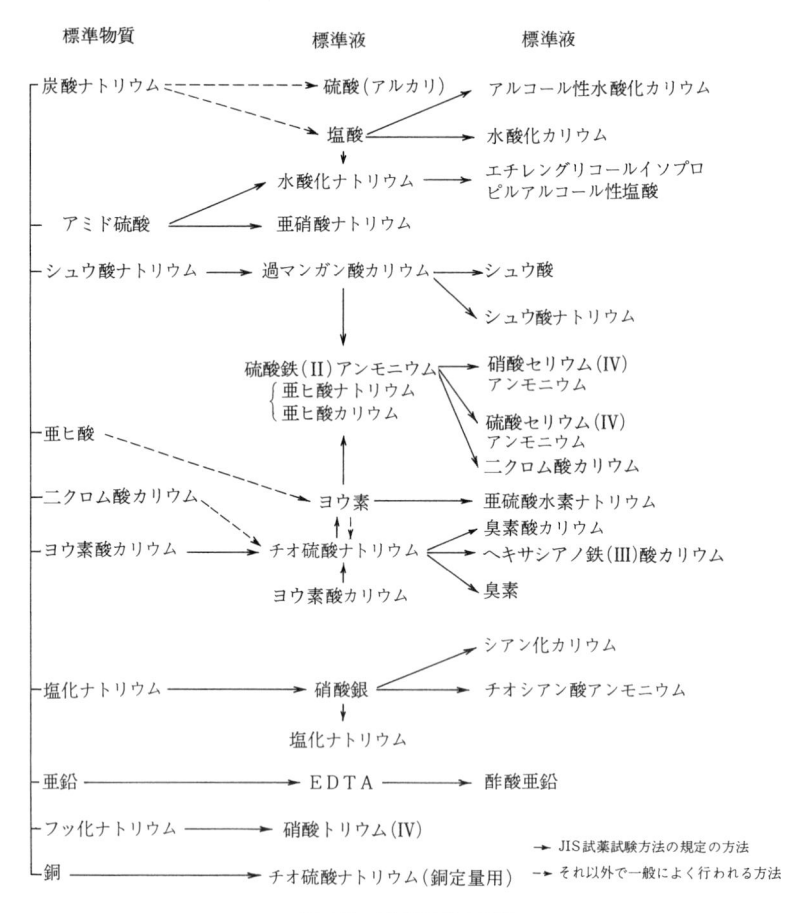

→ JIS試薬試験方法の規定の方法
---→ それ以外で一般によく行われる方法

図5・5 二次標準液の調製

れるものである．この一次標準液を用いて，標準試薬ではない硫酸や水酸化ナトリウムの溶液などの濃度を定める操作を標定（standardization）という．標準試薬を基準として，どのような二次標準液が調製されるかを図5・5に示した．

5・3・2 標定の方法

標準液の濃度は 0.1845 M のように，小数点以下 4 桁まで求める．5 桁目を小さく書き添えることもある．

（1）容量分析用標準試薬の一定量をひょう取して水に溶かし，これをビュレットに入れた標定しようとする溶液で滴定する．比較的当量重量の大きい標準試薬を用いる場合に行われる．

（2）標準試薬の一定量をひょう取し，メスフラスコを用いて定容として得られる標準液を用いて標定する．ピペットを用いてその一定量を分取し，標定しようとする溶液で滴定する．当量重量の小さいヨウ素酸カリウム標準物質を用いる場合などはこの方法がよい．

いずれの場合も，読み取り誤差や1滴の流出による誤差を考え，1回の標定でビュレットの1/2以上を費やすように実験を計画するようにする．

標準液は，一度標定を行っておけばすむものではない．無機鉱酸や二クロム酸カリウムの標準液は，毎週1回は標定を行うことが望ましく，硫酸鉄（II）の標準液は毎日標定する必要がある．

5・4 酸塩基滴定（acid-base titration）

この滴定は中和滴定（neutralization titration）ともいわれ，多くの無機の酸，塩基，有機の酸，塩基が定量される．ビュレットに酸標準液をとって塩基性物質を滴定する方法を酸滴定（acidimetry），ビュレットにアルカリ標準液をとって酸性物質を滴定する方法をアルカリ滴定（alkalimetry）という[1]．有機物は水を用いるより，非水溶媒中で滴定されることが多い．イ

---

1) この逆の定義もあるが，このように定義するのが一般的である．

オン交換法を併用すると適用範囲はかなり拡大する．

理論的に中和反応が完結した点が当量点（equivalence point）であり，これは指示薬（indicator）を用いて検出するのが便利であるが，電気化学的方法や光学的方法で検知することもできる．実験的に検出される反応の終結点を終点（end point）という．これは当量点と一致すべきものであるが，実際にはずれることがある．

5・4・1 滴定曲線（titration curve）

a. 強酸 - 強塩基の滴定曲線

図 5・6(a) に，いろいろな濃度の塩酸溶液を等濃度の水酸化ナトリウム溶液で滴定した場合の滴定曲線を示す．当量点において，急激な pH の飛躍があるのが特徴である．液が薄いほど，当量点の pH 飛躍の幅は小さくなる．現実には，滴定液（titrant）の濃度としては 0.1～0.5 M 程度が使われる．滴定曲線をつくるには，滴定の過程のいくつかの点を選んで，溶液の $[H^+]$

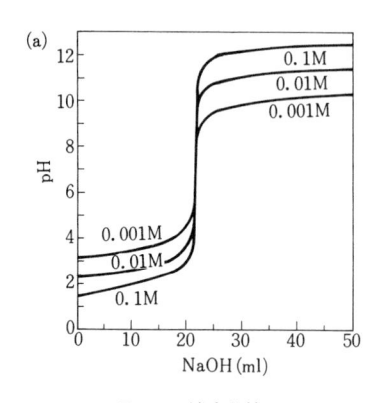

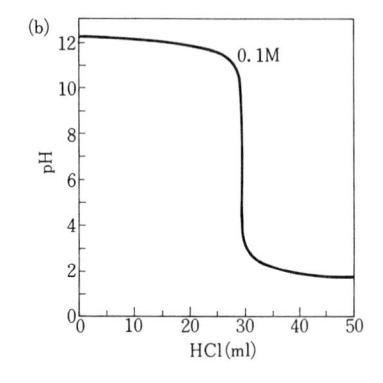

図 5・6 滴定曲線．
(a)：nM NaOH による nM HCl の滴定（n=0.001, 0.01, 0.1）
(b)：0.1 M HCl による 0.1 M NaOH の滴定

を計算すればよい．例えば 0.1 M HCl 20 ml を 0.1 M NaOH で滴定するとき，NaOH 添加量 18 ml の点では，液量は 20+18=38 ml となり，残っている HCl の量は，$0.1 \times 20 - 0.1 \times 18 = 0.20$（mmol）であるから，

$$[\text{H}^+] = 0.20 \text{ mmol}/38 \text{ ml} = 5.26 \times 10^{-3} \text{ M}(=\text{mol/l})$$
$$\text{pH} = -\log [\text{H}^+] = 3 - \log 5.26 = 2.28$$

NaOH 20.00 ml 添加で当量点に達するが,NaCl 溶液が生成して pH は 7.0 である.NaOH 20.02 ml を添加したところでは,0.02 ml の 0.1 M NaOH すなわち $0.02 \times 0.1 = 0.002$ mmol の NaOH が過剰に存在する.したがって

$$[\text{OH}^-] = 0.002 \text{ mmol}/(20.00+20.02)\text{ml} = 5.00 \times 10^{-5} \text{ M}$$
$$[\text{H}^+] = K_w/[\text{OH}^-] = 10^{-14}/5.00 \times 10^{-5} = 2.00 \times 10^{-10}$$
$$\text{pH} = -\log [\text{H}^+] = 9.70$$

強塩基を強酸で滴定するときも同様に考えればよい.一例を図 5·6(b) に示した.

b. 強塩基による弱酸の滴定

酢酸 CH_3COOH のような一塩基酸 HA を強アルカリで滴定する場合を考えよう.まず滴定前の HA の pH は,3·3·6 (p. 66) に示した取り扱いから容易に計算される.近似式は

$$[\text{H}^+] = \sqrt{K_a C_A} \tag{5·8}$$

で与えられる.C_A は HA の総濃度を表わす.次に当量点に達する前は,HA と NaA との混合溶液すなわち緩衝溶液である.HA およびその共役塩基 A^- の濃度(それぞれ C_A,C_B)が十分大きければ,

$$\text{pH} = \text{p}K_a + \log \frac{C_B}{C_A} \tag{5·9}$$

が成り立つ.今,滴定率を f とすると,f =(塩基添加量 ml/当量点に達するまでに必要な塩基添加量 ml) であり,式 (5·9) は

$$\text{pH} = \text{p}K_a + \log \frac{f}{1-f} \tag{5·10}$$

で表わされる.pH は f で微分すると,

$$\frac{d\text{pH}}{df} = \frac{0.434}{(1-f)f} \tag{5·11}$$

が得られる.これは緩衝領域の滴定曲線の勾配を表わす.この式から次のことがわかる.

（1） $d\mathrm{pH}/df$ は弱酸 HA の強さに無関係である．

（2） 滴定曲線の勾配は，$f \to 0$（滴定開始点）および $f \to 1$（当量点）において極大値を示す．

（3） $d\mathrm{pH}/df$ は滴定の中間点（$f=0.5$）で極小値をとる．

当量点においては NaA が生成する．この加水分解によって溶液の pH は決められる．

$$\mathrm{A^-} + \mathrm{H_2O} \xrightleftharpoons{K_b} \mathrm{HA} + \mathrm{OH^-}$$

$K_b = K_\mathrm{W}/K_a$ であり，p.69 に示したように

$$[\mathrm{OH^-}] = \sqrt{K_b C_\mathrm{B}} = \sqrt{\frac{K_\mathrm{W} C_\mathrm{B}}{K_a}}$$

で与えられる．NaOH が過剰になったところでは，加水分解は抑制されるので，NaOH の溶液の pH を求める問題として扱うことができる．いろいろな強さの弱酸を水酸化ナトリウムで滴定するときに得られる滴定曲線を図 5・7 に示した．弱塩基を塩酸のような強酸で滴定する場合も，同様な取り扱いにより滴定曲線を求めることができる．当量点は酸性領域にある．メチルオレンジ（変色域 pH 3.2～4.5）やメチルレッド（pH 4.2～6.4）が指示薬としてよく用いられる．塩酸による弱塩基 B の滴定曲線を図 5・8 に示した．

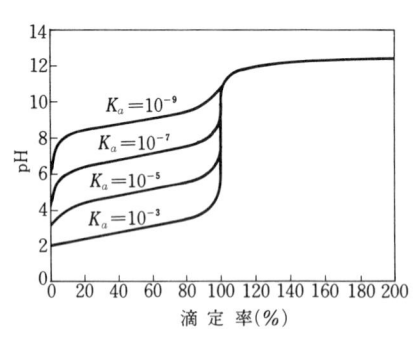

図 5・7　0.1 M NaOH による弱酸（0.1 M）の滴定

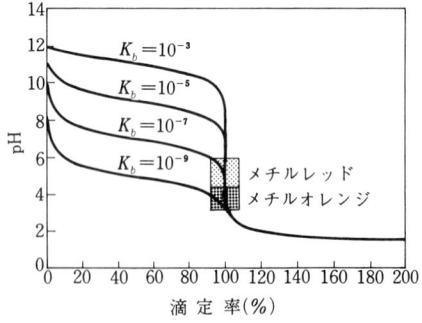

図 5・8　0.1 M HCl による弱塩基（0.1 M）の滴定

c. 強塩基による弱い多塩基酸の滴定

滴定曲線の算出に必要な諸式の誘導は非常に複雑であるが，近似的には以下のようにして求めることができる．

（i）H_nA の溶液の pH の計算　弱酸 H_nA の溶液はほとんど常に第1段のイオン化のみを考えて pH を求めることができる．例を H_2A で示すと，

$$H_2A \rightleftarrows H^+ + HA^- \qquad K_{a1} = \frac{[H^+][HA^-]}{[H_2A]} \qquad (5\cdot12)$$

$$HA^- \rightleftarrows H^+ + A^{2-} \qquad K_{a2} = \frac{[H^+][A^{2-}]}{[HA^-]} \qquad (5\cdot13)$$

物質均衡の原則から

$$C_A = [H_2A] + [HA^-] + [A^{2-}] \qquad (5\cdot14)$$

電荷均衡の原則から

$$[H^+] = [HA^-] + 2[A^{2-}] \qquad (5\cdot15)$$

式 (5·12)～(5·15) より $[H^+]$ を求めることは非常に複雑であるので，簡単な近似を行う．すなわち第1近似として第2段のイオン化を無視すると，

$$[H^+] \simeq [HA^-] \qquad (5\cdot16)$$

となり，ここで，p.67 の一塩基酸についての式 (3·76) を用いると，

$$[H^+] = \sqrt{K_{a1}(C_A - [H^+])} \qquad (5\cdot17)$$

となる．なお，式 (5·13) より

$$[A^{2-}] \simeq K_{a2} \qquad (5\cdot18)$$

となり，A^{2-} イオンの濃度は第2解離定数に等しく，かつ酸の濃度には無関係となる．

（ii）当量点の pH の計算　H_2A の酸性塩 NaHA の，溶液内の平衡について考えよう．溶液中では HA^- は酸あるいは塩基として機能し，また水の解離もある．

$$HA^- \rightleftarrows A^{2-} + H^+ \qquad K_{a2} = \frac{[H^+][A^{2-}]}{[HA^-]} \qquad (5\cdot19)$$

$$HA^- + H^+ \rightleftharpoons H_2A \qquad \frac{1}{K_{a1}} = \frac{[H_2A]}{[HA^-][H^+]} \qquad (5\cdot20)$$

$$H_2O \rightleftharpoons H^+ + OH^- \qquad K_W = [H^+][OH^-] \qquad (5\cdot21)$$

物質均衡より

$$[Na^+] = [H_2A] + [HA^-] + [A^{2-}] \qquad (5\cdot22)$$

また, 電荷均衡より

$$[Na^+] + [H^+] = [OH^-] + [HA^-] + 2[A^{2-}] \qquad (5\cdot23)$$

(5・22), (5・23) より

$$[H^+] = [A^{2-}] + [OH^-] - [H_2A] \qquad (5\cdot24)$$

$$\therefore \quad [H^+] = \frac{K_{a2}[HA^-]}{[H^+]} + \frac{K_W}{[H^+]} - \frac{[H^+][HA^-]}{K_{a1}} \qquad (5\cdot25)$$

(5・25) より

$$[H^+]^2(K_{a1} + [HA^-]) = K_{a1}K_{a2}[HA^-] + K_{a1}K_W$$

$$\therefore \quad [H^+] = \sqrt{\frac{K_{a1}(K_{a2}[HA^-] + K_W)}{K_{a1} + [HA^-]}} \qquad (5\cdot26)$$

今, C_A を NaHA の全濃度とすると, $[HA^-] \simeq C_A$. また式 (5・26) 中の K_W は $K_{a2}C_A$ にくらべ無視できることが多い. したがって

$$[H^+] \simeq \sqrt{\frac{K_{a1}K_{a2}C_A}{K_{a1} + C_A}} \qquad (5\cdot27)$$

となるが, C_A が K_{a1} にくらべて大きい場合には (5・27) 式は

$$[H^+] \simeq \sqrt{K_{a1}K_{a2}} \qquad (5\cdot28)$$

となる. したがって水素イオン濃度は第1近似としては塩の濃度に無関係になる. そして, $K_{a1}K_{a2} > K_W$ であれば溶液は酸性であり, $K_{a1}K_{a2} < K_W$ であれば溶液はアルカリ性である. (5・26)→(5・27) への近似は溶液が酸性の場合には特に有効である.

溶液がアルカリ性で, かつ $[HA^-] \simeq C_A$ であれば, (5・26) は

$$[H^+]^2 = \frac{K_{a1}K_{a2}C_A}{K_{a1} + C_A} + \frac{K_{a1}K_W}{K_{a1} + C_A} \qquad (5\cdot29)$$

C_A は K_{a1} の値を上まわることが多いので, $K_{a1} + C_A \simeq C_A$ とすれば, 式 (5・29) より

$$[\text{H}^+] = \sqrt{K_{a1}K_{a2} + \frac{K_{a1}K_\text{W}}{C_\text{A}}} \qquad (5\cdot30)$$

この式で $K_{a1}K_\text{W}/C_\text{A}$ が $K_{a1}K_{a2}$ にくらべ無視できる場合には (5·28) 式が成り立つ．この条件は通常扱う C_A の値（K_{a1}/C_A が小さい）では，K_{a2} が K_W より小さくない限り成り立つ．

第2当量点では A^{2-} イオンが生成するが，これは Brønsted の多酸塩基であり，次のように逐次プロトンを付加する．

$$\text{A}^{2-} + \text{H}_2\text{O} \rightleftharpoons \text{HA}^- + \text{OH}^- \qquad K_{b1} = K_\text{W}/K_{a2} \qquad (5\cdot31)$$

$$\text{HA}^- + \text{H}_2\text{O} \rightleftharpoons \text{H}_2\text{A} + \text{OH}^- \qquad K_{b2} = K_\text{W}/K_{a1} \qquad (5\cdot32)$$

多塩基酸の解離と同様に第2段以降の加水分解は，極端な希釈を行ったり，K_{a1}, K_{a2} が相互にごく近い場合を除き，無視してよい．したがって

$$[\text{OH}^-] = \sqrt{\frac{K_\text{W}}{K_{a2}}\{C_\text{A} - [\text{OH}^-]\}} \qquad (5\cdot33)$$

$[\text{OH}^-] \ll C_\text{A}$ とみてよいので，式 (5·33) はさらに

$$[\text{OH}^-] \simeq \sqrt{\frac{K_\text{W}}{K_{a2}}C_\text{A}} \qquad (5\cdot34)$$

で近似される．

(iii) 緩衝領域における pH　二つの緩衝領域の pH は，緩衝溶液の取り扱いに準じて計算する．

$$[\text{H}^+] \simeq K_{a1}\frac{[\text{H}_2\text{A}]}{[\text{HA}^-]} \qquad (5\cdot35)$$

$$[\text{H}^+] \simeq K_{a2}\frac{[\text{HA}^-]}{[\text{A}^{2-}]} \qquad (5\cdot36)$$

[例題]　0.01 M NaHS 溶液の水素イオン濃度を求めよ．H_2S の $K_{a1} = 9 \times 10^{-8}$, $K_{a2} = 10^{-15}$ とする．

[解]　$K_{a1}K_{a2} < K_\text{W}$ であるから，溶液はアルカリ性である．K_{a2} の値が K_W より小さいので式 (5·30) を用いると

$$[\text{H}^+] \simeq \sqrt{K_{a1}K_{a2} + K_{a1}K_\text{W}/C_\text{A}} \simeq 3 \times 10^{-10}\,\text{M}$$

式 (5·28) を用いると，$[\text{H}^+] \simeq 10^{-11}\,\text{M}$ となる．

表 5・6　よく使われる酸塩基指示薬

名　称	色の変化	変色域
picric acid	colorless-yellow	0.1-0.8
methyl violet	yellow-blue	0.0-1.6
crystal violet	yellow-blue	0.0-1.7
ethyl violet	yellow-blue	0.0-2.3
methyl green	yellow-blue	0.3-1.8
cresol red[1]	red-yellow	1.0-2.0
para-methyl red	red-yellow	1.0-3.0
thymol blue[2]	red-yellow	1.2-2.8
meta-cresol purple[1]	red-yellow	1.2-2.8
2,6-dinitrophenol	colorless-yellow	2.0-4.0
methyl yellow	red-yellow	2.9-4.0
bromophenol blue	yellow-blue	3.0-4.6
congo red	blue-red	3.0-5.0
methyl orange	red-yellow	3.1-4.4
ethyl orange	red-yellow	3.5-4.8
bromocresol green	yellow-blue	3.8-5.4
methyl red	red-yellow	4.2-6.2
litmus	red-blue	4.5-8.3
propyl red	red-yellow	4.8-6.4
methyl purple	purple-green	4.8-5.4
chlorophenol red	yellow-red	4.8-6.4
para-nitrophenol	colorless-yellow	5.0-7.0
bromocresol purple	yellow-purple	5.2-6.8
alizarin[4]	yellow-red	5.5-6.8
bromothymol blue	yellow-blue	6.0-7.6
brilliant yellow	yellow-orange	6.5-7.8
neutral red	red-yellow	6.8-8.0
phenol red	yellow-red	6.8-8.4
para-α-naphthalein	yellow-blue	7.0-9.0
meta-cresol purple[3]	yellow-purple	7.4-9.0
phenolphthalein	colorless-red	8.3-10.0
thymolphthalein	colorless-blue	9.3-10.6
alizarin yellow R	yellow-violet	10.1-12.0
2,4,6-trinitrotoluene	colorless-orange	11.5-13.0
1,3,5-trinitrobenzene	colorless-orange	12.0-14.0

1) cresol red はまた pH 7～8.5 で黄色→赤に変る．
2) thymol blue はまた pH 8～9.6 で黄色→青に変る．
3) meta-cresol purple については二つの変色域がある．
4) alizarin はまた pH 11.0～12.4 で赤より紫に変る．

5・4・2 指示薬
a. 変色域

酸塩基指示薬は、弱酸あるいは弱塩基であって、有色である。多くは二色指示薬で酸性、アルカリ性側で異なった色をもつ。一色の指示薬もあり、フェノールフタレインはこの例で酸性側で無色、アルカリ性側でマジェンタ色を呈する。今、指示薬酸を HIndic で表わすと、

$$\text{HIndic} \rightleftarrows \text{H}^+ + \text{Indic}^- \qquad K_a = \frac{[\text{H}^+][\text{Indic}^-]}{[\text{HIndic}]} \qquad (5・37)$$

K_a を指示薬定数と呼ぶ。酸性では HIndic、アルカリ性では Indic$^-$ として存在し、それぞれ特定の色をもつ。上式を変形すると次のようになる。

$$\frac{[\text{Indic}^-]}{[\text{HIndic}]} = \frac{[\text{アルカリ性での色を示すイオン}]}{[\text{酸性での色を示す分子}]} = \frac{K_a}{[\text{H}^+]} \qquad (5・38)$$

[H$^+$] が変ると [Indic$^-$]/[HIndic] の比が変り、この比が大きいときは [Indic$^-$] の色が強く、小さいときは [HIndic] の色が強い。[Indic$^-$]/[HIndic]=10 以上になると事実上 [Indic$^-$] の色を認識するといってもよい。この場合の pH は (5・38) より

$$\text{pH} = \text{p}K_a + 1$$

となる。また [Indic$^-$]/[HIndic]=1/10 以下になると、感覚的には [HIndic] の色を認めることになる。このときの pH は

$$\text{pH} = \text{p}K_a - 1$$

である。pH=pK_a±1 の範囲では中間色が認められ、この範囲が変色域である。表 5・6 にみるように変色域は約 pH 2 の範囲になるものが多い。

b. 指示薬の例

methyl orange

無色   + 2 H_2O ⇌   赤   + 2 H_3O^+
pH 8.3 ~ 10.0

phenolphthalein

5・4・3 酸塩基滴定

a. 酸・アルカリの標準液

（i） 酸の標準液 酸塩基滴定の酸の標準液としては，塩酸が広く用いられる．市販の塩酸（12 M, 37.9％，比重 1.19）を純水で薄めて，任意の濃度の塩酸溶液を調製する．濃塩酸は標準試薬ではないので，このように調製した溶液は標定しなければならない．標準試薬としては無水炭酸ナトリウムが用いられるが，当量重量（メチルオレンジ，メチルレッド終点で 53 g）が小さく，かつ生ずる炭酸のため，終点決定が多少複雑になるなどの欠点が

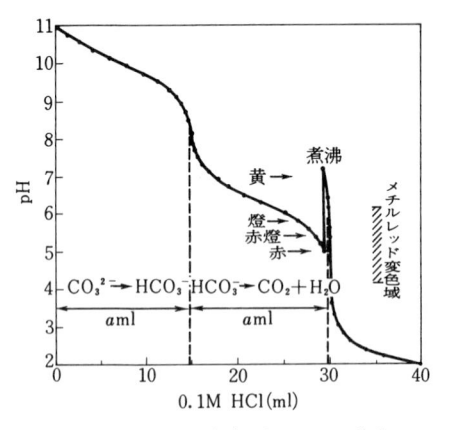

図5・9 塩酸による炭酸ナトリウムの滴定
指示薬：メチルレッド

ある．したがって，第二次標準である水酸化ナトリウム標準液を用いて標定を行うことが多い．炭酸ナトリウムの溶液を塩酸で滴定するときの滴定曲線を，図5・9に示す．指示薬として，メチルレッドを使用した場合の色の変化を図中に記入してある．注意深く溶液の色が赤となるまで滴定し，次いで溶液を約1分間煮沸して溶存している CO_2 を追い出す．冷却後滴定を再開し黄色からピンク色に変った点を求めて終点とする．

(ii) アルカリの標準液 アルカリの標準液としては，0.1 M の水酸化ナトリウム溶液が広く使われる．標準試薬ではないので当然標定が必要である．スルファミン酸（標準試薬）の 2～2.5 g を精ひょうし，水に溶解し，その 1/10 を分取して，0.1 M NaOH 溶液で滴定すればよい．指示薬はブロモチモールブルー（BTB）などを使用する．標準試薬としてフタル酸水素カリウムを用いる方法もすぐれた結果を与える．

用いる水酸化ナトリウム中には，しばしば炭酸ナトリウムが含まれている．弱酸を滴定する場合，炭酸ナトリウムが存在すると緩衝溶液が形成され，終点決定の鋭敏さを非常に損なう．水酸化ナトリウムを精製するには，ほぼ飽和溶液を調製し（ポリエチレンびん，あるいはパラフィンを内面にコートした硬質ガラスびん使用），密栓して数日間放置する（Sørensen 油状液という）．炭酸ナトリウムは沈殿するので，上澄み液をとり，純水（煮沸して CO_2 を除いたもの）で希釈して望みの濃度の溶液とする[1]．水酸化カリウムについてはこの方法ではうまく行かない．

b. 応 用

(i) 炭酸ナトリウム混合物の分別滴定 Na_2CO_3 と $NaHCO_3$ は共存することが多いが，これらは HCl 標準液を用いて分別滴定することができる．

（1） HCl 標準液によりフェノールフタレイン終点まで滴定する．これにより CO_3^{2-} のみが滴定され，HCO_3^- を生ずる．

（2） さらに滴定を続け，メチルオレンジまたはメチルレッド終点に至ら

---

[1] 0.1 M 標準液をつくるには，この上澄み液 6.5 ml を 1 000 ml に薄める．

せる.これにより存在する全 HCO_3^- が中和される.すなわち,混合物中に存在していた HCO_3^- および CO_3^{2-} の部分中和により生じた HCO_3^- のすべてである.

[**例題**]　Na_2CO_3 と $NaHCO_3$ の混合物を水に溶解し,0.1 M HCl で滴定した.フェノールフタレイン終点のビュレットの読み a ml,メチルレッド終点の読みが b ml であるとすれば,両成分の量 (mmol) はそれぞれいくらか.

[**解**]　$CO_3^{2-} = 0.1 \times a$ mmol,　$HCO_3^- = 0.1 \times (b-2a)$ mmol

$NaOH$ と Na_2CO_3 の混合物についても同様に分析される.この場合フェノールフタレイン終点までに滴定されるのは,$NaOH + CO_3^{2-}$ の合量である.次いで第1～第2当量点の間では混合物中の CO_3^{2-} に由来する HCO_3^- が滴定される.両者の混合物の滴定曲線を図5・10に示した.第1当量点でのビュレットの読みが a ml,第2当量点での読みが b ml であれば,HCO_3^- の滴定に要した HCl の量は $(b-a)$ ml,ゆえに混合物中の OH^- の滴定には $b-2(b-a)=(2a-b)$ ml の HCl が使われたことになる.

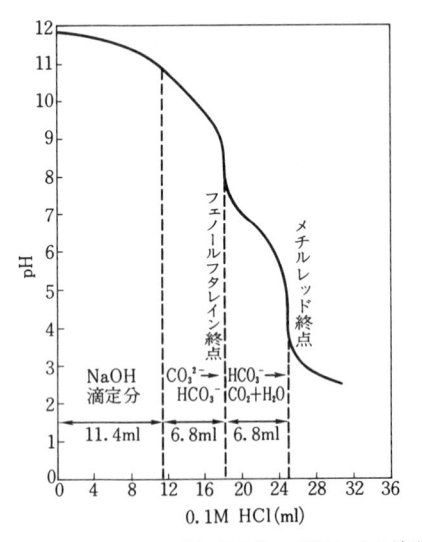

図5・10　$NaOH + Na_2CO_3$ 混合物の HCl による滴定

(ii) キールダール (Kjeldahl) 法による窒素の定量　キールダール法は，アミンあるいはアミド窒素の定量に用いられる．有機ニトロ化合物，アゾ化合物，無機硝酸塩などについては還元の操作が必要である．食品などを熱濃硫酸と加熱分解し（水銀，セレンなどの化合物を触媒として用いる），窒素を硫酸水素アンモニウムに変える．これに NaOH を十分に加えて蒸留すると NH_3 が発生するので，一定過剰量の HCl 標準液に吸収させる．反応残の塩酸を NaOH 標準液で滴定し，NH_3 量を求める．

$$NH_4HSO_4 + 2\,OH^- \rightarrow NH_3\uparrow + 2\,H_2O + SO_4^{2-}$$

以上のほか，溶液中の総塩濃度をイオン交換法を併用して酸塩基滴定で求めることもできる．例えば水素形陽イオン交換樹脂 RH のカラムに Ca^{2+} を含む試料水を通すと，

$$Ca^{2+} + 2\,RH \rightarrow R_2Ca + 2\,H^+$$

により Ca^{2+} と当量の H^+ がカラムより溶出するので，NaOH 標準液により H^+ を滴定して Ca^{2+} 量を求めることができる．

5・5　沈殿滴定

沈殿反応を利用する滴定を沈殿滴定 (precipitation titration) という．あまり広い分野ではなく，$Ag^+ + Cl^- \rightarrow AgCl\downarrow$ のように，$AgNO_3$ の標準液を用いてハロゲン化物イオンを滴定定量する方法が主流である．このほか，次のような沈殿反応も滴定に利用されている．

$$4\,F^- + Th(NO_3)_4 \rightarrow ThF_4\downarrow + 4\,NO_3^-$$
$$Ag^+ + KSCN \rightarrow AgSCN\downarrow + K^+$$
$$SO_4^{2-} + BaCl_2 \rightarrow BaSO_4\downarrow + 2\,Cl^-$$
$$3\,Zn^{2+} + 2\,K_4Fe(CN)_6 \rightarrow K_2Zn_3\{Fe(CN)_6\}_2\downarrow + 6\,K^+$$
$$Pb^{2+} + (NH_4)_2MoO_4 \rightarrow PbMoO_4\downarrow + 2\,NH_4^+$$

左辺第2項の物質の溶液が滴定液 (titrant) として使用される．

5・5・1　モール法 (Mohr's method)

モール法 (Mohr's method) は，滴定法としても古い歴史をもつものであ

る．$AgNO_3$ 標準液を用いて Cl^- または Br^- イオンを滴定する方法[1]で，指示薬としては K_2CrO_4 （クロム酸カリウム）を用いる．

$$Ag^+ + Cl^- \rightarrow AgCl\downarrow$$
$$Ag^+ + Br^- \rightarrow AgBr\downarrow$$
$$CrO_4^{2-} + 2\,Ag^+ \rightarrow Ag_2CrO_4\downarrow$$
（赤色）

Ag_2CrO_4 は赤色の沈殿で，その出現によって滴定の終点を求める．滴定曲線を図 5·11 に示す．終点で Ag_2CrO_4 の沈殿を検知するには幾分余分の

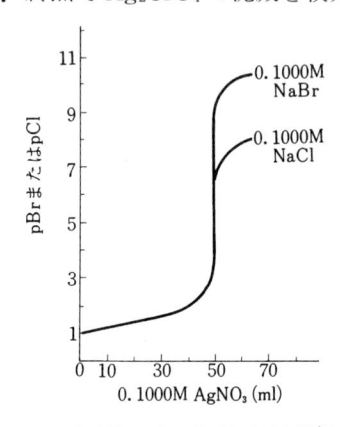

図 5·11　0.1000 M $AgNO_3$ による 0.1000 M NaCl(NaBr)の滴定

$AgNO_3$ を滴下しなければならないが，過剰分は空試験を行って補正する．

指示薬の濃度は重要で，あまり加えすぎると，当量点の前で終点を検出し，また少なすぎると当量点をこえて終点を検知することになる．

［例題］　AgCl の溶解度積 K_{sp} は 1×10^{-10} であり，当量点での pAg は 5.0 である．Ag_2CrO_4 の沈殿が pAg 5.0 でおこるためには指示薬 K_2CrO_4 の濃度はどれくらいに調節すればよいか．

［解］　Ag_2CrO_4 の溶解度積 K_{sp} は 1.1×10^{-12} である．
$$Ag_2CrO_4 \rightleftharpoons 2\,Ag^+ + CrO_4^{2-}$$
$$K_{sp} = [Ag^+]^2[CrO_4^{2-}]$$
$[Ag^+]=10^{-5}$ とすると

---

[1] I^-，SCN^- の滴定では強い吸着現象のため，終点検知はうまくいかない．

$$[CrO_4^{2-}] = 1.1\times10^{-12}/(1\times10^{-5})^2 = 1.1\times10^{-2}(M)$$

モール法では，溶液の酸性度は重要である．酸濃度が高いと，次の反応がおこる．

$$2\,CrO_4^{2-} + 2\,H_3O^+ \rightleftharpoons 2\,HCrO_4^- + 2\,H_2O \rightleftharpoons Cr_2O_7^{2-} + 3\,H_2O$$

$AgHCrO_4$ および $Ag_2Cr_2O_7$ の溶解度は Ag_2CrO_4 に比し大きいので，終点検知に要する Ag^+ の量は大きくなる．一方，塩基性が強いと Ag^+ は Ag_2O となって沈殿し，滴定にかかわらない．pH 7～10 の間で滴定するのがよい．

5・5・2 フォルハルト法 (Volhard's method)

フォルハルト法とは，基本的には，チオシアン酸カリウム標準液によって Ag^+ を滴定する方法である．間接的には，Ag^+ によって定量的に沈殿するハロゲン化物イオンや，その他陰イオンの定量に用いられる．

$$Ag^+ + SCN^- \rightarrow AgSCN\downarrow \quad \text{滴定反応}$$
$$Fe^{3+} + SCN^- \rightarrow Fe(SCN)^{2+} \quad \text{終点の検出}$$
$$\text{(赤色)}$$

Cl^-, Br^-, I^- などの定量では，一定過剰量の $AgNO_3$ 標準液をそれらを含む酸性溶液（当量点で約 0.3 M HNO_3 になるようにする）に加え，その過剰を Fe(III) を指示薬として KSCN 標準液で逆滴定する．

AgBr，AgI の沈殿は AgSCN より難溶であるので，過剰の Ag^+ は直接 KSCN 標準液で滴定できるが，AgCl は AgSCN より溶解度が大きいので，過剰量の Ag^+ の滴定の前に沪別しておかねばならない．AgCl 共存のまま滴定を続けると，

$$AgCl(固) + SCN^- \rightarrow AgSCN(固) + Cl^-$$

の反応が生じ，定量はできない．沪別するかわりに，系にニトロベンゼンを加えて激しく振り混ぜ，AgCl の沈殿をニトロベンゼンで保護する方法もある．

[**例題**] 指示薬としての Fe(III) については，$Fe(SCN)^{2+}$ の濃度が 6.5×10^{-6} M に達すれば赤色を検知することができる．Ag^+ を KSCN で滴定する場合，Fe(III)＝10^{-2} M として，終点を検知するにはどの程度の

KSCN の過剰量が必要か．

[**解**] 当量点では [SCN^-] は AgSCN の溶解度積 $1.07×10^{-12}$ より

$$[SCN^-] = \sqrt{K_{sp}} = \sqrt{1.07×10^{-12}} = 1.03×10^{-6}\,M$$

この点での [$Fe(SCN)^{2+}$] は生成定数

$$\frac{[Fe(SCN)^{2+}]}{[Fe^{3+}][SCN^-]} = K = 1.38×10^2$$

より，次のように求められる．

$$[Fe(SCN)^{2+}] = 1.38×10^2×[Fe(III)]×[SCN^-]$$
$$= 1.38×10^2×10^{-2}×1.03×10^{-6} = 1.42×10^{-6}\,M$$

したがって，当量点では指示薬錯体の色は検知できない．

さらに KSCN が加えられ，[$Fe(SCN)^{2+}$] が $6.5×10^{-6}\,M$ になったとき（終点）の SCN^- 濃度は

$$[SCN^-] = [Fe(SCN)^{2+}]/[Fe^{3+}]·K = 6.5×10^{-6}/10^{-2}·1.38×10^2 = 4.7×10^{-6}\,M$$

したがって当量点をこえてから終点に達するまでに要する KSCN の濃度は

$$[KSCN] = [Fe(SCN)^{2+}]+[SCN^-]+[AgSCN]$$

右辺の [$Fe(SCN)^{2+}$] は当量点後に生成したもの，[AgSCN] も同じく当量点後に生成した量であり，両者は次のように求められる．

$[Fe(SCN)^{2+}] = 6.5×10^{-6}\,M - 1.42×10^{-6}\,M = 5.1×10^{-6}\,M$

$[AgSCN] =$ 当量点における [Ag^+] − 終点における [Ag^+]
$= 1.03×10^{-6}\,M - K_{sp(AgSCN)}/[SCN^-]$
$= 1.03×10^{-6}\,M - 1.07×10^{-12}/4.7×10^{-6}$
$= 8.0×10^{-7}\,M$

したがって $[KSCN] = 5.1×10^{-6}\,M + 4.7×10^{-6}\,M + 8.0×10^{-7}\,M = 1.1×10^{-5}\,M$
終点時の体積を仮りに 100 ml とすれば，0.1 M KSCN 標準液 $1.1×10^{-5}×100/0.1 = 0.01$ ml の添加で十分である．0.1 M KSCN 50.00 ml が滴定に必要であったとすれば，0.01 ml の指示薬ブランクは約 0.02% に相当する．非常に精度の高い滴定といってよい．

5・5・3　吸着指示薬法（Fajans 法）

Cl^- を含む溶液を $AgNO_3$ の標準液で滴定するとき，指示薬としてフルオレッセイン（有機酸）を用いる方法は K. Fajans ら（1923）によって提唱さ

れたもので，吸着指示薬法の一つとして有名である．

当量点に達する前の段階では AgCl の沈殿は，溶液中に過剰に存在する格子イオン——この場合は Cl^- ——を吸着する傾向が強い．この段階では負のフルオレッセインイオンは沈殿表面の Cl^- による負電荷によって排斥され，溶液はフルオレッセインにより緑色を呈する．当量点に近接すると，沈殿表面の Cl^- は Ag^+ イオンによって AgCl となり，Ag^+ が過剰になると今度は AgCl の表面は格子イオン Ag^+ によっておおわれるようになる．フルオレッセインイオンはこの正に荷電した沈殿表面に強く吸着し，フルオレッセイン酸銀が形成され，沈殿表面を深赤色に染めるようになる．このため当量点をすぎてわずかに過剰に Ag^+ が添加されることが必要であるが，指示薬ブランクは通常非常に小さい．

表5・7に，吸着指示薬の使用される滴定系を示した．

表 5・7　吸着指示薬

被滴定イオン	滴定液	指　示　薬
Cl^-, Br^-, SCN^-	$AgNO_3$	フルオレッセイン ジクロロフルオレッセイン
Ag^+	NaCl	フルオレッセイン ジクロロフルオレッセイン
Br^-, I^-, SCN^-	$AgNO_3$	エオシン

5・6　酸化還元滴定

5・6・1　酸化還元反応

酸化剤 (oxidant) と還元剤 (reductant) との反応を滴定の基礎とする滴定法を，酸化還元滴定 (oxidation-reduction titration, redox titration) といい，実用的にも重要な分析法を構成している．この滴定は電子の授受反応を利用した容量分析法といってもよい．例えば，$KMnO_4$ とシュウ酸との反応は，イオン電子反応式

$$MnO_4^- + 8H^+ + 5e = Mn^{2+} + 4H_2O \tag{5・39}$$

$$C_2O_4^{2-} = 2CO_2 + 2e \tag{5・40}$$

にみるように MnO_4^-（酸化剤）は電子との親和力が強く，電子を受ける（うばう）ほうとしてはたらき，$C_2O_4^{2-}$（還元剤）は電子との親和力が弱く，電子を供与するほうとしてはたらく．過不足なく電子の授受が行われるためには，10 e のやり取りがあり，反応は

$$2\,MnO_4^- + 5\,C_2O_4^{2-} + 16\,H^+ = 2\,Mn^{2+} + 10\,CO_2 + 8\,H_2O \qquad (5\cdot41)$$

のように進行する．

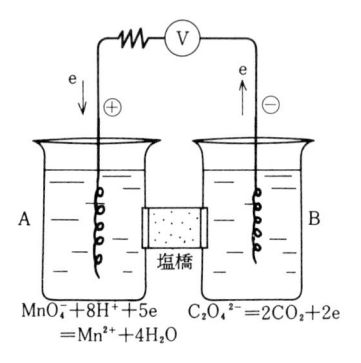

図 5·12 ガルバニ電池

　この反応での電子のやり取りは，図 5·12 に示したような実験で実証される．ビーカー A には $KMnO_4$ の硫酸溶液を，B にはシュウ酸の硫酸溶液を入れ，白金線を各ビーカーに入れて図 5·12 のように回路を閉じると，電圧計の目盛りがふれ，電流が流れたことが示される（二つのビーカーの間には塩橋を入れて回路を完成させておく）．A 中の $KMnO_4$ は次第に退色し，B 中の白金線表面からは CO_2 の発生がみられる．この系はガルバニ電池を構成しており，B 中では (5.40) の反応がおこって $C_2O_4^{2-}$ は酸化され，電子が導線に入って，A 中でこの電子により同時に MnO_4^- の還元（反応(5.39)）がおこる．ここでガルバニ電池とは，化学反応が可逆的に進むとき，外部に対してなされる有効な仕事の自由エネルギー変化を電気的エネルギーに変える電池のことをいう．

　このように，酸化還元反応の化学エネルギーは電気エネルギーとして取り

出せるので，滴定反応を追うにはガルバニ電池の起電力を追えばよいことになる．

5・6・2 滴定曲線
a. 滴定曲線のつくり方

酸化還元滴定における終点は，後述の酸化還元指示薬によっても検出されるが，一般には酸化還元系に適当な指示電極（白金極がよく使われる）を入れ，それに発生する電位を測定し，これを滴定液の添加量に対してプロットして滴定曲線をつくり，当量点を求めることが多い．

白金極に発生する電位は酸化剤と還元剤の濃度比によって決まるので（8章参照），滴定の進行とともに変る．通常，カロメル電極（p.213 参照）を対極として用い，図5・13のようなガルバニ電池を構成してその起電力を測定する．電池の起電力を E_{cell}，指示電極の電位を E_{ind}，カロメル電極の電位を E_{ref} とすれば，

$$E_{cell} = E_{ind} - E_{ref}$$

となり，E_{ref} は一定であるから，E_{cell} を測定すれば E_{ind} が求められる．

今，Ce(IV) による Fe(II) の滴定を考えよう．

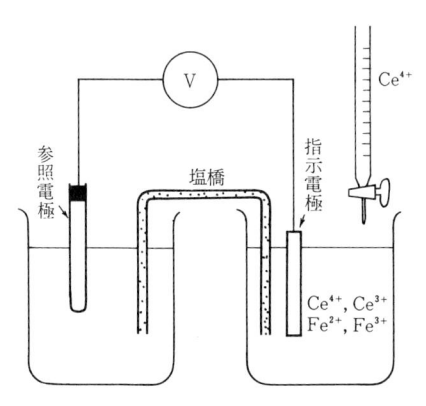

図5・13　Ce^{4+} による Fe^{2+} の電位差滴定装置

$$Ce^{4+} + e = Ce^{3+} \qquad E_A° = 1.44 \text{ V} \quad (1 \text{ mol l}^{-1} \text{ H}_2\text{SO}_4 \text{ での値})^{[1]} \qquad (5\cdot42)$$

$$Fe^{3+} + e = Fe^{2+} \qquad E_B° = 0.77 \text{ V} \qquad (5\cdot43)$$

$$Ce^{4+} + Fe^{2+} = Ce^{3+} + Fe^{3+} \qquad E° = 0.67 \text{ V} \qquad (5\cdot44)$$

滴定の途中では Ce^{4+} は Fe^{2+} と式 (5・44) によって反応し, 平衡に達する. その際, 白金極に現われる電位は, 次の式 (5・45) または (5・46) で表わされる.

$$E_A = E_A° + 0.059 \log [Ce^{4+}]/[Ce^{3+}] \qquad (5\cdot45)$$

$$E_B = E_B° + 0.059 \log [Fe^{3+}]/[Fe^{2+}] \qquad (5\cdot46)$$

平衡状態では $E_A = E_B$ である. 当量点に達する前では, 加えた Ce^{4+} は事実上すべて過剰に存在する Fe^{2+} によって還元されるので, $[Ce^{4+}]/[Ce^{3+}]$ の比は非常に小さく, (5・45) 式によって E_A を求めることは困難である.

一方, 加えた Ce^{4+} に当量の Fe^{2+} より Fe^{3+} を生ずるので, $[Fe^{3+}]/[Fe^{2+}]$ の比は容易に求められる.

したがって式 (5・46) の E_B を求めて, 当量点までの白金極の電位を求めることができる.

(i) **Fe^{2+} の 20% が Ce^{4+} によって滴定されたときの電位** この点では, $[Fe^{3+}]/[Fe^{2+}]$ の比は 20/80 であるから,

$$E_B = 0.771 + 0.059 \log 20/80 = 0.771 - 0.036 = 0.735 \text{ V}$$

(ii) **当量点における電位** 当量点では $[Ce^{4+}] = [Fe^{2+}]$, $[Ce^{3+}] = [Fe^{3+}]$ である. 式 (5・45), (5・46) を辺々加えると,

$$2E = E_A° + E_B° + 0.059 \log \frac{[Ce^{4+}][Fe^{3+}]}{[Fe^{2+}][Ce^{3+}]}$$

となり, 対数項は 0 となるので

$$E = (E_A° + E_B°)/2 = (1.44 + 0.77)/2 = 1.11 \text{ V}$$

(iii) **140% の滴定点における電位** 40% 過剰の Ce^{4+} が加えられた点である. このときは, $[Ce^{4+}]/[Ce^{3+}]$ の比は 40/100 となるので,

---

1) 標準電極電位は, 半電池反応にあずかる物質が標準状態にあるときの値である. 酸化形および還元形が 1 フォーマル (F) のとき実験的に得られる電位を式量電位という. 標準電極電位に近いが, 場合によるとかなり異なる. 式量電位には測定時用いた酸の種類, 濃度を併記する.

$$E_A = 1.44 + 0.059 \log 40/100 = 1.42 \text{ V}$$

このようにして求めた滴定曲線を図 5·14 に示す．

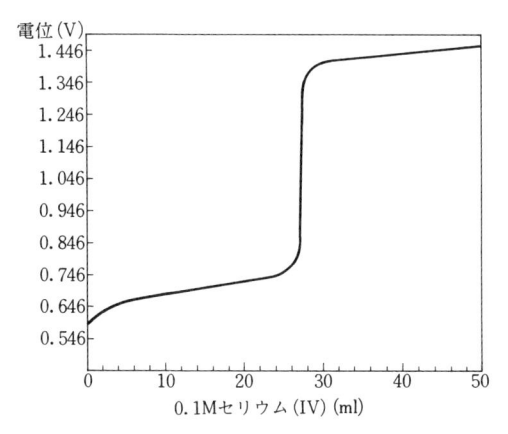

図 5·14 硫酸溶液中での Ce(IV) による Fe(II) の滴定

b. 酸化還元指示薬

酸化還元指示薬（oxidation-reduction indicator）は着色の著しい物質で，酸化あるいは還元によって，特定の電位領域で色を変える性質をもつ．酸塩基指示薬が変色域をもつのと同じである．変色電位域はできるだけ当量点電位に近いほうがよい．

また，指示薬の酸化あるいは還元は速やかに行われ，かつ可逆的であることが必要である．可逆的でない場合は，局部的に滴定液が過剰になって指示薬を酸化［還元］して発色し，その色を持続してするどい色の変化を妨げることになる．

有用な酸化還元指示薬の数は少ない．トリス（1,10-フェナントロリン）鉄(II)硫酸塩は普通フェロイン（ferroin）といわれるが，最もすぐれた指示薬の一つである．この鉄錯体は血赤色で鉄の比色定量に利用されるが，酸化されると淡青色の鉄(III)錯体フェリイン（ferriin）に変る．ferroin-ferriin 対の標準電極電位は +1.06 V で，フェロインは Ce^{4+} による滴定では理想的な指示薬（図 5·14 参照）である．

表 5・8 酸化還元指示薬

指 示 薬	還元形の色	酸化形の色	$E°/V$
トリス (5-ニトロ-, 1,10-フェナントロリン) 鉄 (II) 硫酸塩	赤	淡青	1.25
トリス (1,10-フェナントロリン) 鉄 (II) 硫酸塩	赤	淡青	1.06
トリス (2,2′-ビピリジン) 鉄 (II) 硫酸塩	赤	淡青	0.97
トリス (4,7-ジメチル-1,10-フェナントロリン) 鉄 (II) 硫酸塩	赤	淡青	0.88
ジフェニルアミンスルホン酸	無色または緑	すみれ色	0.84
ジフェニルアミン	無色	紫	0.76
メチレンブルー	青	無色	0.53
バリアミンブルー B[1]	無色	青紫	0.57 (pH≈2.5)

1) 主として Fe^{3+} の EDTA 滴定に用いられる.

その他の指示薬の例を表 5・8 に示す.

5・6・3 滴定に用いられる酸化還元反応

酸化還元反応の速度は,一般に非常に遅いものが多い.半反応の $E°$ の差が大きくても,反応は速いとは限らない.容量分析では速い反応を必要とするので,触媒を用いて活性化エネルギーの低下をはかることもある.一般に

(1) 金属イオン間の反応では,1 mol 当り交換される電子数が等しくないと反応は遅い.例えば,次の反応は遅い.

$$2\,Fe^{3+} + Sn^{2+} \rightarrow 2\,Fe^{2+} + Sn^{4+}$$

(2) 金属イオンあるいは非金属イオン間の反応は,構造上著しい差があるときは遅い.例えば,MnO_4^- と $C_2O_4^{2-}$ の間の反応では,Mn-O および C-C 結合が切れて Mn^{2+},CO_2 を生ずるので非常に遅い.

(3) 陽イオンと陰イオン間の反応は速い.例えば,Cu^{2+} は I^- と速やかに反応し,CuI と I_2 を生ずる.

(3) の原則は,(1),(2) に優先することが多い.例えば (2) によれば Fe^{2+},MnO_4^- の反応は遅いと思われるが,実際は速く,(3) が優先する.

反応を促進するためには適切な触媒を用いねばならないが，このためには反応の機構を知ることが必要なことが多い．

a. 過マンガン酸カリウム

過マンガン酸カリウムは1849年Margueritteによって滴定試薬として導入され，Fe(II)の滴定に用いられた．強い酸化剤で酸性溶液中での反応は次の通りである．

$$MnO_4^- + 8H^+ + 5e \rightarrow Mn^{2+} + 4H_2O \qquad E° = 1.51 V$$

この反応は非可逆で，電極電位はネルンスト式で計算した値と一致せず，$[MnO_4^-]/[Mn^{2+}]$ の比の変化により，電位の変動を計算することはできない．アルカリ溶液では，半反応の可逆電位を直接測定することができる．

$$MnO_4^- + 2H_2O + 3e \rightleftharpoons MnO_2 + 4OH^- \qquad E° = 0.588 V$$

過マンガン酸カリウムは標準試薬ではないので，ほぼ目的濃度に調製した溶液を標定して用いる．そのためには，溶液を室温で数日間放置するか，沸騰まで加熱してその状態に約1時間保ったのち冷却して，沪過する．沪過にはガラスや磁製の沪過器を用い，沪紙を使わない．沪過の目的はきょう雑物や MnO_2 のような低級酸化物—これは MnO_4^- 分解の触媒作用をする—を除くことにある．沪液はガラス共栓の褐色びんなどを用い，光を遮ぎって保存すれば，MnO_2 の生成をみず，長期にわたって安定である．

標定にはシュウ酸ナトリウムを用いるのが普通である．水に溶かし，硫酸酸性として過マンガン酸カリウム溶液で滴定する．

$$2MnO_4^- + 5H_2C_2O_4 + 6H^+ \rightarrow 2Mn^{2+} + 10CO_2 + 8H_2O$$

シュウ酸 $H_2C_2O_4$ 中の各炭素原子は酸化数3から酸化数4にまで酸化されるので，シュウ酸の当量は分子量/2である．

高度の正確さを必要とする場合は，標準試薬三酸化二ヒ素 As_2O_3 を用いて標定する．しかし，酸性溶液での反応はおそらくMn(III)とAs(V)の錯生成のため非常に遅いので，触媒を用いる必要がある．触媒にはヨウ素酸カリウム（0.0025 M 溶液1滴）や一塩化ヨウ素（ICl）が用いられる．

鉄の定量 (Zimmermann-Reinhard (Z-R) 法)

$KMnO_4$ は酸性で Fe(II) の滴定に用いられる．硫酸溶液では反応は速く，定量的である．Fe(III) による着色を消すためリン酸を加えることがあるが，これは $Fe(HPO_4)^+$ (生成定数 2.3×10^9) の生成にもとづくものである．反応の終点は小過剰 MnO_4^- の着色で認められるが，フェロインを指示薬として用いてもよい．

一般に，鉄の分析では硫酸溶液系は不便で，Fe(III) → Fe(II) の予備還元では $SnCl_2$ や亜鉛アマルガムが使用され，このためには系に塩酸が導入されることになる．Cl^- があるとその誘発酸化 (Cl_2 を生ずる) により高い滴定値を得ることが知られており，その誤差は鉄の量が多いほど，また滴定速度が遅いほど小さい．Zimmermann は，硫酸マンガン(II) の添加により，また Reinhardt はリン酸の添加により誤差を小さくできることを示したが，現在では Mn(II)，硫酸，リン酸よりなる Zimmermann-Reinhardt 試薬が使用されている．この試薬の添加により Mn(II) が供給され，これは局部的過剰の MnO_4^- と反応し中間状態の Mn(III) を生じさせる[1]．Mn(II) の過剰はまた Mn(III)―Mn(II) 対の酸化電位を引き下げ，またリン酸も同様の役割を演ずるので，Mn(III) は Cl^- ではなく Fe(II) によって還元されることになる．

b. ニクロム酸カリウム

この試薬が滴定に導入されたのは 1850 年で，Schabus と Penny により独立に行われ，Fe(II) の滴定に用いられた．

$$Cr_2O_7^{2-} + 14\,H^+ + 6\,e \rightarrow 2\,Cr^{3+} + 7\,H_2O \qquad E° = 1.33\,V$$

不安定な中間種として Cr(V)，Cr(IV) の存在が知られている．1 当量は式量/6 に相当する．溶液化学はかなり複雑で，希酸中では重合が行われ，CrO_4^{2-}, $Cr_2O_7^{2-}$, $Cr_3O_{10}^{2-}$, $Cr_4O_{13}^{2-}$ の存在が知られるほか，$HCrO_4^-$, $HCr_2O_7^-$ も存在する．共存する酸の種類と濃度により式量電位が大幅に変るという特徴がある．

二クロム酸カリウムは標準物質であるから，直接ひょう量し，水に溶解し

---

[1] Mn(VII) + 4 Mn(II) → 5 Mn(III)

て標準液を調製することができる．鉄の定量に用いられるが，指示薬を用いるか，電位差法により滴定曲線を描いて終点を求める．

$$Cr_2O_7^{2-} + 6\,Fe^{2+} + 14\,H^+ \to 6\,Fe^{3+} + 2\,Cr^{3+} + 7\,H_2O$$

指示薬としてはジフェニルアミンスルホン酸が使われるが（図 5·15），系にリン酸を添加して Fe^{3+}/Fe^{2+} 系の酸化電位を下げる必要がある[1]．

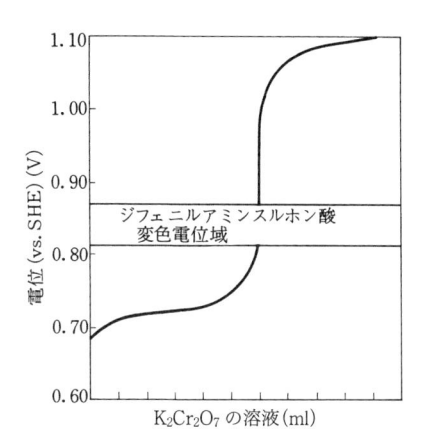

図 5·15　3 M H_3PO_4-1 M H_2SO_4 系におけるニクロム酸カリウムによる鉄(II)の滴定

c. ヨ ウ 素

酸化還元試薬としてのヨウ素は，多くの応用面がある．これは $E°$ が中庸であるため，酸化剤（I_2）としても，還元剤（I^-）としても機能し，かつ $E°$ は pH にほとんど依存しない（pH 8 以下の場合）ためである．

$$I_2(\text{solid}) + 2\,e \rightleftharpoons 2\,I^- \qquad E° = 0.535\,V$$

I_2 の酸化力を用いるヨウ素酸化滴定（iodimetry）の例としては

$$2\,S_2O_3^{2-} + I_2 \to S_4O_6^{2-} + 2\,I^-$$
$$SO_3^{2-} + I_2 + H_2O \to SO_4^{2-} + 2\,I^- + 2\,H^+$$
$$Sn^{2+} + I_2 \to Sn^{4+} + 2\,I^-$$

---

1) $E = 0.77 + 0.059\log[Fe^{3+}]/[Fe^{2+}]$ において $[Fe^{3+}]$ は Fe^{3+} とリン酸との錯形成によって減少，E が低下する．Fe^{2+} は錯形成しない．

などがあり，I_2 の標準液で滴定する．また，I^- を還元剤として用いるヨウ素還元滴定 (iodometry) には，

$$Cr_2O_7^{2-} + 6\,I^- + 14\,H^+ \rightarrow 2\,Cr^{3+} + 3\,I_2 + 7\,H_2O$$

$$Cl_2 + 2\,I^- \rightarrow 2\,Cl^- + I_2$$

$$ClO^- + 2\,I^- + 2\,H^+ \rightarrow Cl^- + I_2 + H_2O$$

$$IO_3^- + 5\,I^- + 6\,H^+ \rightarrow 3\,I_2 + 3\,H_2O$$

$$2\,Cu^{2+} + 4\,I^- \rightarrow 2\,CuI(s) + I_2$$

などがあり，ここでは生じた I_2 をチオ硫酸ナトリウム標準液で滴定する．

（ⅰ）標準液 ヨウ素は KI，CaO とよく混和，加熱し，昇華させて精製する．標準試薬ではないが，それに準じて取り扱われる．ヨウ素の溶解度は小さくかつ揮発性があるので，濃い KI の溶液に溶かし希釈して溶液を調製する．KI の空気強化を避けるため，重金属を含まぬ水に溶かし，かつ冷暗所に保存する．ヨウ素を精ひょうするのは不便なため，通常三酸化二ヒ素（標準試薬）あるいはチオ硫酸ナトリウム標準液を用いて標定する．ヨウ素を用いる場合，誤差となる原因として (1) I_2 の揮発性，(2) I^- の空気酸化の問題がある．(1) は I^- の濃度が薄く固体の I_2 が存在するときおこるので，I^- の濃度を高め，かつ気体の発生や高温での滴定を避けるようにする．(2) による誤差は中性では問題にならないが，酸性溶液では促進され，特に銅イオンの存在や光により酸化は速やかに進む．誘発反応もあるので，I^- と酸を含む溶液は，I_2 を滴定するに当って，不必要に放置してはいけない．

$$I_2 + 2\,e = 2\,I^- \quad\quad 1\,mol \equiv 2\,eq$$

（ⅱ）チオ硫酸ナトリウム標準液 通常 $Na_2S_2O_3 \cdot 5\,H_2O$ より調製し，標定する．用いる水はよく煮沸した重金属不純物を含まないものを用いる．空気酸化は $S_2O_3^{2-} \rightarrow SO_3^{2-}$ 反応（遅い），SO_3^{2-} の空気酸化（速い）で進行するが，事実上無視してよい．しかし，Cu(II)，Fe(III) のような重金属（チオスルファト錯体として存在）があると，$S_2O_3^{2-}$ は空気酸化を受けて，接触的に分解速度が増大する．

$$2\,Cu(II) + 2\,S_2O_3^{2-} \rightarrow S_4O_6^{2-} + 2\,Cu(I)$$

$$2\,\text{Cu(I)} + 1/2\,\text{O}_2 + \text{H}_2\text{O} \rightarrow 2\,\text{Cu(II)} + 2\,\text{OH}^-$$

また，バクテリアによる $S_2O_3^{2-}$ の分解もあるので，煮沸水を用い，かつ数滴のクロロホルムを加えておく．煮沸により CO_2 も駆逐され，希酸溶液でおこる次の反応も防止される[1]．

$$\text{H}^+ + \text{S}_2\text{O}_3^{2-} \rightarrow \text{HSO}_3^- + \text{S}\downarrow$$

保存剤として Na_2CO_3 (0.1 g/l) を加えることもあるが，過剰に加えたり，NaOH を加えると，標準液は不安定となる．にごりが認められた場合にはただちに廃棄し，つくり直すようにする．標定は二クロム酸カリウム，ヨウ素酸カリウム（以上標準試薬）のほか，ヨウ素，$KMnO_4$，$K_3Fe(CN)_6$ などの標準液を用いて行われる．$K_2Cr_2O_7$ は次のように I_2 を遊離するので，I_2 を問題の $Na_2S_2O_3$ 溶液で滴定して標定する．

$$\text{Cr}_2\text{O}_7^{2-} + 14\,\text{H}^+ + 6\,\text{I}^- \rightarrow 3\,\text{I}_2 + 2\,\text{Cr}^{3+} + 7\,\text{H}_2\text{O}$$

正確な値を得るには，酸，I^- の濃度を綿密に調節（例 0.2 M HCl－2％ KI）し，10分間放置後滴定するようにする．

$$\text{S}_4\text{O}_6^{2-} + 2\,\text{e} = 2\,\text{S}_2\text{O}_3^{2-} \qquad \text{Na}_2\text{S}_2\text{O}_3\,1\,\text{mol} = 1\,\text{eq}$$

(iii) 指示薬－でんぷん[2]　ヨウ素の薄い溶液に可溶性でんぷんを加えたとき現われる深青色反応は，古くから指示薬反応として使われてきた．10^{-5} M の I_2 の検出も容易である．温度が高かったり，アルコールなどの溶媒を加えると感度は低下する．50％アルコール溶液では発色しない．この錯体はあまり水に溶けやすいものではないので，ヨウ素の濃度が低くなった終点近くまで待ってでんぷん指示薬を加えるようにする．でんぷんは微生物に攻撃されるので，必要のたびに新たに調製するようにする．加水分解生成物の中には dextrose があり，還元作用があるので大きい誤差を与えることもある．

---

1) 酸性が強いと，次の一連の反応がおこる．$H_2S_2O_3 \rightarrow H_2S + SO_3$, $H_2S + 2\,SO_3 \rightarrow H_2S_3O_6$, $S_3O_6^{2-} + H^+ + S_2O_3^{2-} \rightarrow S_4O_6^{2-} + HSO_3^-$
2) アミロース（amylose，直線構造をもつ）分が重要で，分枝構造のアミロペクチンはヨウ素とゆるく結合して赤紫色を呈する．

(iv) 応 用

1) 銅の定量 間接ヨウ素滴定法は銅の定量に広く用いられている．$Cu(II)$ は過剰の I^- と反応して CuI の沈殿とヨウ素を生ずるので，遊離の I_2 をチオ硫酸塩で滴定する．

$$2\,Cu^{2+} + 4\,I^- \rightarrow 2\,CuI(固) + I_2$$

$$I_2 + 2\,S_2O_3^{2-} \rightarrow 2\,I^- + S_4O_6^{2-}$$

$Fe(III)$ も I^- を徐々に酸化して妨害となるが，F^- でマスクすれば，ある程度の量の $Fe(III)$ の妨害は除かれる．

$$Fe^{3+} + F^- \rightarrow FeF^{2+}(+FeF_2^+ \cdots など)$$

前述のように I^- は酸の濃度が高いと空気による酸化を受けるので，不活性雰囲気で滴定を行ったり，固体 CO_2 や $NaHCO_3$ を酸性試料に添加することも行われる．

$$O_2 + 4\,I^- + 4\,H^+ \rightarrow 2\,I_2 + 2\,H_2O$$

2) カールフィッシャー法（Karl Fischer method） 有機・無機物質中の水の定量法として非常に重要な方法である．この方法は I_2，SO_2，過剰のピリジン（Py）を含む無水メタノール溶液によって水を滴定するものである．

$$I_2 \cdot Py + SO_2 \cdot Py + H_2O \cdot Py \rightarrow SO_3 \cdot Py + 2\,PyH^+I^-$$

ここで生じた $SO_3 \cdot Py$ は，さらにメタノールと反応してメチル硫酸イオンを与える．

$$SO_3 \cdot Py + CH_3OH \rightarrow PyH^+CH_3SO_4^-$$

結局 1 mol ずつの水と I_2 が反応することになる．いろいろな操作法が提案されているが，まず試料をピリジン-メタノール-SO_2 よりなる試薬に溶解し，滴定試薬としては I_2 をメタノールに溶かしたものを使う二試薬法がよいようである．鋭い終点を得るため電位差法"dead stop"法を用いることが多い．

3) ウィンクラー（Winkler）法 水に溶存している酸素の定量法として有名な方法であり，JIS などの公定分析法によく取り入れられている．

この方法は強アルカリ性溶液中での O_2 と $Mn(OH)_2$ 懸濁物との反応を利用するものである．I^- の存在下，この溶液を酸性にすると，酸化されたマンガンの水酸化物は I^- によって Mn^{2+} にもどり，溶存酸素と当量の I_2 を生ずるので，$Na_2S_2O_3$ 標準液で滴定する．これらの反応は次のように書くことができる．

$$2\,Mn^{2+} + 4\,OH^- + O_2 \rightarrow 2\,MnO_2 + 2\,H_2O$$
$$MnO_2 + 4\,H^+ + 2\,I^- \rightarrow I_2 + Mn^{2+} + 2\,H_2O$$

5・7　キレート滴定 (chelatometric titration)[1]

多くの金属イオンは，それらと錯体を生成する試薬を用いて滴定，定量することができる．特に滴定試薬EDTA (ethylenediaminetetraacetic acid) とのキレート生成反応を利用する滴定法は終点検知も容易であり，事実上重量分析にかわる方法として大きい役割をになっている．

5・7・1　滴定試薬

滴定試薬は錯形成剤 (ligand) である．滴定反応は化学量論的に進行し，定量的なものでなければならない．NH_3 のような一座配位子は金属イオンといくつかの錯体を形成し，全生成定数は大きいが，逐次生成定数はむしろ低い．このような配位子を滴定試薬として用いると，滴定に伴う金属イオン濃度 $pM(-\log[M])$ の変化はゆるやかなものとなり，終点の検知はできない．多座配位子であるEDTAや類縁の化合物は，種々の金属イオンと1：1の錯体を形成する．一段で反応は完結し，高次錯体は生成しないので，当量点における pM の変化も鋭敏である．

---

1) chelometric, complexometric, compleximetric という語を使うこともある．

tren (triethylenetetramine) は 4 座配位子で，4 個の N 原子のおのおのを通して金属と配位結合を形成する．Cu(II)，Hg(II)，Ni(II) などの滴定に有用である．EDTA は 6 座配位で四つのカルボキシ基の O と二つの N 原子で配位する．多くの金属イオンは 4～6 個の配位結合をとると思われるが，すべて 1：1 のモル比で EDTA と反応する点が重要である．

EDTA (H_4Y と表わす) の逐次酸解離定数は 25 ℃，イオン強度 0.1 において，$pK_{a1}=2.0$, $pK_{a2}=2.68$, $pK_{a3}=6.11$, $pK_{a4}=10.17$ である．電離度の関数としてプロトンの分布が NMR によって調べられているが，H_2Y^{2-} では 2 個の N 原子には 96 % のプロトンが配位している．したがって，この構造では第 3, 第 4 段の電離度は第 1, 2 段のそれにくらべてはるかに小さいことが予想される．図 5・16 には pH の関数として電離各段の化学種のモル分率 α を示した（p.72 参照）．

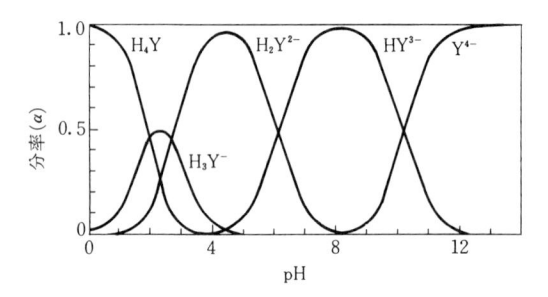

図 5・16　pH による EDTA 分子種の分布の変化

H_4Y，NaH_3Y の水への溶解度は大きくないが，Na_2H_2Y のそれは大きいので，通常滴定に用いられるのは二ナトリウム塩（EDTA-2Na と書くことがある）である．EDTA-2Na によって金属イオンを滴定すると，次のように H^+ が遊離する．

$$Mg^{2+} + H_2Y^{2-} \rightarrow MgY^{2-} + 2H^+$$
$$Fe^{3+} + H_2Y^{2-} \rightarrow FeY^- + 2H^+$$

このため溶液には緩衝溶液を加えて pH の低下による左向き反応の進行を防止しつつ滴定を行う．

5・7・2 滴定曲線

EDTAキレートの安定度は金属イオンによって異なり,尺度となるものは生成定数(安定度定数)(p.78)である.その値のいくつかを表5・9に示す.安定度定数の異なるキレートが生成する場合の滴定曲線を図5・17に示した.この図はpM対EDTA滴下量あるいは滴定の進行度%を示したものである.特殊な場合を除き,実験的には求めがたいので計算で求めたものであるが,生成(安定度)定数が大きいほど,当量点における飛躍が大きいことがわかる.

表 5・9 EDTAキレートの生成(安定度)定数

金属イオン	$\log K_{MY}$	金属イオン	$\log K_{MY}$	金属イオン	$\log K_{MY}$
Fe^{3+}	25.1	Ni^{2+}	18.6	Ce^{3+}	16.0
Th^{4+}	23.2	Pb^{2+}	18.0	La^{3+}	15.4
Cr^{3+}	23	Cd^{2+}	16.5	Mn^{2+}	14.0
Bi^{3+}	22.8	Zn^{2+}	16.5	Ca^{2+}	10.7
VO^{2+}	18.8	Co^{2+}	16.3	Mg^{2+}	8.7
Cu^{2+}	18.8	Al^{3+}	16.1	Sr^{2+}	8.6
				Ba^{2+}	7.8

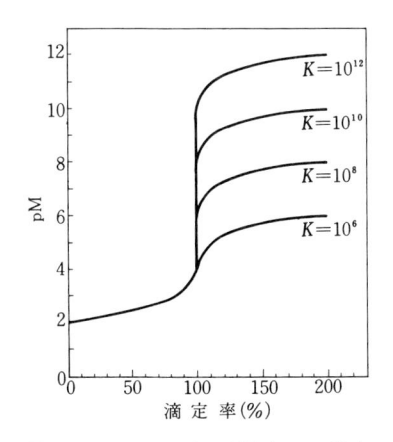

図5・17 EDTAによる金属イオンの滴定
K=安定度定数

a. pHの影響

pH によって Y の濃度は大幅に変るので滴定平衡は pH の影響を受けるが，その程度は副反応係数 α_Y (p. 82) によって評価することができる．

$$K_{MY} = \frac{[MY]}{[M][Y]} \qquad [Y] = \alpha_Y C_Y$$

ここで C_Y は金属イオンと結合していない EDTA の総濃度である．

$$K'_{MY} = [MY]/[M]C_Y = K_{MY} \cdot \alpha_Y$$

K'_{MY} は所定の pH における条件生成定数である．$0.01 \sim 0.05$ M EDTA 滴定では条件生成定数として最低 10^8 は必要である．pH 5 で 0.01 M Ni^{2+} を，0.01 M EDTA で滴定する場合の滴定曲線を考えよう．

（i） 当量点前の pNi NiY と Ni^{2+} が共存するが，NiY の解離はほとんど無視してよいので，Ni^{2+} の未滴定分より容易に pNi が計算される．滴定率 50 % のところでは Ni^{2+} の量は半減し，体積は 3/2 倍となるので，

$$[Ni^{2+}] = 0.005 \times 2/3 = 0.0033 \text{ M}, \quad pNi = -\log 3.3 \times 10^{-3} = 2.48$$

となる．

（ii） 当量点における pNi 当量点では Ni^{2+} はすべて NiY に変るので，解離により生ずる微量の Ni^{2+} 濃度は条件生成定数 K'_{NiY} により求める．まず，$K_{NiY} = 10^{18.6}$ であり，pH 5 における α_Y は p. 82 の式 (3・141) により求める．$pK_{a1} = 2.0$, $pK_{a2} = 2.68$, $pK_{a3} = 6.11$, $pK_{a4} = 10.17$ であるから

$$\frac{1}{\alpha_Y} = \frac{10^{-20.0}}{10^{-21.0}} + \frac{10^{-15.0}}{10^{-19.0}} + \frac{10^{-10.0}}{10^{-16.3}} + \frac{10^{-5.0}}{10^{-10.2}} + 1$$

$$= 10^{1.0} + 10^{4.0} + 10^{6.3} + 10^{5.2} + 1$$

第 3 項が大きく寄与するので，$\alpha_Y = 10^{-6.3}$ となる．ゆえに，

$$K'_{NiY} = 10^{18.6} \times 10^{-6.3} = 10^{12.3}$$

当量点では $[Ni^{2+}] = C_Y$ であるから

$$K'_{NiY} = 10^{12.3} = [NiY]/[Ni^{2+}]^2 = 0.005/[Ni^{2+}]^2$$

これより，

$$pNi = 7.30$$

（iii） 当量点以後の pNi 滴定率 200 % での pNi を求めよう．Ni^{2+} は

EDTA とすべて錯生成して NiY として存在するので，[NiY]＝C_Y である．したがって，

$$10^{12.3} = [\text{NiY}]/[\text{Ni}^{2+}]C_Y = 1/[\text{Ni}^{2+}]$$
$$[\text{Ni}^{2+}] = 10^{-12.3} \text{ M}, \quad \text{pNi} = 12.3$$

以上のようにして求めた Ni^{2+} の滴定曲線を図 5·18 に示す．同様にして pH 5.0 における Ca^{2+} の滴定曲線を計算して図に示した．$K'_{\text{CaY}}=10^{10.7} \times 10^{-6.3}=10^{4.4}$ であり，滴定はできないことが図からうかがわれる．

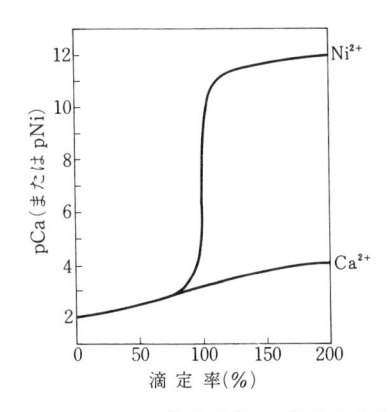

図 5·18　pH 5.0 における Ni^{2+} と Ca^{2+} の EDTA による滴定曲線

b. 錯形成剤の影響

　金属イオンと EDTA との平衡は，金属イオンと緩衝溶液成分との錯形成や OH^- による沈殿生成などによって影響を受ける．後者の場合には弱い錯形成試薬を添加して水酸化物の生成を妨げることがよく行われる．NH_3－NH_4Cl 緩衝溶液では，NH_3 が配位子としてはたらくので Zn^{2+}，Cd^{2+} などの滴定では，水酸化物の形成をみることなく，この緩衝溶液中で滴定を行うことができる．錯生成の影響は副反応係数 α_M（p. 82，式 (3·138)）を用いて記述することができる．配位子を L とすれば，M，ML，ML_2，…などの錯体が生成し，

$$\frac{1}{\alpha_M} = 1 + K_1[L] + K_1K_2[L]^2 + \cdots + K_n![L]^n$$

となる．$K_1, K_2, \cdots, K_n$ は逐次生成（安定度）定数である．配位子 L が存在する場合には金属イオン M と EDTA との反応は

$$K_{MY} = \frac{[MY]}{[M][Y]} \qquad [M] = C_M \alpha_M$$

$$\therefore K_{MY} \alpha_M = \frac{[MY]}{C_M[Y]}$$

となる．C_M は EDTA と結合していない全金属イオン種の全濃度である．α_Y と α_M を生成（安定度）定数にかけると

$$K_{MY} \alpha_M \alpha_Y = K'_{MY} = \frac{[MY]}{C_M C_Y}$$

となり，条件生成（安定度）定数 K'_{MY} が得られる．この値は，与えられた条件で $M+Y \rightleftharpoons MY$ の反応がおこる目安を与えるもので，滴定が定量的に進行するためには最低 10^8 程度の値が必要である．

［例題］ $0.1\,M\,NH_3 - 0.1\,M\,NH_4^+$（pH 9.24）なる緩衝溶液における Cd^{2+} の α_M を求めよ．ただし，アンミン錯体の逐次生成定数は，$\log K_1 = 2.60$, $\log K_2 = 2.05$, $\log K_3 = 1.39$, $\log K_4 = 0.88$, $\log K_5 = -0.32$

［解］ 前述の $1/\alpha_M$ 式に $L(\equiv NH_3) = 0.1$ を代入すると，

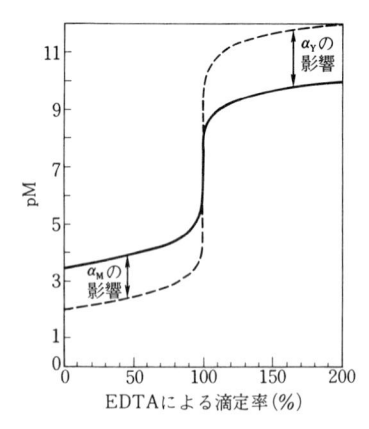

図 5·19 滴定曲線に及ぼす α_M, α_Y の影響．破線は α_M, α_Y の影響のない場合を表わす．

$$1/\alpha_M = 1 + (10^{2.6})(10^{-1}) + (10^{4.65})(10^{-2}) + (10^{6.04})(10^{-3})$$
$$+ (10^{6.92})(10^{-4}) + (10^{6.6})(10^{-5})$$
$$= 1 + 40 + 450 + 1100 + 830 + 40 = 2461$$
$$\therefore \quad \alpha_M = 10^{-3.4}$$

pH ならびに補助錯化剤，緩衝溶液による錯生成が滴定曲線に影響する様子を図 5・19 に示した．錯生成によって α_M は減少し，pM は終点前増大することになる（実線）．pH が低いと α_Y が減少し，終点後の pM を下げ（実線），いずれも pM の飛躍の幅を小さくし，終点検知を困難にする．

5・7・3 金属指示薬 (metal indicator)

終点の検出は当量点における pM の変化を見出すことであるが，最も簡便かつ広く応用されているのは金属指示薬の利用である．金属指示薬は一つのキレート試薬で，それ自身の色と金属キレートの色が異なるものである．キレート試薬であるから pH の影響が大きく，一定の pH 領域でのみ有効にはたらく．今指示薬イオンを L^- とし，これを金属イオン M^{m+} を含む溶液に加えると

$$M^{m+} + L^- \rightarrow ML^{(m-1)+}$$

の反応により溶液は ML 特有の色を示す．これに EDTA を滴下していくと，当量点では

$$ML^{(m-1)+} + H_2Y^{2-} \rightarrow MY^{(m-4)+} + L^- + 2H^+$$

となり，指示薬イオンの色が現われる．当然 MY の安定度は ML のそれより大きいことが必要である．当量点は ML の色が消えて L^- の色に変るところである．

a. 変色域 (transition range)

およその変色域は，金属-指示薬キレートの条件生成（安定度）定数を用いて求めることができる．pH 5 で，ある指示薬 HL を用いて Ni^{2+} を滴定するとし，ML の生成定数が $10^{8.0}$ であるとしよう．

$$K = [NiL]/[Ni][L] = 10^{8.0}$$

NiL は EDTA により当量点付近で攻撃されて L を与えるが，人の目は

[NiL]:[L]=10:1程度になるとLの色を認識することができるので，$10^{8.0}=10/[Ni]$ より，pNi=7.0が得られる．[NiL]:[L]=1:10になると，NiLの色はほぼ消滅してLの色のみが認識されるので，$10^{8.0}=0.1/[Ni]$ よりpNi=9.0となる．pH 5.0におけるおよその変色域はpNi 7〜9であり，同じ条件における当量点は7.30 (p.160)であるので，この指示薬では最初の色の変化を終点としてとれば使用可能である．

b. 金属指示薬のいろいろ

(i) エリオクロムブラックT (Eriochrome black T, EBT, BT, Erio T) 下の構造式をもつ色素粉末で，H_2I^- と表わすと，水溶液はpH 7〜11で青色を呈する．

$$H_2I^- \underset{\text{ぶどう色}}{} \xrightleftharpoons[]{pK_{a2}=6.3} \underset{\text{青色}}{HI^{2-}} \xrightleftharpoons[]{pK_{a3}=11.5} \underset{\text{燈色}}{I^{3-}}$$

2価，3価の金属イオンとキレートを形成すると赤色を示す．特に Mg^{2+}，Zn^{2+} に対しては鋭敏に変色するので，それらの直接定量のほか両金属イオン標準液を用いる逆滴定にも広く採用されている．Ca^{2+} の滴定には，Mg^{2+} 共存の場合を除き，Erio Tは指示薬として適当ではない．これはCa-Erio Tキレートの安定度が低すぎるためで，だらだらとした終点がすぐに現われる（図5·20(a)）．

［例題］ 図5·20の条件で Ca^{2+}，Mg^{2+} をEDTAで滴定した場合，当量点でのpCa，pMgはどうなるか．ただし，$\log K_{CaY}=10.7$，$\log K_{MgY}=8.7$ である．

［解］ EDTAについてはpH 10では $\alpha_Y=10^{-0.5}$，したがって条件生成定数は次の通りである．

5·7 キレート滴定

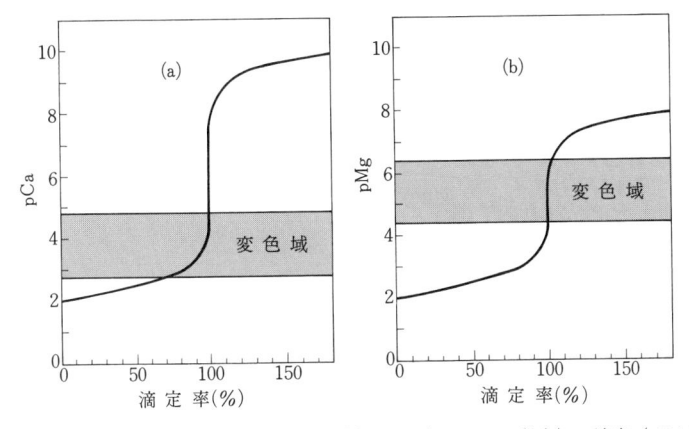

図 5·20　0.01 M EDTA による 0.01 M Ca^{2+} (a) および 0.01 M Mg^{2+} (b) の滴定（pH 10）

$$K'_{\text{CaY}} = 10^{10.2} = [\text{CaY}]/[\text{Ca}]C_Y, \quad K'_{\text{MgY}} = 10^{8.2} = [\text{MgY}]/[\text{Mg}]C_Y$$

当量点では [CaY], [MgY] とも 0.005 M, $[\text{Ca}] = C_Y$, $[\text{Mg}] = C_Y$ であるから

$$10^{10.2} = 0.005/[\text{Ca}]^2 \text{ より } [\text{Ca}] = 10^{-6.25}, \text{ pCa} = 6.25$$

同様にして pMg=5.25 を得る.

図 5·20(b) で Erio T の変色域の中点は 5.4 であり, pMg=5.25 とよく一致している. 一方, 図 5·20(a) にみるように Ca^{2+} の滴定においては変色域の中点は pCa=3.8 であり, 計算値 pCa=6.25 とは一致せず, Erio T では Ca^{2+} の滴定はできない. このような場合には一定量の Mg^{2+} を加えて滴定を行えばよい. 終点での反応は EDTA と Mg-Erio T キレートとの反応（Mg^{2+} は Ca^{2+} より優先的に Erio T と反応する）であり, 終点は鋭敏に検知される. 一定量の Mg^{2+} を加えるかわりに, 少量の Mg-EDTA を滴定前に加えてもよい. Erio T についての難点は, Fe^{3+}, Al^{3+}, Cu^{2+}, Ni^{2+} など, Erio T と極めて安定なキレートを生ずるイオンによる妨害（blocking）である. 終点でもこれらのキレートは EDTA によって分解されないので, 変色が妨げられる.

(ii) 1-ピリジルアゾ-2-ナフトール (1-pyridylazo-2-naphthol, PAN) 下記の構造をもつ橙赤色の針状結晶で水には難溶である[1]．広いpH範囲で使用できる数少ない指示薬の一つで，特にCu^{2+}に対しては非常に鋭敏でpH 3～10にわたり使用される．Cu^{2+}標準液による逆滴定では，PANによって明瞭に変色しない金属の滴定ができる．ただCu-EDTAの青色が強いので，指示薬の変色がみにくい欠点がある．このため，Cu-PANキレート試薬を指示薬として用いる方法が提案され，非常に多くの金属の直接滴定ができるようになった．今，M^{2+}イオンの溶液にごく少量のCu-EDTAとPANを加えると，次の反応により置換がおこり，溶液はCu-PANの赤紫色を呈する．

$$M^{2+} + Cu\text{-}EDTA^{2-} + PAN^{2-} \rightleftharpoons M\text{-}EDTA^{2-} + Cu\text{-}PAN$$

この溶液をEDTAで滴定すれば，終点ではCu-PANとEDTAが反応し，PAN（黄色）を与えるので，溶液は赤紫色 → 黄色に変る．滴定は熱時行うが，これによりPANと明瞭な色のキレートを生成しない金属イオンをPANを用いて滴定ができる．

5・7・4 EDTAによる滴定

a. EDTA標準液の調製

EDTA標準液は，試薬特級エチレンジアミン四酢酸ナトリウム・二水塩$Na_2H_2Y \cdot 2H_2O$（EDTA-2 Na）［式量372.25］を純水に溶かしてつくる．通常この試薬を80℃で乾燥したのち，3.7225 gを水に溶かして1 lの定容とすれば$0.01\ mol\ l^{-1}$の濃度となる．非常に鋭敏な金属指示薬を用いる場合は10^{-3}～$10^{-4}\ mol\ l^{-1}$溶液を用いることもできる．調製に当って使用する水は完全脱塩し，こん跡のCu^{2+}などによる指示薬の変色妨害を避ける必要がある．$0.01\ mol\ l^{-1}$のEDTA標準液のpHは約4.8で，ポリエチレン製容器に保存する[2]．この溶液については金属イオンとの当量関係は次の通りで，

---

1) 試薬は0.1～0.01％アルコール溶液として調製する．この溶液は非常に安定である．
2) 数カ月間使用できる．

電荷に関係はない.

$$0.01\,\text{M EDTA 溶液 1 ml} = 10^{-2}\,\text{mmol の金属イオン}$$
$$= (原子量/100)\,\text{mg}$$

b. 滴定の種類

金属イオンをキレート試薬標準液で直接滴定する通常の方法が直接滴定である. 目的の金属イオンに対して鋭敏な指示薬を欠くとき, 直接滴定に必要なpHでは水酸化物が沈殿する場合あるいはキレート生成反応が遅い場合[1]には, 当量より過剰のキレート試薬標準液の一定量を加えて反応を完結させ (ときには加熱する) たのち, pHを調節し, 過剰の標準液を金属標準液で逆滴定する. この応用はかなり広い. また, Erio Tを用いてCa^{2+}を直接滴定することはできないが (p.164), これにMg-EDTAの少量を加えると

$$MgY^{2-} + Ca^{2+} \rightleftarrows CaY^{2-} + Mg^{2+}$$

の平衡が成り立つ. Ca^{2+}, Mg^{2+}の混合物が生成するので, Erio Tを用いて滴定が可能となる. この方法を置換滴定という. Mg-EDTA, Zn-EDTA, Cu-EDTAなどがそれぞれ適当な指示薬を組合わせて用いられる.

---

[1] Ni^{2+}, Cr^{3+}, Al^{3+}, Zr^{4+} など

6 溶媒抽出

溶媒抽出法（solvent extraction）は，互いに混じり合わない二つの液相間に溶質が分配する現象を利用した物質の分離法であり，無担体の放射性同位体など超微量物質の分離から，金属の湿式製錬など工業的規模での分離に至るまで広く用いられている．通常，水およびそれと混じり合わない有機溶媒が用いられ，その操作は分液漏斗を用いて2相を数分間振り混ぜるだけで十分であることが多い．また，溶媒抽出においては，沈殿法における共同沈殿に相当する現象が少なく，抽出後の定量が比較的容易であるなどの利点がある．本章では，分析化学の分野で溶媒抽出が最も多く利用されている金属イオンの分離を中心に，溶媒抽出の原理ならびに操作法について論じることにする．

6・1 溶媒抽出の基礎理論
6・1・1 分配係数

一つの溶質Sが，水と混じり合わない有機溶媒と水との間に分配する平衡を考えよう．溶質Sの有機相および水相における化学ポテンシャルをそれぞれ μ_s^{org} および μ_s^{w} とすると，

$$\mu_s^{\mathrm{org}} = \mu_s^{\ominus,\mathrm{org}} + RT \ln a_s^{\mathrm{org}} \tag{6・1}$$

$$\mu_s^{\mathrm{w}} = \mu_s^{\ominus,\mathrm{w}} + RT \ln a_s^{\mathrm{w}} \tag{6・2}$$

となる．ここで，$\mu_s^{\ominus,\mathrm{org}}$ と $\mu_s^{\ominus,\mathrm{w}}$ はそれぞれ有機相および水相における溶質Sの標準化学ポテンシャルであり，a_s^{org} と a_s^{w} はそれぞれ有機相および水相における溶質Sの活量である．この系が平衡に達すると，両相における溶質Sの化学ポテンシャルは等しくなる（すなわち，自由エネルギー変化がなくなる）．

$$\mu_s^{\mathrm{org}} = \mu_s^{\mathrm{w}} \tag{6·3}$$

式 (6·3) に式 (6·1) および (6·2) を代入し整理すると，次式が得られる．

$$K_D^{\mathrm{T}} = \frac{a_s^{\mathrm{org}}}{a_s^{\mathrm{w}}} = \exp\left\{-\frac{(\mu_s^{\ominus,\mathrm{org}} - \mu_s^{\ominus,\mathrm{w}})}{RT}\right\} \tag{6·4}$$

溶質の存在によって二つの相の相互溶解度に変化がないならば，$\mu_s^{\ominus,\mathrm{org}}$ および $\mu_s^{\ominus,\mathrm{w}}$ は一定であるから，温度が一定であれば K_D^{T} は定数となる．さらに，両相における溶質の活量係数の比が変化しない範囲では，濃度の比も一定とみなすことができる．例えば，モル濃度単位を用いると，

$$K_D = \frac{c_s^{\mathrm{org}}}{c_s^{\mathrm{w}}} = \frac{y_s^{\mathrm{w}}}{y_s^{\mathrm{org}}} K_D^{\mathrm{T}} \tag{6·5}$$

となる．ここで，y_s^{org} および y_s^{w} は有機相および水相における活量係数であり，濃度比 K_D は分配係数（distribution coefficient または partition coefficient）と呼ばれる．式 (6·4) における K_D^{T} は熱力学的分配係数といい，K_D と区別される．

分配係数は単一の化学種の分配平衡を規定するものであり，温度と溶媒の種類のみに依存する．もちろん，一般には，溶質がいずれかの相で解離や会合などの化学変化をおこしており，単一の化学種で存在することは少ない．したがって，単純に溶質の濃度の比をとると，それは濃度の関数となり，一定にはならない．しかし，一つの化学種に注目してその二相間分配を考えると，その濃度比（厳密には活量比）は一定の値をとる．

6·1·2 分配比と抽出百分率

上述したように，分配係数は単一の化学種の分配を記述するものである．化学種に関係なく溶質が全体としてどちらの相に多く存在するかを示すには，両相における溶質の全濃度の比を用いるのが便利である．これを分配比（distribution ratio）といい，D で表わす．

$$D = \frac{\text{有機相中の溶質 S の全濃度}}{\text{水相中の溶質 S の全濃度}} \tag{6·6}$$

例えば，溶質 S が S_1, S_2, S_3, … というような化学種で存在する場合には分配比は次のようになる．

$$D = \frac{[S_1]_{\text{org}} + [S_2]_{\text{org}} + [S_3]_{\text{org}} + \cdots}{[S_1]_w + [S_2]_w + [S_3]_w + \cdots} \tag{6・7}$$

このうちのある化学種 S_i に着目すると,その分配は分配係数 K_{D,S_i} によって律せられる.

$$K_{D,S_i} = \frac{[S_i]_{\text{org}}}{[S_i]_w} \tag{6・8}$$

したがって,一つの化学種のみが存在するような単純な系では,分配比は分配係数に等しくなり,溶質濃度に依存しない定数となる.

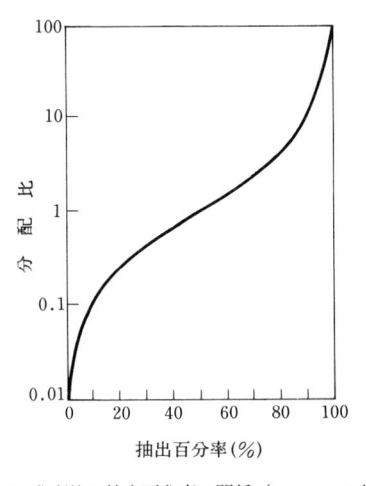

図 6・1 分配比と抽出百分率の関係 ($V_w = V_{\text{org}}$ の場合)

　分配比は水相中の溶質の濃度に対する有機相中の濃度の比であり,その値は 0 から $+\infty$ までの広い値をとり得るので,溶質全体のうちどの程度が有機相に抽出されたかを記述するには不便である.このような場合には,系に存在する全溶質のうちの何パーセントが有機相に抽出されたかを示す抽出百分率 (percent extraction) E を用いることが多い.今,ある溶質を体積 V_w の水相から体積 V_{org} の有機相に抽出したとき,それぞれの相における溶質の全濃度が C_w および C_{org} であったとすれば,抽出百分率は次のように表わされる.

$$E = \frac{100 C_{\text{org}} V_{\text{org}}}{C_{\text{org}} V_{\text{org}} + C_{\text{w}} V_{\text{w}}} = \frac{100 D}{D + (V_{\text{w}}/V_{\text{org}})} \tag{6・9}$$

前述したように分配比の変化は一般に非常に大きいが,抽出百分率は0から100までの間でしか変化しない.図6・1は,水相と有機相の体積が等しいときの分配比と抽出百分率の関係を示したものである.

6・2 電荷をもたない簡単な分子の抽出

　水相から有機相への溶質の抽出のされやすさは,両相に対する溶質の親和性の大きさによって決まる.すなわち,水よりも有機溶媒に対する親和性が大きいものほど,いいかえれば,水よりも有機溶媒によく溶けるものほど有機溶媒によく抽出されるということができる.

　ここで,水と四塩化炭素との間でのヨウ素の分配を考えてみよう.ヨウ素は純水および四塩化炭素中でいずれも I_2 として存在している.25℃におけるヨウ素の分配係数と,両相に対するヨウ素の溶解度の比を比較してみると,前者は89.9であるのに対して後者は89.6であり,互いによく一致している.このように,二相間の分配係数は,両相に対する溶質の溶解度の比にほぼ等しくなることがわかる[1].この場合,存在する化学種はただ一つであるので,分配比と分配係数とは等しい値をとる.

　ところが,この系にヨウ化カリウムを加えると,ヨウ化物イオンとヨウ素分子とが反応して I_3^- が生成する.

$$I_2 + I^- \rightleftharpoons I_3^-$$

$$K_{I_3^-} = \frac{[I_3^-]}{[I_2][I^-]} \tag{6・10}$$

ここで,$K_{I_3^-}$ は錯陰イオン I_3^- の生成定数である.一般に,I^- や I_3^- のように電荷をもっている化学種は強く水和されており,有機相には抽出されにくい.この系における平衡は,図6・2のように表わすことができる.すなわち,ヨウ素の分配比は次式で表わされる.

---

[1] 両相の相互溶解度が小さい場合には,純溶媒についての溶解度を用いても大きな違いはみられない.

$$D = \frac{[I_2]_{org}}{[I_2] + [I_3^-]} \tag{6・11}$$

(以後，添字$_{org}$をつけた濃度項は有機相中の濃度を，また，添字がないものは水相中の濃度を表わすことにする). 式 (6・11) に式 (6・10) を代入すると，

$$D = \frac{K_D}{1 + K_{I_3^-}[I^-]} \tag{6・12}$$

すなわち，ヨウ素の水と四塩化炭素との間の分配比は，ヨウ化物イオン濃度が小さいときには $D = K_D$ となり一定値を示すが，ヨウ化物イオン濃度が大きくなるに従って減少することがわかる.

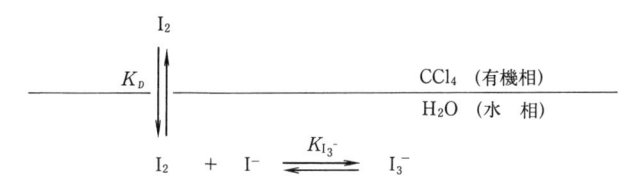

図 6・2 ヨウ化物イオン存在下でのヨウ素の分配平衡

これに対して，有機相中で錯生成や重合がおこる場合は，分配比が増加することになる. ベンゼンや四塩化炭素などのような非極性溶媒中では，カルボン酸は二量体を形成することが知られている. 一方，水相中では，水分子との水素結合によって主に単量体として存在する. 水相中での酸解離平衡を考慮すれば，水および非極性溶媒間におけるカルボン酸の分配平衡は，図 6・3 のように表わすことができる.

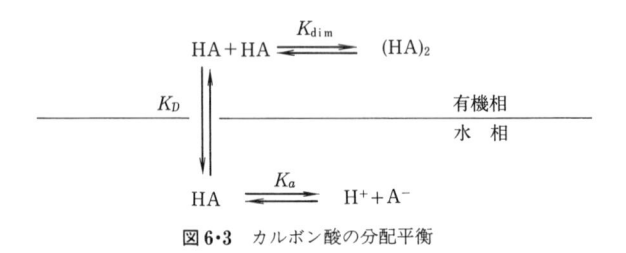

図 6・3 カルボン酸の分配平衡

6・2 電荷をもたない簡単な分子の抽出

カルボン酸分子 HA の分配係数 K_D，水相中でのカルボン酸の解離定数 K_a，および有機相中でのカルボン酸の二量体生成定数 K_{dim} は，それぞれ次のように与えられる．

$$K_D = \frac{[\mathrm{HA}]_{\mathrm{org}}}{[\mathrm{HA}]} \tag{6・13}$$

$$K_a = \frac{[\mathrm{H^+}][\mathrm{A^-}]}{[\mathrm{HA}]} \tag{6・14}$$

$$K_{\mathrm{dim}} = \frac{[(\mathrm{HA})_2]_{\mathrm{org}}}{[\mathrm{HA}]_{\mathrm{org}}^2} \tag{6・15}$$

カルボン酸イオンは水相中にのみ存在し，一方，二量体は有機相中にのみ存在することを考慮すると，この系におけるカルボン酸の分配比は

$$D = \frac{[\mathrm{HA}]_{\mathrm{org}} + 2[(\mathrm{HA})_2]_{\mathrm{org}}}{[\mathrm{HA}] + [\mathrm{A^-}]} \tag{6・16}$$

と表わされる．式 (6・13)，(6・14)，(6・15) を，式 (6・16) に代入して整理すると次式が得られる．

$$D = \frac{K_D(1 + 2K_{\mathrm{dim}}K_D[\mathrm{HA}])}{1 + K_a/[\mathrm{H^+}]} \tag{6・17}$$

この式から，カルボン酸の分配比は，水相の pH およびカルボン酸濃度の関数であることがわかる．pH が低く，カルボン酸の酸解離が無視できる場合には，式 (6・17) の分母は 1 としてよいから次のようになる．

$$D = K_D(1 + 2K_{\mathrm{dim}}K_D[\mathrm{HA}]) \tag{6・18}$$

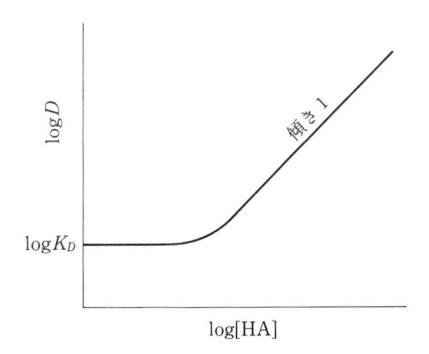

図 6・4 酸性領域での $\log D$ と $\log[\mathrm{HA}]$ との関係

すなわち，分配比は水相中のカルボン酸の濃度だけの関数となる．さらに，カルボン酸濃度が低い系では，$D=K_D$ となり，一定の値を示すようになる．

式 (6·18) の関係を図 6·4 に示した．

6·3 金属キレートの抽出

金属イオンの分離は，溶媒抽出の最も重要な分析的応用の一つである．多くの金属イオンは，水溶液中で水分子と配位結合してアクア錯体を形成している．このように水に極めて親和性の大きな金属イオンを有機相中に抽出するには，電荷を中和すると同時に，配位している水分子を除いて親有機性の化学種に変える必要がある．

キレート生成の利用はその一つの方法であり，現在最も広く用いられている．一般に，金属イオンの抽出に用いられるキレート試薬は弱酸であり，水素イオンを放出して金属イオンと結合し，電気的に中性な金属キレートを生成する（図 6·5）．それと同時に，その金属イオンの配位座がすべてキレート配位子によって占められていれば，抽出性は非常に大きくなる．電荷が中和されても配位数が満足されない場合には，残りの配位座には水分子が配位しており，非極性溶媒への抽出は難しい．

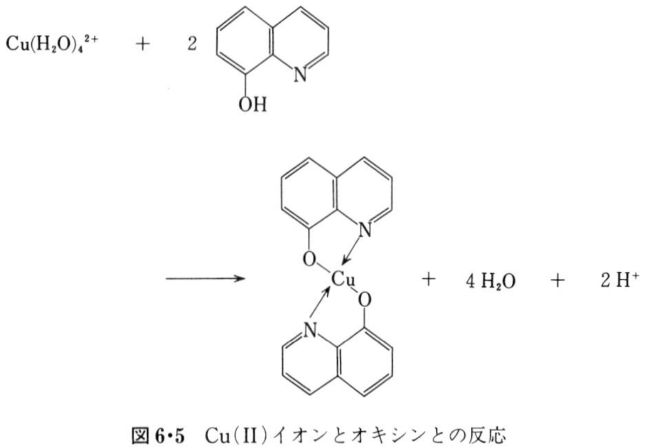

図 6·5　Cu(II) イオンとオキシンとの反応

金属イオンの抽出に用いられる代表的なキレート試薬としては，ジチゾン(1,5-ジフェニル-3-チオカルバゾン)，オキシン(8-ヒドロキシキノリン)，β-ジケトン類などがあげられる(表3・4参照)．これらの多くは，水素イオンを放出して1価陰イオンとなる二座配位子である．したがって，配位数が電荷の倍である金属イオンでは，キレート試薬によって電荷が中和されると同時に配位数も満足され，有機相に抽出されやすいキレートが形成される．

6・3・1 キレート抽出平衡

一般にキレート試薬は水に溶けにくく，有機溶媒に可溶であるので，有機溶媒に溶解し，金属イオンを含む水溶液と振り混ぜて抽出を行う．以下，金属イオン M^{n+} をキレート試薬 HR を含む有機溶媒によって抽出する場合について考察してみよう．ここでは簡単のため，有機相中においては金属はすべて MR_n というキレートとして存在すると仮定する．もちろん金属錯体の生成においては，$MR^{(n-1)+}$，$MR_2^{(n-2)+}$，… などの低次の錯体の逐次生成も考えなくてはならないが，過剰のキレート試薬を用いた場合には，これらを無視してかまわない．また，キレート MR_n の分配係数が非常に大きい場合には，水相中のキレートの濃度は無視できることが多い．この場合は，水相中に存在する金属化学種は水和イオン M^{n+} のみであると仮定できる．図6・6はこのような系における抽出平衡を示したものである．

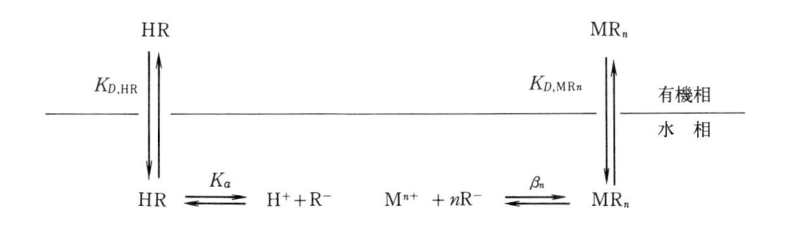

図6・6 キレート生成による金属の抽出

それぞれの平衡の平衡定数は以下のように表わされる．
① キレート試薬の分配係数

$$K_{D,\text{HR}} = \frac{[\text{HR}]_\text{org}}{[\text{HR}]} \tag{6・19}$$

② 金属キレートの分配係数

$$K_{D,\text{MR}_n} = \frac{[\text{MR}_n]_\text{org}}{[\text{MR}_n]} \tag{6・20}$$

③ キレート試薬の酸解離定数

$$K_a = \frac{[\text{H}^+][\text{R}^-]}{[\text{HR}]} \tag{6・21}$$

④ 金属キレートの全生成定数

$$\beta_n = \frac{[\text{MR}_n]}{[\text{M}^{n+}][\text{R}^-]^n} \tag{6・22}$$

一方,この抽出系における金属の分配比は

$$D = \frac{[\text{MR}_n]_\text{org}}{[\text{M}^{n+}]} \tag{6・23}$$

上式に,式 (6・19) 〜 (6・22) を代入して整理すると,

$$D = \frac{K_{D,\text{MR}_n}\beta_n K_a{}^n[\text{HR}]_\text{org}{}^n}{K_{D,\text{HR}}{}^n[\text{H}^+]^n} \tag{6・24}$$

が得られる.この式における定数を一つにまとめて

$$K_\text{ex} = K_{D,\text{MR}_n}\beta_n K_a{}^n / K_{D,\text{HR}}{}^n \tag{6・25}$$

とおけば,式 (6・24) は

$$D = K_\text{ex}\frac{[\text{HR}]_\text{org}{}^n}{[\text{H}^+]^n} \tag{6・26}$$

となる.したがって,金属の分配比は有機相におけるキレート試薬の濃度と水相の pH に依存して変化し,金属イオン濃度には無関係であることがわかる.すなわち,上述の仮定が成り立つような条件のもとでは,水相に存在する金属イオンの量によらず,分配比は一定の値をとることになる.K_ex は抽出定数 (extraction constant) と呼ばれ,式 (6・26) からわかるように,次の平衡の平衡定数に対応する.

$$\text{M}^{n+} + n\text{HR}_\text{org} \rightleftharpoons \text{MR}_{n,\text{org}} + n\text{H}^+ \tag{6・27}$$

$$K_\text{ex} = \frac{[\text{MR}_n]_\text{org}[\text{H}^+]^n}{[\text{M}^{n+}][\text{HR}]_\text{org}{}^n} \tag{6・28}$$

式 (6·26) の両辺の対数をとると次式が得られる.

$$\log D = \log K_{ex} + n\log[\text{HR}]_{org} + n\text{pH} \qquad (6\cdot29)$$

したがって，有機相中のキレート試薬の濃度が一定の場合には，$\log D$ は pH と傾き n の直線関係にあり，また，pH 一定のもとでは，$\log D$ と $\log[\text{HR}]_{org}$ の関係は傾き n の直線となる．$\log D$ を pH または $\log[\text{HR}]_{org}$ に対してプロットすると，図 6·7 に示したように，上述の仮定があてはまる範囲では直線関係が成り立つが，pH あるいは $[\text{HR}]_{org}$ が大きくなるに従って徐々に直線からずれ，ついには一定値に達するようになる．これは，水相中の金属化学種が水和金属イオンだけであると仮定できなくなるためである．すなわち pH または $[\text{HR}]_{org}$ の増大に伴って $[\text{R}^-]$ が大きくなるため，水相中の金属キレートの濃度が高くなり，$[\text{M}^{n+}] \ll [\text{MR}_n]$ とみなせる領域に達して，$D = K_{D,\text{MR}_n}$ となり一定値になるのである．このほかにも，pH が高い場合にはヒドロキソ錯体が生成するなどの原因によって，直線関係が成り立たないことがある．

6·3·2 金属イオンの相互分離と半抽出 pH

図 6·7 のように抽出データが得られれば，二つの金属イオンを 1 回の抽出で相互分離できる条件を設定することが可能になる．

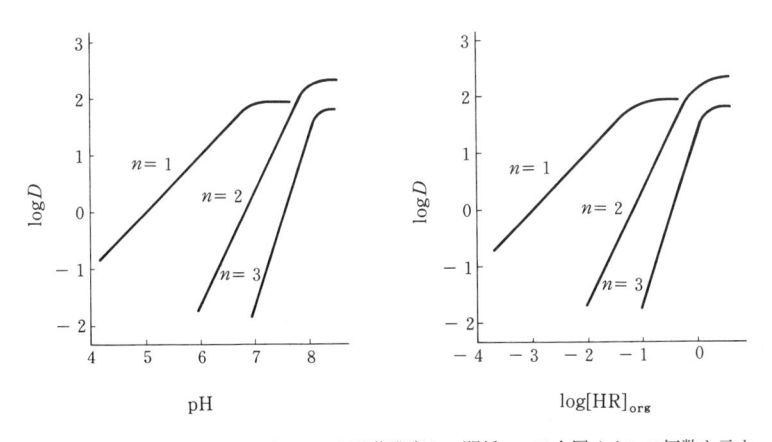

図 6·7 分配比 D と pH およびキレート試薬濃度との関係．n は金属イオンの価数を示す．

同一の電荷をもつ二つの金属イオン M_1^{n+} と M_2^{n+} の分離について考えてみよう.これらの金属イオンについての $\log D$ と pH の関係を,図 6·8 に模式的に示した.もし,ある pH において M_1^{n+} の $\log D$ が+2 であるとき,M_2^{n+} が-2 であれば,両者はその pH において完全分離することができるといえるであろう.$\log D = +2$ および $\log D = -2$ は,有機相と水相の体積が等しいとき,それぞれ $E = 99\%$ および $E = 1\%$ に相当する.図 6·8 から,このような条件を満たすには,平行な二つの直線の pH の差が少なくとも $4/n$ 以上離れていなくてはならないことがわかる.

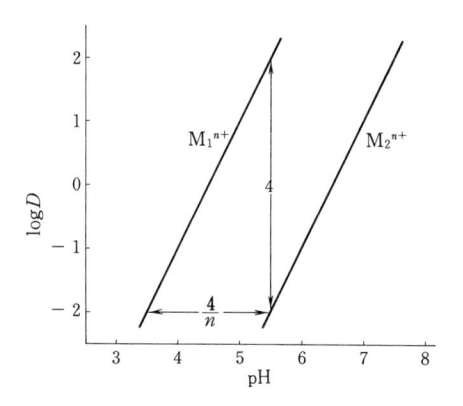

図 6·8　同一原子価 n をもつ二つの金属の分離条件

図 6·8 に示したような二つの直線間の距離は,ある分配比の値を基準として,その分配がおこる pH の差をとることによって容易に求められる.一般には,$D=1$,すなわち有機相と水相の体積が等しい場合には $E = 50\%$ となる pH を半抽出 pH（$pH_{1/2}$ で表わす）と呼び,これを比較することによって分離の目安をつける.$pH_{1/2}$ は式 (6·29) において $\log D = 0$ とおくことにより次のように表わされる.

$$pH_{1/2} = -\log[HR]_{\text{org}} - \frac{1}{n}\log K_{\text{ex}} \tag{6·30}$$

ここで $[HR]_{\text{org}} = 1$ のときの $pH_{1/2}$ を $pH_{1/2}^0$ とすると,

6・3 金属キレートの抽出

$$\mathrm{pH}_{1/2}{}^0 = -\frac{1}{n}\log K_\mathrm{ex} \tag{6・31}$$

であるから，

$$\mathrm{pH}_{1/2} = \mathrm{pH}_{1/2}{}^0 - \log[\mathrm{HR}]_\mathrm{org} \tag{6・32}$$

と書ける．式（6・32）は $[\mathrm{HR}]_\mathrm{org}$ が 10 倍になれば $\log D$ − pH 曲線が 1 だけ pH の低いほうにずれ，したがってより酸性側で抽出されるようになることを示し，反対に 1/10 になればその逆になることを示している．

6・3・3 協同効果

ある金属イオン抽出系に第 2 の試薬を加えると，飛躍的に高い抽出率が得られることがある．この現象を協同効果（synergism）といい，加えた第 2 の試薬を協同効果試薬（synergist）という．協同効果は，主に付加錯体あるいは混合配位子錯体の生成に起因する．ここでは，キレート抽出系における中性塩基による協同効果について論じることにする．

すでに述べたように，キレート生成において金属イオンの電荷が中和されても，その配位座がすべてキレート試薬によって占められているとは限らない．例えば，2 価のコバルトは 2 座配位子であるテノイルトリフルオロアセトン（TTA）を 2 分子配位するが，この金属イオンの配位数は 6 であり，残り二つの配位座には水分子が配位している（図 6・9(a)）．したがって，このままでは親有機性が低く，有機相への抽出はほとんどおこらない．ここで，ピリジンなどの，電気的に中性で塩基性の大きな Lewis 塩基を加えると，図 6・9(b) に示したように水分子と置換して親有機性の大きい付加錯体を形成し，有機相への分配比は著しく増大する．ピリジンのような N 配位の塩基以外に，リン酸トリブチル（TBP）や酸化トリオクチルホスフィン（TOPO）などの O 配位の塩基による協同効果も数多く報告されている．

このように，キレート抽出系における協同効果は，多くの場合，付加錯体生成によるものである．したがって，分配比の増加は付加錯体の生成定数の大きさに依存することになる．すなわち，Lewis 塩基としての塩基性の強い中性配位子を用いた場合ほど協同効果は大きくなる．例えば，Co(II) ある

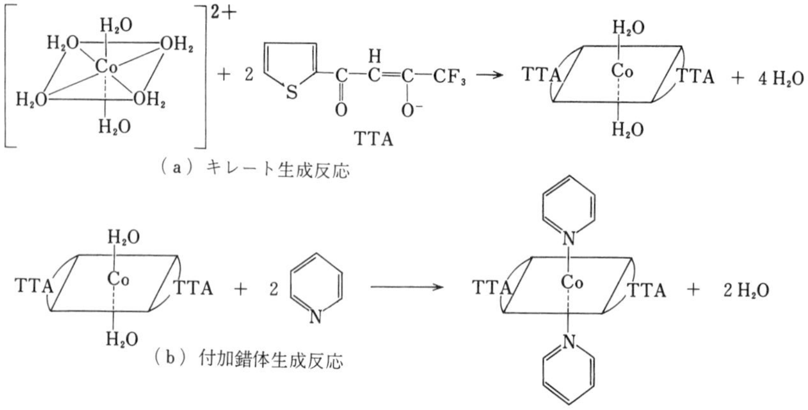

[図: (a) キレート生成反応 — [Co(H₂O)₆]²⁺ + 2 TTA（C-C=C-CF₃構造、Sを含むチオフェン環、H）→ Co(TTA)₂(H₂O)₂ + 4 H₂O]

(a) キレート生成反応

[図: (b) 付加錯体生成反応 — Co(TTA)₂(H₂O)₂ + 2 ピリジン → Co(TTA)₂(py)₂ + 2 H₂O]

(b) 付加錯体生成反応

図 6·9 キレート抽出系における協同効果

いは Ni(II) の TTA による抽出において，一連のピリジン塩基を付加錯体形成剤として用いると，協同効果による分配比の増加の程度は

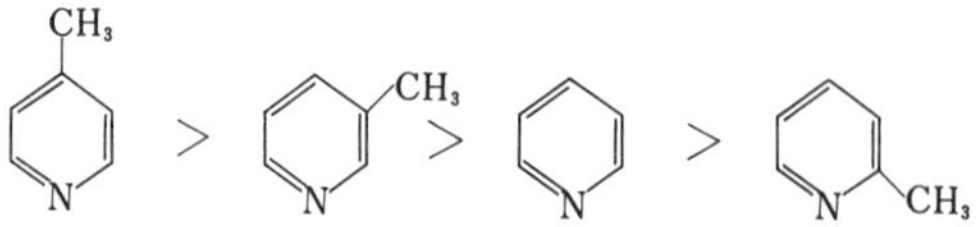

pK_a ($25°C, I=0.1$)

γ-ピコリン	>	β-ピコリン	>	ピリジン	>	α-ピコリン
6.04		5.76		5.42		5.95

の順になる．この順序は α-ピコリンを除いてピリジン塩基の共役酸の pK_a の順，すなわちピリジン塩基の塩基性の大きさの順序に対応している．α-ピコリンの場合には，配位原子である窒素のとなりにメチル基があるため立体障害をおこして安定度が減少し，そのため分配比が pK_a から予想される値よりも小さくなっている．

協同効果は分配比を増大させるほかに，抽出曲線を酸性側に移動させて，金属イオンの加水分解によるヒドロキソ錯体生成の影響を抑えるなど多くの利点をもっている．しかし，一般に，目的金属の分配比だけでなく，共存する妨害金属の分配比も協同効果によって増加するため，特定の金属に対する選択性は改善されず，むしろ悪くなることのほうが多い．多くの場合，金属

イオンの相互分離には，適当なマスク剤を用いるなどの工夫が必要になる（6・6・2 参照）．

6・4 イオン対抽出

目的イオンの電荷を中和して有機溶媒への抽出を促進するもう一つの方法に，反対の電荷をもつイオンとの会合を利用するイオン対抽出法がある．この場合，水和の程度が低いイオンほど，すなわち電荷が小さくサイズの大きなイオン（構造破壊イオン）ほど一般に抽出されやすい．例えば，過塩素酸イオン ClO_4^- や過レニウム酸イオン ReO_4^- など，水分子と相互作用の小さな陰イオンは，テトラフェニルアルソニウムイオン $[(C_6H_5)_4As]^+$ のようなサイズの大きな有機陽イオンによって，クロロホルムなどの有機溶媒に容易に抽出することができる．

トリ-n-オクチルアミンなどのアミン類を用いた金属陰イオンの抽出もよく知られている．この場合は，アミンにプロトンが付加してアンモニウム陽イオンを生成し，これが $[FeCl_4]^-$ や $[ZnCl_4]^{2-}$ などの金属錯陰イオンとイオン対を形成して有機溶媒に抽出される．したがって，アミンを用いた金属イオンのイオン対抽出においては，適当な陰イオンとともに必ず酸を用いないとアンモニウムイオンが生成しないので抽出がおこらない．

無電荷のキレート試薬が，金属イオンと結合して生成する金属錯陽イオンのイオン対抽出も，広く研究されている．このための代表的なキレート試薬としては，Fe(II) の抽出吸光光度定量（6・5・1 参照）に用いられる 1,10-フェナントロリンや，Cu(I) に対して特異的なネオクプロイン（2,9-ジメチル-1,10-フェナントロリン）などがあげられる．これらのキレート試薬は電荷をもたないので，金属イオンの電荷がそのまま残ったキレートを形成するが，過塩素酸イオンなどの陰イオンを共存させることによって，ニトロベンゼンなどの比較的極性の高い有機溶媒に抽出することができる．このような系では，有機溶媒中に抽出されたイオン対は，かなりの程度電離していることが認められている．

これに似たタイプのキレート試薬として，近年広く注目を集めているものにクラウンエーテル（環状ポリエーテル）がある．これは C. J. Pedersen によって合成され，1967 年に初めて発表された化合物で，現在までに数多くのクラウンエーテルが報告されているが，その中で代表的なものを図 6·10 に示した．クラウンエーテルの特徴は，従来のキレート試薬とは錯生成しにくいアルカリ金属イオンやアルカリ土類金属イオンに対して強い親和性をもっていることである．これらの金属イオンは，酸素との間のイオン結合性の強い結合によって，エーテル環の空孔内に固定される．この大きな錯陽イオンは，過塩素酸イオンやピクリン酸イオンなどの陰イオンとともに有機相に抽出することができる．

このほかに，抽出に用いる有機溶媒が抽出化学種の生成に関与する場合もある．例えば，$Fe(III)$ イオンが，高濃度の塩酸溶液からエチルエーテルに抽出されることは古くから知られている．これはプロトンにエチルエーテルが溶媒和し，それが $FeCl_4^-$ とイオン対を形成して抽出されるものと考えられている．

イオン対抽出平衡の解析は，溶質の濃度が一般に高いので活量係数による

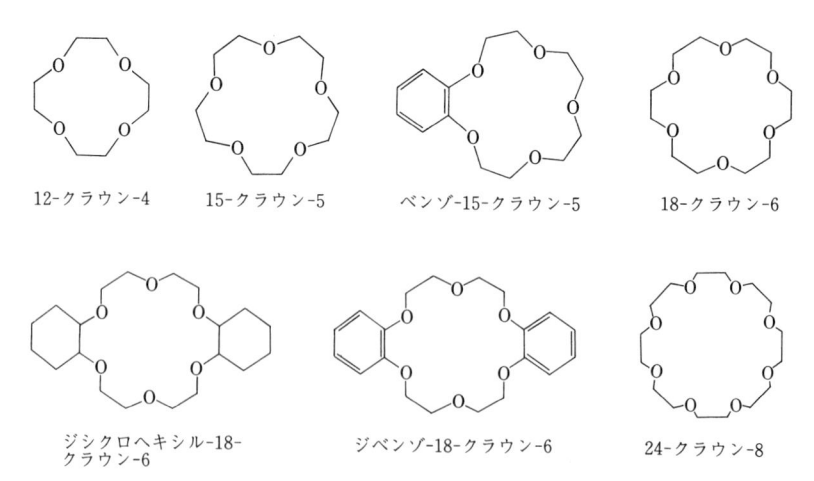

12-クラウン-4　　15-クラウン-5　　ベンゾ-15-クラウン-5　　18-クラウン-6

ジシクロヘキシル-18-クラウン-6　　ジベンゾ-18-クラウン-6　　24-クラウン-8

図 6·10　代表的なクラウンエーテル

補正が困難である上，系に含まれる化学種が多いため，キレート抽出系にくらべて複雑である．

6・5 溶媒抽出を利用した定量分析

溶媒抽出法をほかの定量法と組合わせて，いくつかの有用な定量分析法が考案され，実用に供されている．ここでは，溶媒抽出と吸光度測定とを組合わせた抽出吸光光度法と，放射能測定との組合わせから生まれた不足当量法について説明する．

6・5・1 抽出吸光光度法

一般に，金属イオンは配位子と反応して有色の錯体を形成する．これを利用して，吸光光度法（p.234）により多くの金属イオンを定量することが可能である．しかし，そのような配位子の中には，極めて高感度な試薬として作用するにも関わらず，水に不溶であるものがある．これを用いて吸光光度定量を行うには，溶媒抽出を利用すると都合がよい．この場合，試薬は有機溶媒に溶解して用い，水相の金属イオンを抽出し，金属錯体を含む有機相をそのまま吸光度測定に供する．この方法では，共存する妨害金属イオンを水相に残して除去したり，水相と有機相の体積比を調節して，定量感度を向上させることができるという利点がある．

さらに，有色錯体を生成しない金属イオンや無機陰イオンを，溶媒抽出を用いて間接的に定量する方法も研究されている．そのうちの一つに，メチレンブルーやクリスタルバイオレットなどの有色有機陽イオンによるイオン対抽出を利用した，無機陰イオンの間接定量がある．水相中に存在する過塩素酸イオンなどの陰イオンは，それ自身色はないが，過剰に加えられた有色の陽イオンと一定の組成比でイオン対を形成して有機相に抽出されるので，有機相の吸光度を測定して間接的に定量される．一般に，無機陰イオンを直接吸光光度法により定量する方法は，数少なくかつ複雑であるが，溶媒抽出を利用した吸光定量法は非常に簡便である．

6·5·2 不足当量法

不足当量法（substoichiometry）は，放射性同位体の標準溶液および放射性同位体によって希釈された試料溶液から，同一量の目的元素を抽出分離し，それぞれの放射能を測定することにより定量を行うものである．この方法の特徴は，標準溶液と試料溶液とから同一量の目的物を抽出するために，化学量論的（stoichiometric）な当量よりも少ない量の抽出試薬を用いる点にある．

用いられる試薬は完全に目的元素と反応することが要求される．すなわち，正確な測定のためには，抽出定数の大きな抽出系を選ぶ必要がある．この条件が満足されれば，放射能は容易にかつ非常に正確に測定できるので，この方法は十分高感度で正確な定量法となる．不足当量法の原理については11·6·4 に述べた．

6·6 溶媒抽出の操作と方法
6·6·1 バッチ抽出法

分離しようとする成分間の分配比に大きな差がある場合には，分液漏斗を用いて振り混ぜるだけの簡単な操作で両成分を分離することができる．これをバッチ抽出法（batch extraction）という．

用いられる分液漏斗にはいろいろな形のものがあるが，一例を図6·11 に示した．A および B の摺り合わせ部分は，有機溶媒を用いるためグリースなどを使用できないので，良い摺りにする必要がある．B のコックはテフロン製のものもある．C の部分は，下層を分離するとき液がたまることもあるので，太く短いほうがよい．

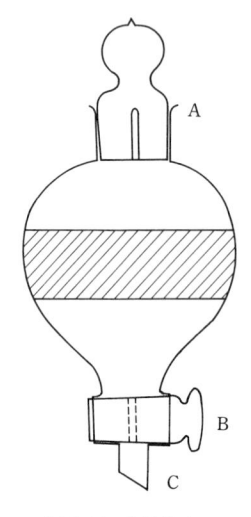

図6·11 分液漏斗

平衡に達する時間が長い場合や，速度論的な研究において一定時間の振り混ぜが必要なときは，電動式振とう機を使用するが，それ以外は手で振り混ぜるだけで十分である．

式 (6·9) より，抽出率を上げるには，分配比の大きな系を選ぶか，水相に対する有機相の体積の比を大きくすればよいことがわかる．しかし，一定の条件のもとで，与えられた体積の有機溶媒で水相から溶質を抽出する場合には，一度にすべての溶媒を使うよりも，少量ずつ何回かに分けて抽出するほうがより多くの溶質を抽出することができる．

今，x_0 mol の溶質を含む体積 V_w の水相から体積 V_org の有機溶媒で抽出を行ったところ，x_1 mol だけが水相に残ったとしよう．このときの分配比は

$$D = \frac{(x_0 - x_1)/V_\mathrm{org}}{x_1/V_\mathrm{w}} \tag{6·33}$$

で表わされる．これを x_1 について整理すると

$$x_1 = x_0 \left(\frac{V_\mathrm{w}}{DV_\mathrm{org} + V_\mathrm{w}} \right) \tag{6·34}$$

となる．さらに同体積の有機溶媒で抽出を行ったとき，水相に残る溶質の量を x_2 mol とすれば，同様にして次式が得られる．

$$x_2 = x_1 \left(\frac{V_\mathrm{w}}{DV_\mathrm{org} + V_\mathrm{w}} \right) = x_0 \left(\frac{V_\mathrm{w}}{DV_\mathrm{org} + V_\mathrm{w}} \right)^2 \tag{6·35}$$

したがって，この抽出を n 回行ったとき水相に残る溶質の量 x_n mol は次式で与えられる．

$$x_n = x_0 \left(\frac{V_\mathrm{w}}{DV_\mathrm{org} + V_\mathrm{w}} \right)^n \tag{6·36}$$

式 (6·36) の D および V_w，V_org に適当な値を代入して計算すれば，一定量の V_org を使って x_n/x_0 をできるだけ小さくするには，少量ずつ何回にも分けて抽出すればよいことがわかるであろう．

6・6・2 溶媒抽出で用いられる操作

a. 有機相洗浄

抽出後分別した有機相には，普通，若干の不純物が含まれている．これらの不純物は分配比が小さいものが多いので，抽出時と全く同じ条件の水溶液（ただし試料物質は含まない）で有機相を洗浄してやれば，目的物質のみが有機相に残り，不純物は水相に移る．この操作を有機相洗浄(back washing)という．

b. ストリッピングと逆抽出

抽出後，目的物質を含む有機相をそのまま定量に供する場合は問題ないが，一般には有機相より目的物を取り出す操作が必要となる．これをストリッピング（stripping）といい，特に有機相から水相へ目的物を振りもどす場合，逆抽出（back extraction）という．

溶媒が容易に揮発する場合には，目的物を抽出した有機相に少量の水（場合によって，酸や塩基を加える）を加えて水浴上で加熱蒸発することにより，ストリッピングを行うことができる．この場合，目的成分は不揮発性でなくてはならない．また，有機溶媒が可燃性である場合，引火に十分注意する必要がある．

逆抽出は，目的成分が最も有機相に分配しにくい条件の水溶液を用いて行われる．この操作により，抽出は2度行われたことになるので，選択性がさらに向上する．

c. 塩析

溶媒抽出において，目的成分の分配比を増加させるために，水溶液に無機塩類を加えることがある．これを塩析（salting out）という．加えられた塩は，それを構成するイオンが抽出される化学種の成分であれば，抽出化学種生成の方向へ平衡を動かす作用をもつことになる．また，水和された状態の化学種から水分子を奪って，有機相へ抽出されやすくする作用ももつと考えられる．後者の意味では，電荷が大きくサイズの小さい，いわゆる構造形成イオンが塩析に適していることになる．

d. マスキング

溶媒抽出におけるマスキングは，主にキレート抽出系において，目的の金属イオンだけを有機相に抽出し，共存するほかのイオンを水相に残す目的で行われる．したがって，マスク剤によって生成するのは，有機相に抽出されにくい電荷をもった水溶性の錯体である．特定のマスク剤がある抽出系に有効であるかどうかは，目的金属イオンおよび妨害金属イオンについて，抽出試薬とマスク剤の生成定数を比較することによって判断することができる（3・4・3 参照）．

6・6・3 連続抽出法

目的成分の分配比が小さくて，バッチ法では定量的に抽出分離することが困難な場合，連続抽出法（continuous extraction）を用いることがある．多くの装置が考案されているが，その原理は基本的には同じである．まず，抽出溶媒を入れたフラスコを加熱することにより溶媒を蒸留し，それを凝縮させて目的成分を含む水溶液中を通過させる．抽出液は分離して最初のフラスコにもどり，そこで再び蒸発して循環する．これにより溶媒中の目的成分の濃度が徐々に高くなって行くことになる．

図 6・12 は，水より軽い抽出溶媒を用いるときに使用される連続抽出装置の一例を示したものである．フラスコ A に入っている抽出溶媒が加熱されて蒸発し，冷却管 B で凝縮され，C を経て水溶液中に入る．水溶液中を通過する間に目的成分を抽出した有機溶媒は水溶液の上部にたまり，あふれると A にもどって再び蒸留される．

抽出効率を上げるために，ガラスフィルターを通してできるだけ細かい粒子として抽出溶

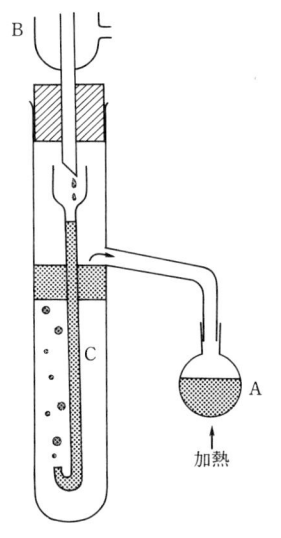

図 6・12 水より軽い抽出溶媒を用いる連続抽出器

を水溶液中に送り出したり，スターラーを用いるなどして2液の接触面積を大きくする工夫がなされているものもある．

6・6・4 向流分配法

向流分配法 (countercurrent distribution) は，分配比の値が接近している物質の分別抽出に有効な方法で，主として天然物化学の分野で複雑な物質群を分離するのに用いられてきた．その原理は連続多段抽出であり，分液漏斗をたくさん直列に並べ，それぞれ抽出操作を行ったあとに，上層あるいは下層を順送りにとなりの分液漏斗に移して抽出をくり返していくものと理解すればよい（図6・13）．その基礎理論の確立および装置の開発は L. C. Craig らによってなされている．

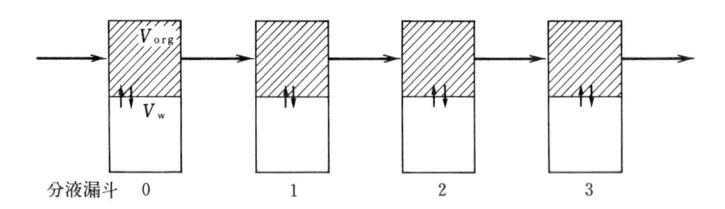

図 6・13 向流分配の基本原理
それぞれ体積 V_w の水相を入れた分液漏斗を直列に並べ，有機相を体積 V_{org} ずつ順送りに漏斗0 →1, 1→2, 2→3, …と送る．分液漏斗0にはこれに応じて，体積 V_{org} の新しい有機相が入ってくる．最初，分離すべき試料物質は漏斗の水相に存在しているが，分配と有機相の移しかえによって，徐々に漏斗1, 2, 3, …へ移って行く．

今，水相と有機相の体積が等しく，溶質の分配比が1である場合を考えてみよう．分液漏斗0に溶質1gを含む水相と有機相を入れ，平衡に達するまで振りまぜると，溶質は両相に 0.5g ずつ存在することになる．次に，2組が分離したら，有機相を新しい水相の入った分液漏斗1に移す．一方，分液漏斗0には新しい有機相を入れ，それぞれ振りまぜて平衡に達しさせる．すると，分液漏斗0および1の両相に溶けている溶質の量を合計すると，それぞれ 0.5g になる．さらに，分液漏斗2を用意してもう一度同様の移しかえを行うと，各分液漏斗に含まれる溶質の量は，表6・1の移しかえの数2の欄に示されるようになる．このようにして n 回の移しかえを行う．

表 6・1 各分液漏斗に含まれる溶質量と移しかえの数の関係
$D=1$, $V_{org}=V_w$

分液漏斗番号 移しかえの数	0	1	2	3	4	⋯	r
0	1.0						
1	0.50	0.50					
2	0.25	0.50	0.25				
3	0.125	0.375	0.375	0.125			
4	0.0625	0.25	0.375	0.25	0.0625		
⋮							
n							

式 (6・34) から，分配比 D の溶質が分配平衡に達したのち，それぞれの相に存在する分率は次のように与えられる（両相の体積は等しいものとする）．

$$f_w = \frac{x_1}{x_0} = \frac{1}{1+D} \tag{6・37}$$

$$f_{org} = \frac{x_0 - x_1}{x_0} = 1 - f_w = \frac{D}{1+D} \tag{6・38}$$

したがって，第 1 回目の移しかえを行ったとき，分液漏斗 0 には分率 $1/(1+D)$ の溶質が残り，一方，分液漏斗 1 には分率 $D/(1+D)$ の溶質が移ることになる．それぞれの分液漏斗を振り混ぜて平衡に達しさせると，分液漏斗 0 の有機相には

$$f_{org,0} = \left(\frac{1}{1+D}\right)\left(\frac{D}{1+D}\right) \tag{6・39}$$

で与えられる分率の溶質が存在し，また，水相に存在する分率は

$$f_{w,0} = \left(\frac{1}{1+D}\right)\left(\frac{1}{1+D}\right) \tag{6・40}$$

となる．同様にして，分液漏斗 1 の各相に含まれる溶質の分率は次のようになる．

$$f_{\text{org},1} = \left(\frac{D}{1+D}\right)\left(\frac{D}{1+D}\right) \tag{6・41}$$

$$f_{\text{w},1} = \left(\frac{D}{1+D}\right)\left(\frac{1}{1+D}\right) \tag{6・42}$$

第2回目の移しかえを行うと，$f_{\text{w},0}$ だけ分液漏斗0に残り，分液漏斗2には $f_{\text{org},1}$ だけ移される．また，分液漏斗1には $f_{\text{org},0}$ と $f_{\text{w},1}$ とが入れられるので，それぞれの分液漏斗に含まれる溶質の分率を f_0, f_1, f_2 とすると

$$f_0 = \left(\frac{1}{1+D}\right)^2 \tag{6・43}$$

$$f_1 = f_{\text{org},0} + f_{\text{w},1} = 2\left(\frac{1}{1+D}\right)\left(\frac{D}{1+D}\right) \tag{6・44}$$

$$f_2 = \left(\frac{D}{1+D}\right)^2 \tag{6・45}$$

となる．これらは，次の二項式を展開したときの各項に相当する．

$$\left(\frac{1}{1+D} + \frac{D}{1+D}\right)^2 \tag{6・46}$$

一般に n 回の移しかえをしたとき，各分液漏斗 $0, 1, 2, \cdots, n$ に存在する溶質の分率は，次の二項式を展開したときの各項で与えられる．

$$\left(\frac{1}{1+D} + \frac{D}{1+D}\right)^n \tag{6・47}$$

また，n 回移しかえをしたとき r 番目の分液漏斗に存在する溶質の分率 $f_{n,r}$ は，次式で与えられる．

$$f_{n,r} = \frac{n!}{r!\,(n-r)!}\left(\frac{1}{1+D}\right)^n D^r \tag{6・48}$$

これらの関係式は，二相の体積が等しいときに成り立つものである．二相の体積が異なる場合には，D を次式で示される E' でおきかえてやればよい．

$$E' = \frac{V_{\text{org}}}{V_{\text{w}}} D \tag{6・49}$$

10回の移しかえを行ったときの，異なる分配比をもつ溶質の理論的分布を図6・14に示す．この場合，各溶質の分離は完全ではないが，さらに移しかえをくり返すことによって相互分離が可能になる．また，このような分布は二項分布と呼ばれるが，n が大きくなるに従って，ガウス分布に近づいて

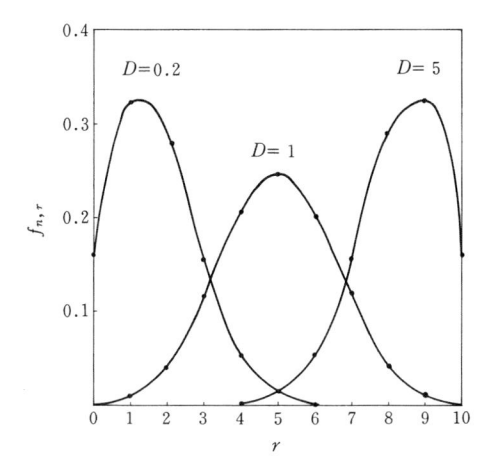

図 6·14 向流分配抽出における異なる分配比をもつ溶質の理論的分布 ($n=10$)

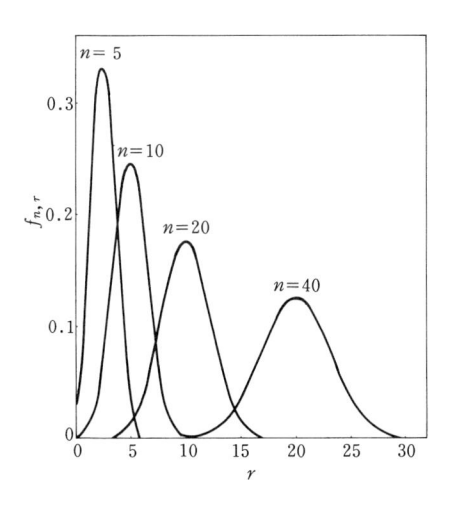

図 6·15 $D=1$ の溶質の理論的分布

行く．図6・15は，$D=1$ の溶質について，移しかえの数が増すにつれてその理論的分布がどのように変化していくかを示したものである．

従来の向流分配の装置は，ガラス製の複雑な形のセル（一つの分液漏斗に相当する）を数百個並べ，一斉に振り混ぜながら長時間かけて抽出溶媒を送って行き，必要な成分をそれが含まれているセルから取り出すようにつくられていた．この装置は操作が煩雑であり，多くの分野では，分取型のカラムクロマトグラフィー（10章参照）にとって代わられることになった．しかし近年，高圧ポンプを組み込むなどの装置的改良が進み，工業的規模の分離に対する将来性が期待されてきている．このうち伊東洋一郎博士によって開

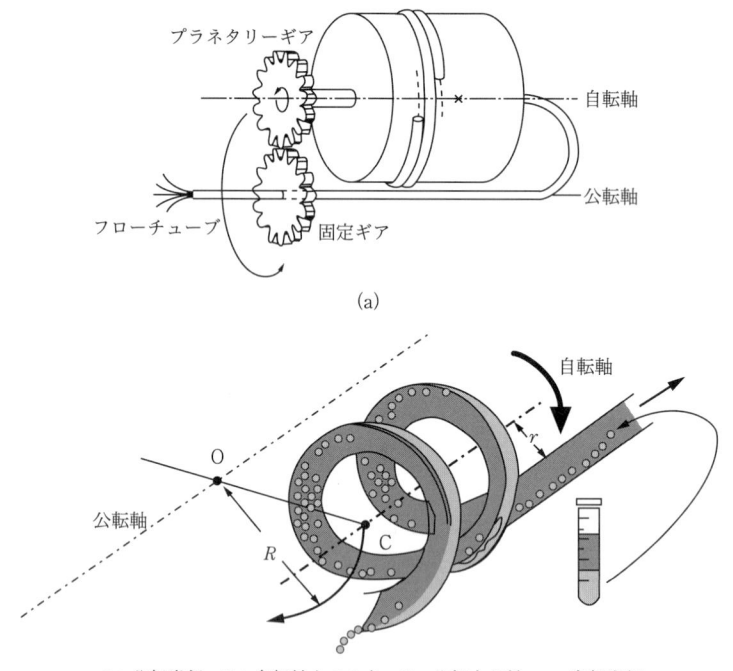

(a)

(b)

R：公転半径，C：自転軸上の1点，O：公転中心軸，r：自転半径

図 6・16 高速向流クロマトグラフ（北爪英一，ぶんせき，1998, 2.）
(a) 高速向流クロマトグラフカラムの模式図
(b) テフロンチューブコイル内の二相の様子

発された高速向流クロマトグラフィー（high‑speed countercurrent chromatography, HSCCC）は，分取だけでなく分析目的にも有用であることが認められている．図6・16(a)に最も基本的なタイプのHSCCCのカラム部分についての概念図を示す．内径がmmオーダーのテフロンチューブがドラムに巻かれており，ドラムの軸にはプラネタリーギアが取り付けられている．このギアは固定軸に取り付けられた固定ギアとかみ合っており，ドラムに回転を与えると，ドラムは公転軸のまわりを自転しながら公転することになる．図6・16(b)は，ある溶媒をチューブ内に満たしたのち，ドラムを回転させながらこれと混じり合わない密度の大きな溶媒を連続的に流し入れたときのチューブ（カラムとみなすことができる）内の様子を模式的に示したものである．遠心力の弱い公転軸側では二相は激しく攪はんされるのに対して，遠心力の最も強い外周側では二相は密度の大きな溶媒を外側，密度の小さな溶媒を内側に向けてきれいに分相される．このように，二相が攪はんと分相をくり返しながら，密度の大きな溶媒（これが移動相となる）が連続的に流れている状態をつくり出すことができるので，HSCCCは効率の良い分離を可能にする．

7 イオン交換

イオン交換は，イオン交換体に保持されたイオンと溶液中のイオンが当量で交換する現象で，古くから知られており，水の軟化や脱塩に利用されてきた．また，イオンによって交換体に対する親和性が異なるため，金属イオンなどの無機イオンはもとより，アミノ酸や核酸などの生化学物質の分離にも利用されている．本章では，イオン交換の基礎理論ならびに定量分析への応用について述べ，イオン交換クロマトグラフィーについては10章で述べることにする．

7・1 イオン交換現象

イオン交換（ion-exchange）の現象はすでに旧約聖書に記されており，アリストテレスによっても述べられている．しかし科学としてイオン交換がはじめて観察，記述されたのは，19世紀中葉，英国の二人の土壌化学者 H. S. Thompson と J. T. Way によってであった．彼らは，ある種の土壌を詰めたカラムに硫酸アンモニウム溶液を通すと，ほとんどのアンモニアが吸着される一方で，土壌からカルシウムが溶出してくることを見出した（当時はこの現象を塩基交換と呼んだ）．さらにその後の研究により，これは土壌中の粘土質に含まれていたイオンが，溶液中の同一の電荷符号をもつイオンと交換する現象であり，両イオンは当量で交換すること，またあるイオンはほかのイオンよりも容易に交換されることが明らかになっていった．

このように，固相（イオン交換体）の中に静電的に捕捉されているイオンが，固相と接する溶液相中のイオンと可逆的に交換する現象をイオン交換という．例えば，イオン A^+ を保持している陽イオン交換体 M^-A^+ を，B^+ を含む水溶液中に入れたときにおこるイオン交換反応は次のように書くことが

できる．

$$M^-A^+ + B^+ \rightleftharpoons M^-B^+ + A^+ \qquad (7\cdot1)$$

ここで，M^- は高分子基体に結合した不溶性のイオンであり，固定イオン (fixed ion) という．固定イオンと反対の電荷符号をもつイオン（ここでは陽イオン A^+ と B^+）は対イオン (counter-ion) といい，固定イオンと同じ符号の電荷をもつイオンを副イオン (co-ion) と呼ぶ．陰イオン交換反応についても同様に考えることができる．

7・2 イオン交換体の種類と特性

7・2・1 有機イオン交換体

初期のイオン交換の研究は，アルミノケイ酸塩に代表される無機イオン交換体を用いて行われたが，1935 年，B. A. Adams と F. L. Holmes が，ホルムアルデヒドと芳香族フェノール化合物とを縮合させて，フェノール基をもつイオン交換樹脂を合成してからは，有機イオン交換体がイオン交換技術において中心的な役割を果すようになった．今日では，水の脱塩をはじめ，金属精錬，土壌改良，疾病の診断や治療など，多くの分野でイオン交換樹脂が使用されている．

現在市販されているイオン交換樹脂のうち，最も多く用いられているのはスチレンとジビニルベンゼン (DVB) の共重合体を基本骨格としたものである．これを熱硫酸と反応させると，ベンゼン核 1 個当り 1 個の割合でスルホ基 ($-SO_3H$) が導入され，強酸性陽イオン交換樹脂となる（図 7・1）．イオン交換樹脂の基体を R で表わすと R$-SO_3H$

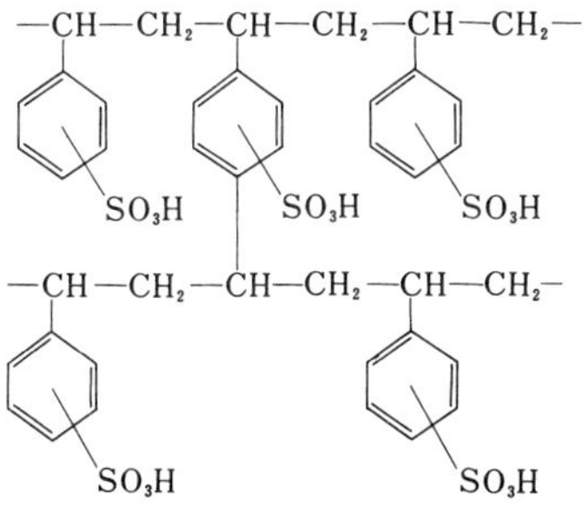

図 7・1 強酸性陽イオン交換樹脂の構造

と書くことができる．これは水中で次のように解離して陽イオンと交換し得る水素イオンを放出する．

$$R-SO_3H \rightarrow R-SO_3^- + H^+ \qquad (7\cdot2)$$

スルホ基は強酸性であり,塩基性溶液ではもとより,酸性溶液中でも解離するので,この型の樹脂は幅広い pH 領域でイオン交換能を有する.

スルホ基のかわりにカルボキシ基(-COOH)またはホスホン基($-PO_3H_2$)を導入すると,弱酸性陽イオン交換樹脂が得られる.これらの官能基は酸解離定数が比較的小さく,酸性領域では解離しないので,イオン交換性をもつのは中性または塩基性溶液中に限られる.

強塩基性陰イオン交換樹脂も,同様にして合成される.四級アンモニウム基($-N^+R_3$)を導入した樹脂は,次のように水中で強く解離し,強塩基性の性質をもつ.

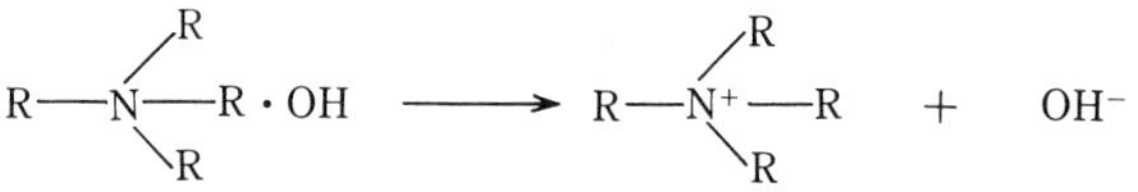

$$R-\underset{R}{\overset{R}{N}}-R\cdot OH \longrightarrow R-\underset{R}{\overset{R}{N^+}}-R + OH^- \qquad (7\cdot3)$$

この型の樹脂は,酸性および塩基性両領域で陰イオン交換性を発揮する.

三級以下のアミンを官能基としてもつ樹脂は,弱塩基性陰イオン交換樹脂である.例えば,アミノ基($-NH_2$)は水中で次のようにプロトン化する.

$$R-NH_2 + H_2O \rightarrow R-NH_3^+ + OH^- \qquad (7\cdot4)$$

しかし,そのプロトン化は弱く,中性ないしは酸性溶液中でのみイオン交換性を示す.

キレート試薬として作用するような官能基を樹脂骨格に結合させることにより,遷移金属イオンに対して特異的に選択性の高いイオン交換樹脂を合成することができる.このような樹脂をキレート樹脂という.イミノ二酢酸基をもつポリスチレン骨格のイオン交換体(図7・2)は,この型の樹脂であり,アルカリ金属イオンやアルカリ土類金属イオンにくらべて,多くの遷移金属イオンに強い親和性を示す.

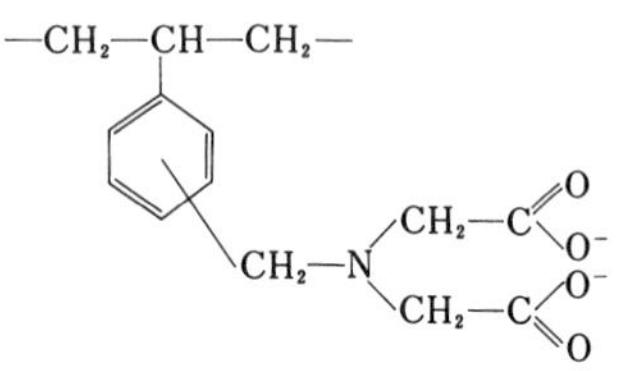

図7・2 イミノ二酢酸キレート樹脂の構造

共重合体は，懸濁重合により調製される．この方法によって得られる生成物は，球状であり，その粒径は使用目的に合わせて狭い範囲にしぼることができる．市販のイオン交換樹脂は，物理的な粒度分画操作によりさらに粒径がそろえられている．

スチレン-ジビニルベンゼン共重合体は疎水性であり，本来水になじまないが，上記のような親水性のイオン交換基が導入されると水中で膨潤するようになる．イオン交換樹脂の膨潤性や機械的強度は，主に架橋度に支配される．これは，共重合体を合成する際の反応混合物中の DVB モノマーの割合によって決まる．DVB 含量が高いほど，網目の細かい，すなわち架橋度の高い樹脂となり，膨潤度は低くなるのに対して，機械的強度は大きくなる．

有機イオン交換体の基体として，もう一つの重要なものに，セルロースがある．セルロースイオン交換体は架橋構造をもたず，交換基が鎖状分子の表面にだけ存在し，またセルロース自体親水性が大きいため，高分子物質でも容易に交換基に近づくことができ，イオン交換平衡に達する時間も短い．こうした利点を有しているため，特に生体成分の分離精製には不可欠のものになっている．

7・2・2 無機イオン交換体

多くの応用分野では，有機イオン交換体の利用が主流であるとはいえ，無機イオン交換体が重要な役割を担っている場合も少なくない．一般に，無機イオン交換体は有機樹脂にくらべて耐熱および耐放射線性にすぐれており，放射性溶液の処理には欠かすことのできないものになっている．例えば，無定形のアルミノケイ酸ナトリウム型の無機交換体は，Cs^+ イオンや Sr^{2+} イオンに対して異常に大きな選択性を示すことが知られており，使用済みの原子炉燃料成分を貯蔵するのに用いた水から，微量の放射性化学種を除くのに用いられている．

アルミノケイ酸塩ばかりでなく，不溶性の金属水酸化物やヘテロポリ酸塩などの無機化合物が有用なイオン交換性をもつことが，近年の研究により明らかにされている．このような物質の中には，リン酸ジルコニウムなどのよ

うに，特定のイオンに対して特異的に高い親和性を示すものもある．

7・2・3 イオン交換膜

イオン交換膜は，膜状に製造されたイオン交換樹脂である．それが陽イオン交換樹脂からなっているか，あるいは陰イオン交換樹脂からなっているかによって，イオン交換膜は電気化学的に陽イオンのみ，あるいは陰イオンのみを選択的に透過させる性質をもつ．陽イオンを選択的に透過させる膜を陽イオン交換膜，陰イオンを選択的に透過させる膜を陰イオン交換膜という．

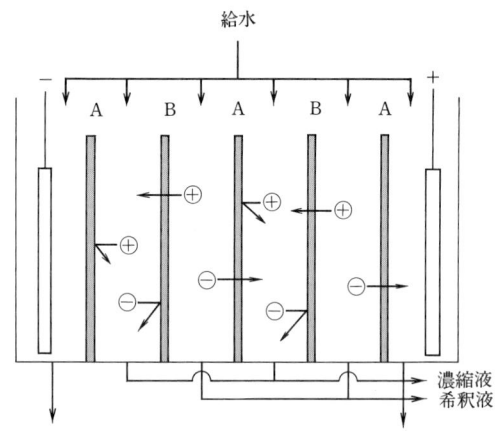

A：陰イオン交換膜，B：陽イオン交換膜
図 7・3 電気透析

イオン交換膜は，塩水処理において重要な用途がある．図7・3はイオン交換膜を用いた脱塩処理（電気透析という）の原理を示したものである．処理すべき塩水は，強酸性の陽イオン交換膜と強塩基性の陰イオン交換膜が交互に並んだ槽に供給される．そこで，両端に電極を配して，この溶液に電流を通じると，イオンは図中に示した→の方向に移動する．すなわち，溶液中のイオンはこれを捕捉し得るイオン交換基をもつ膜の表面に捕えられ，次いで後方の対イオンに押されるようにして膜内を移動し，反対側に抜け出ていく．その結果，電解質の濃縮と希釈が交互に並んだ室においておこることになる．

7·3 イオン交換平衡
7·3·1 イオン交換容量

イオン交換平衡を，3章で述べたような化学平衡の理論にもとづいて考察するには，イオン交換体相におけるイオンの濃度を表わす尺度が必要である．そのためには，イオン交換容量（ion-exchange capacity）が測定されていなければならない．

一般に，イオン交換容量は交換体の乾燥重量1g当りの交換可能なイオンのミリ当量（meq g^{-1}），または水中での交換体の体積1ml当りのミリ当量（meq ml^{-1}）によって定義される．ここで，イオン交換体に保持されているイオンによって（すなわちイオン交換体が何形であるかによって），交換体の乾燥重量および膨潤体積がともに変化することに留意する必要がある．通常は，陽イオン交換体では水素形，また陰イオン交換体では，強塩基性のものは塩化物形，弱塩基性のものは水酸化物形を標準形として交換容量を表示する．

イオン交換体の交換容量は，交換可能なイオンの総含有量，いいかえれば，交換体内に存在するイオン交換基の数によって決まるものである（これを総交換容量と呼ぶことがある）．

しかし，置換するイオンのサイズが大きい場合には，すべてのイオン交換基への自由な浸透が妨げられる可能性がある．また，弱酸性および弱塩基性のイオン交換体では，最大のイオン交換の割合が外部溶液のpHに依存する．このような場合には，実質的なイオン交換容量は総イオン交換容量よりもかなり低くなることがある．

イオン交換容量は，水素形あるいは水酸化物形の交換体を不活性塩の存在下で滴定することによって測定することができる．水素形の強酸性陽イオン交換体を，水酸化ナトリウム水溶液で滴定する場合の反応式は，次のようになる．

$$R^-H^+ + NaOH \rightarrow R^-Na^+ + H_2O \qquad (7 \cdot 5)$$

中性の塩（例えば塩化ナトリウム）の溶液を加えておくと，中和前の水素イ

オンの交換を促進するので，その滴定曲線は強酸の中和滴定において得られるものと同じ形になる．m g の水素形の交換体から遊離した酸を中和するのに，濃度 x M の水酸化ナトリウム溶液 y ml を要したとすると，イオン交換容量 Q は次式で与えられる．

$$Q = \frac{xy}{m} \text{(meq g}^{-1}\text{)} \tag{7·6}$$

また，水素形のイオン交換体をガラス管などに詰めてつくったカラムに塩化ナトリウム水溶液を通し，流出してきた塩酸溶液を水酸化ナトリウム溶液で滴定することによってもイオン交換容量を測定することができる．

7·3·2 イオン交換平衡と選択性

二つの陽イオン A^{p+} と B^{q+} との間のイオン交換反応は，次のように書くことができる（もちろん，陰イオン交換反応についても同様に表わすことができる）．

$$q\text{R}^-_p\text{A}^{p+} + p\text{B}^{q+} \rightleftharpoons p\text{R}^-_q\text{B}^{q+} + q\text{A}^{p+} \tag{7·7}$$

この平衡の熱力学的交換平衡定数は，次式で与えられる．

$$K_\text{A}{}^\text{B} = \frac{\bar{a}_\text{B}{}^p a_\text{A}{}^q}{\bar{a}_\text{A}{}^q a_\text{B}{}^p} \tag{7·8}$$

ここで－（バー）をつけたものは交換体相を，－のないものは外部溶液相の活量を示す．

式 (7·8) において，活量のかわりに濃度をとったものを選択係数（selectivity coefficient）という．例えば，濃度単位として当量イオン分率を用いたときの選択係数（当量イオン分率選択係数）は次のように表わされる．

$$^N K_\text{A}{}^\text{B} = \frac{\bar{X}_\text{B}{}^p X_\text{A}{}^q}{\bar{X}_\text{A}{}^q X_\text{B}{}^p} \tag{7·9}$$

ここで X は当量イオン分率を示す．一つの相におけるイオン A および B の物質量 (mol) をそれぞれ n_A，n_B とするとイオン A の当量イオン分率 X_A は次式で与えられる．

$$X_\text{A} = \frac{p n_\text{A}}{p n_\text{A} + q n_\text{B}} \tag{7·10}$$

モル濃度選択係数 $^cK_A^B$ および重量モル濃度選択係数 $^mK_A^B$ も，同様にして表わすことができる．

$$^cK_A^B = \frac{\bar{c}_B{}^p c_A{}^q}{\bar{c}_A{}^q c_B{}^p} \qquad (7\cdot11)$$

$$^mK_A^B = \frac{\bar{m}_B{}^p m_A{}^q}{\bar{m}_A{}^q m_B{}^p} \qquad (7\cdot12)$$

$^NK_A^B$，$^cK_A^B$，$^mK_A^B$ の間には，次のような関係がある．

$$^NK_A^B \left(\frac{\bar{X}_B}{X_B}\right)^{q-p} = {}^cK_A^B \left(\frac{\bar{c}_B}{c_B}\right)^{q-p} = {}^mK_A^B \left(\frac{\bar{m}_B}{m_B}\right)^{q-p} \qquad (7\cdot13)$$

ここで，$q \geqq p$ である．選択係数は一定条件下でのイオンの吸着性を示すものであり，条件が変れば変化することに注意する必要がある．

一方，実験的にイオン交換体の選択性を表わす場合，次式で定義される分離係数 α_A^B を用いることが多い．

$$\alpha_A^B = \frac{\bar{X}_B X_A}{\bar{X}_A X_B} = \frac{\bar{m}_B m_A}{\bar{m}_A m_B} = \frac{\bar{c}_B c_A}{\bar{c}_A c_B} \qquad (7\cdot14)$$

α_A^B が 1 より大きければ，B イオンのほうが A イオンよりもイオン交換体に優先的に吸着されることを意味する．

イオン交換平衡を示すもう一つの方法に，分配係数 (distribution coefficient)[1] によるものがある．例えば，式 (7·9) を書きかえると

$$\frac{\bar{X}_B}{X_B} = ({}^NK_A^B)^{1/p} \left(\frac{\bar{X}_A}{X_A}\right)^{q/p} \qquad (7\cdot15)$$

となるが，A イオンが B イオンにくらべて非常に大量に存在する場合には，$(\bar{X}_A/X_A)^{q/p}$ を一定とみなすことができる．したがって，

$$K_D = \frac{\bar{X}_B}{X_B} \qquad (7\cdot16)$$

は，ほぼ一定と考えることができ，これを分配係数と呼ぶ．

一般に，交換体相中のイオン濃度は，実験的に測定の容易な交換体の単位重量当りのイオンの当量で表わすことが多い．外部溶液中のイオン濃度を単

---

[1] 溶媒抽出における分配係数のように，特定の化学種に着目するものではなく，むしろ分配比に近い意味をもつ．分布係数，あるいは分布率と呼ぶこともある．

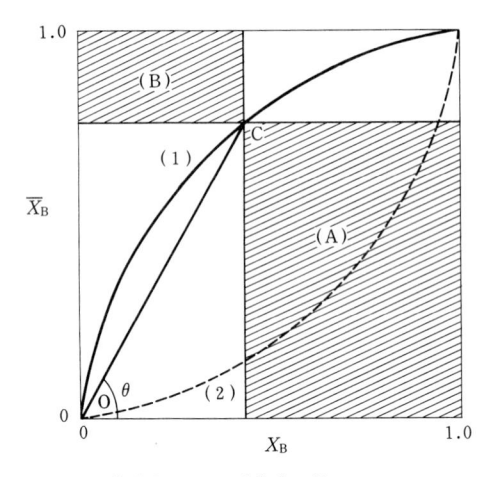

図 7·4 典型的なイオン交換等温線

点 C において $\alpha_A^B = \dfrac{\text{面積(A)}}{\text{面積(B)}}$ $K_D = \tan\theta$

位体積に含まれる当量で表わすと，分配係数は次式で与えられることになり，この場合分配係数の単位は ml g^{-1} となる．

$$K_D = \frac{\text{交換体に吸着したBイオンの量}(\text{meq g}^{-1})}{\text{溶液中のBイオンの濃度}(\text{meq ml}^{-1})} \quad (7\cdot17)$$

分配係数は，Bイオンの濃度がAイオンの濃度にくらべて無視できる系においてのみ，定数とみなすことのできるものであり，この条件があてはまらない場合には濃度に依存して変化する．

当量イオン分率を濃度単位として用いたときの典型的なイオン交換等温線を図 7·4 に示す．曲線 (1) は選択性の高いイオンの平衡を表わし，一方，曲線 (2) はその逆の例である．特定の条件下での分配係数は，原点 O を通る直線 OC の傾きで与えられる．したがって，選択性の高いイオンはその濃度分率が低いほど，一方，選択性の低いイオンはその濃度分率が高いほど分配係数が大きくなる．また，分離係数は面積 (A) と (B) の比で与えられる．

一般に，イオン交換体はあるイオンをほかのイオンよりもより強く吸着す

ることが知られている．このような選択性が生ずる原因は，交換体の一つの構造とか，個々のイオンについての物性にもとづいて簡単に説明できないことが多い．ここでは，交換体に対するイオンの吸着性が，イオンのどのような性質と関係があるかを定性的に述べることにする．

電荷の異なるイオン間の吸着性を比較すると，一般に電荷の大きいものほど強く交換体に捕捉されることが知られている．例えば，陽イオンでは

$$Th^{4+} > Al^{3+} > Ca^{2+} > Na^+$$

また陰イオンでは

$$SO_4^{2-} > Cl^-$$

のような吸着性の序列がある．この傾向は溶液の濃度が希薄であるほど著しく，濃度が増大するとともにその差は減少する．

電荷の等しいイオン同士の場合は，例えば強酸性陽イオン交換樹脂に対するアルカリ金属イオンおよびアルカリ土類金属イオンの吸着性を比較すると，次のようになる．

$$Cs^+ > Rb^+ > K^+ > Na^+ > Li^+$$
$$Ba^{2+} > Sr^{2+} > Ca^{2+} > Mg^{2+}$$

イオンの水和が，このような陽イオン交換体の選択性と大きな関係があることは明らかである．すなわち，Li^+ や Mg^{2+} などの強く水和しているイオン（構造形成イオン）ほど，交換体に捕捉されにくい傾向を示す．この現象は，かなりの部分の水が固定イオンに水和している交換体相には，強く水和するイオンほど入り込みにくいためであると定性的に理解することができる．

強塩基性第四級アンモニウム型陰イオン交換樹脂に対する1価陰イオンの吸着性についても，同様のことがいえる．すなわちハロゲン化物イオンでは，次のような吸着性の序列がある．

$$I^- > Br^- > Cl^- > F^-$$

I^- イオンよりも構造形成性の小さな ClO_4^- イオンや SCN^- イオンは，樹脂に対してもっと大きな親和性を示す．

しかし，一般にこれらの吸着性の差はそれほど大きなものではなく，イオン交換体をイオンの混合溶液に接触させて平衡に達しさせるだけでは，イオンの分離を完全に行うことはできない（キレート樹脂やある種の無機イオン交換体などの例外もある）．イオンの完全分離を行うためには，交換体をガラス管などに詰めたカラムを用いるイオン交換クロマトグラフィー（10章参照）による必要がある．

イオン交換分離法は，無機イオンの分離だけでなく，有機化合物の分離にも有用である．特にアミノ酸やタンパク質等の生体物質は水溶液中で電荷をもっていることが多く，イオン交換分離法が有効である．例えばアミノ酸は同一分子内にアミノ基（$-NH_2$）とカルボキシ基（$-COOH$）をもっているので，酸性溶液中では正の電荷，また塩基性溶液中では負の電荷をもつことになり，その平均電荷は溶液のpHに依存して変化する．また，個々のアミノ酸がもつアミノ基の塩基解離定数とカルボキシ基の酸解離定数はそれぞれわずかではあるが異なるので，同じpHでも個々のアミノ酸によって平均電荷が異なる．したがって，イオン交換クロマトグラフィーによって，アミノ酸の相互分離を行うことが可能になる．タンパク質についても同様である．これらの両性化合物のイオン交換カラムにおける保持は，移動相のpHやイオン強度を変化させることによって制御することができる．

7·4 イオン交換を利用した定性および定量分析

すでに述べたように，イオン交換体には特定のイオンに対して高い親和性をもつものがある．この性質を利用すれば，目的のイオン種を溶液から交換体に吸着させ，その後適当な方法で脱離させることによって，濃縮された溶液を得ることができる．したがって，イオン交換法と適当な定量法を組合わせることにより，高感度な分析法をつくり出すことが可能になる．

さらに，イオン交換体に吸着させた状態のままで定量することができれば，脱離の際の希釈を避けることができるため，より高感度な定量法となり得る．また，イオン交換体に吸着したイオンは，特異的な色を呈することが

7・4 イオン交換を利用した定性および定量分析

あり,この現象を利用すれば,イオンの定性分析を行うこともできる.このような発想から,イオン交換樹脂点滴法,およびイオン交換体吸光光度法が本邦において開発されている.イオン交換樹脂点滴法は,磁製の滴板上に試料溶液を1滴とり,これに樹脂粒を2〜3粒入れたのち,適当な試薬溶液を1滴加えて,樹脂表面の発色を観察するもので,極めて簡便な方法であるが,その検出感度は一般に非常に高い.例として,チオシアン酸塩によるCo(II)の検出法について述べてみよう.

滴板上で中性ないし微酸性の試料溶液1滴を塩化物形の強塩基性陰イオン交換樹脂数粒と混ぜ,これに1Mチオシアン酸アンモニウム溶液1滴を加えてしばらく放置する.やがて,樹脂表面に鮮やかな青い色が出現する.検出限界は0.16 μg と高感度である.この方法はCo(II)に特異的であり,妨害も非常に少ない利点がある.

イオン交換樹脂点滴法でも大まかな定量を行うことはできるが,イオン交換樹脂の懸濁液を吸光度測定用のセルに流し込んで充填することにより,樹脂に濃縮した呈色化学種を吸光光度法により定量できることが示された.このイオン交換体吸光光度法は,海水などの環境試料中のppbレベルの銅やクロムの分析にも応用されている.

8 電気化学的分析法

電気化学的分析においては，酸化還元反応の基礎概念と測定法の基本に関する理解が重要である．本章でははじめの節で基礎概念を，以降の節で従来行われてきた古典的手法を紹介する．

8・1 電　極
8・1・1 電極反応と電位差

図8・1のような電気化学セル[1]（electrochemical cell）を用意して外部負荷に接続すると，1.10 Vの起電力が発生して電流 i が外部負荷を通って図のような向きに流れる．すなわち，このセルは電池として作動し，外部負荷に対して仕事をする．

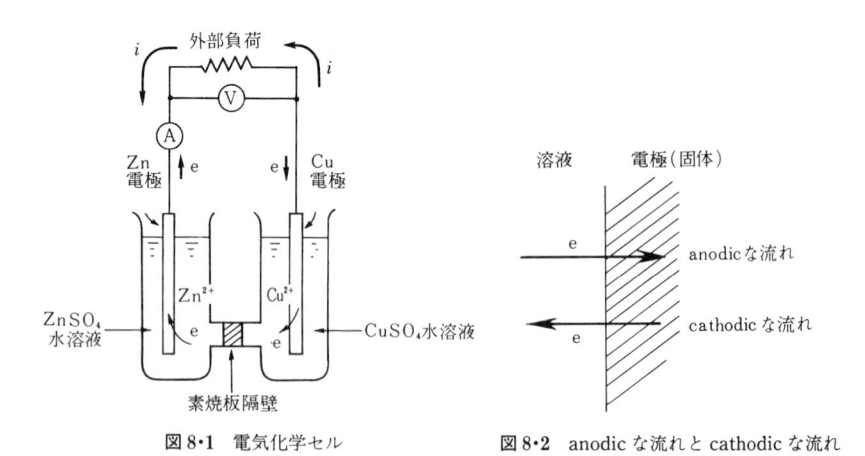

図8・1　電気化学セル

図8・2　anodic な流れと cathodic な流れ

---

1)　ガルバニ電池ともいう．

8・1 電極

このとき，電池内部のそれぞれの電極表面でおこっている反応は

$$Zn \rightarrow Zn^{2+} + 2e \quad (\text{アノード}) \tag{8・1}$$

$$Cu^{2+} + 2e \rightarrow Cu \downarrow \quad (\text{カソード}) \tag{8・2}$$

である．このような電池を

$$Zn\,|\,ZnSO_4\,aq\,\|\,CuSO_4\,aq\,|\,Cu \tag{8・3}$$

と表わすことにする．縦棒は電極と溶液の界面を表わし，中央の ‖ は素焼板による隔壁（または塩橋）を表わす．この場合，$ZnSO_4$ と $CuSO_4$ の水溶液は互いに混じり合わないが，電流は自由に通れるようになっていることを意味する．電極表面において，図 8・2 のように電子が溶液側から電極（固体）側に移動するときを anodic な流れといい，逆に電極側から溶液側に移動するときを cathodic な流れという．そして anodic な流れがおきている電極をアノード（anode）と呼び，その電極表面では酸化反応が進行している．逆に，cathodic な流れがおきている電極をカソード（cathode）と呼び，その電極表面では還元反応が進行している．

今もし，外部負荷をある電池でおきかえ，先程発生した起電力と逆向きに 1.10 V 以上の起電力を印加すれば，電流は逆向きに流れるようになり，式 (8・1)，(8・2) の反応もそれぞれ逆向きに進行するようになるであろう．この場合，セルは先程のように電池としてではなく，電解セルとしてはたらいており，外部電池から逆に仕事をされていることになる．

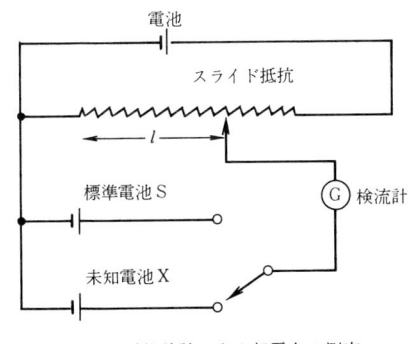

図 8・3 電位差計による起電力の測定

両極間に発生した真の起電力は，電位差計回路（図8·3）により測定される．まずスイッチを標準電池S（起電力 E_s は既知とする）のほうへ接続し，スライド抵抗を調節して検流計Gに電流が流れないようにする．次にスイッチを未知電池X（電気化学セルの一方の極）のほうへ接続し，スライド抵抗を再調節して，Gに電流が流れないようにする．このときのスライド抵抗の位置の読みから，$E_x/E_s = l_x/l_s$ の関係を使って未知電池Xの電位差（すなわち電気化学セルの起電力）を決定することができる．

8·1·2 電極電位

図8·1のセルにおいて，1.10 Vの起電力が発生してCu極からZn極に向けて（外部負荷を通って）電流が流れたことを，次のように考えることができる．すなわち，式（8·1）および（8·2）で与えられる電極反応ごとに，その反応がおきている電極には電極電位（electrode potential）が定義され，あたかも水が水位の高いほうから低いほうに向けて流れるように，電位の高いほうから低いほうに電流が流れ，そのときの両電位の差が1.10 Vであったと考える．

このように電位差は二つの電極反応が存在してはじめて定まるものであるが，もしもそれぞれの電極反応に対して独立に電極電位が定義できれば，任意の電極反応の組合わせに対しても電池の起電力を予測することができるようになる．ある一つの電極反応が行われる電極を半電池（half cell）と呼び，二つの半電池の組合わせにより電池が構成される．最も簡単な半電池は，金属電極をその金属のイオンを含む溶液と接触させたものである．例えば硫酸銅溶液中に銅の棒を浸したものがそれである．このような半電池を，$Cu|Cu^{2+}$（または $Cu^{2+}|Cu$）と表わす．この電極でおこる反応は，$Cu^{2+} + 2e \rightleftharpoons Cu$ で示されるような金属の溶解または析出である．

半電池の電極電位は次のように定められる．すなわち，半電池を他の適当な参照電極（reference electrode）と組合わせて電池を構成し，その電池の起電力をもって半電池の電極電位と定義するのである．基準となる参照電極としては，次のような標準水素電極（standard hydrogen electrode, SHE）

8·1 電極

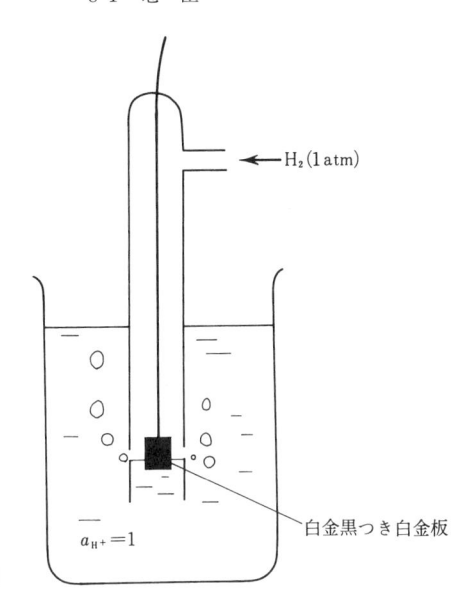

図 8·4 水素電極

が選ばれている.

$$\text{Pt, H}_2(1\,\text{atm})|\text{H}^+(a=1) \tag{8·4}$$

ここで a は活量を示す．この電極は図 8·4 に示す構造になっている．白金黒つき白金板は水素ガスをよく吸蔵して保持しており，これが水素イオン活量 1 の溶液に浸してある．水素ガス（1 atm[1]）は側管より導入され，側孔より外にのがれるようになっている．標準水素電極はあらゆる温度において 0 V の電位をもつものと規約される．標準状態（活量 1）の水素イオンの電子との親和力が 0 V と約束されるのである．

図 8·5 に $\text{Cu}^{2+}+2\,\text{e}=\text{Cu}$ という半電池と標準水素電極とを組合わせた電気化学セルを示した．Cu^{2+} は活量 1，銅極は純物質であり，活量 1 の状態にある．この電気化学セルの起電力を測定すると 0.340 V が得られ，電子は図に示す方向に外部回路を流れることがわかる．すなわち，$2\,\text{H}^++2\,\text{e}=\text{H}_2$ と $\text{Cu}^{2+}+2\,\text{e}=\text{Cu}$ における電子との親和力を比べた場合，後者のほうが大きいので，

---

[1] 1 atm = 1.013 25 × 10^5 Pa

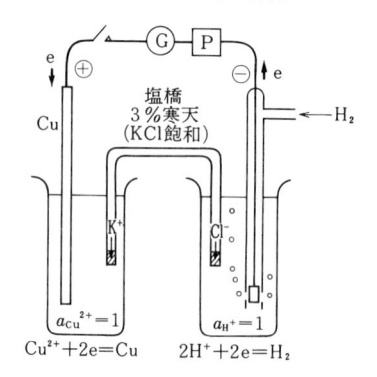

図中ラベル: G P / Cu / 塩橋 3%寒天 (KCl飽和) / H₂ / K⁺ / Cl⁻ / $a_{Cu^{2+}}=1$ / $a_{H^+}=1$ / Cu²⁺+2e=Cu / 2H⁺+2e=H₂

G：ガルバノメーター
P：ポテンショメーター

図 8・5 銅電極と水素電極を組合わせた電気化学セル

$$Cu^{2+} + 2e \rightarrow Cu \quad (カソード) \quad (8\cdot5)$$
$$H_2 \rightarrow 2H^+ + 2e \quad (アノード) \quad (8\cdot6)$$

が進行し，両系において過不足なく電子の授受が行われる．Cu^{2+} は電着してCu極は＋極となり，水素ガスは水素イオンとして溶解するので水素電極は－極となる．この電池は式 (8・7) のように表記する．

$$Pt, H_2(1\,atm)|H^+(a=1)\|Cu^{2+}(a=1)|Cu \quad (8\cdot7)$$

すなわち，参照電極（この場合，標準水素電極）を左側に，銅電極を右側において，銅極→外部回路→白金極の向きに電流が流れたならば（電子の流れはその逆），銅電極の電位を＋と表記する．同様の方法によりいろいろな電極反応について電極電位の値が求められ，その結果が付表 2 (p.368) に示されている．いずれも溶解している物質については，それらの活量は 1 に等しいとし，気体物質については，その分圧が 1 atm であるとした場合の値が示されており，標準電極電位 (standard electrode potential) または標準酸化還元電位 (standard redox potential) と呼ばれる．

8・1・3 Nernst の式

上述の電気化学セル内では

$$Cu^{2+} + H_2 = Cu + 2H^+$$

の化学反応がおこり,この反応の自由エネルギー変化が,両極間の電位差として現われる.これは外部に対して行う電気的仕事の能力を表わしている.

$$a\mathrm{A} + b\mathrm{B} + \cdots \rightleftharpoons m\mathrm{M} + n\mathrm{N} + \cdots \tag{8・8}$$

のような化学反応における自由エネルギーの変化は,次式で与えられる.

$$\varDelta G = \varDelta G° + RT \ln \frac{a_\mathrm{M}{}^m a_\mathrm{N}{}^n \cdots}{a_\mathrm{A}{}^a a_\mathrm{B}{}^b \cdots} \tag{8・9}$$

a は活量,$\varDelta G°$ は各反応物と生成物の活量が1であるときの自由エネルギーの変化であり,標準自由エネルギー変化である.電位差 E を通して,アボガドロ数 N の電子の移動があったときの自由エネルギーの変化は NeE であるから,

$$\varDelta G = -nFE \tag{8・10}$$

となる.ただし,n は反応に関与した電子の物質量 (mol),F は Ne (e は電気素量) に相当し,ファラデー定数 ($96\,490\,\mathrm{C\,mol^{-1}}$) と呼ばれる.反応物と生成物がすべて標準状態にあれば,

$$\varDelta G° = -nFE° \tag{8・11}$$

であり,

$$-nFE = -nFE° + RT \ln \frac{[\mathrm{M}]^m [\mathrm{N}]^n \cdots}{[\mathrm{A}]^a [\mathrm{B}]^b \cdots} \tag{8・12}$$

$$E = E° - \frac{RT}{nF} \ln \frac{[\mathrm{M}]^m [\mathrm{N}]^n \cdots}{[\mathrm{A}]^a [\mathrm{B}]^b \cdots} \tag{8・13}$$

となる.ただし,活量の代わりに濃度を用いてある.25 ℃ では

$$E = E° - \frac{0.059}{n} \log \frac{[\mathrm{M}]^m [\mathrm{N}]^n \cdots}{[\mathrm{A}]^a [\mathrm{B}]^b \cdots} \tag{8・14}$$

が成り立つ.これを Nernst の式という.活量はモル濃度とし,固体状態の物質の活量は1として用いるのが慣例である.

簡単な酸化還元系 (8・15) については

$$\mathrm{Ox}(酸化体) + n e = \mathrm{Red}(還元体) \tag{8・15}$$

Nernst 式は

$$E = E° - \frac{0.059}{n} \log \frac{[\mathrm{Red}]}{[\mathrm{Ox}]} \quad (25\,℃) \tag{8・16}$$

で表わされ，$E°$ はこの酸化還元対の標準電極電位である．

平衡では $E=0$, $\Delta G=0$ であり，式 (8・8) の平衡定数を K とすると

$$\Delta G° = -RT \ln K \tag{8・17}$$

$$E° = \frac{0.059}{n} \log K \quad (25\,°C) \tag{8・18}$$

が得られる．

[**例題**] 次のような電気化学セルを組立てた．この場合，電池内反応，電池の電圧，電極の極性，自発反応の方向，電池内反応の平衡定数を求めよ．

$$Ag\,|\,Ag^+(10^{-2}\,M)\,\|\,Cu^{2+}(10^{-1}\,M)\,|\,Cu$$

[**解**] まず右側の半電池反応を書き，標準電極電位を併記する．

$$Cu^{2+}+2\,e = Cu \qquad E_r° = +0.340\,V \tag{1}$$

次に左側の半電池についても同様に半反応と標準電極電位を書く．

$$2\,Ag^+ + 2\,e = 2\,Ag \qquad E_1° = +0.800\,V \tag{2}$$

式 (1), (2) の電子数が同じになるように，式 (2) には係数 2 を付してある．次に右側の半反応より左側の半反応を辺々引き算する．

$$\begin{array}{ll} Cu^{2+}+2\,e = Cu & E_r° = +0.340\,V \\ \underline{2\,Ag^+ + 2\,e = 2\,Ag} & \underline{E_1° = +0.800\,V} \\ Cu^{2+}+2\,Ag = Cu+2\,Ag^+ & E_{cell}° = -0.460\,V \end{array} \tag{3}$$

標準電極電位についても差を求める．このとき得られる $E_{cell}°$ の符号は起電力の符号を表わすものと約束されており，右側電極 (Cu 極) の極性に一致する．この場合 Cu 極は $-$ (負) 極であり，Ag 極は $+$ (正) 極になる．$E_{cell}°$ の符号は自発反応の方向を示し，$+$ であれば電池内反応は左から右へ，$-$ であれば右から左へと進行する．この場合は $E_{cell}° = -0.460\,V$ であるから反応は右から左へおこり，Ag^+ が電着 (plate out) し，Cu 極は溶解して Cu^{2+} を与える．

以上は標準状態でのことであるが，題意の場合についても同様に取り扱い，極性，起電力，自発反応の方向を求めればよい．すなわち Nernst の式により，

$$E_r = 0.340 + \frac{0.059}{2} \log 10^{-1} = 0.310\,V$$

$$E_1 = 0.800 + 0.059 \log 10^{-2} = 0.682\,V$$

$$\therefore\ E_{cell} = E_r - E_1 = 0.310 - 0.682 = -0.372\,V$$

あるいは式 (8・14) を直接適用し

$$E_{cell} = -0.460 - \frac{0.059}{2} \log \frac{[Ag^+]^2}{[Cu^{2+}]}$$

$$= -0.460 - \frac{0.059}{2} \log \frac{(10^{-2})^2}{10^{-1}}$$

$$= -0.372 \text{ V}$$

としてもよい．E_{cell} の符号が－であるから，右側の Cu 極は－極である．自発反応は右から左へと進む．すなわち Ag^+ が電着し，Cu 極は溶解して Cu^{2+} を与える．電池内反応 (3) の平衡定数は式 (8・18) より求められる．

$$E_{cell}° = -0.460 \text{ V}$$

$$\therefore \quad -0.460 = \frac{0.059}{2} \log K$$

$$\therefore \quad K = 10^{-15.6}$$

8・1・4 カロメル電極と銀-塩化銀電極

酸化還元系の電位は，標準水素電極を基準にして定められているが，この電極の標準状態の維持はかなり困難であり，また水素ガスによる危険の問題もあるので，半電池の電位測定や電池の起電力の測定には，標準水素電極以

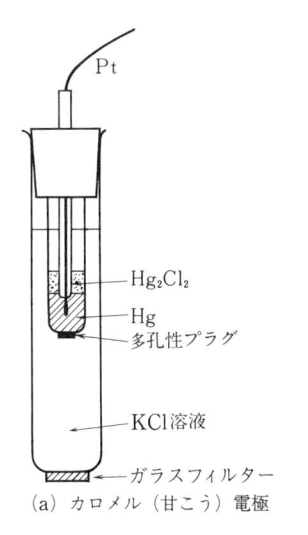

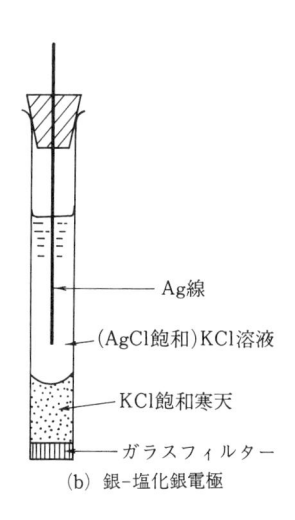

図 8・6

外の参照電極を用いることが多い．その一つがカロメル（甘こう）電極 (calomel electrode) である（図 8・6(a)）．この電極は基本的には次の酸化還元対

$$Hg_2^{2+} + 2\,e \rightleftharpoons 2\,Hg \quad [Hg^+ + e = Hg]$$

よりなる半電池である．Nernst の式を適用すると，

$$E = E°_{Hg^+/Hg} + 0.059 \log [Hg^+]$$
$$= 0.796 + 0.059 \log [Hg^+]$$

KCl の飽和溶液は約 $3.5\,mol\,l^{-1}$ であり，$[Cl^-] = 3.5\,mol\,l^{-1}$ である．カロメル Hg_2Cl_2 は難溶性塩であるので，

$$[Hg^+]^2[Cl^-]^2 = K_{sp}(=1.3\times 10^{-18}) \quad (25\,°C)$$
$$[Hg^+] = \sqrt{1.3\times 10^{-18}/(3.5)^2} = 3.3\times 10^{-10}\,mol\,l^{-1}$$

したがって Nernst の式より

$$E = 0.796 + 0.059 \log 3.3\times 10^{-10} = 0.236\,V \quad (25\,°C)$$

が得られる．実測のカロメル電極の値は $0.241\,V$ である．計算値とのずれは，活量の代わりにモル濃度を用いたこと，また KCl の飽和濃度や溶解度積の不確実さによる．

最近は水銀の環境問題もあり，銀-塩化銀電極を参照電極として用いることが多い．これは $Ag|Ag^+$ 系の電位に基づくが，Ag 極に AgCl を電着し，飽和 KCl 溶液に浸して，$[Ag^+]$ を一定に保持して安定な電位を得るもので

表 8・1　主な参照電極

参 照 電 極	電 極 反 応	電極電位 (25°C)
標準水素電極[1]	$2\,H^+ + 2\,e = H_2$	0（基準）
カロメル電極 (1 N KCl)	$Hg_2Cl_2 + 2\,e = 2\,Hg + 2\,Cl^-$	0.280 V
カロメル電極 (飽和 KCl)[2]	$Hg_2Cl_2 + 2\,e = 2\,Hg + 2\,Cl^-$	0.241
銀-塩化銀電極 (1 N KCl)	$AgCl + e = Ag + Cl^-$	0.236
銀-塩化銀電極 (飽和 KCl)	$AgCl + e = Ag + Cl^-$	0.197

1) standard hydrogen electrode (SHE)
2) saturated calomel electrode (SCE)

ある（図 8·6(b)）．いくつかの参照電極の電位を表 8·1 に示した．

8·1·5 膜 と 電 位 差

電気化学的システムにおいて電位差が発生する原因として，8·1·2 項では二つの電極反応の組合わせとして生じる場合を扱った．一方，濃度の異なる二つの溶液が薄い膜を隔てて接しているような場合にも，二つの溶液の間に電位差が発生することが知られている．すなわち，あるイオン種の濃度がそれぞれ C_1, C_2 であるような溶液 I, II があるとき，このイオン種に対して透過性を示す膜，あるいはこのイオン種を含む物質からなる膜を隔てて両溶液を接触させて

$$\text{溶液 I} \underset{(濃度\ C_1)}{} |膜| \underset{(濃度\ C_2)}{\text{溶液 II}}$$

で表わされるような系をつくると，この膜を隔てた両溶液間に膜電位差 E_M が発生する．発生の機構は基本的には電極反応によるものと同じで，E_M は Nernst の式で与えられる．

$$E_M = E° - \frac{RT}{nF} \ln \frac{C_2}{C_1} = -\frac{RT}{nF} \ln \frac{C_2}{C_1} \tag{8·19}$$

$E°=0$ とおけるのは，$C_1=C_2$ のとき $E_M=0$ のはずだからである．式 (8·19) によれば，C_1 が既知のとき E_M は C_2 に依存して変化する．

水素イオン濃度の測定，すなわち pH の測定は，このような膜電位差を測定することにより行われる．pH は

$$\text{pH} = -\log a_H \tag{8·20}$$

と定義されている（p.63 参照）．したがって pH を測定するために，水素イオンに対して透過性のある膜を利用し，この膜の一方の面には水素イオン濃度未知の溶液が接し，他方の面には濃度既知の溶液が接するようにして，膜の両面における電位差を測定すればよい．式 (8·19) において，未知濃度 $C_2=a_H$ とおけば

$$\begin{aligned} E_M &= \frac{RT}{nF}(\ln C_1 - \ln a_H) \\ &= E' - 0.059\,\text{pH} \quad (25\,°C) \end{aligned} \tag{8·21}$$

ただし，

$$E' = \frac{RT}{nF} \ln C_1 \qquad (8\cdot22)$$

である．E' の値を pH 標準液[1]を用いてあらかじめ定めておけば，E_M を測定し，式 (8·21) によって pH を求めることができる．

pH の測定に使用されるガラス電極（図 8·7）は，以上の原理にもとづいている．これは薄いガラス製の球（膜厚 0.01～0.1 mm）に約 0.1 M の塩酸溶液を入れ，これに銀-塩化銀電極またはカロメル電極を浸したものである．ガラス電極を pH 未知の溶液の中におくと，ガラス膜面を境にして両端に電位差が生じ，その電位差の大きさが，未知溶液の a_H によって変るようになっている．pH メーターはこのガラス電極と外部参照電極（カロメル電極または銀-塩化銀電極が用いられる）との組合わせで構成された一種の電圧計であるといえる．ただ，ガラス膜の電気抵抗は非常に高い（約 $10^8 \Omega$）ので，ガラス電極を用いた電池の起電力は簡単な電圧計では測定できず，むしろここに生じる微小電流（約 10^{-12} A）を高入力インピーダンス増幅器に導いて，電圧として読み取れるように設計されている．

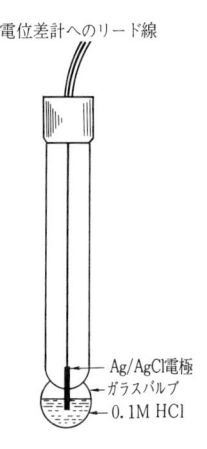

図 8·7　ガラス電極

8·1·6　イオン選択性電極

特定のイオンのみに感応し，かつ，そのイオン濃度に応じた電位を示すようにつくられた電極をイオン選択性電極（ion selective electrode, ISE），またはイオン電極（ion electrode）といい，イオンの検出，定量などに用いられる．

前項で扱った pH 測定用のガラス電極は，水素イオンに対するイオン選択性電極であると考えることができる．この場合，ガラスの薄膜が水素イオンのみを適当に透過させ，膜の両端の水素イオン濃度の差に応じて，膜電位差

---

[1] 表 3·1, 3·2 参照．

8・1 電　極

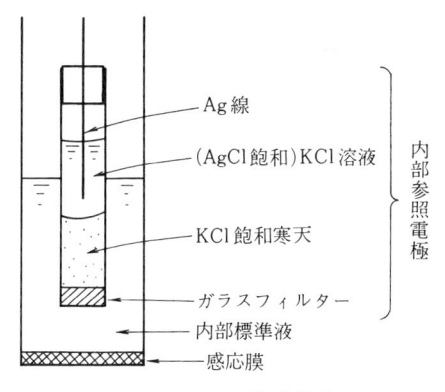

図 8・8　イオン選択性電極

が発生したのであった．同様にして，ある種の物質による膜が特定のイオンのみを透過させ，かつほかのイオンは透過させないならば，この膜の両端に生じた電位差を測定することにより，そのイオン濃度を知ることができるようになる．

イオン選択性電極は一般に図 8・8 のような構造をもち，図の感応膜の部分を試料溶液に浸し，適当な参照電極（例えばカロメル電極）を対極として両電極間の電位差を測定する．例えば，次のような電池が構成される．

$$\mathrm{Hg} \,|\, \mathrm{Hg_2Cl_2, Cl^-} \,\|\, \underbrace{\text{試料溶液} \,|\, \text{感応膜} \,|\, \text{内部標準液}}_{\text{イオン選択性電極}\ (C_1)} \,|\, \mathrm{AgCl, Cl^-} \,|\, \mathrm{Ag}$$

（カロメル電極は C_2，イオン選択性電極は C_1）

感応膜として，i) ガラス膜，ii) 難溶性塩膜，iii) 液膜，その他が開発されている．

i) のガラス膜を利用したものでは，pH 測定用のもののほかにアルカリ金属用，銀イオン用のガラス膜電極などが知られている．例えば $\mathrm{Li^+}$ 用電極として，15 % $\mathrm{Li_2O}$，25 % $\mathrm{Al_2O_3}$，60 % $\mathrm{SiO_2}$ の組成のガラス膜などが使われる．組成中の $\mathrm{Li_2O}$ 成分が，$\mathrm{Li^+}$ の透過性に関与していると考えられている．フッ化希土類（例えば $\mathrm{LaF_3}$）の単結晶板はフッ化物イオン $\mathrm{F^-}$ による導電性を示す難溶性塩であり，$\mathrm{F^-}$ 濃度の測定に利用される．ほかに難溶性ハロ

ゲン化銀あるいは硫化金属の粉末を加圧して感応膜としたものがあり，2価金属イオン用あるいは陰イオン用に使われる．このほか，液状イオン交換体などを多孔質ポリマー中に浸み込ませた液膜を感応膜とするものもあり，NO_3^- や ClO_4^- といったイオン種の定量に使われる．

8・2 電位差分析法

試料溶液中に，溶液中の分析目的化学種に応答する指示電極と参照電極を入れ，両電極間の電位差を電圧計（入力インピーダンスが十分大きいとする）で測定すれば，参照電極に対する指示電極の電位を知ることができる．この電位は Nernst の式により，溶液中の化学種濃度の関数として与えられるので，測定された電位の値から逆に化学種の濃度や，溶解度積などの平衡定数を知ることができる．

このように，測定系の電位を測定することによって，対象とする系の濃度や化学変化についての情報を得る方法をポテンショメトリー (potentiometry) と呼ぶ．また，これを滴定に利用したものを電位差滴定 (potentiometric titration) という (5・6・2 参照)．中和滴定 (p.129) も，電位差滴定で行うことができる．

イオン反応により難溶性の塩が沈殿する反応に電位差滴定を応用して，難溶性塩の溶解度積 K_{sp} を求めることができる．簡単な例として，Ag^+ と Cl^- が反応して AgCl が生成する場合を考えよう．

8・2・1 溶解度積の決定

イオン反応により難溶性の塩が沈殿する反応に電位差滴定を応用して，難溶性塩の溶解度積 K_{sp} を求めることができる．簡単な例として，Ag^+ と Cl^- が反応して AgCl が生成する場合を考えよう．

$$Ag^+ + Cl^- \rightarrow AgCl \qquad (8・23)$$

AgCl の溶解度積は，

$$K_{sp} = [Ag^+][Cl^-] \qquad (8・24)$$

となる．図 5・13 と同様な測定系を構成し，その際，指示電極として銀電極，

8·2 電位差分析法

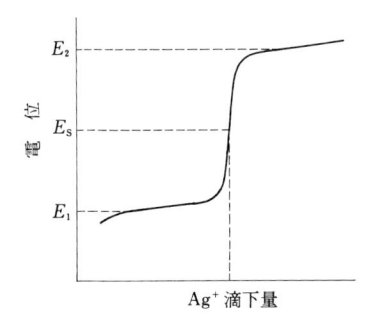

図8·9 AgNO₃の滴下による電位変化

参照電極として飽和カロメル電極，溶液として NaCl 水溶液のような Cl^- を含む溶液を使用し，AgNO₃ を滴下しながら銀電極の電位変化を測定する．

滴定はじめの Cl^- が過剰に存在するときの電位 E_1 は，Nernst の式から

$$E_1 = E°_{Cl_2/Cl^-} - \frac{RT}{F} \ln [Cl^-] \qquad (8·25)$$

で与えられ，一方，すべての Cl^- が沈殿して Ag^+ が過剰に存在するようになったときの電位 E_2 は

$$E_2 = E°_{Ag^+/Ag} + \frac{RT}{F} \ln [Ag^+] \qquad (8·26)$$

で与えられる．AgNO₃ を滴下していくにつれて，電位は E_1 から E_2 へ向けて移動し，当量点付近において電位の飛躍がおきる．当量点では，

$$[Ag^+] = [Cl^-] = \sqrt{K_{sp}} \qquad (8·27)$$

が成立するから，このときの電位を E_s とすれば

$$\begin{aligned} E_s &= E°_{Cl_2/Cl^-} - \frac{RT}{F} \ln \sqrt{K_{sp}} \\ &= E°_{Ag^+/Ag} + \frac{RT}{F} \ln \sqrt{K_{sp}} \end{aligned} \qquad (8·28)$$

であり，よってこれらの式から

$$K_{sp} = \exp\left\{\frac{2F(E_s - E°_{Ag^+/Ag})}{RT}\right\} = \exp\left\{\frac{2F(E°_{Cl_2/Cl^-} - E_s)}{RT}\right\} \qquad (8·29)$$

により溶解度積 K_{sp} が求まる．

8・3 電解分析

溶液中の酸化還元反応に関する定量分析を，ファラデーの法則にもとづいて，電気分解に消費された電気量測定を通じて行う方法を，電解分析[1] (electrolytic analysis) という．電解分析には，大別すると二つの方法がある．一つは，電位を一定に保ちながら電解して，流れる電気量を求める方法であり，ほかの一つは，電流を一定に保ちながら電解し，流れる電気量を求める方法である．特に後者の場合，電極電位は反応の進行とともに変り得るので，電極上で進行する反応が目的の反応のみでほかの反応がおこらないこと，すなわち電流効率が 100 % であることが定量分析にとって必要である．この点に考慮が払われた滴定法として電量滴定 (coulometric titration) 法が知られている．

8・3・1 定電位電解分析

図 8・10 は，電解で電極上に銅を析出させる実験のようすを示したものである．直流電源により，電解に必要な電圧 E_{appl} を印加すると，銅電極には銅が析出し，白金電極からは酸素の発生がみられる．この E_{appl} は実は式 (8・36) のように与えられるものであるが，これについて少し考えてみよう．

今，もし直流電源を回路から取り除けば，図の装置系は電池として作動し，外部の抵抗を通じて電流が Pt 極から Cu 極に向けて流れ，Cu 極からは Cu^{2+} が溶液中に溶出するであろう．このときの電池の起電力 E_{cell} を求めてみる．全体の電池反応は

$$2\,Cu + O_2 + 4\,H^+ \rightleftharpoons 2\,Cu^{2+} + 2\,H_2O \tag{8・30}$$

であり，電極反応は

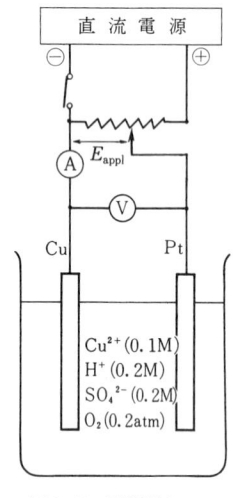

図 8・10 電解反応セル

---
[1] 電気量の測定に重点をおいた命名として電量分析 (coulometric analysis) がある．

8・3 電解分析

$$O_2 + 4H^+ + 4e \rightleftharpoons 2H_2O \quad (\text{Pt 極}) \tag{8・31}$$

$$Cu^{2+} + 2e \rightleftharpoons Cu \quad (\text{Cu 極}) \tag{8・32}$$

である．これらの反応に対する電極電位は，それぞれ

$$E(\text{Pt 極}) = E°_{O_2,H_2O} - \frac{0.059}{4} \log \frac{1}{p_{O_2}[H^+]^4}$$

$$= 1.23 - \frac{0.059}{4} \log \frac{1}{(0.2)(0.2)^4} = 1.18 \text{ V} \tag{8・33}$$

$$E(\text{Cu 極}) = E°_{Cu^{2+},Cu} - \frac{0.059}{2} \log \frac{1}{0.1} = 0.31 \text{ V} \tag{8・34}$$

であり，電池の起電力 E_{cell} は

$$E_{cell} = E(\text{Pt 極}) - E(\text{Cu 極}) = 1.18 - 0.31 = 0.87 \text{ V} \tag{8・35}$$

となる．

したがって，再び直流電源をつないで，E_{appl} を 0.87 V に等しく調節してやれば，E_{appl} と E_{cell} の二つの起電力は打消し合って，電流は流れない．E_{appl} が 0.87 V より大きくなると溶液の電解が始まり，電流は溶液中を Pt 極から Cu 極に向けて流れるようになる．実際に反応を進行させるためには，E_{appl} は E_{cell} よりわずかに大きくしてやる必要がある．この余分の電圧を過電圧（overvoltage）と呼び，さらに電流 i が回路抵抗 R の中を流れることを考慮に入れると，電解についての基礎的な関係式として

$$E_{appl} = E_{cell} + E_{ov} + iR \tag{8・36}$$

が得られる．E_{ov} は電極における過電圧の総和，R は回路の全抵抗である．電流を流して電解を進行させると，溶液中の濃度は時間とともに変化するので，式（8・36）の右辺の三つの項はいずれも変化する．したがって，両電極の電位も変化し得るので，場合によっては目的以外のほかに電極反応がおこって定量の目的が達成されないことになる．

定電位電解分析はこのようなことが生じないようにしようとするものであり，反応がおこっている電極の電位が一定に保たれるように E_{appl} を調節しながら電解反応を進行させる．この方法によれば，ある一つの電極反応のみがおこり，よって，セル中を通過した全電気量が定量目的の物質量に比例す

ることになる．このような測定条件を実現するための工夫として，ある補助的な参照電極を図8・11のように設け，この参照電極に対して指示電極の電位が一定となるように E_{appl} を調節する．この調節を自動的に行うための装置はポテンショスタット（potentiostat）と呼ばれ，通常はこれを用いて実験を行う．

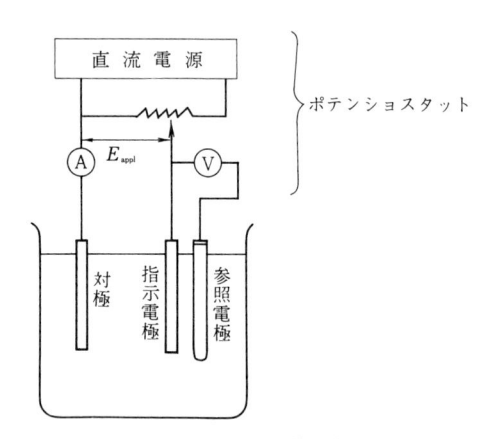

図8・11 定電位電解分析

8・3・2 定電流電解分析

この方法では，電解の進行中，電流が一定となるように図8・11の E_{appl} を調節する．電解の進行とともに電極電位は変化し得るが，それでも目的の電極反応のみがおこるような電解条件が満たされるならば，反応量はファラデーの法則から直ちに求められる．すなわち

$$F \times 反応当量数 = i \times t \quad （Fはファラデー定数） \qquad (8・37)$$

の関係より，反応に要した時間 t を測定すればよい．この場合，電極の重量変化を測定する必要はない．

しかしながら，多くの場合，電極電位が時間とともに変化してしまう結果，ほかの電極反応がおこるなどして，注目した反応について100％の電流効率が得られないことが生じる．電量滴定（coulometric titration）は，このような問題が回避できるように工夫された定電流電解分析法の一種であ

8・3 電解分析

る．この方法では，一定の電流で電解しながら，同時に電極電位を合理的な電位に保っておくことができるように，適当な作用物質をあらかじめ添加しておき，反応の終点を作用物質の変化を介して検知する方法をとる．作用物質として，多くの場合補助酸化還元剤を使用し，これによる急激な電位変化を滴定曲線として読みとり，終点を求める．

一例として，白金陽極における鉄（II）イオンの電解酸化による定量について考えよう（図 8・12）．図中の定電流電源につながった二つの Pt 極（発生極[1]と対極）が Fe(II) の酸化還元に関する主回路を形成している．さらに，第 2 の電気回路として，電位差計に接続された参照電極と指示電極を発生極の近くに設置する．電解溶液（H_2SO_4 酸性溶液）中に補助酸化還元剤として十分な Ce^{3+} を添加しておく．電解が始まると，陽極近傍の Fe^{2+} の酸化反応

$$Fe^{2+} \rightarrow Fe^{3+} + e, \quad E_1° = 0.771 \text{ V} \tag{8・38}$$

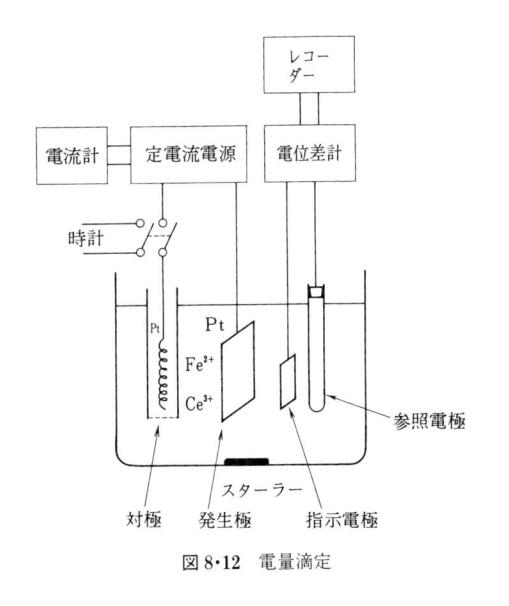

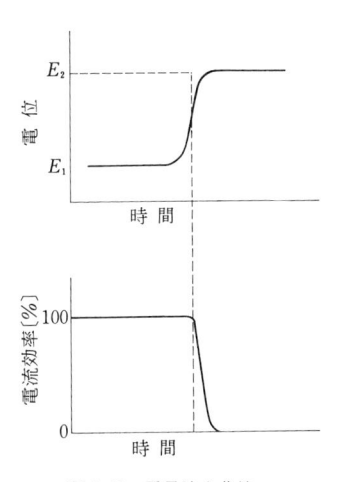

図 8・12 電量滴定

図 8・13 電量滴定曲線

---

1) 作用物質を発生させる電極．

が進行する．当量点近くになって Fe^{2+} 濃度が減少すると，電極電位は急激に上昇しようとするが，Ce^{3+} が存在するために

$$Ce^{3+} \rightarrow Ce^{4+} + e, \quad E_2° = 1.74 \text{ V} \quad (8\cdot39)$$

の反応が進行し，発生した Ce^{4+} は直ちに溶液中で次の反応をおこす．

$$Ce^{4+} + Fe^{2+} \rightarrow Ce^{3+} + Fe^{3+} \quad (8\cdot40)$$

このように，発生した Ce^{4+} の Ce^{3+} への変化を介して Fe^{2+} が電流効率100％で酸化され，電位の急激な上昇は抑制される．Fe^{2+} がすべて酸化されると，もはや $Ce^{4+} \rightarrow Ce^{3+}$ の変化がなくなるので，Ce^{4+} 濃度は急に増大し，E_1 から E_2 への急激な電位上昇がみられることになる．図 $8\cdot13$ に，電量滴定における滴定曲線と電流効率の変化を示す．電位の変曲点までの時間 t によって，Fe^{2+} の酸化電気量 ($Q=it$) を求めることができ，これから Fe^{2+} の量を知ることができる．また電位 E_1 の値から Fe^{2+} の酸化還元反応の内容がどのようなものか（この場合は $Fe^{2+} \rightleftharpoons Fe^{3+}+e$）を知ることができる．

表 $8\cdot2$ 電量滴定法の応用例

滴 定	電 解 液	作用物質(発生試薬)	分 析 例
中和	0.1 M KCl	H^+, OH^-	酸，塩基，CO_2, SO_2
酸化還元	0.1 M $Ce_2(SO_4)_3$ 硫酸溶液	Ce^{4+}	Fe^{2+}, Mo^{3+}, H_2O_2
	0.1 M KCl	Cl_2	Fe^{2+}, NH_3, S^{2-}
沈殿	0.5 M KNO_3	Ag^+	Cl^-, Br^-, I^-, CN^-
キレート	0.1 M Hg-EDTA +NH_3 緩衝液	EDTA	Ca^{2+}, Mg^{2+}, Cu^{2+}, Pb^{2+}

電量滴定が応用される例を表 $8\cdot2$ に示す．前記の例のような酸化還元滴定への応用のみならず，中和滴定，沈殿滴定，キレート滴定などにも応用される．

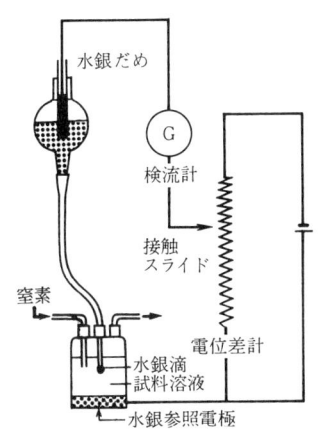

8・4 ポーラログラフィー

ポーラログラフィー（polarography）は，滴下水銀電極（dropping mercury electrode）を用いて試料溶液を電解したときの電流と電位との関係（ポーラログラム）から，溶液の微量分析や電極反応機構の解析などを行う方法である．ポーラログラフ法（polarographic method）とも呼ばれる．1922年にHeyrovskyにより報告され，志方との協力により発展されたものである．特に陰極側の電極は細い毛管の穴（穴の径0.06～0.08 mm）から出てくる水銀の小滴であり，一種の微小電極である．水銀は白金などと比較して水素過電圧[1]が大きいので電極上で各種の電極反応を行わせることが可能であり[2]，しかも水銀滴の表面は常に新しく保たれる特徴があり，広い応用性と良好な再現性に特徴があるといえる．なお，電流-電圧曲線を解析に利用する分析法は一般にボルタンメトリー（voltammetry）と呼ばれ，ポーラログラフィーはその代表的な一種である．

8・4・1 直流ポーラログラフィー

ポーラログラフィーの装置は図8・14のように滴下水銀電極部分と電極電

図8・14 ポーラログラフィーの概要図

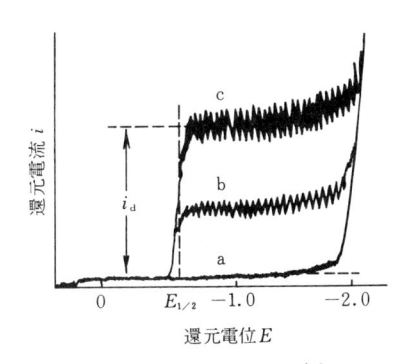

図8・15 Cd^{2+}のポーラログラム
a : 0.1 M KCl
b : 0.1 M KCl+0.001 M Cd^{2+}
c : 0.1 M KCl+0.002 M Cd^{2+}

---

1) 陰極に水素が発生するときの過電圧．
2) 過電圧が大きい分だけ電極電位をより負側に下げることができる．

位の制御部より構成されている．電解セル中で試料溶液は，被測定化学種とKClなどの支持電解質[1]を含んでいる．酸素がわずかでも溶存するとバックグラウンド電流として誤差の原因となるので，窒素やアルゴンガスをバブルして除いてやることが必要である．ただし，測定中はこれは行わない．電位の制御は一般にはポテンショスタットを用いる．水銀の滴下は0.5～10秒間に1滴程度の速度で行う．

図8・15に微量のCd^{2+}を含む水溶液のポーラログラムを示す．ポーラログラフィーでは，還元電位と還元電流が主に測定されるので，一般に横軸の目盛は右へ行くほど電極電位が低くなるようにとり，一方，縦軸の目盛は還元反応による電流の流れ（電極側から溶液側への電子の流れ，すなわちcathodicな流れ）の強さを表わすようにとるのが普通である．

滴下水銀電極の電位が負方向に移行して行くと，ある点から急に還元電流が増大し始める．そして，ある高さに達してほぼ一定の値を示すようになる．これを限界電流という．一定の値になる理由は，Cd^{2+}イオンが電極表面で$Cd^{2+}+2e \to Cd$の還元反応を受けると，それに続いて次々とほかのCd^{2+}が電極表面にまで移動して還元反応が続くのであるが，ある限度で溶液中のCd^{2+}の拡散速度に律速されてしまうためである．その意味で，限界電流のことを拡散電流i_d（diffusion current）と呼ぶ．また，限界電流の波高の半分になる電位を半波電位（half-wave potential）$E_{1/2}$と呼ぶ．溶液中に存在している反応化学種の濃度とi_dは比例関係にあり，また$E_{1/2}$は化学種の還元反応に固有の電位を示すことが知られている．したがって測定されたポーラログラムのi_dと$E_{1/2}$の値から化学種の定性と定量分析が行える．図8・16に複数のイオン種が存在するときのポーラログラムの例を示す．

拡散電流$i_d [\mu A]$は，次のイルコビッチ（Ilkovič）の式で示される．

$$i_d = 607\, nD^{1/2}Cm^{2/3}t^{1/6} \tag{8・41}$$

ここで，nは反応電子数，Dは化学種の拡散係数$[cm^2\,s^{-1}]$，Cは化学種

---

[1] 自分が直接に電解に関与しないような難還元性の電解質．

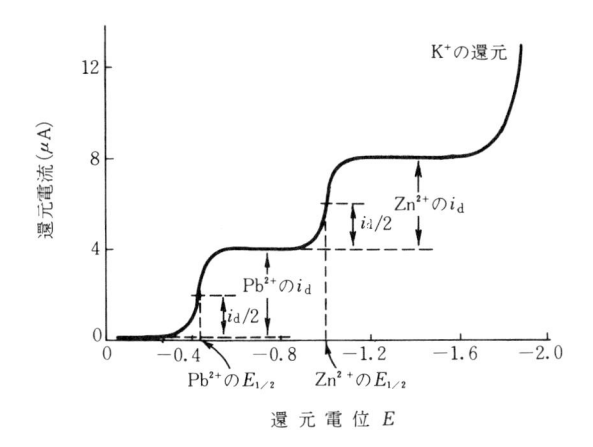

図 8·16 複数のイオン種が存在するときのポーラログラム（1 M KCl 中に 10^{-3} M Pb^{2+} および 10^{-3} M Zn^{2+} を含む溶液）

の濃度 [10^{-3} mol dm^{-3}]，m は水銀滴下速度 [mg s^{-1}]，t は水銀の滴下間隔 [s] である．式 (8·41) は i_d と C の比例関係を示しており，定量分析の基礎となっている．実際の定量分析では，検量線を作成してから行うのが通例である．検量線の傾きは 607 $nD^{1/2}m^{2/3}t^{1/6}$ に等しいので，n，m，t がわかれば拡散係数 D を求めることができる．

8·4·2 その他のポーラログラフィー

前項の直流ポーラログラフィーでは，横軸目盛に還元電位をとり，この電位をコントロールするときは常に時間に対して一定方向に変化させていた．これに対して，電位のコントロール法および電解電流のサンプリング法に変化を加えることにより，各種のポーラログラフィーが開発されてきた．それらの中では交流ポーラログラフィー，パルスポーラログラフィー，微分ポーラログラフィー，ストリッピング法などがよく知られている．

アノーディックストリッピング法 (anodic stripping)[1] は，微量金属の検出限界が 10^{-9}〜10^{-11} mol dm^{-3} であり，極めて高感度な分析法である．この方法は，2階段からなり，はじめに溶液中の金属イオンなどを水銀電極上に

---
1) カソーディックストリッピング (cathodic stripping) 法もある．

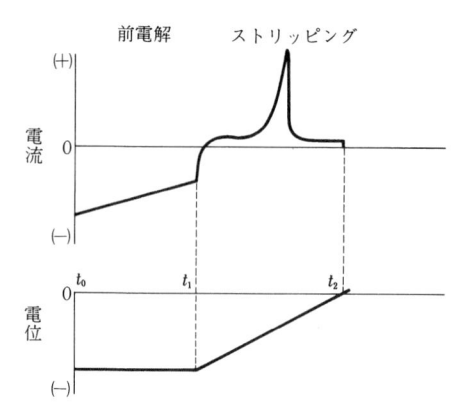

図 8·17 アノーディックストリッピング法における電位コントロールと電解・溶出曲線.
前電解：$M^{n+} + ne + Hg \rightarrow M(Hg)$ アマルガム生成
ストリッピング：$M(Hg) \rightarrow M^{n+} + ne + Hg$ 溶出

　まず還元析出させて濃縮し，次に電極の極性を変えて金属を酸化溶出させるという方法をとる（図 8·17）．酸化反応の電位から定性分析が可能であり，またこのとき流れる電流や電気量を測定して，定量分析することができる．

　金属イオンをはじめに還元析出させる段階を前電解と呼ぶ．ここでは水銀電極電位を一定に保ち，溶液を一定の速度で攪はんして溶液中の被測定金属イオンの全量を電解析出させる．このようにするためには，金属イオンの還元ポーラログラムの半波電位より約 0.2 V だけ負の電位に水銀の電位を設定する．前電解の時間は，普通の操作では 15 分程度である．次に後段のストリッピング過程に入る．ここでは電位を $0.1〜1$ V min^{-1} の速度で正方向に走査して，金属イオンの酸化溶出過程に対する電流を測定する．このときの電位-電流変化は，アノード溶出曲線と呼ばれる．金属イオンの濃度は，アノード溶出曲線のピーク電流または溶出の電気量から決定する．

9 光を利用する分析法

　光を利用する分析は，あらゆる分光分析の出発点であり，定性および定量分析の基礎となるものである．光は電磁波の一部であり，電磁波はγ線から電波領域までの広いエネルギー領域を占める．可視光はこの広いエネルギー領域のごく一部を占めるにすぎないが，人間にとって最も関係の深い電磁波であり，多くの重要な分析法がこの領域で開発され，現在も広く利用されている．

　この章では，主として可視光が関係する分析法について考察する．大別すると，物質の吸収を利用するものと発光を利用するものとがある．歴史的にみても両者は共存しつつ競争的に発展してきたが，今日においてもその状況は同じである．

9・1 光分析の基礎

　電磁波はそのエネルギーの大きいほうから順にγ線，X線，紫外線，可視光線，赤外線，マイクロ波，電波と呼ばれている．領域の境界は必ずしも厳密に区分けされているわけではないが，おおよそは図9・1に示す通りである．波長では10^{-6} nm（1 nm＝10^{-9} m）から1 km程度に，エネルギーでは10^9 eVから10^{-9} eVの広範囲（またはそれ以上）に及んでいる．可視光線は350 nm〜800 nm（3.5〜1.6 eV）程度で，電磁波の領域中の極めて狭い範囲を占めるにすぎない．

　物質に光が入射すると，吸収や発光がおこる．これは，光（電磁波）と物質が相互作用した結果である，といえる．光と物質の相互作用は，物質を構成する原子核，電子，およびそれからなる原子，分子，イオンのレベルにおいておこる．原子中の電子は固有の振動数で振動する荷電粒子とみなし得る．

今，これと同じ振動数の光が入射した場合を考えると，電子は光の振動電場により強制振動を受けてエネルギーを増すことになる．これが光エネルギーの吸収である．

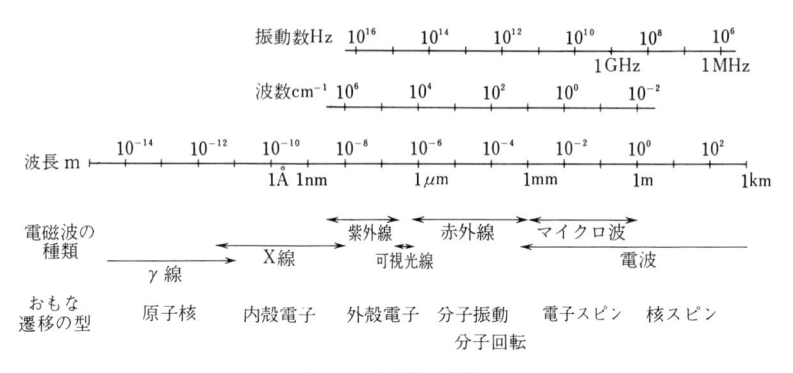

図 9・1　電磁波の種類

　逆に，高いエネルギー状態になった電子は，光の刺激などによりエネルギーを放出してより安定なエネルギーの低い状態に移る．その際，光としてエネルギーを放出すればそれは発光である．

　原子や分子の世界では，このようなエネルギーのやりとりが，とびとびのエネルギー量単位で行われており，このことをエネルギーが量子化されていると表現する．このような量子化されたエネルギーの考えは，Planck (1901年) によって初めて導入されたものであるが，この考え方を原子による吸光・発光と関連づけて明確な形で提示したのが Bohr (1913年) である．これをボーアの原子モデルという．

　最も簡単な水素原子について考えてみる．

　Bohr は水素原子の放電による発揮線スペクトルを説明するため，原子の構造として，原子核のまわりに電子が円軌道を描いてまわり，しかもその軌道が内側のエネルギー状態の低いものから，外側のより高い状態まで複数個存在しているというモデルを想定した．そして原子による光の吸収と発光に関して，次のような仮説を立てた．

9·1 光分析の基礎

(1) 電子は，ある特定のエネルギーに対応する軌道上を運動するが，そのときの電子の角運動量は $h/2\pi$ (h はプランク定数，$h=6.63\times10^{-34}$ J s) の整数倍である．

(2) 電子エネルギー E_1 の軌道から，エネルギー E_2 の軌道に遷移するときに，

$$E_2 - E_1 = h\nu \qquad (9\cdot1)$$

の関係式で与えられるような振動数 ν の光を吸収または放出する．

さて，電子が定常的に円運動を続けるには，中心に向かうクーロン静電力が遠心力と釣合っていなければならない．電子の質量を m，荷電を $-e$，角速度を ω，電子と原子核との距離を r とすれば，遠心力は $mr\omega^2$，クーロン引力は e^2/r^2 (原子核の荷電は e) であるから，釣合いの式として

$$mr\omega^2 = \frac{e^2}{r^2} \qquad (9\cdot2)$$

が得られる．

また，電子の角運動量は $mr^2\omega$ であるから，ボーアの仮説 (1) より

$$mr^2\omega = n\frac{h}{2\pi} \quad (n\text{は整数}) \qquad (9\cdot3)$$

となる．この二つの式を解いて

$$r = \frac{n^2 h^2}{4\pi^2 m e^2} \qquad (9\cdot4)$$

したがって，電子のエネルギー E_n は運動のエネルギー $\left(\frac{1}{2}mv^2,\ v\text{は電子の速度}\right)$ と位置のエネルギー $\left(-\frac{e^2}{r}\right)$ の和であるから

$$E_n = \frac{1}{2}mv^2 - \frac{e^2}{r} = \frac{2\pi^2 me^4}{n^2 h^2} - \frac{4\pi^2 me^4}{n^2 h^2} = -\frac{2\pi^2 me^4}{n^2 h^2} \qquad (9\cdot5)$$

が得られる．

水素原子はこの式で与えられるようなエネルギー準位をもち，かつ，これらの準位間を遷移するときに電磁波を吸収または放出する．準位 E_k から準位 E_n へ遷移したときに放出する電磁波の振動数を ν とすれば，ボーアの仮

説 (2) から
$$E_k - E_n = h\nu \tag{9・6}$$
よって
$$\nu = \frac{2\pi^2 me^4}{h^3}\left(\frac{1}{n^2} - \frac{1}{k^2}\right) \quad (k=2, 3, 4, \cdots, かつ\ k>n) \tag{9・7}$$
が得られる．

これらの式 (9・5)〜(9・7) は水素原子の発揮線スペクトルをみごとに説明することができ，ボーアの原子モデルの正しいことが実証された．なお，後になって式 (9・5) は量子力学的立場からも導き出されることが示された．量子論では式 (9・5) の中の n は主量子数と呼ばれる．

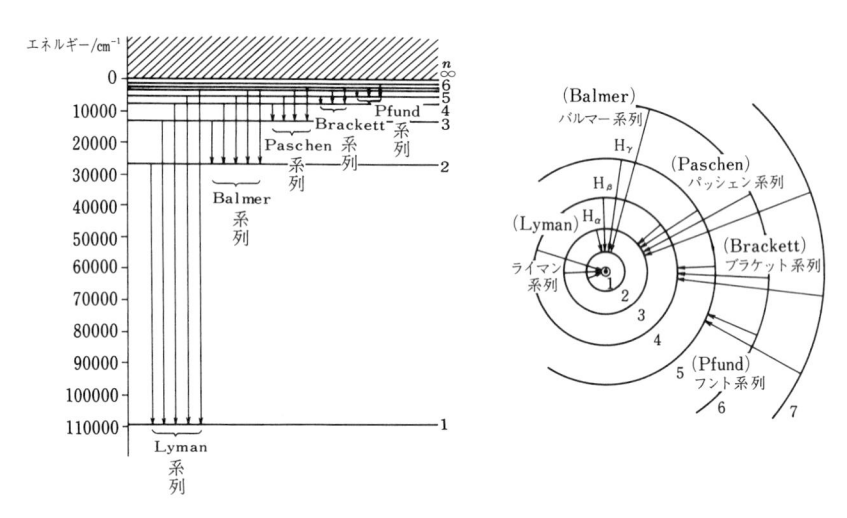

図 9・2　水素原子のエネルギー準位とスペクトル線

図 9・2 は，ボーアの原子モデルによる水素原子のエネルギー準位のスペクトル線を示すものである．最低のエネルギー値をもつ状態，すなわち $n=1$ のエネルギー準位に対応する状態を基底状態と呼び，これより高いエネルギー値をもつ状態を励起状態という．水素原子のスペクトル線のうち，各励起状態から基底状態へ遷移するときに発揮するスペクトル線は Lyman 系列と

呼ばれ，これは紫外線の波長領域に相当している．このほかに，Balmer 系列（可視領域），Paschen 系列（赤外領域），Brackett 系列（遠赤外領域），Pfund 系列（遠赤外領域）が知られており，それぞれより高い励起状態から $n=2, n=3, n=4, n=5$ のエネルギー準位への遷移に対応している．これらの系列は，もともと実験的に見出されていたものであるが，式（9・7）の関係式からも矛盾なく説明される．

常温で水素原子は $n=1$ の基底状態にあり，$n=2$ の最低励起状態に遷移させるためには，両準位のエネルギー差に対応する波長の光を入射しなければならない．これは水素原子の場合 1215.7 Å の紫外光に相当し，可視部の光では励起することができない．したがって水素原子は無色である．今，このような紫外光で最低励起状態に励起させると，短時間（10^{-8} 秒以下）ののち，吸収した光と同じ波長の光を放出してもとの基底状態にもどる．このような光を，その原子の共鳴線という．

水素以外の原子の場合は，エネルギー状態は主量子数 n のみで指定することはできず，方位量子数 l，その他の量子数の助けが必要となる．これは，核外電子の数が 2 個以上になると，核と電子の相互作用だけでなく電子同士の相互作用もエネルギー準位に影響を及ぼして準位の数を増加させ，それらの区別のために主量子数以外の量子数が必要となるためである．例えば，図 9・25（p. 263）には Li，Na，K 原子のエネルギー準位が示されているが，各準位は主量子数 n と方位量子数 l とにより指定されている．図中の s, p, d, … などの記号は，方位量子数 $l=0, 1, 2, \cdots$ にそれぞれ対応している．エネルギー準位の一つ一つは項（term）と呼ばれ，項と項の間の遷移が電磁波の吸収や放出に対応する．しかしながら，遷移はすべての項間で自由に行われるものでなく，選択律（selection rule）と呼ばれる規則により制約されている．

9・2 吸光光度法
9・2・1 ランベルト・ベールの法則 (Lambert-Beer's law)

着色した溶液の中を光が通過すると,光吸収がおきる.ランベルト・ベールの法則は,その光の吸収が溶液の濃度や通過した厚さに対してどのように変化するかを示したもので,濃度と吸収の関係を示すベールの法則,および通過長と吸収の関係を示すランベルトの法則の二つをまとめたものである.溶液層における光の吸収のみならず,気体や固体中における吸収現象にも広くあてはまる重要な法則といえる.

ある波長の光が溶液層を通過したとき,入射光の強さを I_0,透過光の強さを I とすれば,透過率 (transmittance) T と吸光度 (absorbance) A は次のように定義される.

$$T = I/I_0 \tag{9・8}$$
$$A = -\log T = \log(I_0/I) \tag{9・9}$$

透過率 T は一般に％で表示される.吸光度 A は古い教科書では光学密度 (optical density) と記されている場合もある.

今,光が通過した溶液層の厚さを l (cm),溶液中の光吸収に関係する物質の濃度を c (mol/l) とすれば,濃度があまり大きくない範囲では,透過後の光の強さ I は

$$I = I_0 \times 10^{-\varepsilon cl} \tag{9・10}$$

で与えられる.これがランベルト・ベールの法則である.ε はモル吸光係数 (molar absorptivity) と呼ばれ,吸光物質に固有の定数である.式 (9・10) は,濃度 c を一定とした場合,光の強度 I が透過距離 l の増加に対して指数関数的に減少することを示し (ランベルトの法則),逆に,l を一定とした場合,濃度 c の増加に対して同様に指数関数的に減少することを示している (ベールの法則).式 (9・10) を,式 (9・9) を使って書きかえると,

$$A = \log(I_0/I) = \varepsilon cl \tag{9・11}$$

となる.これはランベルト・ベールの法則の別表現であり,言葉で表わすと,

9・2 吸光光度法

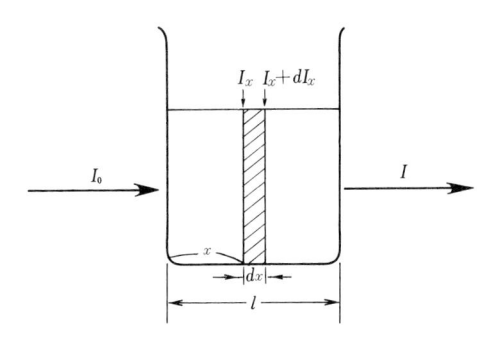

図9・3 ランベルト・ベールの法則の導出

吸光度 A は溶液の濃度 c および溶液層の厚さ l に比例する，となる．モル吸光係数 ε は比例係数に相当し，$c=1\,\mathrm{M}(=\mathrm{mol/l})$，$l=1\,\mathrm{cm}$ のときの吸光度に等しい．

ここで，式 (9・11) が広く一般にあてはまる関係式であることを知るために，これを理論的に導出してみよう．図 9・3 のように入射光線 I_0 が濃度 c，厚さ l の溶液層を透過する場合を考える．溶液層中の微小厚さ dx 部分における吸収 dI_x (<0) は，そこでの強度 I_x，濃度 c，層厚 dx に比例するから

$$-dI_x = kI_x c dx \tag{9・12}$$

で与えられる．ただし k は比例係数である．これは最も簡単な微分方程式であり，

$$-\frac{dI_x}{I_x} = kc dx \tag{9・13}$$

と書き直して，両辺をそれぞれ積分（I_x については I_0 から I まで，x については 0 から l まで）すれば

$$-\int_{I_0}^{I} \frac{dI_x}{I_x} = kc \int_0^l dx \tag{9・14}$$

すなわち

$$\ln(I_0/I) = kcl \tag{9・15}$$

となり，式 (9・11) と同等のものが得られた．式 (9・11) では常用対数が用いられているが，式 (9・15) では自然対数が用いられている．式 (9・10) に

相当する式は

$$I = I_0 e^{-kcl} \tag{9.16}$$

となる．定数 k と ε の間には

$$k = 2.303\,\varepsilon$$

の関係がある．式 (9・10) において，$l=1/\varepsilon c$ とすると，$I_0/I=10$ となる．すなわち光が $1/\varepsilon c$ (cm) だけ進むと強度 I は初めの 1/10 に落ちる．さらに $1/\varepsilon c$ (cm) 進んで $l=2/\varepsilon c$ になると強度 I は 1/100 に落ちる．自然対数の式 ((9・15) または (9・16)) に則して考えるならば，光が $l=1/kc$ なる距離を進むに従って強度は 1/e 倍に落ちることになる．

[例題] クロム酸カリウム (K_2CrO_4) の塩基性溶液は，372 nm で吸収極大を示す．濃度 3×10^{-5} M (=mol/l) の溶液を 1 cm のセルに入れて吸光度を求めたところ 0.145 であった．

(a) クロム酸カリウムの 372 nm におけるモル吸光係数はいくらか．
(b) セル厚さが 2 cm のとき，透過率は何パーセントか．

[解] (a) $A = \varepsilon l c$ より

$$0.145 = \varepsilon \times (1\text{ cm}) \times (3\times10^{-5}\text{ M})$$

したがって $\varepsilon = 4.83\times10^3\text{ cm}^{-1}\text{ M}^{-1}$

(b) $\log\dfrac{1}{T} = \varepsilon l c$ より

$$-\log T = (4.83\times10^3\text{ cm}^{-1}\text{ M}^{-1})\times(2\text{ cm})\times(3\times10^{-5}\text{ M})=0.29$$

よって $T = 10^{-0.29} = 0.513$ すなわち 51.3 %

9・2・2 吸光光度定量分析 (absorptiometry)

ランベルト・ベールの法則を利用して，微量金属の定量を行うことができる．式 (9・11) によれば，溶存物質のモル吸光係数 ε がわかっている物質については，吸光度 A と濃度 c は比例関係にある．したがって，既知濃度の溶液（複数個）と A の関係をあらかじめ求めておくことにより，未知濃度の試料の吸光度 A を測定で読み取って，それから濃度 c を決定することができる．

9・2 吸光光度法

この実行に当っては，まず目的成分金属を適当な試薬との反応によって，紫外・可視領域に吸収をもつ物質に変えてやらなくてはならない．このためには，有機試薬による金属キレートの生成反応が一般的に用いられる．金属キレートとは，中心の金属イオンのまわりにいくつかの無機または有機分子が結合してできた錯体であり，特に特定の有機試薬を用いることにより，顕著な発色性錯体を生成するものが多数知られているので，これを利用する．

表 9・1 定量元素と発色試薬

定量目的元素	発色試薬	注
Al	オキシン	生成錯体を有機溶媒に抽出
As, P, Si	モリブデン酸アンモニウム	ヘテロポリ酸を生成．これを還元すればヘテロポリブルーを生成
Fe	チオシアン酸塩	$Fe(SCN)_3$を生成
	1, 10-フェナントロリン	$Fe(phen)_3$を生成
Mn	過ヨウ素酸カリウム	MnO_4^-に酸化
Ni	ジメチルグリオキシム	アルカリ性水溶液中で発色
Bi, Cd, Hg, Pb, Zn	ジチゾン	生成錯体を有機溶媒に抽出

表9・1に，吸光光度法でしばしば定量される元素と，その発色試薬の主な例を示す．このような発色反応の選定に際して，重要な条件として次の諸点があげられる．

（1）反応の選択性が高いこと，すなわち発色試薬はなるべく目的成分とだけ反応し，ほかの溶存金属種とは反応しないこと．

（2）反応生成物が大きなモル吸光係数 ε をもつこと．ε が十分大きければ，目的成分が低濃度であっても吸光度 A が大きくなり，鋭敏な検出が可能となる．

（3）発色操作が容易でかつ反応生成物が安定であること．なるべく広い温度，pH範囲で安定に発色し，かつ時間の経過に対しても退色ないし変色しなければ，測定がそれだけ容易となる．

[実験]　オルトフェナントロリンによる鉄の分光光度定量

Fe(II)はオルト(1,10-)フェナントロリン(phenと略記)と極めて安定な赤色のキレートを生成するので，この発色反応を利用して高感度な定量分析が可能である．

$$Fe^{2+} + 3\,phen \rightleftharpoons [Fe(phen)_3]^{2+}$$

$$\frac{[Fe(phen)_3]^{2+}}{[Fe^{2+}][phen]^3} = K = 10^{21.3} \quad (25\,°C)$$

反応の平衡定数 K は大変大きく，安定かつ容易に $[Fe(phen)_3]^{2+}$ キレートを生成させることができる．注意しなければならないのは，Fe が2価 Fe(II) の状態で存在すべきことで，3価 Fe(III) だとキレートの生成が十分でなくなってしまう．そのようなときは，ヒドロキシルアミン NH_2OH などの還元剤で Fe(II) に還元する必要がある．また，オルトフェナントロリンは Fe(II) のほかに Cu(I) とも似た色の安定なキレート(吸収極大波長 435 nm, モル吸光係数 7 250)を生成するので，これが含まれている場合は，あらかじめ除去するなどの操作が必要である．キレートは広い pH 範囲 (pH 2.5～9.5) で容易に生成するが，念のため適当な緩衝剤を利用するとよい．生成するキレートは 400～550 nm にかけて幅広い吸収を示し，510 nm に吸収極大をもつ．この波長におけるモル吸光係数は 11 100 である．

a. 溶液の準備　(4人1組の実験を想定し，準備する溶液量もそれに合わせてある)

Fe(II)標準液：モール塩 $(NH_4)_2SO_4·FeSO_4·6H_2O$ の 1.960 6 g を正確にはかりとり，メスフラスコを用いて，数滴の H_2SO_4 を加えた水で希釈して 500 ml にすると，0.01 M (すなわち 0.558 5 mg Fe/ml) の溶液となる．H_2SO_4 を加えるのは，Fe^{2+} が酸化されて水酸化物として沈殿するのを防ぐためである．実際の使用に際しては，この溶液を適当に希釈して，各種濃度の標準液を調製する．

オルトフェナントロリン溶液：0.1％水溶液（1 g/l）を250 ml程度用意する（$C_{12}H_8N_2 = 180.21$）．

塩酸ヒドロキシルアミン（$NH_2OH \cdot HCl$）溶液：5％水溶液100 ml程度用意する．

緩衝液：0.1 M 酢酸（CH_3COOH）と0.1 M 酢酸ナトリウム（CH_3COONa）の等容混合物（pH 4.7）を500 ml程度用意する．

このほかに分析目的試料溶液の中和用（一般には比較的濃い酸性溶液となっているから）にアンモニア水（1：1），または水酸化ナトリウム溶液（2 M）が必要となる．

b. 操作

Fe(II)の標準液を水で10倍に希釈して1×10^{-3} Mの標準液とし，その0, 1, 3, 5, 8, 10 mlずつを100 mlのメスフラスコにとる．0 mlのものはブランクテスト用のものである．それぞれに5％塩酸ヒドロキシルアミン溶液5 ml，酢酸-酢酸ナトリウム緩衝液20 ml，0.1％オルトフェナントロリン溶液10 mlずつを加え，水で標線まで希釈し，よく振り混ぜて30分放置する．ブランク溶液を参照液として510 nm光の吸光度を測定し，図9・4

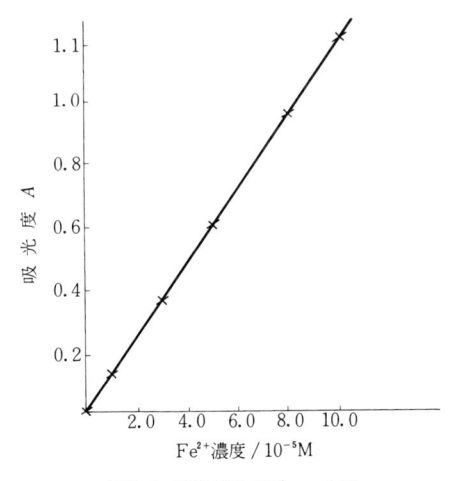

図 9・4 実験結果のプロット図

のような検量線を作成する．測定値は，原点を通る直線上に並ぶはずである．

次に試料溶液を正確に分取して，ビーカー中の溶液数十 ml 中に Fe として 0.5 mg 以下程度含むようにする．Fe が多いときはメスフラスコを用いて一定量に希釈し，その一部をピペットでとるなどの作業が必要となる．試料溶液の酸性が強いときは，アンモニア水または NaOH で中性近くにする．検量線作成のときと同じように $NH_2OH \cdot HCl$ 5 ml，緩衝液 20 ml, phen 溶液 10 ml を加え，100 ml のメスフラスコに移し標線まで希釈して 30 分放置する．発色が検量線作成時の発色の中間付近になることが望ましい．

ブランク溶液を参照液として波長 510 nm で吸光度を測定し，検量線と比較して Fe の濃度を求める．

9・2・3 錯体の結合比の決定

前項で鉄の定量分析に利用した鉄-オルトフェナントロリン錯体は，溶液中で $[Fe(phen)_3]^{2+}$ なる組成をもつ．すなわち中心金属 Fe と配位子 phen の結合比は 1：3 である．このような溶存錯体の結合比を吸光光度法を用いて決定することができる．

a. モル比法 (mole-ratio method)

A，B の 2 成分からなる錯体を考える．$Fe(phen)_3$ の例で A＝Fe, B＝phen とすれば，錯体は AB_3 と表わされ，結合比は 1：3 である．今，この結合比が未知であるとき，その比を一般性を失うことなく $1:x$（錯体の組成は AB_x となる）と表わすことができ，錯形成反応は

$$A + xB \rightleftharpoons AB_x$$

と表わせる[1]．錯体が安定に生成するものと仮定すれば，この反応式は大きく右辺側に傾いている．今 A を一定量とり，これに B を徐々に加えて行けば，反応は右に進んで，加えた B に比例した量の AB_x が生成するが，ついには A がなくなるのでそれ以上いくら B を加えても AB_x は生成せず，したがって吸光度も増加しなくなる．このような変化を追跡することにより，

---

1) ただし A, B は無色, AB_x は有色錯体であるとする．

x を求めることができる．すなわち A が 1 に対して B を x だけ加えたときに AB_x による吸光度は最大となり，それ以降は B の量を増加させても吸光度は一定で増大しない．この方法の欠点は，実際の平衡反応が必ずしも完全に右にかたよっていずに（平衡定数は有限の大きさである）AB_x が多少は解離しており，しかも，解離度は A と B の割合が $1:x$ のときに最大であることなどの原因により，図 9·5 の関係が破線のようになって屈曲点が明瞭に読みとれなくなることである．

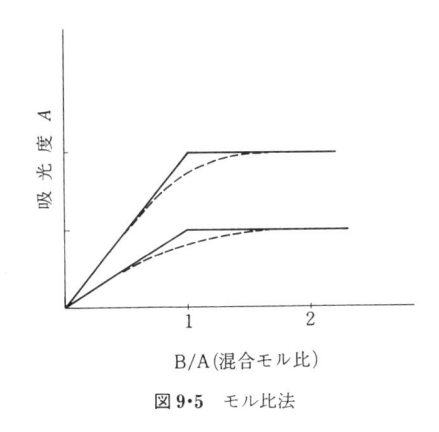

図 9·5 モル比法

b. 連続変化法 (continuous variation method)

モル比法における，屈曲点の見出し難い点を改良したものが本法である．モル比法では，A の量を一定に保って B の量を変化させたが，改良法では A，B 2 成分の合計量を一定に保ちつつ，A と B の量比を変化させた混合溶液をつくり，この吸光度変化を追跡する．この方法では，屈曲点がピークの形で現われるので，モル比法のときにくらべてより明瞭に見分けられるようになる利点があるが，反面，結合比 $1:x$ の x が大きい錯体では屈曲点の位置から x を正確に決めることが困難になるという欠点をもつ．また，連続変化法においても解離の影響を受け，屈曲点のピークが丸くなる傾向がある．

[**実験**] 100 ml のメスフラスコに 1×10^{-3} M Fe^{2+} 標準液および 1×10^{-3} M phen 溶液を

A：Fe^{2+}(ml)　0　2　4　6　8　10　12　14　16　18　20

B：phen(ml)　20　18　16　14　12　10　8　6　4　2　0

の割合にとって発色させる．ただし試料は Fe^{2+} 標準液，$NH_2OH \cdot HCl$ 溶液 5 ml，緩衝液 10 ml，phen 溶液の順に加えることとする．いずれも標線まで水で希釈してよく振り混ぜ，30 分放置してから水を参照液として吸光度を測定する．横軸には加えた Fe^{2+} と phen の量をとり（同時に結合比 x の値も目盛るとわかりやすい），縦軸に吸光度をとってプロットする．

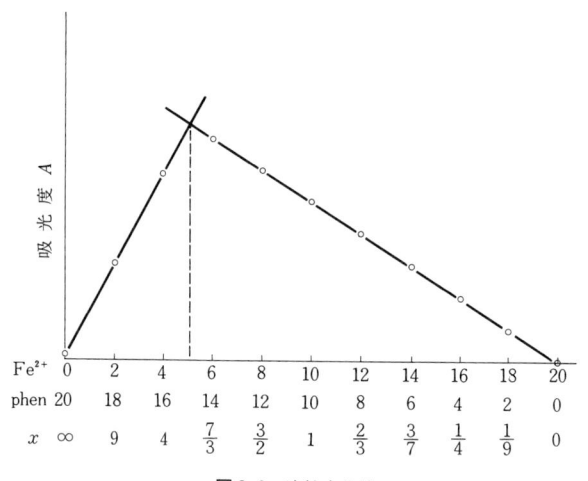

Fe^{2+}	0	2	4	6	8	10	12	14	16	18	20
phen	20	18	16	14	12	10	8	6	4	2	0
x	∞	9	4	$\frac{7}{3}$	$\frac{3}{2}$	1	$\frac{2}{3}$	$\frac{3}{7}$	$\frac{1}{4}$	$\frac{1}{9}$	0

図 9・6 連続変化法

Fe^{2+}-phen 錯体では結合比は 1：3 であるから，プロットの結果は $x=3$（すなわち Fe^{2+} 5 ml，phen 15 ml）の辺りにピークを示す．確認のため，Fe^{2+} と phen の全量を 25 ml あるいは 15 ml などと変えて同様の実験をくり返してみよ．

9・2・4　測定装置

特定の波長における光吸収強度や，あるいはその波長依存性を測定するための装置を分光光度計（spectrophotometer）という．この装置中に用いら

れている光学的および電子工学的原理は，紫外・可視・赤外の広いスペクトル領域について基本的に同じであり，それ以外の電磁波領域の分光学の基礎にもなるものである．

分光光度計は，次のような部分から構成されているとみなすことができる．a) 光源，b) 分光器，c) 試料部，d) 検出器，e) 記録計．これらの基本構成をブロック図で示すと図 9·7 のようになる．この図は，基本要素を大づかみにしてとらえたもので，このほかにも例えば光束をコントロールするためのレンズや鏡といった光学系の存在も忘れてはならないが，ここでは省略してある．このブロック図中の各部分を，それぞれほかのものにおきかえることによって，光吸収測定のみならず，ほかのいろいろな分光学的測定が可能になる．

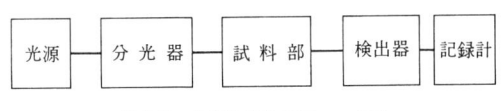

図 9·7 分光光度計のブロック図

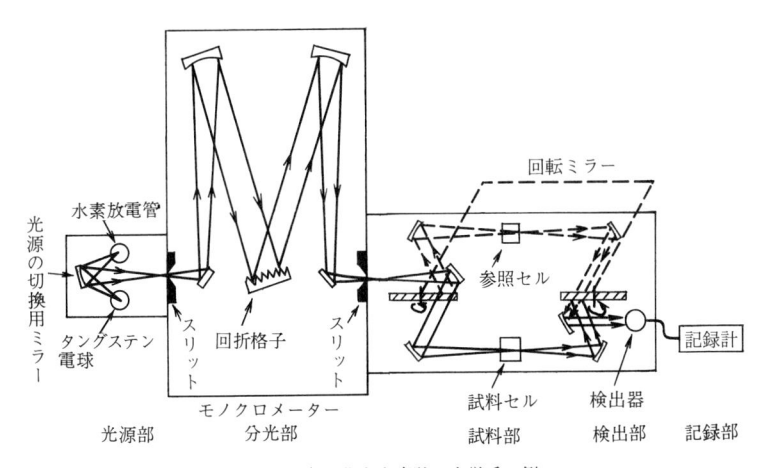

図 9·8 自記分光光度計の光学系の例

図 9·8 に自記分光光度計の光学系の例を示す．以下，それぞれの基本要素について説明する．

a. 光　源

可視領域を中心に，近紫外および近赤外領域まで含めての測定用に一般に用いられるのはタングステンランプおよびキセノンランプである．図 9·9 に波長に対する光源強度の変化のようすを両ランプについて示す．これを光源のパワースペクトルという．実際に使用するランプは，このように波長に対して強度が一様でなく変化しているものであり，測定に際してはこの事実を十分に考慮に入れて当らなければならない．一般には，タングステンランプが簡単なのでよく使用されるが，短波長領域になると強度が急速に落ちるので，注意が必要である．紫外領域（200～360 nm 程度）の測定には，水素放電管または重水素放電管が用いられる．いずれも連続光源と呼ばれるもので，各種波長の紫外光を含んでいるのでスペクトル測定用に利用される．スペクトル測定以外の目的（例えば光化学反応をおこさせるなど）には，輝線タイプの水銀ランプが使用される．ランプの中に封じ込められた水銀蒸気の圧力により，高圧型のものと低圧型のものが知られている．前者は 365 nm,

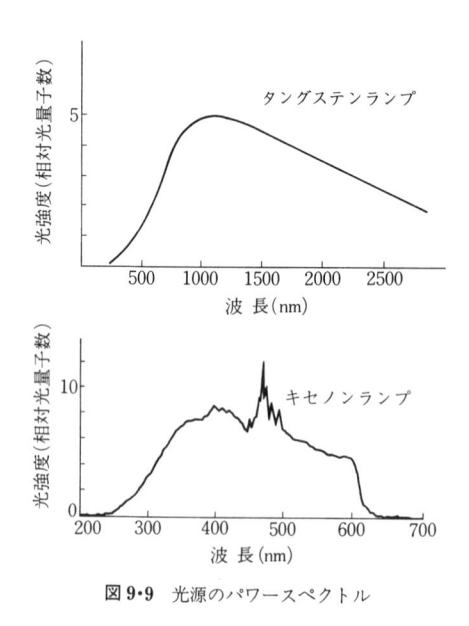

図 9·9　光源のパワースペクトル

後者は 253.7 nm の光が特に強い強度をもち，目的に応じて使い分けられる．

b. 分　光　器

光源中に含まれる各種波長の中から特定の波長のみを選別するはたらきをする部分で，分光器またはモノクロメーター（monochrometer）と呼ばれる．プリズム式のものと回折格子式のものがあり，どちらもよく利用される．プリズム式（図 9·10）は，プリズムによる光の屈折現象を利用して波長選別を行うもので，安価であるが波長選別の精度が十分でない欠点がある．

これに対し回折格子式は，図 9·11 のような多数の平行刻み線による光の回折現象を利用して波長選別を行うもので，このための回折格子はプリズム

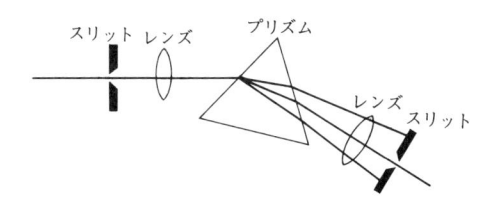

図 9·10　プリズムによる分光

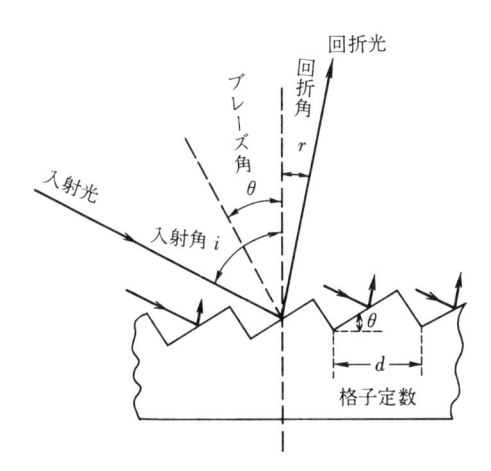

図 9·11　回折格子による分光

に比して相当高価であるが波長選別の能力が高く，本格的なモノクロメーターー用にもっぱら用いられているものである．波長選別の能力を表現するために，分解能（resolution）という言葉が用いられる．これはごく近い二つの波長を区別できる能力である．回折格子の刻み線の数が多いほど分解能は高くなる．一般には600本/mmまたは1200本/mm程度のものが使用される．図9·11において，波長λの光に対し入射角iと回折角rとの間に次の関係がある．

$$n\lambda = d(\sin i - \sin r), \quad n = 1, 2, \cdots \tag{9·17}$$

ここでnは回折の次数（order），dは溝の間隔で格子定数（grating constant）と呼ばれる．

この式からわかることは，入射角iと回折角rが一定であるとしたとき，$n\lambda$も一定であり，例えばλ=600 nmの1次光，λ=300 nm の2次光[1]，λ=200 nm の3次光などが式 (9·17) を同時に満足していることである．すなわち，もしこれら三つの波長が同じ入射角iで入射すると，600 nmの1次光，300 nmの2次光，および200 nmの3次光が同一の回折角rの方向に出射していくことになる．回折格子に白色光が入射するときは，常にこのようなことがおきているわけであるから，ある回折角rの方向に出射していく光を検出しているときは，その中に1次の回折光（この例では600 nm）のほかに常に高次の回折光（300 nm，200 nm）が混入していることに留意しなければならない．この対策として，一般にフィルターが使われる．例えば600 nmより短波長（かつ，300 nmより長波長）の回折光を利用する実験では，光源と回折格子の間に300 nm以下の波長の光をカットするようなフィルターを挿入して高次光の混入を除去することができる．

回折格子と鏡を組合わせてモノクロメーターが構成されるが，これには各種のタイプのものがあり，図9·12は中でもよく用いられるツェルニー・ターナー型のものが示されている．

---

1) 波長λが300 nmで2次（n=2）の回折を行う光．

9・2 吸光光度法

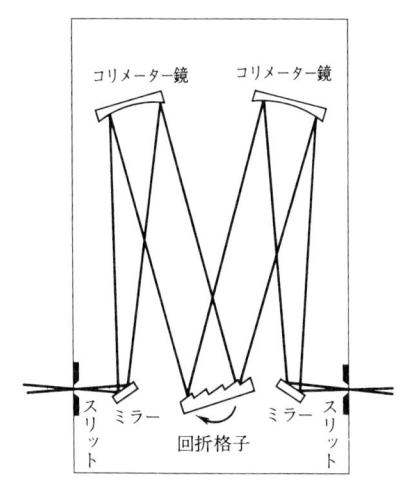

図9・12 ツェルニー・ターナー型分光器

c. 試 料 部

　試料溶液は，ガラス製または石英製の角型セルに入れられる．セルの光路長は1ないし2cm程度が一般的である．可視部の測定ではガラス製のセルでよいが，紫外部の測定では，ガラスが紫外光を吸収するので，やや高価ではあるが石英または溶融シリカ製のものを使用する．

　市販の分光光度計では，試料およびブランク試料（参照用）のセル配置に関して2種類の基本的な装置構成があり，そのいずれかが採用されている．一つは単光束型（single beam type）であり，他方は複光束型（double beam type）である．単光束型は試料の測定とブランク試料の測定が同時に行われないので，その間の装置的不安定による測定誤差が混入する可能性がある．複光束型はその点を改良したもので，図9・13のように，光源からの光を回転チョッパー（または回転鏡）1を利用して試料用とブランク試料用の2光束に分ける機構が採用されている．光束は交互に試料セルと参照セルを通過し，再びチョッパー（回転鏡）2（チョッパー1と同期している）により一つの光束にまとめられる．すなわち，試料光束および参照光束はチョッパーの回転による断続周波数に合わせて交互に検出器に達する．装置は両

者の差信号を測定するようになっており，もし試料とブランク試料が等しければ，交流増幅器に出力信号を生じない．光源強度や増幅器利得などの時間的変動は，これにより相殺されることとなる．両光束の強度が異なれば，その差信号分だけブリッジ回路の電気的平衡がずれる．そして，それを補償するようにサーボモーターがはたらいて電位差記録計を動かし，それが吸収の読みとなって記録される．

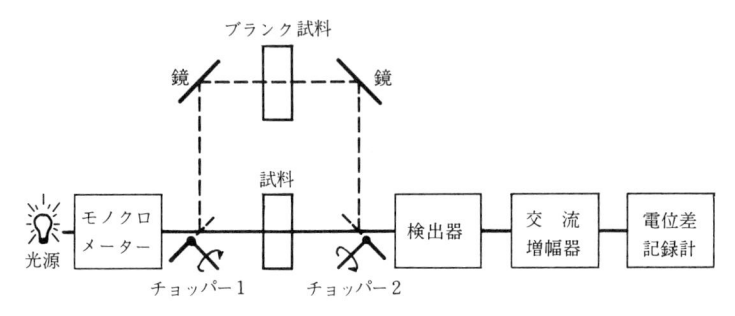

図 9・13 複光束型分光光度計

d. 検 出 器

光の信号を電気信号に変換するもので，光電管（phototube）または光電子増倍管（photomultiplier）が一般に用いられる．前者は比較的安価簡便な装置に用いられ，後者は特に微弱な光を検出する際に用いられる．図 9・14 は，光電子増倍管の概念図である．陰極光電面に入射した光により少数

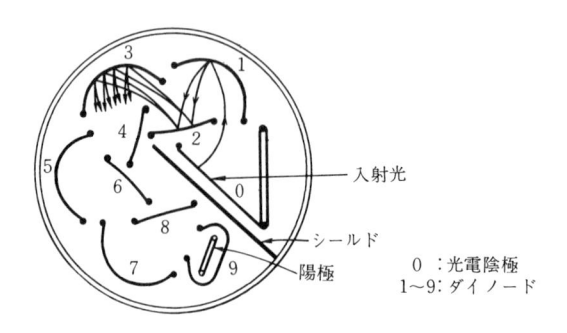

図 9・14 光電子増倍管

の光電子が放出されると,それが正電位に保たれたダイノードに次々に衝突して,二次電子の数を増倍させて行くものである.このようにして,はじめに放出された光電子の数を 10^6 倍程度に増幅することができる.感度のよい高光電子増倍管は,入射した1個のフォトンを検知することができる.

e. 記録計

光吸収の結果として生じた電気的信号は,最終的には測定を行うわれわれの目にみえる形に変えられる必要がある.一般的には,メーター上の針の振れ,ないしレコーダーのチャート紙上のペンの振れとして記録される.後者の場合,"零位法"が利用されている.図9・15のように,入力信号とスライドワイヤー上の接点位置で決まる参照電圧が比較・増幅部でくらべられる.その差信号分が増幅されサーボモーターに供給されて,入力と参照信号が平衡するようにスライドワイヤー上の接点が動かされ,これがペンの動きに連動している.このような零位法は,増幅器の直線性に無関係であるという利点を有する.

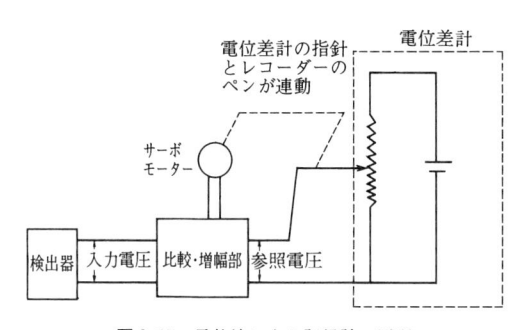

図9・15 零位法による記録計の原理

9・2・5 光音響分光法 (photoacoustic spectroscopy)

最近,微弱な光吸収を測定するための新しい手法がいくつか登場し,分析化学にも広く利用されるようになった.それらはサーマルレンズ法 (thermal lensing spectrometry, TLS),光音響分光法 (photoacoustic spectroscopy, PAS),光熱偏向分光法 (photothermal deflection spectroscopy, PDS) などである.試料が光を吸収した場合,発光や光化学反応などに寄

与しない大部分のエネルギーは最終的に熱に変換される．このような光熱現象（phtothermal phenomenon）により発生した熱を，音波として，あるいは光の屈折率変化として検出するものである．光源としてレーザーを使用すると，感度もよくなり，超微量吸光分析に適した方法になる．

a. サーマルレンズ法（TLS）

レーザー光を試料溶液中に通すと，光吸収により試料溶液の局所的な温度上昇がおこり，屈折率が変化する．その屈折率変化は，レーザー光のビーム径を広げるように作用し，結果としてレーザー光が凹レンズを通過したよう

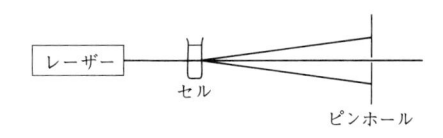

図 9・16 サーマルレンズ効果

な光学効果となって現われる．これがサーマルレンズ効果である．したがって，ビームが広がりながら進行して行く光路上にピンホールをおけば，ここを通過したあとのビーム強度は相対的に減少することになる．連続的なレーザー光を用いた場合，この減少の割合は試料の吸光度に比例することが理論的に導かれる．すなわち，

$$\frac{I_0 - I_\infty}{I_\infty} \simeq 2.3\, E_c A \tag{9・18}$$

$$E_c = -\frac{P_c}{\lambda k}\left(\frac{dn}{dt}\right) \tag{9・19}$$

ここで I_0 と I_∞ はそれぞれサーマルレンズ効果が生じていないときと生じているときのビーム中心部の強度，A は試料の吸光度，P_c はレーザーの出力，λ は波長，k は試料溶媒の熱伝導率，dn/dt は溶媒の屈折率の温度変化である．E_c は増感率と呼ばれる．試料の溶媒を適当に選ぶことにより，増感率を大きくして感度を高めることができる．

サーマルレンズ法は，いろいろな微量分析に応用されており，一般的には通常の吸光分析法より 1〜2 桁高感度である．

表 9・2 サーマルレンズ法における増感率
($P_c=1\text{W}$ のとき)

溶 媒	E_c	k	(dn/dt)
水	207	6.04	0.8
エタノール	3680	1.7	3.9
シクロヘキサン	6920	1.2	5.4
クロロホルム	8000	1.1	5.8
四塩化炭素	8940	1.07	5.8

E_c：増感率
k：熱伝導率 ($10^{-3}\,\text{W}\cdot\text{cm}^{-1}\cdot\text{deg}^{-1}$)
dn/dt：屈折率の温度変化 ($10^{-4}\,°\text{C}$)

b. 光音響分光法 (PAS)

試料に，ある周期で断続する光を当てて光吸収をおこさせると，その試料から音波が発生する．これは，試料が光エネルギーの吸収と，その結果による熱エネルギーの放出を周期的にくり返すので，試料周囲の媒体中に膨張と収縮の変化をおこさせるためである．この効果を光音響効果という．一般には入射光の波長を横軸に，音波出力を縦軸にとってスペクトルを記録する．PASは微弱吸収物質の高感度分析に利用されるほか，通常の光吸収法では測定困難な粉末試料や懸濁物質の吸収スペクトル測定あるいは緩和過程の研究などに応用される．

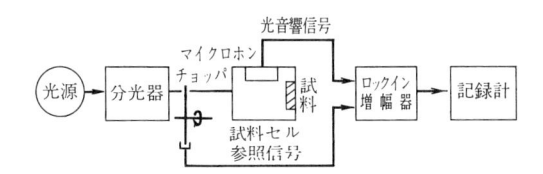

図 9・17 光音響分光装置のブロック図

図 9・17 は，PAS 測定のための基本的な装置構成をブロック図で示したものである．基本的には，音響測定を介して光吸収スペクトルを測定する手法と考えてよいが，通常の光吸収法と異なる点は，スペクトルが試料の光学的性質（光吸収係数 β）だけでなく，熱的性質（熱拡散率 α）や試料厚 l などにも依存してくることである．さらにまた，入射光の断続周波数（角周波

数) ω にも依存し，このことは逆に，試料の緩和過程の研究に有力な手段となる．試料は断続光の照射に伴い，これと同じ周波数の音波を放出する．気体試料や固体試料で，断続周波数が比較的低い（〜1 kHz 程度まで）場合には，検出器として一般にマイクロホンが使われる．さらに高い周波数領域（〜100 kHz 程度またはそれ以上）では，圧電素子が固体試料面または液体用セル壁面などに圧着されて使用される．

マイクロホンで検出される光音響信号 Q は，Rosencwaig-Gersho の理論によれば，試料厚 l，光透過長 $\mu_\beta = \frac{1}{\beta}$，熱拡散長 $\mu_s = \sqrt{2\alpha/\omega}$（いずれも長さの次元をもつ）の大小関係によって 6 通りのケースに分けて考えられる．

1 a) $\mu_s > \mu_\beta > l$: $Q \propto \beta l \omega^{-1}$　　　2 a) $\mu_s > l > \mu_\beta$: Q は β に依存しない
1 b) $\mu_\beta > \mu_s > l$: $Q \propto \beta l \omega^{-1}$　　　2 b) $l > \mu_s > \mu_\beta$: Q は β に依存しない
1 c) $\mu_\beta > l > \mu_s$: $Q \propto \beta l \omega^{-3/2}$　　2 c) $l > \mu_\beta > \mu_s$: $Q \propto \beta \mu_s \omega^{-3/2}$

これらのケースのうち，1 a)，1 b)，1 c) の $\mu_\beta > l$ の場合を光学的に透明なケースといい，試料が透明で光をよく通過させる場合に相当する．2 a)，2 b)，2 c) の $\mu_\beta < l$ の場合を光学的に不透明なケースといい，試料が黒色不透明に近いために入射光が試料厚を通過しないですべて吸収されてしまう場合に相当する．さらに，1 a)，1 b)，1 c)，2 c) の 4 通りのケースでは Q が β に比例している．すなわち PAS を通じて光吸収スペクトル測定が可能な場合で実用上重要なものである．中でも 2 c) は大変興味あるケースで，光学的には不透明であっても $\mu_\beta > \mu_s$ である限り，光音響信号 Q は光学的性質を反映している．なお，2 a)，2 b) の場合でも，入射光の断続周波数 ω を大きくしてやれば，$\mu_\beta > \mu_s$ を満たすようにすることができるので，PAS による光吸収スペクトル測定が可能となる．この場合，μ_s は小さいので固体試料のごく表面部分のスペクトルを観測しているといえる．また，光学性との対比から，$\mu_s > l$ の場合を熱的に透明な（熱的に薄い）ケース，$\mu_s < l$ の場合を熱的に不透明な（熱的に厚い）ケースと呼ぶことがある．

c. 光熱偏向分光法（PDS）

サーマルレンズ法では，励起レーザー光により試料溶液中に発熱による屈

折率変化が生じた．もしこのときに別の検出用レーザー（プローブ光）を発熱部の近傍をかすめるように通してやるならば，プローブ光は屈折率勾配によって曲げられる（偏向される）．これを，しんきろう効果（mirage effect）という．固体試料の場合は，試料表面に垂直に励起光を照射して表面近傍の気体に屈折率変化を生じさせ，そこにプローブ光を試料表面のごく近くに平行に入射すると，プローブ光は屈折率勾配によって偏向する．

偏向した光は，位置敏感検出器（position sensitive detector）により検出される．この分光法の特長は，試料を閉じた試料室に封じ込める必要がないこと，また試料と測定系が非接触式に結ばれているために遠隔計測が可能となる点である．また，固体表面における化学変化を追跡するといったようなその場（in situ）測定も可能である．

9・3 原子吸光分析（atomic absorption spectrometry, AAS）

太陽光スペクトル中に多数みられる暗線は，フラウンホーファー（Fraunhofer）線と呼ばれる．これは高熱の太陽表面から発射された光のうち，特定の波長が太陽周辺部の気体中の元素により吸収された結果であることがわかっている．ヘリウム元素は，このような契機から発見された．このように基底状態にある原子が，励起状態にある同種の元素から放射される特定の波長を吸収する現象は前世紀から知られ，物質の検出に利用されていたが，1955 年，Walsh はこれを溶液中のイオンの定量に応用し，それ以後，微量金属元素の定量方法として広く利用されるようになった．

9・3・1 基礎原理

基底状態にある原子は，熱や光のエネルギーを吸収して励起状態となり，逆に励起状態にある原子は熱や光のエネルギーを放出して，基底状態にもどる．このような状態間の遷移を観測することにより，吸光法や発光法などのいろいろな分析手法が可能となる．図 9・18 のような簡単な二準位系（E_0：基底状態，E_e：励起状態）について考えよう．

基底状態にある原子に，二つの準位のエネルギー差 $\Delta E = E_e - E_0$ に相当

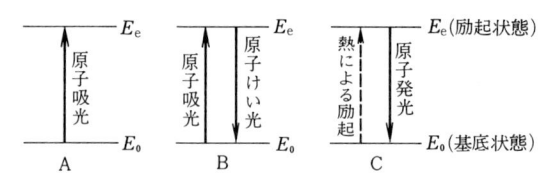

図 9・18 原子によるエネルギーの吸収と放出
A：原子吸光分析
B：原子けい光分析
C：原子発光分析

する光 $h\nu = \Delta E$（ν は光の振動数，h はプランク定数）を当てると，一部の原子はこれを吸収して励起状態になる．この過程を原子吸光（atomic absorption）という（図9・18 A）．原子吸光によって励起された原子は，10^{-8} s 前後の短い時間内に光を放出して再び基底状態にもどる．これが原子けい光（atomic fluorescence）である（図9・18 B）．

けい光の波長は吸収光と同じか，または一部エネルギーを減じて長波長（$h\nu'$ で示す）となる．吸収光の波長とけい光の波長が同じときの遷移を共鳴遷移といい，そのときのスペクトル線を共鳴線（resonance line）という．共鳴線は強度が大きく，一般に分析にはこれを利用する．一方，原子を励起するには光のみでなく，フレーム，アーク，プラズマなどを利用した加熱による方法もあり，これによる励起状態から基底状態への発光過程が原子発光（atomic emission）である．これら原子吸光，原子けい光，原子発光の過程を利用する分析を総称して原子スペクトル分析という．いずれも原子状態（分子やイオンでなく）の元素を分析対象としているために，このように呼ばれる．

試料をこのような原子状態にもっていくために（原子化という），通常は化学フレーム（水素や炭化水素の燃焼によって得られるフレーム）が利用される．燃焼温度は燃料ガスの種類にもよるが，おおよそ 2 000～3 000 K であり，このフレーム中に溶液試料を噴霧状態で送り込むと，溶媒が蒸発して微粒子状の塩類となり，さらに分解して原子状となる．平衡状態では，このようにして生成した原子は基底状態と励起状態に Maxwell-Boltzmann 分布則

9・3 原子吸光分析

$$\frac{N_e}{N_0} = \frac{g_e}{g_0} e^{-(E_e-E_0)/kT} \tag{9・20}$$

N_0, N_e：基底状態および励起状態にある原子数,
g_0, g_e：エネルギー準位 E_0 および E_e の統計的重率,
k：Boltzmann 定数, T：絶対温度

に従って分布している．表 9・3 に，2 000 K および 3 000 K における原子数の割合をいくつかの元素について式（9・20）から計算した結果を示す．フレーム温度程度では，大部分の原子は基底状態にあり，ごく一部が励起状態にあることがわかる．

表 9・3 2 000 K, 3 000 K における励起および基底状態原子の割合

元素	共鳴線 (nm)	N_e/N_0	
		$T=2 000$ K	$T=3 000$ K
Cs	852.1	4.4×10^{-4}	7.2×10^{-3}
Na	589.0	9.8×10^{-6}	5.8×10^{-4}
Ca	422.7	1.2×10^{-7}	3.7×10^{-5}
Zn	213.9	7.3×10^{-15}	5.6×10^{-10}

今，厚さ l の原子蒸気層に振動数 ν の光が入射して原子吸光がおこる場合を考える．入射光の強さ I_0^ν，透過光の強さ I^ν とすると，ランベルトの法則が成り立つはずで

$$I^\nu = I_0^\nu \exp(-K_\nu l) \tag{9・21}$$

と表わされる．K_ν は振動数 ν の光に対する吸光係数である．原子の吸光線は，いろいろな現象の影響によって有限の幅（ただしこれは 0.01～0.02 Å 程度の大変狭いものである）をもち，そのようすが図 9・19 に示されている．励起に用いる光は，これよりさらに狭いものである必要があり（後述），それが実現できたものとして，励起光が十分に幅の狭い振動数 ν_0 の光であるとみなせるならば，式（9・21）は

$$I = I_0 \exp(-K_0 l) \tag{9・22}$$

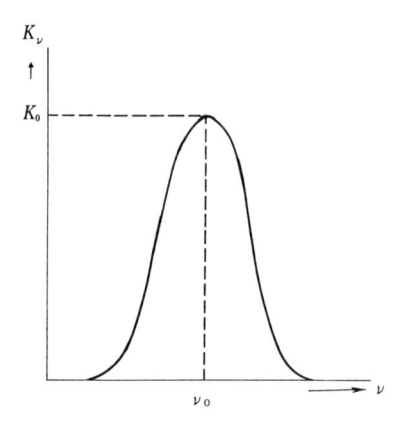

図 9·19 原子による吸光プロファイル

すなわち

$$A \equiv \log \frac{I_0}{I} = \frac{1}{2.303} K_0 l \tag{9·23}$$

と書き直せる．K_0 は振動数 ν_0 の光に対する吸光係数である（図 9·19）．量子論によれば，原子吸光の関与する原子数 N_0（ここでは基底状態にある原子の数）と K_ν とは，次のように関係づけられる．

$$\int K_\nu d\nu = \frac{\pi e^2}{mc} N_0 f \tag{9·24}$$

ただし，e：電子の電荷，m：電子の質量，
f：振動子因子

原子の吸収線に有限の幅を与える因子として，自然幅，ドップラー幅（原子の熱運動によるもの），ローレンツ幅（原子同士の衝突によるもの，圧力幅ともいう），その他がある．今，吸収線の線幅が主としてドップラー幅 $\Delta\nu_D$ によって決まる場合を考えると，

$$\int K_\nu d\nu = \frac{1}{2} \sqrt{\frac{\pi}{\ln 2}} K_0 \Delta\nu_D \tag{9·25}$$

なる関係が導かれ，式 (9·24)，(9·25) を使って K_0 を求め，式 (9·23) にそれを代入すると

$$A = \frac{2}{2.303\varDelta\nu_\mathrm{D}}\sqrt{\frac{\ln 2}{\pi}}\frac{\pi e^2}{mc}N_0 fl = \alpha N_0 fl \qquad (9\cdot26)$$

となる．すなわち吸光度 A と N_0 との間に直線関係が成り立つ．これは，吸収線の中心では吸光度と原子の濃度が比例していることを示している．したがって，波長幅の狭い強力な光源を用いて，吸収線の中心で吸光測定を行えば，定量分析が可能となる． Walsh は中空陰極放電管（hollow cathode lamp）を用いることによって，それを実現した．

もし励起光の幅が吸収線の幅にくらべて十分に狭くない場合には，式 (9・26) のような比例関係が成り立たなくなり，吸光度と原子濃度の関係は，直線関係からはずれるようになる．

9・3・2 測定装置

原子吸光分析装置は一般に図 9・20 のような構成になっている．光源部，試料（原子化）部，分光部，測光部と分けて考えれば，吸光光度法における分光光度計と大差ない．また，後述のフレーム発光分析装置とくらべると光源と回転チョッパーを除いて全く同じものが使えるので，多くの市販装置は両者兼用型となっている．

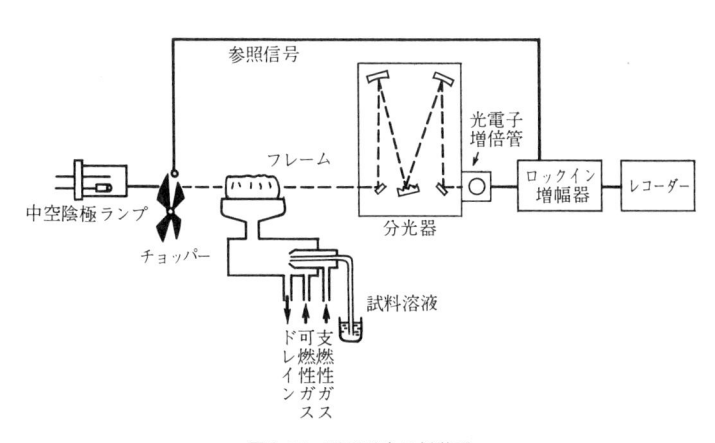

図 9・20　原子吸光分析装置

a. 光　源

原子吸光分析で定量分析が可能となるためには，光源からの励起光が十分に幅の狭いことが必要である．フレーム中の原子蒸気による吸光線の線幅は，いくつかの要因により有限の幅をもつが，最も寄与の大きいと考えられるドップラー幅でもせいぜい 10^{-3} nm 程度の広がりで大変に狭いものである．もしも光源からの励起光がこれより広い線幅をもつと，図 9・21 のように試料に吸収されない励起光の一部までも検出器に達して，吸光度と原子濃度との比例関係が得られなくなる．

連続光源をモノクロメーターで分光した場合，スリット幅を可能な限り絞っても線幅を 0.01 nm 以下にすることは困難であり，また測定に十分な光量も得られない．このような理由から，線幅が狭く，かつ強力な共鳴線を放射する光源が必要となる．この目的に適うものが中空陰極ランプ (hollow cathode lamp) であり，一般の装置ではもっぱらこれが用いられている．

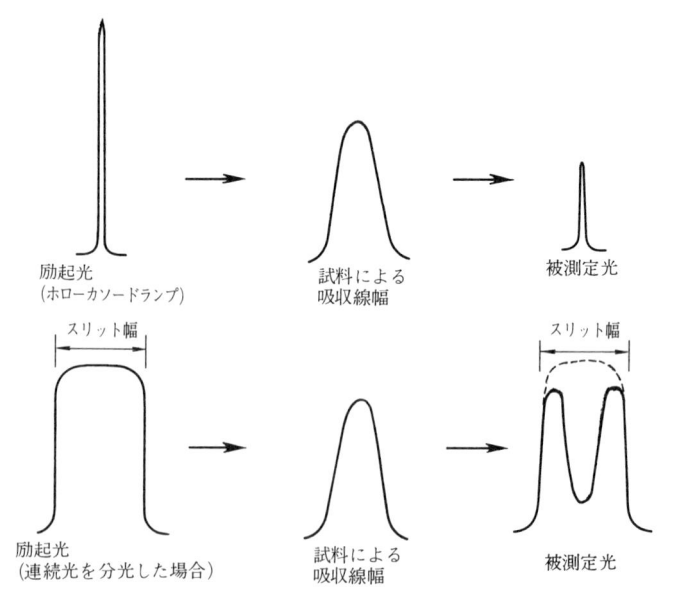

図 9・21　励起光の線幅と吸収線幅の関係

9・3 原子吸光分析

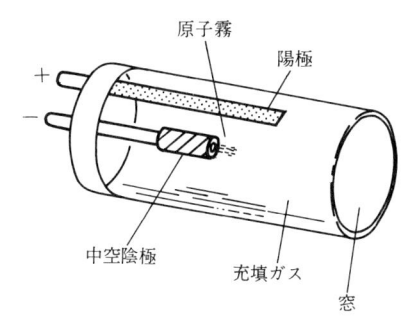

図 9・22 中空陰極ランプ

　中空陰極ランプは図9・22のような構造をもち，一種の放電管である．ランプには低圧の希ガス（Ne, Ar など）が封入されており，電極間に直流電圧（起動時 500〜800 V，作動時 200〜300 V）をかけるとグロー放電が生じ，陰極物質特有のスペクトル線を発する．中空円筒型の陰極は分析すべき元素の単体または合金などでできており，発光部分が空洞内部だけに限られるようになっている．陰極温度は 100〜300 ℃ で比較的低いのでドップラー幅の寄与も小さく，またガス圧も低いのでスペクトル線幅は 0.001 nm 以下であり，フレーム中の原子蒸気による吸収線幅にくらべて十分狭い．原子吸光分析法が現在広く実用化されているのは，このようなすぐれたランプが開発されたことに負うところが多い．その反面，欠点として，分析元素に合わせた専用のランプを用意しなければならないことがあげられる．この点を改良して，陰極物質に複数の金属による合金を用いた複合型ランプも開発されている．

b. 試料の原子化

（i）**フレームを用いる方法**　試料を原子化するために広く用いられているのは，フレーム中に試料溶液を霧状にして送り込む方法である．これには図9・23のような特殊な形をしたバーナーが用いられる．すなわち，バーナーの先端は長さ 50〜100 mm，幅 0.2〜1 mm のスリット状出口が設けられており，帯状のフレームが得られる．図に示したものは一般に用いら

9 光を利用する分析法

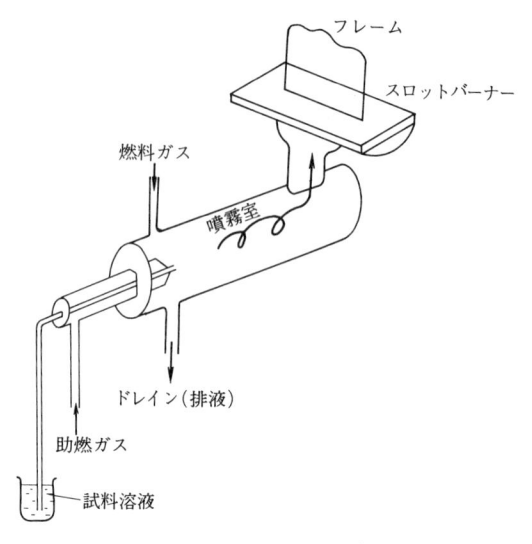

図 9・23 原子吸光用バーナー（予混合式）

れる予混合式と呼ばれるもので，噴霧室に噴霧された試料溶液は，そこで粒径の大きいものが除かれ，燃料ガスおよび助燃ガスと混合され，バーナー部へ送られる．燃料ガスと助燃ガスの組合わせは対象試料に応じて適宜選択されるが，普通にはアセチレン-空気が用いられ，多数の元素の分析に有効である．Ti, Zr の酸化物は解離しにくいので，助燃ガスを亜酸化窒素などに変えて，より高温のフレームを使用する．表9・4に主なフレームと最高温度を示す．

表 9・4 各種化学フレーム

燃料ガス	助燃ガス	最高温度 (°C)
プロパン	空気	1 925
アセチレン	空気	2 300
水　素	酸素	2 660
アセチレン	亜酸化窒素	2 800

(ⅱ) **加熱黒鉛炉法**　化学フレームを用いないで原子化を行う原子吸

光分析はフレームレス（flameless）法とも呼ばれ[1]，近年広く利用されるようになった．その中で最も一般的なものは黒鉛炉（graphite furnace）を用い電気的に加熱する方法である（図9・24）．黒鉛（graphite）やガラス状炭素（glassy carbon）でつくったチューブ（内径2〜5 mm，長さ30〜50 mm）に，中央上部の穴から試料溶液（1〜100 μl）を注射器（マイクロシリンジ）で注入する．はじめに小電流を流して100 °C前後で溶媒を蒸発させ，次いで電流値を上げて炭化や灰化を行い，最後に大電流（200〜400 A）を数秒間流して加熱し，原子化する．通常，炭素炉の酸化を防ぐためにアルゴン，窒素などを流しながら加熱する．

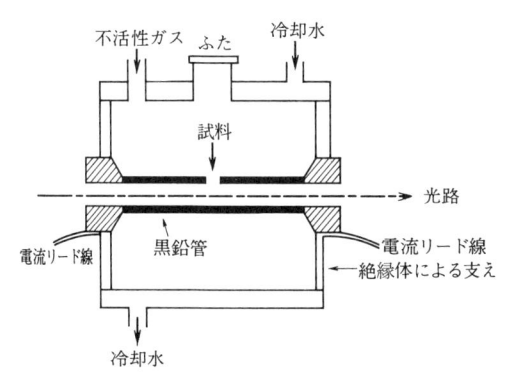

図9・24 黒鉛炉アトマイザー

この方法は，フレーム法に比較して，試料溶液が微量で済む，感度も1〜2桁高い，など有利な特徴を備えているといえる．しかしながら，反面，試料の加熱時における飛びはね，揮散などの問題点もあり，また共存塩類の干渉が大きく，精度はフレーム法にくらべて劣る．

(iii) 水素化物生成法 As，Sb，Bi，Seはフレームで原子化が困難な元素であるが，比較的安定な気体状水素化物（AsH_3，SbH_3，BiH_3，H_2Se）を生成することが知られている．したがって，これらの元素については，試料を発生期の水素ないし水素化ホウ素ナトリウム（$NaBH_4$）溶液

---
[1] この名称は正式なものでなく，使わないほうがよい．

などにより還元気化し，石英セルに導いてから加熱，原子化して原子吸光測定をする方法がとられる．数〜100 ppb の濃度で定量分析が可能である．

（iv）水銀の還元気化による分析 水銀の分析にだけ適用される方法であるが，環境試料の分析に関連してしばしば利用される．Hg^{2+} を含む試料溶液に $SnCl_2$ のような還元剤を加えると

$$Hg^{2+} + Sn^{2+} \longrightarrow Hg + Sn^{4+}$$

の反応により水銀は金属にまで還元される．循環ポンプで N_2 ガスや空気を送って水銀を気体として追い出し，これを石英製のセルに導いて吸光度を測定する．セルは加熱を要しない．この方法で ppb 程度の水銀の検出が可能となる．

9・4 発光分光分析（emission spectrometric analysis）

試料を強い炎で熱したり，あるいは電極の間に入れて放電させると，試料中の元素は励起され，発光する．その発光スペクトルの波長や強度から，物質の同定あるいは定量をする方法を一般に発光分光分析という．歴史的にも古くから知られた方法で，その基礎は 19 世紀に Bunsen と Kirchhoff によって確立された．今日ではアーク分光分析，フレーム発光分析，プラズマ発光分析，その他が広く利用されているが，これらは試料の励起方法の違い，それに由来する装置構成上の違いを反映したもので，原理的な面は共通である．定量分析法の上で，発光分析と既述の吸光分析とは常に競争関係にあり，今日でも発光法の雄であるプラズマ発光分析と吸光法の雄である原子吸光分析とは，競合しつつ共存しているといえる．

9・4・1 フレーム発光分析（flame emission spectrometry, FES）

水素やアセチレンのような可燃性ガスを燃焼させて化学フレームをつくり，ここに試料溶液を噴霧すると，試料中の元素に特有の発光が観測される．この発光強度を測って定量に利用するのがフレーム発光分析であり，これはいわば炎色反応を定量分析化したものといえよう．フレームの温度は後述のプラズマ光源にくらべて低いので（H_2-O_2 で最高 2 700 ℃，$C_2H_2-O_2$

で最高3000℃),励起される元素の数は比較的限られているが,アルカリ金属やアルカリ土類金属の定量方法としては,簡便で感度の高い分析法として知られ,ケイ酸試料,生体試料,その他の分析などに広く用いられている.

a. 発光の機構とスペクトル線強度

原子のエネルギー準位は,それぞれの元素に固有なものである.したがって,この原子が何らかの方法で励起されて高いエネルギー準位に移ると,引続いてごく短い時間のうちにエネルギーを放出して元の安定なエネルギー準位に遷移する.放出されるエネルギーが電磁波ならば,その波長も元素に固有なものである.両準位のエネルギー差を ΔE とするならば,$\Delta E = h\nu$ によって与えられる振動数 ν の電磁波が放出される.

図9・25は,いくつかのアルカリ金属原子のエネルギー準位を示したものである.最下端のエネルギー値0に相当する準位(図中の2s,3s,4sと記してある所)が基底状態で,2p,3p,4dなどとあるのが励起エネルギー準位である.上端部の破線で示した所は,各原子のイオン化ポテンシャルに相当するレベルで,例えばNaを5.14eV以上のエネルギーで励起すると,Na原子はイオン化する.Naの塩類を炎の中に入れると黄色の発光を

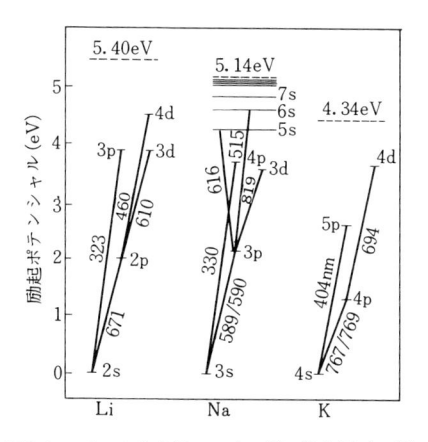

図9・25 アルカリ金属のエネルギー準位図(一部)

示すのは，炎により加熱分解されて生成した Na 原子がいろいろな励起準位に励起され，そこからエネルギーを放出しながら再び元の基底状態にもどる際に，3p 準位 → 3s 準位の遷移で特徴的な黄色の光（589 および 590 nm）を発するためである[1]．この Na の D 線のように基底状態にもどるときに放射されるものを共鳴線といい，一般に強度が最も大きい．もしも炎の温度が高くて励起の程度が強ければ，中性の Na 原子のみならず 1 個の電子を失った Na^+ イオンなども生じ，このイオンにも特有のエネルギー準位があるので発光スペクトルはそれだけ複雑になる．

　発光スペクトルには，以上の原子スペクトル線（原子線およびイオン線）のほかに，励起分子による分子スペクトル線やあるいは多数のスペクトル線が連なったバンドスペクトルなども観測され，これらのスペクトルの詳細な観測は，原子や分子の構造を明らかにする重要な手がかりとなる．発光法による定量分析においては，これらのスペクトル線のうち，目的の元素になるべく固有でかつほかからの妨害の少ない発光線を選んで，その強度の測定から目的元素の定量を行うのである．

　スペクトル線強度　与えられたフレーム温度の下で，熱的に励起された原子数 N_e が基底状態にある原子数 N_0 にくらべてどの位の割合で存在するかを知ることが重要である．フレームの温度を絶対温度 TK とするとき，両者の分布は式 (9·20) の Maxwell-Boltzmann の分布則に従う．

　g_e, g_0 で示される統計的重率は原子がそれぞれの状態にとどまる確率と考えてよく，原子の全角運動量を J とすれば $g=2J+1$ で与えられる．準位間の自発遷移確率を A_{e0} とすれば，単位時間当りの遷移の数は $N_e A_{e0}$ であり，このとき放射される光子 1 個当りのエネルギーは $h\nu$ であるから，スペクトル線強度 I は

$$I = N_e A_{e0} h\nu \tag{9·27}$$

---

[1] いわゆるナトリウムの D 線と呼ばれるもので，図中に 3p と記した準位は，実際は近接した二つの準位からなる．これらを正式な分光学的記号で表わすと $^2P_{1/2}$ および $^2P_{3/2}$ である．

9・4 発光分光分析

となる．(9・20)，(9・27) の式を組合わせて

$$I = N_0 \left(\frac{g_e}{g_0}\right) A_{e0} h\nu e^{-(E_e-E_0)/kT} \tag{9・28}$$

が得られる．この式から，スペクトル線強度は基底状態の原子数 N_0 に比例し，温度の増加とともに指数関数的に大きくなることがわかる．なお，N_0 は一応，中性原子全体の数 N に比例すると考えてよい．フレームの温度があまり高くなると，原子がイオン化するために中性原子の数が減少して原子スペクトル線の強度がかえって低下する．しかも，イオン線が多くなって測定の妨害となるので注意を要する．

一例として，2 250 ℃ (2 523 K) のアセチレン-空気によるフレームにおける Na 原子の原子数比 N_e/N_0 を求めてみよう．Na の D 線 589.6 nm の輝線は $^2P_{1/2} \rightarrow {}^2S_{1/2}$ の遷移に相当し，その振動数は

$$\nu = \frac{c}{\lambda} = \frac{2.998\times10^8 \text{ m s}^{-1}}{5.896\times10^{-7} \text{ m}} = 5.085\times10^{14} \text{ s}^{-1}$$

である．さらに，

$$g_e/g_0 = \left[2\left(\frac{1}{2}\right)+1\right] \Big/ \left[2\left(\frac{1}{2}\right)+1\right] = 1$$

$$E_e - E_0 = h\nu = (6.625\times10^{-34} \text{ J s})(5.085\times10^{14} \text{ s}^{-1})$$
$$= 3.369\times10^{-19} \text{ J}$$

であるから，したがって

$$\frac{N_e}{N_0} = \frac{g_e}{g_0} e^{-(E_e-E_0)/kT}$$
$$= \exp\left[-\frac{3.369\times10^{-19} \text{ J}}{(1.381\times10^{-23} \text{ J K}^{-1})(2\,523 \text{ K})}\right]$$
$$= 6.3\times10^{-5}$$

となる．この例からもわかるように，励起状態にある原子数の割合は基底状態にあるそれにくらべて極めて小さいといえる．

b. 測定装置

フレーム発光分析に用いられる測定装置は，基本的には既述の原子吸光分析の装置と同じである．すなわち，原子吸光の装置において，励起光源用の

図 9·26　全噴霧式アトマイザー

図 9·27　フレーム発光分析

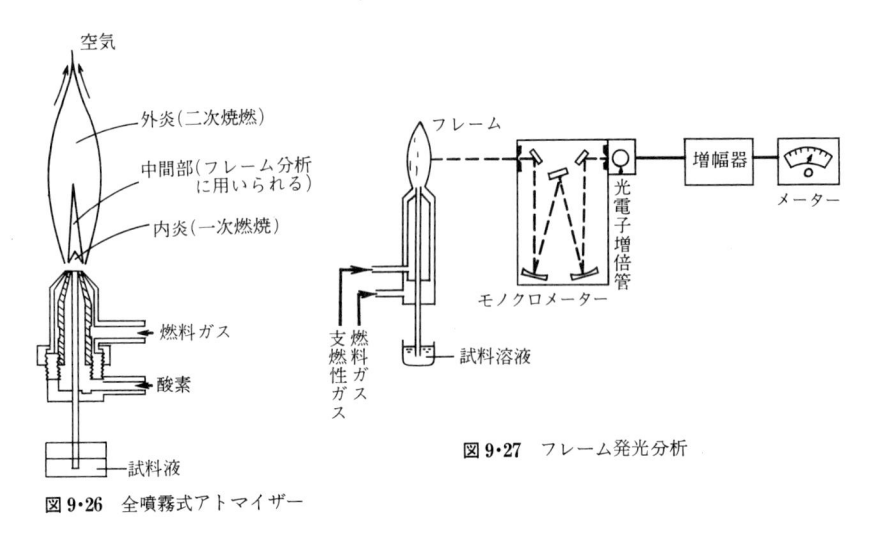

中空陰極ランプを取り除いたもの（使用しないだけ）がそのままフレーム発光分析の装置となる．このため，通常の市販装置では，両者兼用タイプになっているものが多い．特にフレーム発光分析専用の簡易型の場合は，バーナーは必ずしも原子吸光のときのように帯状のフレームを必要とせず，図 9·26のような全噴霧式と呼ばれるタイプの簡易型バーナーが使用されることがある．全噴霧式は，試料溶液を直接フレーム中に噴霧して送り込む方式である．吸い上げられた試料溶液は，すべてフレーム中に送られるので，予混合式 (p. 260, 図 9·23) にくらべて試料のロスが少なくてすむ利点があるが，噴霧された粒子の大きさが不揃いになりやすいので，精度よい定量分析を行うにはやや難点があるといえる．分光器も，目的元素の波長を選別できればよいので，小型安価のモノクロメーターであれば十分であり，場合によっては，フィルターとプリズムで間に合わせてしまうこともできる．

c. 定量分析

試料中には目的元素以外の物質が共存しているので，発光の強度は必ずしも試料の正しい濃度を反映しているとは限らない．例えば，Na の 589 nm の輝線の場合，付近に CaO による発光バンドが存在するので，Ca を多く含

9・4 発光分光分析

表 9・5 フレーム発光分析法における主な元素の検出限界

元素	波長 (nm)	検出限界 (ppb)	元素	波長 (nm)	検出限界 (ppb)
Ag	328.1	8	Li	670.8	0.02
Ba	553.6	2	Na	589.0	0.5
Ca	422.7	0.2	Rb	780.0	8
Eu	459.4	0.5	Sr	470.7	0.5
K	766.5	0.05	Yb	398.8	6

む試料では一般にプラスの誤差を与えてしまう．逆に Ca の分析のとき，溶液中にリン酸塩が存在すると，熱に対して安定で解離しにくいピロリン酸カルシウム $Ca_2P_2O_7$ などを生成し，そのためマイナスの誤差を与えるようになる．前者のような場合には，あらかじめ試料から Ca をなるべく除去しておく必要があり，後者のような場合には，試料溶液中に EDTA を加えると，Ca とリン酸イオンの結合をある程度防ぐことができる．さらには，色ガラスフィルター，干渉フィルター，モノクロメーターなどを使って目的の波長線のみ（Na の例では 589 nm の輝線）を検出器に導くような工夫が必要である．このようなことを簡便に実行できるように，通常，Na 用，K 用，Ca 用などのフィルターが装置に付属していて，これらを交換して用いればある程度の妨害除去が可能となる．

（ⅰ）検量線の作成と自己吸収 実際の定量にあたっては，目的元素を含む既知濃度の溶液をいくつか調製して，これらの試料の発光強度を測定しておき，これらと未知濃度の試料の発光強度を比較しなければならない．このような作業を検量線（calibration curve）の作成という．

図 9・28 に Na の分析の際の検量線の例を示す．理論からいえば，試料溶液の濃度と発光強度は比例しているので，検量線は直線にならなければならないが，直線になるのは低濃度の場合だけで，高濃度になると検量線は上側にふくらんでくる．これは主に自己吸収（self-absorption）と呼ばれる現象のためで，フレームの中心部のほうで発揮された光がフレームを通り抜けて外側に出てくるまでに，未励起の同種の原子によって吸収されて強度が落

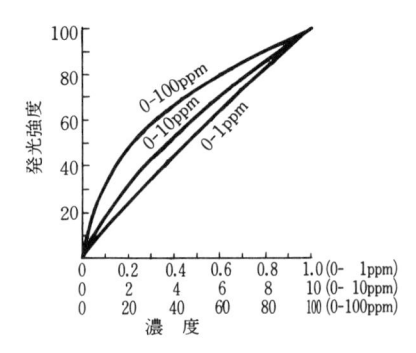

図 9·28 フレーム分析における3種の濃度範囲に対する検量線

ちるためである．検量線は上側にふくらんで一見強度が大きくなったようにみえるが，これは各検量線における最高濃度を発光強度 100 に合わせているために上側にふくらんだにすぎない．1本の検量線についてみれば，濃度の増加に対する縦軸の発光強度の増加が次第におさえられていることがわかるであろう．

いずれ曲がることを承知で検量線を作成するのなら，横軸の濃度範囲は自由に大きくとってもよさそうなものではあるが，自己吸収はやはり誤差の原因になるから，なるべく低濃度範囲で検量線を作成するほうがよい．

(ii) **標 準 添 加 法 (method of standard addition)**　検量線法は，試料溶液中に目的元素以外の元素や分子種がどの位共存しているかについて，ある程度の予測が立つ場合に便利な方法である．それは，その予測にもとづいて，分析試料と似た組成の標準溶液を自由に用意できるからである．これに対して標準添加法は，試料中の共存物質や溶媒の性質について十分な情報が得られていないとき，したがって，それらによる妨害の有無や程度についてよくわからないような場合に利用される．フレーム発光分析に限らず，機器を用いた分析によく使用される方法である．

[例題] 未知組成のプラント流に含まれている Na を標準添加法によって定量するため，試料を各 100 ml ずつ 4 回分取し，それぞれの分取試料に表 9·6 に示すような既知量の Na を添加し，フレーム光度計で各分取試料の

9・4 発光分光分析

表 9・6

試料	Na 添加量(mg)	発光強度
1	0	3.1
2	1	4.5
3	2	5.9
4	3	7.3

発光強度を測定した．この結果から Na の濃度を求めよ．

[解] 測定結果を Na 添加量を横軸にとって，まずプロットしてみる（図 9・29）．添加試料の Na 濃度と発光強度との関係は直線的であることがわかる．この直線の傾きから，試料 100 ml 中の Na 1 mg の増加は発光強度 1.4 の増加に対応していることがわかる．Na を添加しなかった試料 1 の発光強度は 3.1 であり（縦軸の切片），したがって，この直線をさらに横軸のマイナス側に外挿すれば，横軸を切る点が発光強度 3.1 に対応する Na の存在量ということになる．

分析試料の濃度を x，発光強度を I とすれば，以上の操作は

$$\frac{I}{x} = \frac{発光強度の増加}{濃度の増加} \tag{9・29}$$

の関係から x を求めているわけである．これらのことからわかる通り，実験値をプロットした結果が直線にのることが必要で，したがってフレーム発光分析にお

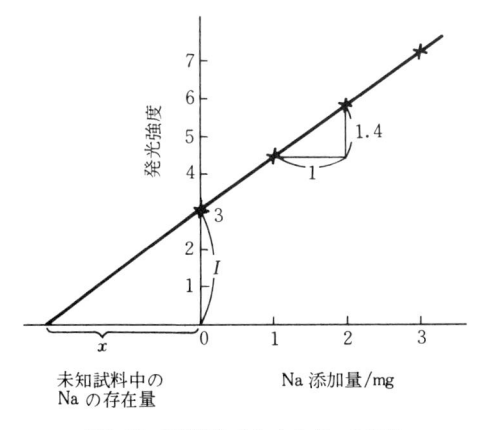

図 9・29　標準添加法による Na の定量

ける標準添加法の適用は，自己吸収の無視できる濃度の低い範囲で行わなければならない．この条件が満足されている限り，たとえ共存物質が発光強度に対してプラスまたはマイナスの誤差を与える要因ではあったとしても，例題における4回の発光強度測定においては，その妨害効果がすべての試料に一様に現われているはずなので，式 (9·29) の比から x を求めれば，妨害による誤差を未然に防ぐことができるのである．結果は $x=3.1/1.4=2.2 (\mathrm{mg}/100\,\mathrm{ml})$ すなわち $0.022\,\mathrm{g/l}$ である．

(iii) **内標準法**（method of internal standard） 試料を同じ条件下で励起させても，試料の物理的性質や共存元素の種類および量が異なると，スペクトル線は大きく変化し得る．このような場合の対策として，内標準法が使われる．まず目的元素の含有率が既知で試料にできるだけ性質の類似した数個の標準試料を用意し，これらすべてに（分析試料も含め），強度測定に妨害するおそれのない元素を選んで（内標準元素という），その一定量を加える．定量に際しては，目的元素のスペクトル線強度のかわりに内標準元素のスペクトル線に対する強度比を測定する．この強度比を縦軸にとり，標準試料の含有率を横軸にとって検量線を作成すれば，発光状況の変動に対して安定な分析結果を得ることができる．内標準元素として，わざわざ別種の元素を加えたりせずに，試料中の主成分元素で含有率が一定とみなし得るような元素を選んでもよい．その際，目的元素と内標準元素の蒸発挙動が似ていること，両者のスペクトル線の励起エネルギーが似ていることなどが内標準元素として望ましい点であり，さらに輝線の波長が近ければ，強度比の測定もそれだけやりやすくなる．

9·4·2 プラズマ発光分析（plasma emission spectrometry）

化学フレームで得られる温度は $2\,000 \sim 3\,000\,\mathrm{K}$ 程度であるので，これで励起できる元素はアルカリ金属，アルカリ土類金属を中心とするごく限られたものであった．そこで，さらに高温の励起源を得るために，電気的放電を利用するアーク法やスパーク法が今世紀前半に開発され，鉄鋼分析を中心に広く利用されてきたが，これも感度や精度その他の点で発光分析法として必

9・4 発光分光分析

ずしも満足の行くものではなかった．しかしながら，1960年代初頭より Fassel, Greenfield らの努力により 6 000 K 以上の安定な高温が得られるプラズマ光源を励起源に利用する道が開かれ，多数の元素の分析が可能となり発光分析法に新しいページを開くことになった．

a. プラズマ光源

プラズマとは，電離した陽イオン，陰イオンおよび電子が高温状態において限られた空間内で再結合することなく渦巻き，全体としてほぼ中性に保たれているような状態をいう．例えば，高温の炎，アーク，爆発気体，雷などにおいても一時的にはそのような状態が実現されている．発光分析に用いられるプラズマは，アルゴンガスの気流に外側から高周波をかけて電磁的に励起発光状態をつくり出すもので，誘導結合プラズマ (inductively coupled plasma) と呼ばれ，ICPと略称される．この名前は，本来は光源の呼び名であるが，ICP分析などのように分析法そのものを指す言葉として流用されている．

図9・30にプラズマフレームの概略図を示す．石英製の三重管構造になっ

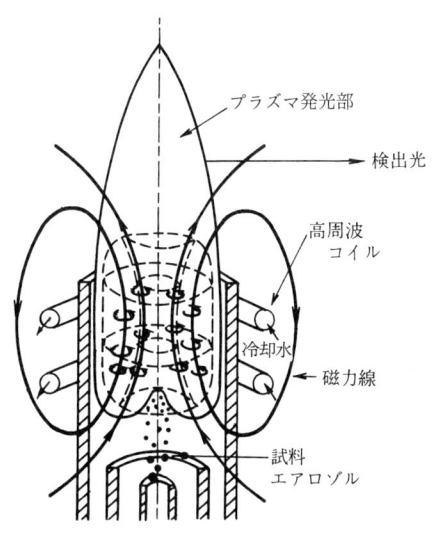

図9・30 プラズマフレーム

ており，試料はアルゴンのキャリヤーガスとともに最内部の管に送り込まれる．中側と外側の管にも，プラズマ用および冷却用にアルゴンガスが流される．用いられる高周波は数～50 MHz，1～5 kW 程度のものである．高周波による磁力線の変化でそのまわりに渦電流が流れ，これにより電子が加速されて衝突によりアルゴンが励起され，プラズマ状態が生成する．このように生成されたプラズマは，6 000～10 000 K の温度をもち，ドーナツの輪の部分が高温で中心の試料が通る部分がやや低温の構造になっている．このため試料が高温の輪を通る間に気化と原子化が効率よく行われる．共存元素の影響も極めてわずかであり，しかも周囲のガスが高温のため自己吸収も少なく，低濃度から高濃度領域まで直線性のよい検量線が得られる特徴がある．

b. ICPによる定量分析

プラズマ光源からの光は，分光器で各波長に分光され，光電子増倍管により検出されて目的元素ごとに強度が測定される．ICP発光分光分析法は，次のような特長を有する．

（1）多数の元素について高度感分析が可能である．表9・7にICP発光分析によって得られる検出限界の一例を示すが，多くの元素について ppb (ng/ml) レベルの分析が可能であることがわかる．

（2）プラズマが非常に安定であるので，一般に分析精度が高い．

（3）光源の温度が高いので原子のみならずイオンの発光線も利用可能であり，波長の選択性が非常に高い．表9・7にみられるIおよびIIの記号は，前者が中性原子線，後者がイオン線であることを示している．例えばZnのように紫外領域に共鳴線をもつものは，通常のフレームでは励起できないが，ICPによれば中性原子線もイオン線も利用できる．

（4）検量線の直線範囲が非常に広く，最大5桁程度に及ぶ．このことは，0.1％（10^6 ppb）から1 ppb 程度の広い濃度範囲の試料について，同時に（希釈または濃縮という操作を行わずに）測定できることを示している．

（5）ほかの分析法に比較して，共存元素による化学干渉やイオン化干渉（いわゆるマトリックス効果）による妨害が少ない．化学干渉はフレーム中

9・4 発光分光分析

表 9・7 ICP 発光分析の検出限界

スペクトル線 (Å)	検出限界 (ng/ml)	スペクトル線 (Å)	検出限界 (ng/ml)	スペクトル線 (Å)	検出限界 (ng/ml)
Ag I 3280.7	2	Hg I 1849.6	1	Rh I 3434.9	3
Al I 3961.5	1	Hg I 2536.5	50	Ru I 3798.1	60
Al I 3082.2	7	Ho II 3456.0	3	S I 1820.3	30
As I 1937.6	25	I I 2061.6	10	Sb I 2175.9	15
As I 2288.1	30	In I 4511.3	30	Sc II 3613.8	0.4
Au I 2675.9	0.9	Ir I 3220.8	70	Se I 1960.3	15
B I 2497.7	0.2	K I 7644.9	30	Si I 2516.1	2
Ba II 4554.0	0.06	La II 4086.7	0.4	Sm II 3592.6	0.5
Be I 2348.6	0.03	Li I 6707.8	0.3	Sn I 1900	6
Bi II 2898.0	50	Lu I 4518.6	8	Sn I 2840.0	10
C II 1930.4	100	Mg II 2795.5	0.01	Sn I 3034.1	20
Ca II 3933.7	0.0005	Mn II 2576.1	0.06	Sr II 4077.7	0.02
Cd I 2288.0	0.3	Mo I 3864.1	0.5	Ta II 2965.1	70
Cd II 2265.0	0.4	N(NH) 3360	100	Ta II 2401.7	50
Ce II 4186.6	2	Na I 5889.9	0.1	Tb II 3509.2	0.5
Co I 2388.9	0.4	Nb II 3094.2	1	Te I 2385.8	15
Cr II 2677.2	0.5	Nb II 4012.2	1.5	Th II 4019.1	3
Cr I 3578.7	1	Ni I 3524.5	2	Ti II 3349.4	0.2
Cu I 3274.0	0.3	Ni I 3414.8	1	Tl I 3775.7	75
Dy II 3531.7	4	Os I 2909.1	6	Tm II 3462.2	0.15
Er I 4008.0	1	P I 2535.6	30	U I 3859.6	8
Eu II 3819.7	0.06	Pb II 2203.5	15	V II 3093.1	0.2
Fe II 2599.4	0.2	Pb I 2833.1	10	V II 3110.7	2
Fe II 2611.9	7	Pb I 3609.5	6	W II 2764.3	5
Ga I 4172.1	3	Pb II 2488.9	6	Y II 3710.3	0.08
Gd II 3422.5	2	Pr II 4225.3	10	Yb II 3694.2	0.1
Ge I 2651.2	2	Pt I 2659.5	2	Zn I 2138.6	0.3
Hf II 3399.8	10	Re II 2092.4	25	Zr II 3438.2	0.3

I は原子線, II はイオン線を示す.

で難解離性の化合物が生成して分解が不完全となるために生じるものであるが, プラズマは高温なので, このようなことがおきにくいと考えられる. これにより, P, Al, Ti, W, 希土類元素など, 難解離性酸化物が生成しやすい元素の分析に対して ICP は大きな感度向上をもたらした. 一方, イオン化干渉は, Na, K などのイオン化されやすい元素が共存するときにイオン化により放出された電子が発光強度に影響を及ぼすために生じるものである

が，プラズマ中では電子濃度がもともと高いので，放出電子の影響が相対的に小さくおさえられるためと考えられる．

c. 多元素同時分析 (simultaneous multielement analysis)

前項に掲げた諸特長に加えてさらに重要な点は，ICP発光分析法が，発光法の利点を生かして"多元素同時分析システム"として開発されたことである．すなわち，プラズマフレームから放出された光は図9・31のように凹面回折格子によって分光され，それぞれの波長位置に配置された多数の光電子増倍管によって検出される[1]．さらにコンピューター処理によってバック

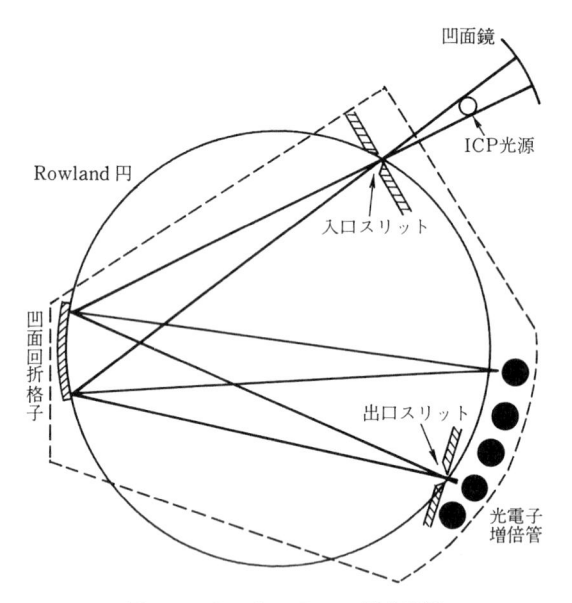

図 9・31 Paschen-Runge 型分光器
モノクロメーターに対比させて，ポリクロメーターとも呼ばれる．

---

1) これをマルチタイプ（multi-type）のICP装置という．最近ではシーケンシャルタイプ（sequential type）のICP装置も次第に使われるようになりつつある．このタイプでは，1個の光電子増倍管がコンピューター制御によりゴニオメーター上を移動して測光を行う．波長を自由に選択でき，また比較的安価である利点がある．

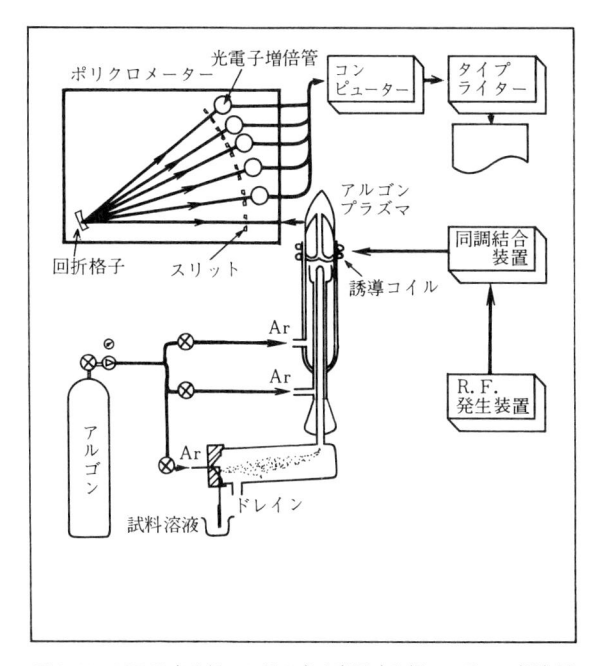

図 9·32 ICP 発光分析における多元素同時分析システムの概念図

グラウンドやマトリックス効果などについて補正が加えられ，すべての結果が同時に出力されるようなシステムとしてまとめられているのである（図9·32）．現在開発されているシステムでは，最大 48 元素の分析が数十秒程度で完了してしまう．このように，多元素同時分析が超微量レベルにおいて可能になったことにより，分析を必要とする広い研究分野に急速に普及したのみならず，多数元素についての系統的迅速分析や元素間の相関性の追跡といった新しい側面の研究も行われるようになった．

10 クロマトグラフィー

　　クロマトグラフィーは，二相間における物質の分配，あるいは一つの相から界面への吸着性の差を利用して，一方の相を移動させることにより，混合物をその成分物質に分離する方法である．その分離様式は多様であり，適切な系を選択することによって，極めて性質の似かよった物質同士の相互分離も可能になる．また，分離法としてばかりではなく，成分物質の物性や存在状態の分析においても重要な役割を担っている．一方，電気泳動法は電気泳動移動度の差を利用してイオンを分離する方法である．電気泳動法は 1937 年に Tiselius が血清中のタンパク質の分離に使用し，その基礎を確立したが，その後クロマトグラフィーと同様に多くの分離モードが開発されてきた．本章では，クロマトグラフィーの基本原理，ガスクロマトグラフィーならびに液体クロマトグラフィーによる分離の実際に加えて，近年高い分離効率をもつ分離分析法として著しい発展を遂げたキャピラリー電気泳動法について述べる．

10・1　クロマトグラフィーの分類

　クロマトグラフィーは，固定相（stationary phase）と移動相（mobile phase）の組合わせによって分類することができる．ここで，固定相とは吸着剤やイオン交換樹脂，あるいは適当な担体（support）に保持された液体などを指し，また移動相とは，分離すべき物質を運ぶ気体あるいは液体を指す．通常，移動相は気体または液体のいずれかであり，固定相は固体または液体のどちらかであるので，クロマトグラフィーは表 10・1 のように 4 種類に分類される．

　移動相に気体を用いる方法をガスクロマトグラフィー（gas chromatography, GC），液体を用いる方法を液体クロマトグラフィー（liquid

表 10・1　クロマトグラフィーの分類

	移動相	固定相	名　　称
ガスクロマトグラフィー	気　体	液　体	気-液（分配）クロマトグラフィー
		固　体	気-固（吸着）クロマトグラフィー
液体クロマトグラフィー	液　体	液　体	液-液クロマトグラフィー（液-液分配クロマトグラフィーおよびサイズ排除クロマトグラフィーが含まれる）
		固　体	液-固クロマトグラフィー（液-固吸着クロマトグラフィーおよびイオン交換クロマトグラフィーが含まれる）

chromatography, LC）と総称する．LC はさらに分離機構によって，分配クロマトグラフィー，吸着クロマトグラフィー，イオン交換クロマトグラフィー，そしてサイズ排除クロマトグラフィーの四つに大別することができる．

また，LC には，カラムクロマトグラフィー以外に薄層クロマトグラフィー（TLC）およびペーパークロマトグラフィーという異なる操作形態がある．これらは固定相の形状，移動相の展開方法，分離成分の検出方法などが，カラム法とは全く異なるので別個に述べることにする．

10・2　クロマトグラフィーの基礎理論
10・2・1　クロマトグラフィーにおける溶質の保持

図 10・1 は，カラムクロマトグラフィーによる混合物の分離を模式的に表わしたものである．カラムには固定相物質が充填されており，この中を移動相である溶離剤（eluent または eluant）が連続的に流れている．カラム入口から混合物試料を一定量注入すると，試料成分分子は移動相の流れにのって移動するが，その過程において成分によって異なる強さで固定相に保持さ

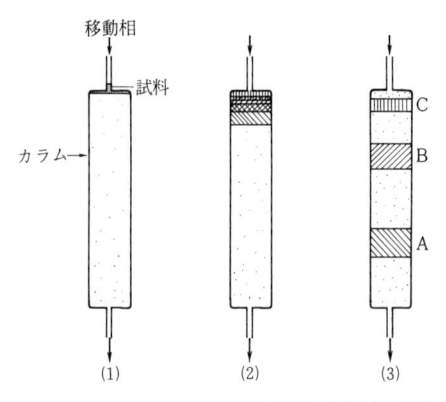

図 10·1 カラムクロマトグラフィーによる 3 成分混合物の分離模式図

れる.固定相に対する親和性の強い成分ほど,カラム内の移動速度が遅い.各成分の移動速度に差があれば,カラム出口では分離されて出てくることになる.

　個々の溶質分子に注目すると,ある分子は固定相に存在し,またある分子は移動相に存在している.移動相に存在する分子は移動相とともに移動するが,固定相中の分子は停止していることになる.したがって,移動相のカラム内における線速度 (cm s^{-1}) を u_0 とし,分子の集団としての試料バンド(図 10·1 における A,B,C などの試料成分の分布帯)の線速度を u_R とすると,u_R は分子の移動相における存在割合 R と u_0 の積で表わされることになる.

$$u_R = R u_0 \qquad (10·1)$$

移動相における分子の存在割合が 0 であれば,$u_R=0$ であり,試料バンドの移動はおこらない.固定相における分子の存在割合が 0 であるならば,試料バンドは移動相と同じ速度でカラム内を進むので $u_R=u_0$ である.

　カラム内のある微小部分における移動相体積および固定相体積をそれぞれ v_m,v_s とすると,R は次のように表わすことができる.

$$R = \frac{c_m v_m}{c_m v_m + c_s v_s} = \frac{v_m}{v_m + \dfrac{c_s}{c_m} v_s} \tag{10.2}$$

ここで c_m および c_s は，それぞれ移動相および固定相における溶質の濃度である．

もし，移動相と固定相間の溶質の分配あるいは吸脱着が極めて迅速におこり，瞬間的に平衡に達すると仮定できるならば，濃度比 c_s/c_m はどの微小部分でも等しく，両相間における分配係数 K_D とみなすことができる．したがって，式 (10.2) は

$$R = \frac{v_m}{v_m + K_D v_s} \tag{10.3}$$

となる．この関係式は試料バンドの移動速度が分配係数に依存することを示している．R はバンドと移動相との移動速度の比ということもでき（式 (10.1)），クロマトグラフィーにおいて重要なパラメーターで移動率 (retardation factor) と呼ばれる．

このように各成分は，それぞれの分配係数に対応した移動速度でカラム内を進み，カラム出口から流出して検出器 (detector) に導かれる．そこで，試料注入時からの経過時間あるいはカラムを通過した移動相の体積の関係として試料成分の濃度を記録すると，図 10.2 のような溶出曲線 (elution

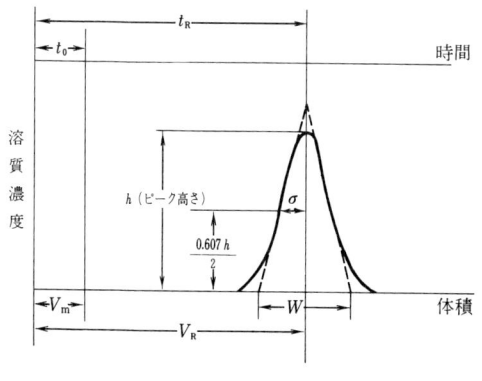

図 10.2　クロマトグラム

curve) が得られる.このような関係を示す図をクロマトグラム (chromatogram) と呼び,装置を指すクロマトグラフ (chromatograph) および方法を指すクロマトグラフィー (chromatography) と区別する.

　溶質の最大濃度(すなわちクロマトグラム上でのピーク頂点)が流出するまでに要した時間 t_R を保持時間 (retention time) といい,この間に流出した移動相体積 V_R を保持体積 (retention volume) という.

　また,固定相に全く保持されない物質でも,カラム内を通過するには一定の時間 t_0 が必要であり,その間には体積 V_m の移動相が流出する.この V_m はカラム内の全移動相体積に相当する.

　今,一定時間に移動する移動相の体積,すなわち流量を F とすると,保持体積 V_R は F と t_R の積で与えられる.

$$V_R = F t_R \tag{10・4}$$

同様に V_m は,F と t_0 の積に等しい.

$$V_m = F t_0 \tag{10・5}$$

上の2式から F を消去すると次式が得られる.

$$V_R = V_m \frac{t_R}{t_0} \tag{10・6}$$

ここで,固定相に保持される成分も保持されない成分も,ともに同じカラムを通過してくるのであるから,

$$\frac{t_R}{t_0} = \frac{u_0}{u_R} = \frac{1}{R} \tag{10・7}$$

が成り立つ.したがって,式 (10・6) は次のようになる.

$$V_R = \frac{V_m}{R} \tag{10・8}$$

今,カラム内の固定相の全体積を V_s とすると,カラムの中で充塡剤が均一に充塡されているならば,V_m/v_m と V_s/v_s は等しいとおくことができる.すなわち

$$\frac{V_m}{v_m} = \frac{V_s}{v_s} = k \tag{10・9}$$

となる.式 (10・3),(10・8) および (10・9) から,保持体積と分配係数との

関係を示す次の式が得られる．

$$V_R = V_m + K_D V_s \qquad (10\cdot10)$$

これは，カラムクロマトグラフィーにおける溶質の保持を示す最も基本的な関係式である．

　保持時間または保持体積は分析条件が一定であれば，それぞれの化合物に対して特有の値を取るので，これらをクロマトグラム上から直接求めることによって，その成分が何であるかを同定することができる[1])．しかし，式 (10・10) に示されるように，保持体積には分離に直接関係のないカラム内移動相体積も含まれているので，これを除いた次の補正保持体積 V_N を用いることもある．

$$V_N = V_R - V_m = K_D V_s \qquad (10\cdot11)$$

　分配係数 K_D は，ある系における溶質の両相間での分布を示しており，カラムのサイズに依存しないので，物質の性質を議論するときには都合がよいパラメーターである．しかし特定のカラムの保持特性を示すには，次式で定義される保持係数 (retention factor) k を用いるのが便利である．

$$k = \frac{n_s}{n_m} = K_D \frac{V_s}{V_m} \qquad (10\cdot12)$$

ここで n_s および n_m は，それぞれ固定相および移動相に存在する溶質の全量を示す．R と k には次のような関係がある．

$$R = \frac{n_m}{n_m + n_s} = \frac{1}{1+k} \qquad (10\cdot13)$$

　式 (10・12) の K_D を式 (10・10) に代入すると次式が得られる．

$$V_R = V_m(1+k) \qquad (10\cdot14)$$

$k=0$ のときは $V_R = V_m$ となる．また，上の式は式 (10・4) と (10・5) を代入することにより，保持時間 t_R と t_0 で表わすことができる．

$$t_R = t_0(1+k) \qquad (10\cdot15)$$

---

1) クロマトグラフィーによる定性分析は，保持時間や保持体積を用いて行われるのに対して，定量分析は溶質の量とクロマトグラム上のピーク面積，あるいはピーク高さの関係を示す検量線を用いて行うことができる．

したがって k は

$$k = \frac{t_R - t_0}{t_0} \tag{10・16}$$

によって実験的に求めることができる．

カラムの長さを L とすれば，t_0 は L/u_0 に等しいので，式 (10・15) より

$$t_R = \frac{L}{u_0}(1+k) \tag{10・17}$$

が得られる．この式はカラム内での溶質の保持時間とカラムの長さおよび移動相の移動速度との関係を表わしている．すなわち，カラムの長さが2倍になれば保持時間は2倍となり，また移動相の線速度が2倍になれば保持時間は1/2になる．

10・2・2 理論段数

カラムクロマトグラフィーでは，注入直後の試料は通常幅の狭いパルス状の分布で存在している．この試料バンドはカラム内を移動するに従って徐々にその幅が広がり，理想的な条件下では図 10・2 に示したようなガウス分布に近づいて行く．A. J. P. Martin と R. L. M. Synge は，このようなカラム内での溶質の濃度分布を，蒸留や向流分配抽出に適用されていたプレート理論にもとづいて解析した．

これは，カラムを同じ高さをもつ不連続な段が多数連なったものと仮定し，それぞれの段において移動相と固定相との間の溶質の分配を考えるものである．この仮想的な段を理論段（theoretical plate）という．向流分配における一つ一つの抽出セル（分液漏斗に相当する）はこの意味における理論段である．6・6・4 で述べたように，向流分配における溶質の分布は二項分布であるが，移しかえの数が多くなれば事実上ガウス分布とみなせるようになる．クロマトグラフィーにおける溶質の溶出過程もこれと同様に考えて，その濃度分布を解析することが可能である．

プレート理論では，各理論段において溶質が二相間で平衡に達する時間は無視できることが前提となっており，各段の移動相空間に単位時間に入って

くる試料量と出て行く試料量との差にもとづいてバンド幅が広がっていくことになる．これに対して，実際のクロマトグラフィーでは移動相が連続的に流れているため，カラムのどの部分においても平衡は成立しない．すなわち，実際のカラムでは，試料バンドがカラム内を連続的に進むとともに，10・2・3で述べる種々の要因にもとづいて，縦方向に拡散して行くのである．このように段を仮想したカラムは，その構造とバンドの広がりの機構の点では，実際のカラムと全く異なっている．しかし，この理論から得られるバンドの形状は実際のカラムで得られるものとよく一致するため，得られたクロマトグラムから，そのカラムが仮想的な理論段で構成されていると仮定したときの段数を求めることができる．このように実際に得られたクロマトグラム上のピークについて求めた仮想の段数を理論段数（theoretical plate number）という．

向流分配抽出でみたように，試料物質は移動するに従って多くの段に広がって分布するようになるが，試料が通過した全段数に対する試料を含む段数の割合は次第に減少していく（図6・15参照）．いいかえれば，同じ長さのカラムであれば，理論段数の大きなカラムほどその溶離バンドの幅は狭く，カラム効率がよいことになるのである．一般にカラムの性能を表わす場合にはこの理論段数を用いるのが習慣になっている．また，カラムの全長 L を理論段数 N で割った値を理論段相当高さ（height equivalent to a theoretical plate, HETP） H と呼び，これを用いてカラム効率を表わすこともある．

クロマトグラフィーにおける理論段数は，ピークの保持時間（または保持体積）とバンドの幅とから計算することができる．すなわち，保持時間 t_R および幅の広がりと理論段数の関係は次式で与えられる[1]．

---

1) 式（10・18）の誘導については，下記の参考書を参照せよ．
   1) Dynamics of Chromatography, Part 1, Principles and Theory, J. C. Giddings (Vol. 1 of Chromatographic Science Series), Dekker (1965).
   2) 最新ガスクロマトグラフィー―基礎と応用，舟阪渡，池川信夫編著，廣川書店 (1972).
   3) 液体クロマトグラフィー―理論と実際・装置と分析例，江頭暁，三共出版 (1977).

$$N = \left(\frac{t_\text{R}}{\sigma}\right)^2 = 16\left(\frac{t_\text{R}}{W}\right)^2 = \frac{L}{H} \tag{10·18}$$

ここで σ はガウス分布における標準偏差であり，W はピーク幅である（図10·2参照）．この式は，狭いバンド幅を与えるカラムほど理論段数が大きく，カラム効率がよいことを示している．

理論段数 N は式 (10·18) により，得られたクロマトグラムから直接求めることができるが，この値には試料バンドが分離に無関係なカラム内の移動相空間を流れる時間も含まれている．そこで，正味のカラム効率を評価するのに，次式で与えられる実効または有効理論段数（effective theoretical plate number）N_eff を用いることがある．

$$N_\text{eff} = \left(\frac{t_\text{R} - t_0}{\sigma}\right)^2 = 16\left(\frac{t_\text{R} - t_0}{W}\right)^2 = \left(\frac{k}{1+k}\right)^2 N \tag{10·19}$$

この式から，N が大きくても，k が小さい場合には N_eff が小さくなり，カラムの効率が悪いことがわかる．また，式 (10·18) に示されるように，理論段数や実効理論段数はカラムの長さに比例して大きくなるので，通常は単位長さ当りの値として表わされる．

10·2·3 バンドの広がり

クロマトグラフィーにおける分離の効率は，バンドの幅と，バンドの中心がどれだけ離れているかによって決まる．いかにバンドの中心位置が離れていても，その幅が大きく広がって相互に重なっていれば，両成分を完全に分離することはできない．プレート理論は理論段数あるいは HETP というカラム性能を示す有用な尺度を与えてくれるが，実際にカラムの性能を支配する因子については何もいってはくれない．

ここでは，カラム中でのバンドの広がりを引きおこす要因について考えてみよう．

a. 通常の拡散 (ordinary diffusion)

カラム内の溶質は，濃度の高い領域から低い領域へと拡散して行く．この拡散はカラムのいずれの方向に向かってもおこるが，ここで問題となるのは

移動相中での縦方向の拡散（longitudinal diffusion）である．拡散は時間の経過とともに進行するので，この原因によるバンドの広がりは移動相の流速が小さいほど増大する．

b. 多流路拡散または渦流拡散（eddy diffusion）

移動相は充塡剤粒子の間をぬって流れていくが，大きさや形の異なった粒子が不規則に充塡されたカラム内には，それぞれ流速の異なった無数の流路が生じる．図 10・3 に示したように，狭く曲がりくねった流路をたどった分子は，広く流れの速い流路を通った分子よりも遅れてカラム内を移動することになり，その結果，溶質分子の集合体としてのバンドは広がることになる．このような原因によるバンドの広がりは，充塡剤の粒子径と形状，およびカラム充塡状態の均一性によって左右される．

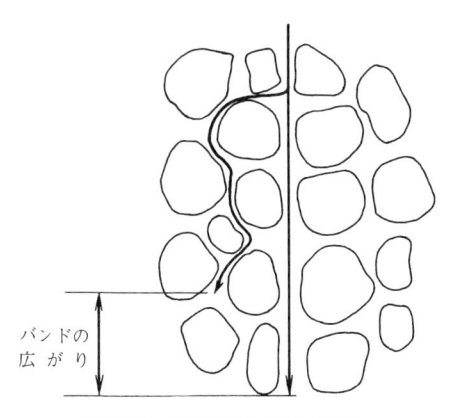

図 10・3　多流路拡散（渦流拡散）

c. 物質移動（mass transfer）

実際のクロマトグラフィーにおいては，カラム内のどの部分においても，プレート理論で仮定したような固定相と移動相間の溶質の完全な平衡は成り立っていない．これは，両相における溶質分子の移動速度が有限であり，しかも移動相は常に流れ続けていることによる．

図 10・4 は，平衡が瞬間的に達成されないためにおこるバンドの広がりを，

模式的に示したものである.両相間で平衡が成り立っていれば,破線で示したような濃度分布がみられるはずであるが,移動相は連続的に流れており,しかも平衡状態に達するには一定の時間を要するので,両相の濃度分布には実線で示したようなずれが生ずることになる.したがって,バンドの先端部では $c_s < K_D c_m$ となるのに対して,バンドの後部では逆に $c_s > K_D c_m$ となる.これは,溶質の移動相における存在割合 R はバンドの先端部では平均よりも高く,また後部では平均よりも低くなることを意味する.その結果,先端部の移動速度はバンドの平均速度よりも大きく,反対に後部の移動速度は平均よりも小さくなり,そのためバンド全体としては幅が拡大することになる.平衡からのずれによるバンドの拡大の程度は,両相における物質移動の速度が遅いほど,また移動相の流速が大きいほど増大する.

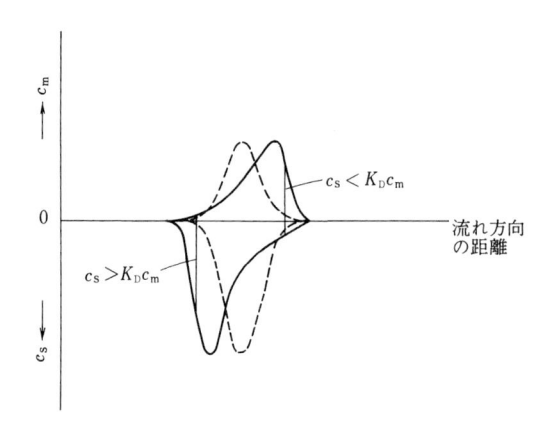

図 10・4 物質移動による平衡からのずれ
---:移動相と固定相との間で完全に平衡が成り立っているときの濃度分布
——:実際の濃度分布

J. J. van Deemter らは,1959 年,GC におけるバンドの広がりは,上にあげた三つのものがそれぞれ独立に作用する結果生じるものとして,次のような理論式を導いた.

$$H = 2\lambda d_p + \frac{2\gamma D_m}{u} + \frac{8k d_s^2}{\pi^2 (1+k)^2 D_s} u \qquad (10 \cdot 20)$$

ここで D_m および D_s は，それぞれ移動相および固定相における溶質の拡散係数，d_p および d_s は充填剤粒子の直径および固定相の厚さ，そして γ および λ はそれぞれカラム充填状態および拡散経路の不規則性を示す補正係数である．右辺第 1 項は多流路拡散，第 2 項は通常拡散，第 3 項は物質移動の HETP に対する寄与を示している．これは van Deemter の式として知られるもので，カラム効率とそれを支配する因子との関係を明確に示した先駆的なものである．

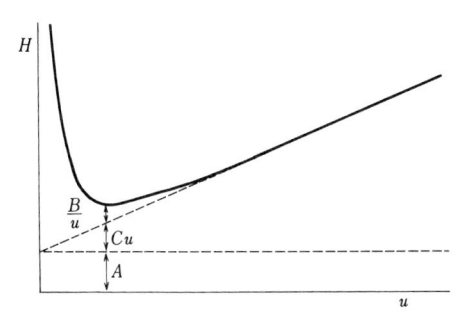

図 10·5 van Deemter の式にもとづく HETP と流速の関係

特定のカラムおよび移動相に対しては $D_m, D_s, d_p, d_s, \gamma, \lambda$ は定数とみなせるので，van Deemter の式は次のように簡略化できる．

$$H = A + \frac{B}{u} + Cu \tag{10·21}$$

ここで A, B および C は定数である．式 (10·21) より，移動相の線速度 u に対する HETP の依存性は図 10·5 のように示される．流速が遅い場合には，通常拡散がバンドの広がりに大きく寄与するが，流速が速くなると物質移動の影響が大きくなる．また，$u = (B/C)^{1/2}$ のとき HETP が最小となり，最も高い分離効率が得られることになる．実際に GC では，図 10·5 に示したような曲線が得られている．LC においては，後述するように D_m が小さいので通常拡散の寄与は少なく，実用流速範囲では HETP の明確な極小はみられないことが多い．また，流速の増大に伴う HETP の増加も，比較的少ないことが知られている．

van Deemter 以後，カラム効率に関する研究が活発に進められ，さらに厳密な理論が提起されたが[1]，これらはその後の GC ならびに LC の技術的進歩のよりどころとなった（10・3 および 10・4 参照）．

10・2・4 分　離　度

すでに述べたように，クロマトグラフィーにおける 2 成分の分離の程度は，対応する二つのバンドの重なりの程度によって決まる．そこで，一般に次式で定義される分離度（resolution）R_s によって，分離の程度が表わされる．

$$R_s = 2\left(\frac{t_{R_2} - t_{R_1}}{W_1 + W_2}\right) \tag{10・22}$$

ここで t_{R_1}, t_{R_2} は，二つのバンドの保持時間，W_1, W_2 はそれぞれのバンドの幅を示す（図 10・6）．二つのバンドの高さが等しい場合には，$R_s=1$ であれば，互いに 2％ ずつのバンドの重なりがあることになるが，$R_s=1.5$ では，重なりはわずか 0.1％ にすぎない．

次に，分離度が保持係数や理論段数とどのような関係にあるかをみてみよう．バンド 1, 2 の保持係数をそれぞれ k_1, k_2 とすると，式（10・15）より

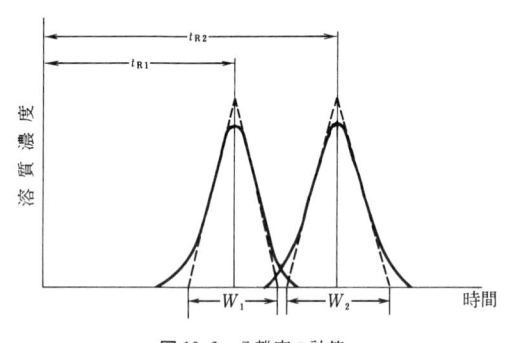

図 10・6　分離度の計算

---

1) 関心のある読者は下記の参考書を参照せよ．
   1) Introduction to High Performance Liquid Chromatography, R. J. Hamilton, P. A. Sewell, Wiley (1977).
   2) 高速液体クロマトグラフ分析（改訂版），日本分析化学会関東支部編，産業図書（1983）．このほか，p. 283 脚注の 1), 2)．

10·2 クロマトグラフィーの基礎理論

$$t_{R_1} = t_0(1+k_1) \tag{10·23}$$

$$t_{R_2} = t_0(1+k_2) \tag{10·24}$$

となる．今，二つのバンドの幅が等しいものとし，W とおくと，上の2式を式 (10·22) に代入することにより次式が得られる．

$$R_s = \frac{t_0(k_2-k_1)}{W} \tag{10·25}$$

一方，式 (10·18) と式 (10·24) とから，バンド2に対して次の関係が得られる．

$$W = \frac{4t_{R_2}}{\sqrt{N}} = \frac{4t_0(1+k_2)}{\sqrt{N}} \tag{10·26}$$

式 (10·25) に式 (10·26) を代入すると

$$\begin{aligned}R_s &= \frac{k_2-k_1}{4(1+k_2)}\sqrt{N} \\ &= \frac{1}{4}\left(\frac{k_2-k_1}{k_2}\right)\sqrt{N}\left(\frac{k_2}{1+k_2}\right)\end{aligned} \tag{10·27}$$

が得られる．

ここで2成分の k の比（すなわち K_D の比）を分離係数（separation factor）と定義し，α で表わす．

$$\alpha = \frac{k_2}{k_1} = \frac{K_{D_2}}{K_{D_1}} \tag{10·28}$$

これを用いれば，式 (10·27) は次のように表わされる．

$$R_s = \frac{1}{4}\left(\frac{\alpha-1}{\alpha}\right)\sqrt{N}\left(\frac{k_2}{1+k_2}\right) \tag{10·29}$$

この式は，分離度と理論段数および保持係数との関係を示している．また，式 (10·29) は有効理論段数を用いれば

$$R_s = \frac{1}{4}\left(\frac{\alpha-1}{\alpha}\right)\sqrt{N_{\text{eff}}} \tag{10·30}$$

となる．

カラムの理論段数は，すでに述べたようにカラムの長さに比例するので，式 (10·29) あるいは (10·30) より，ほかの条件が一定であれば，分離度はカラムの長さの平方根に比例して大きくなることになる．

したがって，長いカラムを用いることは分離度を上げる一つの方法であるが，逆に分析時間が長くなる上，カラムにかかる圧力が増大することも考慮する必要がある．

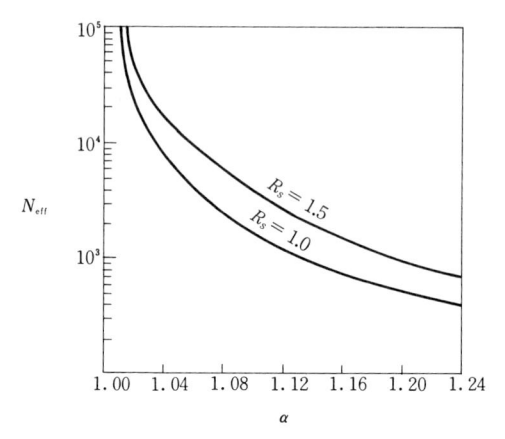

図 10・7 有効理論段数と分離度との関係

図10・7は，$R_s=1.0$および1.5の場合のN_{eff}とαとの関係を示したものである．αが1に近いときは非常に大きいN_{eff}が必要であるが，αの増加につれて一定の分離度を達成するのに必要なN_{eff}は，急激に減少することがわかる．すなわち，溶離条件を変えることによって，わずかでもαを増加させることができるならば，それは分離度を上げる上でカラムの長さを増加させるよりもはるかに有効なのである．

10・3　ガスクロマトグラフィー

ガスクロマトグラフィー（GC）の原理は，液体（カラム）クロマトグラフィーと同じであるが，移動相として気体を用いるので，多くの特長を有している（表10・2に液体と気体の物性を比較して示した）．中でも次の点がGCの2大特長としてあげられる．

（1）　液体にくらべて気体の粘度ははるかに小さいので，長いカラムの使用が可能であり，したがって分離能が大きい．

表 10·2 気体と液体の物性の比較

物 性	気 体	液 体
密度 $(g\,cm^{-3})$	10^{-3}	1
粘度 $(g\,cm^{-1}\,s^{-1})$	10^{-4}	10^{-2}
拡散係数 $(cm^2\,s^{-1})$	10^{-1}	10^{-5}

(2) 気相中での試料成分の拡散係数は極めて大きいので，移動相における物質移動速度が大きく，両相間で平衡に達するのが速い．その結果，分析時間が短くてすみ，通常数分以内に完了する．

しかし，使用するカラム温度（最大 400 ℃ 程度）で蒸気圧の低いものや加熱すると分解しやすいものなどは直接扱うことができない欠点がある．このため，直接分析できる化合物は既知の化合物の約 20 % 程度と考えられている．

しかし，不揮発性の化合物でも揮発性の誘導体に変換することによってGCによる分析ができる場合があり，この方面の研究は活発に行われている．

誘導体化ガスクロマトグラフィー

無機化合物は一般に揮発性に乏しく，直接GCによる分析を行うことができないので，種々の方法による誘導体化が試みられている．金属イオンの誘導体化試薬としてよく知られているのはアセチルアセトン，トリフルオロアセチルアセトンなどのβ-ジケトン類である．これらの試薬により形成した金属キレートは非常に安定であり，その沸点は 200～300 ℃ 程度であるので，GCの対象となり，異種金属のキレートばかりでなく，幾何異性体や光学異性体の分離も行われている．

10·3·1 装置の基本構成

図 10·8 に，現在最も一般的に使用されている熱伝導度検出器を備えたガスクロマトグラフの基本構成を示す．

キャリヤーガス (carrier gas) と呼ばれる移動相気体は，ボンベから供

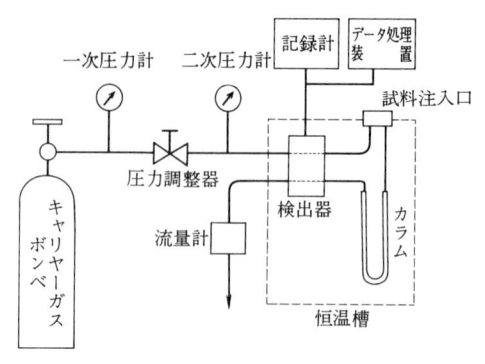

図10·8 ガスクロマトグラフの基本的構成

給され，圧力調整器により定速に調整されたのち，いったん検出器の対照セルを通ってカラムに入る．キャリヤーガスとして一般的に用いられるのは，試料およびカラム充填剤に対して不活性なものである．用いる検出器にもよるが，通常はヘリウム，水素，窒素などが使用される．

　試料はカラム入口付近の試料注入口から注入され，キャリヤーガスの流れにのってカラムに導かれる．気体試料の注入量は，多くの場合数 ml であり，精密な注射器によりゴム性の隔膜を通して注入される．また，一定の体積をもつ気体計量管に試料を採取したのち，キャリヤーガスの流路を切り換えてカラムに送り込むこともある．液体および固体の試料は高温に保たれた気化室で迅速に気化されたのち，キャリヤーガスによってカラムに導入される．液体試料は，微量注射器（マイクロシリンジ）を用いて通常数 μl 注入される．固体試料は，適当な溶媒に溶かして溶液の形で液体試料と同様に注入されるか，または固体のままで気化室に導入される．

　カラムから出た試料成分は，キャリヤーガスとともに検出器の試料側のセルを通って外部に放出される．カラムから試料成分が溶出すると，検出器の対照側と試料側の気体の熱伝導度に差が生じ，それが電気的に記録される．キャリヤーガスの流速は適当な流量計によって測定することができる．

10・3・2 カラム

　GCにおける移動相，すなわちキャリヤーガスは一般に試料成分の輸送という機能しかもっておらず，分離に直接関与することはない．これは，気相中での分子間力が極めて弱いためであり，この点でLCにおける移動相のもつ役割と大きく異なる．このため，GCによる試料の分離が満足できるものとなるか否かは，すべてカラム充塡剤の選択にかかっているといっても過言ではない．

　カラム充塡剤は，通常内径1～6 mm，長さ2～5 m程度の金属製またはガラス製の管に充塡される．長いカラムを小さな恒温槽内に収めるために，カラムの形状はU字形またはコイル状になっている．

　気固クロマトグラフィー用の充塡剤としては，主に活性炭，シリカゲル，活性アルミナ，モレキュラーシーブ（合成ゼオライト）などの吸着性物質の粉末が用いられる．対象となる試料は，無機ガスや低分子量の炭化水素ガスが中心である．一般に空気中の水分などを吸着しやすいので，吸着特性を一定に保つことは難しいが，高温で加熱しながらキャリヤーガスを流すことによって，活性度を回復することができる．

　気液クロマトグラフィーでは，種々の固定相液体を適当な不活性担体に担持させて用いる．担体は吸着性がなく，化学的に不活性であるとともに，大きな表面積をもっていなくてはならない．この条件をかなりの程度満たすものとして，普通ケイソウ土や，これを原料としてつくった耐火レンガを粉砕し，粒度をそろえたものが使用されている．一方，固定相液体としては，沸点が高く，キャリヤーガスとともに溶出しないものを用いる．一般に液体の沸点はカラム温度より少なくとも200 ℃以上高いことが必要とされている．現在では非常に多くの種類の固定相液体が市販されており，分離の対象となる試料に適合したものを選択できる．代表的なものとしては，低級炭化水素などの非極性物質に対して用いられるスクアラン（2, 6, 10, 15, 19, 23-ヘキサメチルテトラコサン）やシリコーン油，アルコールなどの極性物質の分離に用いられるポリエチレングリコールなどがある．

固定相液体の流出（bleeding）は溶質の保持体積を変動させ，また高感度検出器を用いる場合には，たとえわずかでも検出感度に大きな影響を与える（これは液液分配クロマトグラフィーにおいても同様である）．この問題を解決するため，固定相液体を化学的に担体に結合させた化学結合型固定相が，1969年，I. Halaszらによって開発された．これは，シリカゲル表面のシラノール基（≡SiOH）にエステル化やシリル化などにより固定相液体を結合させたものであり，現在では，数多くのこの型の充塡剤が実用化されている．

気液クロマトグラフィーのカラムには，上記のような充塡剤を詰めたもののほかに，中空キャピラリーカラム（open tubular capillary column）と呼ばれる形式のものがある．これはガラスあるいは金属の毛管（内径0.1～1 mm）の内壁に極めて薄い固定相液体を保持させたもので，発明者の名をとってGolayカラムともいう[1]．中空キャピラリーカラムは同じ長さの充塡カラムとくらべて効率はさほど変らないが，低圧でキャリヤーガスを流すことができる利点がある．したがって，100 mもの長いカラムを使うことも可能で，理論段数は数十万段に達することがある．

10・3・3 検 出 器

検出器（detector）には，移動相と溶質との混合物全体の物理的性質の変化を読み取る一般的検出器と，溶質に対して特異的に応答する選択的検出器とがある．

GCにおいて最も広く用いられている熱伝導度検出器（thermal conductivity detector, TCD）は，前者に属するものである．この検出器には，電気抵抗の温度係数が大きい金属抵抗線（通常は白金やタングステン）あるいはサーミスタを内部に組込んだセルが二つあり，一方はカラムに入る前のキャリヤーガスが，もう一方はカラムから流出してきた成分を含むキャリヤーガスが通過するようになっている．これらの金属抵抗線やサーミスタを電気的に加熱すると，定常状態では，供給熱量と気体の熱伝導度に依存する周囲

---

[1] 充塡剤を詰めたタイプのものは充塡（packed）キャピラリーカラムと呼ばれる．

への放熱速度によって決まる一定の温度になるが，キャリヤーガスに試料成分が加わり，気体組成が変化すると，熱伝導度が異なるので温度が変り，その結果電気抵抗が変化する．

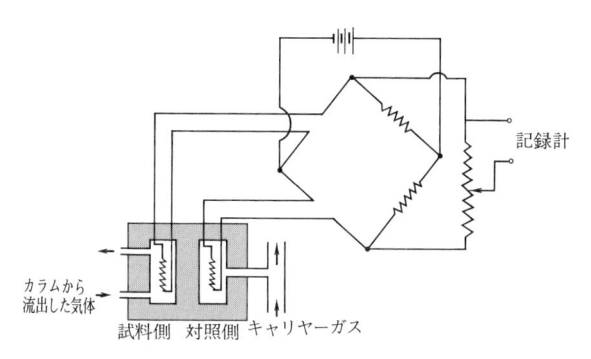

図 10·9 熱伝導度検出器

抵抗の変化は，対照側と試料側の抵抗体を図10·9のようなホイートストンブリッジに組込み，ブリッジの両端に電圧を加えることにより，不平衡電圧として取り出される．キャリヤーガスとしては，試料成分との熱伝導度の差が大きいものを用いるほど検出感度が高くなる．水素とヘリウムは，ほかの化合物にくらべて熱伝導度が極めて大きく，この検出器を用いる場合のキャリヤーガスとして望ましいものであるが，一般には爆発の危険がないヘリウムが使用される．

熱伝導度検出器よりも，さらに高感度な検出器として広く用いられているものに，水素炎イオン化検出器 (hydrogen flame ionization detector, FID) がある．これは，水素ガスの燃焼熱により試料成分分子をイオン化し，炎の両側に配した電極間に流れるイオン電流を測定するものである．キャリヤーガスとしては通常窒素が用いられるが，燃料である水素を使用することもできる．この検出器は特に有機化合物に対して高感度であるが，多くの無機ガスには応答しない．

また，選択性の高い高感度検出器として電子捕獲検出器 (electron capture detector, ECD）がある．これは，検出セルの中にβ線の発生源を組込んでおり，セル内をキャリヤーガスが通るようになっている．キャリヤーガス分子にβ粒子が衝突すると2次電子が発生し，これが陽電極へ移動することによって電流が流れるが，電子を捕獲して陰イオンになりやすい成分がカラムから流出してくると，電流値の減少がおこるので，これを測定することによって検出が行われる．ハロゲンなどの電子親和性の大きなものを含む化合物に対しては極めて高感度であり，PCBや農薬などの分析に有効である．

クロマトグラフィーにおける試料成分の同定は，保持時間ないしは保持体積を用いて行われるが，定性分析において十分な指標ではありえない．これを補うため，検出器に質量分析計（mass spectrometer, MS）を用いる場合がある．特にGCでは，カラム出口に直接質量分析計を結合することができるという利点があり，この組合わせ（GC-MS）は未知成分の定性分析に威力を発揮している．

10・3・4　昇温ガスクロマトグラフィー

通常のガスクロマトグラフィーでは，カラム温度は一定に保たれるが，この方法で沸点範囲の広い混合物の分離を行うと図10・10(a)のようなクロマトグラムが得られる．すなわち，流出の速い低沸点成分は極めて近接した鋭いピークを与え，一方，高沸点成分は保持時間が非常に長くなるとともに，幅が広く高さの低いピークを示す．この問題を解消するために，試料を注入後，カラム温度を連続的に上昇させる方法が考案された．これを計画温度ガスクロマトグラフィー（programmed temperature gas chromatography）または昇温ガスクロマトグラフィーという．

一般に温度が高くなると，気体物質の液体への溶解度や固体に対する吸着性は減少する．したがって，カラム温度が高いほど，移動相と固定相間の溶質の分配係数は小さくなり，保持時間は短くなる．昇温ガスクロマトグラフィーはこの現象を利用したものであり，図10・10(b)に示したように，沸点範囲の広い混合物試料を短い時間で効率よく分離することができる．

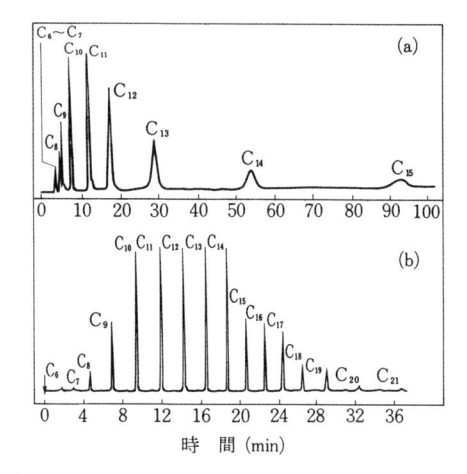

図 10·10　一定温度と昇温によるガスクロマトグラムの比較
(a)一定温度（150 ℃）
(b)昇温（開始温度 50 ℃，終了温度 250 ℃，速度 8 ℃ min^{-1}）
試料：n-パラフィン（C_6〜C_{21}），分離カラム：Apiezon-L 3 %，6 m

10·4　液体クロマトグラフィー

液体クロマトグラフィー（LC）は，GC にはない次のような特長をもっている．

（1）試料の熱安定性や揮発性に制限されることがないので，生化学物質やイオン性の化学種も含めて，ほとんどすべての物質の分析を行うことができる．

（2）LC では固定相のみならず，移動相においても溶媒分子と試料成分との間に相互作用があるので，これを利用することにより，GC ではなしえない困難な分離を行うことができる．

（3）比較的多量の試料の分離が可能であり，また，分離された成分の捕集が容易であるので，分取目的に使用できる．また，固定相物質や検出器の種類も多い．

一方，LC は GC に先立って登場したにもかかわらず，GC に匹敵する高い効率を長い間獲得することができなかった．これは，移動相である液体中

での試料成分の拡散が気体にくらべて非常に遅く（表10・2参照），固定相との間で分配あるいは吸着平衡に達するのに長い時間を要するためであった．

そこで，LC の効率を上げ，分析時間の短縮をはかる努力が進められ，1960年代後半，GC に劣らぬ効率と高速性をもつ高速液体クロマトグラフィー（high-performance liquid chromatography, HPLC）が誕生した．現在ではこの HPLC が LC の主流となっているが，従来の簡単な装置によるカラムクロマトグラフィーのほか，薄層クロマトグラフィーやペーパークロマトグラフィーもそれぞれ特長をもつ手法として多用されている．

ここではまず，LC における溶質の分離機構について論じ，次いでその操作法について述べることにする．

超臨界流体クロマトグラフィー

LC と GC はそれぞれ特長をもっており，相補的な関係にある分離法である．一方，両者の特長を合わせもつ分離法として，移動相を臨界温度，臨界圧力以上（超臨界状態）に保って溶離を行う超臨界流体クロマトグラフィー（supercritical fluid chromatography, SFC）が開発された．超臨界流体は密度が液体に近く，分子間力が強く作用するため，液体に類似の溶解能力をもっている．それゆえ，GC で直接扱うことのできない高沸点化合物の分離が可能である．

一方，超臨界状態の移動相中での溶質の拡散速度は気体と液体の中間の値となるため，SFC は LC にくらべて分離能が高い．このような長所をもつことから，SFC は GC で分離が難しい高沸点化合物などの迅速な分離に好適と考えられている．

10・4・1 液体クロマトグラフィーの分離様式

すでに述べたように，LC を溶質の分離様式で分類すると，吸着，分配，イオン交換，サイズ排除の四つに大別される．

a. 吸着クロマトグラフィー（adsorption chromatography）

固体表面への溶質の吸着性の強弱を利用して分離を行う吸着クロマトグラフィー（固定相が固体であるので，液固クロマトグラフィーとも呼ばれる）

は，最も歴史が古く，クロマトグラフィーを創始した M. S. Tswett の白墨-石油エーテル系のクロロフィルの分離実験もこれに属するものである．

　固定相として用いられる吸着剤は，シリカゲル，アルミナなどの極性のものと，活性炭，スチレン-ジビニルベンゼン共重合体などの非極性のものとに分けることができる．

　シリカゲルやアルミナを固定相とした場合には，溶質と固定相との間の双極子モーメントにもとづく静電的相互作用や水素結合によって溶質が保持されると考えられている．したがって，カルボキシ基，アミノ基，アルコール性水酸基などの極性官能基をもつ化合物は，これらの固定相に強く保持される．

　これらの吸着剤に水などの強く吸着する物質を添加すると，吸着活性点が不活性化されて活性度が低下する．高温に加熱することによりこれらの吸着物質は除かれるが，十分に活性化された吸着剤は溶質バンドのテーリング（バンドが後方に尾をひく現象）をもたらすなどの欠点があるため，通常はある程度の水を加えて活性度を調整したものが用いられる．

　一方，非極性の吸着剤を固定相に用いた場合の溶質の吸着は，主に van der Waals 力によるものと考えられ，高分子量物質や芳香族化合物がより強く保持される．

　溶質の保持の程度は移動相として用いる溶媒の種類にも依存する．すなわち，固定相との親和性が大きい溶媒ほど，溶質を速く溶出させることになる．

　1 種類の移動相だけで多成分混合物の分離を行うと，吸着性の強い成分の溶出には極めて長い時間を要し，かつそのバンド幅は非常に大きくなる．この場合，溶離の途中で移動相組成を段階的あるいは連続的に変える勾配溶離 (gradient elution) 法が有効である（これは，分配クロマトグラフィーやイオン交換クロマトグラフィーにおいても同様である）．すなわち，はじめは溶出力の弱い溶媒を用い，徐々に溶出力の強い溶媒へと溶媒組成を切り換えて行く．これにより，分離が完全になるとともに，各成分を分離するのに要

する時間を短縮することができる．この点で，勾配溶離法は GC において用いられる昇温法に似ている．

> **アフィニティークロマトグラフィー**
>
> 　生物化学の領域では，抗原と抗体，酵素と基質といった生体物質間の特異的相互作用を利用したアフィニティークロマトグラフィー（affinity chromatography）が，生体高分子の分離精製に用いられている．アフィニティークロマトグラフィーでは，目的の生体高分子に対して特異的な親和性をもつ物質（これをリガンド（ligand）という）を適当な不溶性保持体に化学的に結合させたものをカラム充塡剤として使用する．これを詰めたカラムに試料溶液を通すと，目的成分は吸着するのに対して，不要な成分はカラムから流出する．その後，目的成分は適当な溶離液でカラムから脱着させ，回収されるとともに，カラムは再生され，反復使用される．この方法はタンパク質や核酸の分離精製に用いられることが多いが，細胞やウイルスの分画にも応用されてきている．

b. 分配クロマトグラフィー（partition chromatography）

　分配クロマトグラフィーは，固定相となる液体を不活性な担体に保持させ，これと移動相液体との間での溶質の分配係数の差を利用して分離を行うもので，液液クロマトグラフィーともいう．この方法の特長は，極性，非極性を問わず，広範囲の物質に適用できる点である．これは，固定相および移動相として適当な溶媒の組合わせを選んで，目的の試料に適合した分配系を設定できるためである．極性の液体（多くの場合水が主体となる）を固定相とし，比較的極性の低い溶媒を移動相として用いる方法を順相（normal phase）法といい，逆に固定相液体の極性が移動相よりも小さい場合を逆相（reversed phase）法という．順相法では，極性の小さな成分ほど速く溶出してくるのに対し，逆相法ではその反対になる．

　分配クロマトグラフィーで用いられる固定相担体は，不活性であることが望ましい．順相クロマトグラフィー用としてはシリカゲルやセルロースなどが使用されている．

これらの担体に物理的に被覆された固定相液体と移動相はある程度相互に溶け合うため，移動相として用いる溶媒は固定相液体で飽和させておく必要がある．しかし，カラム温度や移動相組成が変化したりすると相互溶解度が変り，固定相液体が溶け出すことがある．この問題を克服する目的で開発されたのが，すでに述べた化学結合型の充塡剤である（10・3・2参照）．特に逆相系の化学結合型充塡剤は，高速液体クロマトグラフィー用の充塡剤として現在最も広く用いられている[1]．

c. イオン交換クロマトグラフィー (ion-exchange chromatography, IEC)

IECはイオン交換体を固定相としたクロマトグラフィーであり，金属イオンなどの無機イオンはもとより，アミノ酸などのイオン性有機化合物の分離に広く用いられている．IECによるイオンの分離は，イオン交換体のもつ選択性のほか，移動相中の電解質の種類，pH，イオン強度，錯生成能などに依存するので，これらを適当に選択することによって非常に多くの成分の分離が可能になる．

例として，図10・11に，塩化物イオンとの錯体の生成定数の差を利用した陰イオン交換クロマトグラフィーによる金属イオンの分離を示す．Ni^{2+}，Mn^{2+}，Co^{2+}，Cu^{2+}，Fe^{3+}，Zn^{2+} のクロロ錯イオンの安定度はこの順に増大する．したがって，塩酸酸性の溶液から強塩基性陰イオン交換樹脂に吸着させたこれらの金属イオンを，溶離剤である塩酸の濃度を段階的に小さくすることによって順次溶離することができる．

従来のIECでは，目的のイオンの溶離を行うために溶離液として高濃度の電解質溶液を用いる必要があり，この高いバックグラウンドのために多くのイオンの高感度な検出が妨げられていた．

1975年，H. SmallらはIECにおいて，分離カラムのあとにバックグラウンド除去カラムを直列に接続して，溶離液中の酸あるいは塩基を水ないしは弱電解質に変換し，目的イオンのみを電気伝導度検出器によって検出を行う

---
1) オクチル基や，オクタデシル基をシリカ表面に結合させたものが広く用いられる．

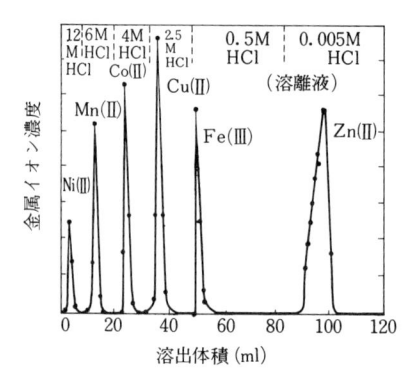

図 10·11 陰イオン交換クロマトグラフィーによる遷移金属イオンの分離例
カラム：Dowex 1 (26 cm×0.29 cm φ)
[K. A. Kraus, G. E. Moore : *J. Am. Chem. Soc.*, **75**, 1460 (1953).]

方法を発表した．この手法はイオンクロマトグラフィー（ion chromatography）と名づけられ，アルカリ金属イオンや無機陰イオンの迅速かつ高感度な分離分析法として急速に普及した．

陽イオンの分析を例にとってイオンクロマトグラフィーの原理をみてみよう．分離カラムには交換容量の低い H^+ 形の陽イオン交換樹脂，また除去カラムには OH^- 形の強塩基性陰イオン交換樹脂を用いて，塩酸などの希薄な酸溶液で溶離を行うものとする．分離カラムからは，酸溶液のバックグラウンドの中に試料成分である陽イオンが，それぞれの保持時間で溶出してくるが，除去カラムに入ると，溶離液中の酸は OH^- 形強塩基性陰イオン交換樹脂により次のように除去され，バックグラウンドは水になる．

$$R-OH + HCl \longrightarrow R-Cl + H_2O$$

一方，陽イオン M^+ の対イオンは塩化物イオンから水酸化物イオンに変り，電気伝導度検出器に入る．

$$R-OH + M^+Cl^- \longrightarrow R-Cl + M^+OH^-$$

水の電気伝導度は極めて小さい上，試料陽イオンの対イオンが当量電気伝導度の大きな水酸化物イオンに変るので，これにより，イオンの高感度な検出

が可能になる．

d. サイズ排除クロマトグラフィー（size-exclusion chromatography, SEC）

SECは分子次元の細孔をもつ多孔性粒子内への浸透の程度の差によって，分子サイズの異なる試料成分を分離するものである．これまで，水溶液系ではゲル沪過クロマトグラフィー（gel filtration chromatography），有機溶媒系ではゲル浸透クロマトグラフィー（gel permeation chromatography）と呼ばれてきたが，両者は原理的には全く同じものであるので，ゲルクロマトグラフィー（gel chromatography）またはサイズ排除クロマトグラフィーと総称される．

図10・12は，分子ふるい効果（molecular sieve effect）と呼ばれるSECの基本原理を模式的に表わしたものである．サイズの小さい分子は網目構造をもつゲル充塡剤粒子内に自由に浸透して拡散していくが，分子のサイズが大きくなるとともにゲルの網目の粗密（細孔の大小）に応じて内部に入り込むことができなくなり，ついには全くゲル内部に拡散できなくなる．この分子ふるい効果により，クロマトグラフ的に分子のサイズの差にもとづく分離が行われる．

溶質分子は，適当な溶媒で膨潤させたゲル粒子を充塡したカラム内を溶媒とともに移動するが，その分子の大きさによって，ゲル粒子内部にとどまる時間に差を生じる．小さな分子は大きな分子より浸透できる細孔の数が多く，また同じ細孔についても小さい分子のほうがより深く浸透する．その結果，図10・13に模式的に示したように，大きな分子は小さな分子よりカラム内を速く移動することになり，大きな分子から順にカラム出口から溶出してくる．大きすぎてどの細孔にも入れない分子はゲル粒子外部のみを通って流出し，最初にクロマトグラム上に現われることになる．

SECで用いられる充塡剤は，分子ふるい効果以外の吸着やイオン交換などの2次的な効果が作用しないような化学的性質をもつことがのぞましい．水溶液系では，デキストランをエピクロロヒドリンで架橋したデキストラン

(a)　　　　　　　　(b)　　　　　　　　(c)

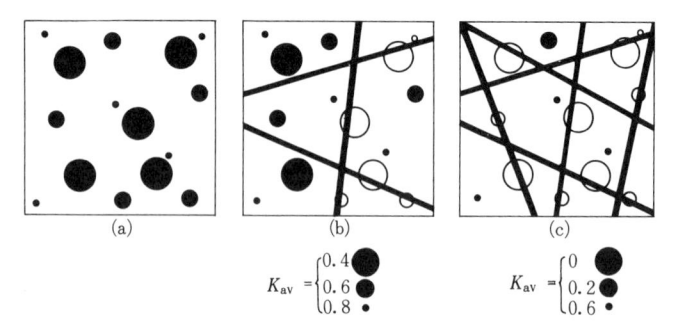

$$K_{av} = \begin{cases} 0.4 \\ 0.6 \\ 0.8 \end{cases} \quad K_{av} = \begin{cases} 0 \\ 0.2 \\ 0.6 \end{cases}$$

図 10·12 分子ふるい効果の原理
網目構造をもつゲルによって，分子が排除されるようすを模式的に示したもの．ランダムに配置した大小の●は溶液中の分子を表わす(a)．この溶液がゲルの網目の中に入り込むと，これらの分子は——で示したランダムなゲル骨格により排除される（○は排除された分子を示す）．(b)および(c)より，大きな分子ほど，また網目が小さいほど排除される割合が大きいことがわかる．(a)を移動相（ゲル粒子外部の溶液相），(b)あるいは(c)を固定相（ゲル骨格をも含めたゲル相全体）とみなしたときの分配係数を K_{av} とすれば，模式的に次式のように表わすことができる．

$$K_{av} = \frac{(b)または(c)における排除されない分子(●)の数}{(a)における分子の数}$$

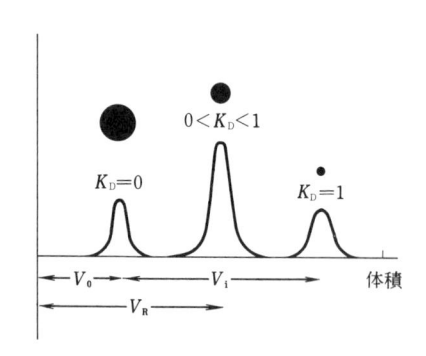

$K_D = 0$　　$0 < K_D < 1$　　$K_D = 1$

V_0　　V_i　　体積
V_R

図 10·13 サイズ排除クロマトグラフィーの溶出曲線

ゲルや，アクリルアミドをメチレン-ビスアクリルアミドで架橋したポリアクリルアミドゲルが，また有機溶媒系では，スチレン-ジビニルベンゼン共重合体がよく用いられている．このほか多孔性のシリカやガラスのような硬い無機質の充塡剤もある．これらの充塡剤には，種々の大きさの化合物の分

離に対応するように，いろいろな大きさの細孔のものがつくられている．

カラム内のゲル粒子外部の溶媒の体積を V_0，ゲル粒子内部の溶媒の体積を V_i とすると，溶質の保持体積 V_R は次式で与えられる．

$$V_R = V_0 + K_D V_i \tag{10・31}$$

ここで K_D は，ほかのクロマトグラフィーと同様に固定相と移動相との間の溶質の分配係数を示す．すなわち，SEC においては，ゲル粒子外部の溶媒が移動相であり，ゲル粒子内部の溶媒が固定相に相当する．ただし，両者の物理化学的性質に差がないことが通常の分配クロマトグラフィーと異なる点である．K_D は，ゲル粒子内部の全体積 V_i に対して，その中に溶質分子が入ることのできる部分の体積 V_p の比を意味する．

$$K_D = V_p / V_i \tag{10・32}$$

したがって，溶質がゲル粒子内に全く浸透できなければ $K_D=0$ すなわち $V_R=V_0$ となり，反対にゲル粒子内に完全に浸透できる溶質については $K_D=1$ すなわち $V_R=V_0+V_i$ となる．部分的に浸透できる溶質については $0<K_D<1$ となるから，分子ふるい効果のみが溶離過程に関与しているとすれば，V_0 と V_0+V_i の間にすべての溶質が溶出してくることになる（吸着などがおこると $V_R>V_0+V_i$ となることがある）．

特定のカラムについて，実験的に得られた保持体積と溶質の分子サイズ V_M の対数との間には，次の直線関係が成り立つことが経験的に認められている．

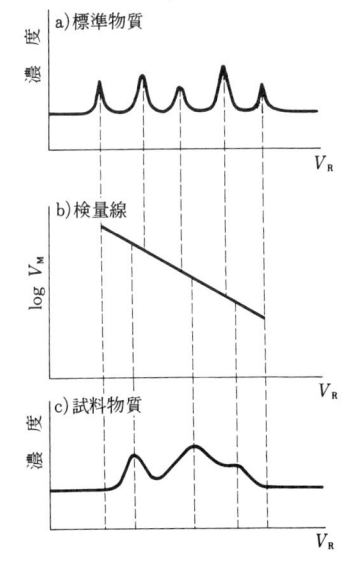

図 10・14 サイズ排除クロマトグラフィーによる分子量測定の原理

$$V_R = m \log V_M + n \tag{10·33}$$

分子サイズを表わすパラメーターとしては，一般に分子量が用いられるが，モル体積が適当である場合もある．

式 (10·33) により，分子量既知の標準物質を用いて V_R と V_M との関係（検量線，図 10·14）をあらかじめ求めておけば，試料物質の分子量はそのクロマトグラムから読み取ることができる．また，V_R のかわりに K_D を用いればカラムサイズに依存しない充塡剤に特有な検量線が得られる．この方法は，合成高分子などの分子量あるいは分子量分布の測定に広く利用されている．

10·4·2 高速液体クロマトグラフィー (HPLC)

古典的な液体（カラム）クロマトグラフィー (LC) は，高価な装置を用いず簡単に行うことができる．図 10·15 はその一例を示したものである．この場合，内径 1～3 cm，長さ 10～100 cm 程度のガラス管に充塡剤を詰めてつくったカラムの上端に試料溶液を添加したのち，溶離液を重力により自然流下させて分離を行う．分離だけを目的とする場合には，これで十分なことが多いが，保持時間にもとづく定性や，定量の目的にはその低い分析精度が問題になる．また所要時間も長い．

LC の分析所要時間を短縮するには，移動相の速度を大きくすればよい．しかし，液相中での溶質の物質移動速度は気相中のそれにくらべて非常に小さいので，移動相の流速を大きくすると，移動相と固定相との間の平衡からのずれによるバンドの拡大が顕著になり，分離能ははなはだしく低下する．この問題を解決する糸口，いいかえれば HPLC 開発の基礎を与えたのはvan Deemter の式 (10·20) に代表されるカラム効率に関する理論であった．

LC では移動相における拡散係数は非常に小さいので，式 (10·20) の右辺第 2 項はほとんど無視できる[1]．したがって，式 (10·20) から，流速を

---

[1] 実際に用いられる流速範囲内では，HETP-u 曲線にガスクロマトグラフィーでみられるような極小が認められないことが多い．

上げても高い効率が得られるようにするには,溶質の拡散速度を大きくするか, d_p や d_s が小さくかつできるだけ均一な充塡剤を用いればよいことがわかる. 温度を高くすれば液体の粘性は減少するので, カラム温度を上げることによって拡散速度は多少大きくなるが, この方法によって得られる効果は小さなものにすぎない. そこで, 上記の条件を満たす高性能なカラム充塡剤の開発が進められることになった.

一方, 微粒状の充塡剤を詰めたカラムに高流速で溶離液を流すには, 流れ抵抗が大きいので, 耐圧性のすぐれた送液ポンプや配管システムが必要となる. また, 高い分析精度を得るには, カラム流出液の連続測定が可能な高感度検出器が不可欠であり, これらの装置の開発もHPLC発展の重要な要因となった. このように, HPLCは従来のLCにくらべて迅速かつ高精度な分析ができるように種々の点で改良されたものの総称であるということができる.

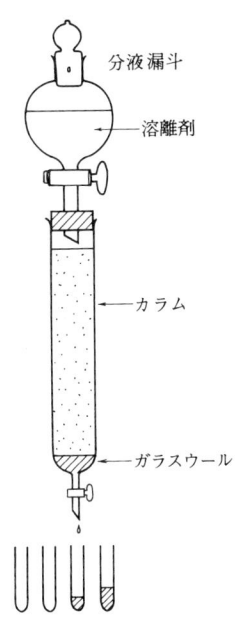

図 10・15 簡単な液体クロマトグラフィーの装置

a. カラム充塡剤

HPLCで用いられるカラム充塡剤には, 基本的に二つのタイプがある. その一つは, 固定相における物質移動の距離を短くすることを目的としてつくられた表面多孔性粒子 (superficially porous particle) である. これは, 直径 30～50 μm の空隙のないシリカあるいはガラス球の表面に厚さ約 1 μm の多孔性の層をつくり, これを担体としてその多孔性表面に固定相 (イオン交換体も含まれる) を物理的あるいは化学的に被覆したものである (図 10・16(a)). このタイプの充塡剤は, 固定相の厚さ (d_s) が極めて小さいので, 平衡に達する時間が短い. また, 粒子径が比較的大きいので, カラム内における移動相の圧力降下が小さく抑えられる (すなわち溶離液を流すのに極端

に高い圧力を必要としない).しかし,一方では,担体である芯がカラム全体の体積の大部分を占めているため,単位カラム体積当りの固定相の量が非常に少なくなり,注入できる試料の量が少量に制限される欠点がある.また,粒子直径が大きいことは,多流路拡散によるバンドの広がりをもたらす.

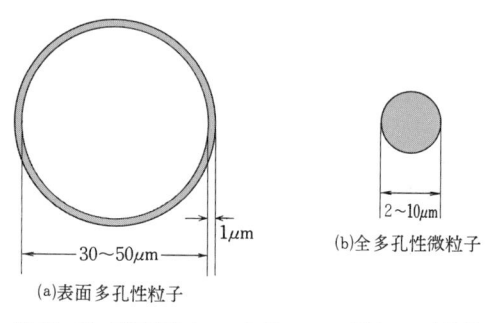

図 10・16 高速液体クロマトグラフィー用カラム充填剤

(a)表面多孔性粒子 30〜50μm, 1μm
(b)全多孔性微粒子 2〜10μm

このような表面多孔性充填剤の欠点を改善するために,全多孔性微粒子 (totally porous micro particle) と呼ばれるものが開発された.これは,直径が小さく (2〜10 μm),単位体積当りの表面積が大きい担体に多量の固定相を担持させたものである(図 10·16(b)).充填剤自身の直径が小さいため固定相の厚さが小さくなるとともに,多流路拡散の寄与も小さくなり,現在ではこのタイプの充填剤が主流を占めている.ただし,この充填剤を詰めたカラムに高速で移動相を流すには高圧をかける必要があるが,現在ではこれに見合うだけの耐圧性 ($500〜800 \text{ kg cm}^{-2}$) をもつ高圧ポンプを比較的安価で入手することができる.

このほかに HPLC 用の充填剤として要求される条件は,高圧下でもつぶれたり破砕したりしない耐圧性を備えていることと,球状で均一な粒径をもっていることである.後者は,均一な充填を行う上で必要な条件である.このような条件を満足する充填剤として現在最も広く用いられているのは,シリカゲルを基材としたものであるが,ポリスチレン-ジビニルベンゼン共重

合体ゲルなどの合成有機高分子ゲルも使用されている．最近では，チタニアやジルコニアといった不活性で耐圧性にすぐれた無機質充填剤の開発が進められている．

b. 装　置

図 10·17 に，典型的な高速液体クロマトグラフの構成を示す．送液ポンプについては，高い分析精度を得るために，送液速度が一定であること，脈流がないことが要求される．現在では，これらの要求を満たすように設計された種々の形式のポンプが市販されている．

カラムへの試料導入の方法には，GC と同様，マイクロシリンジで直接試料溶液を注入する方式と，サンプルバルブを用いてあらかじめ試料をループ内に注入しておいてから流路を切り換えて導入する方式とがある．前者はオンカラム注入（on-column injection）方式と呼ばれ，カラム外での試料バンドの広がりが小さいので高いカラム効率をもたらすが，高圧下では使用できないため，現在では耐圧性にすぐれたサンプルバルブを用いる後者の方法が広く用いられている．

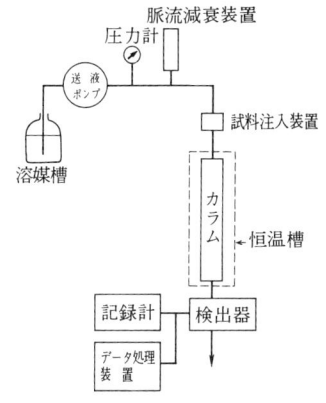

図 10·17　高速液体クロマトグラフの基本的構成

検出器については，一般に検出感度が高いことと応答が速いことが必要である．しかし，ある溶質に対してのみ特異的に応答する選択性をもつこと，すべての溶質に対して応答する汎用性をもつこと，溶質の量に対して直線的に増加する応答性をもつこと，定性分析ができることなどという特性が要求されることもある．

今日まで多くの検出器が開発され，実用化されているが，現在，最も広く使用されているのは紫外（UV）分光光度計であろう．この検出器は，多くの溶質に対して高い感度をもつが，流速や温度の影響をそれほど受けない．試料物質は UV 領域に吸収をもつことを要するが，中程度の吸収があれば

数 ng の検出が可能である．

　現在では，紫外および可視領域（190～800 nm）の任意の波長を選択できる紫外可視分光光度計が市販されており，目的の試料物質ならびに溶離条件に応じた最適の波長で検出を行うことができる．さらに最近は，受光部にフォトダイオードアレイ素子を用いる多波長検出器が実用化され，200～800 nm のスペクトルを瞬時に得ることが可能になっている．これにより，溶出成分の同定や，ピーク純度の確認などを行うことができ，質量分析計などとならんで定性分析に威力を発揮している．

　UV 検出器に次いで HPLC 用検出器として広く利用されているのは，示差屈折計（differential refractometer）である．この装置は，参照側の移動相とカラムから流出する試料を含む移動相との間の屈折率（refractive index）の差を測定するものであり，適切な条件の下ではすべての試料に応答し得る汎用性のある検出器である．しかし，示差屈折計は温度変化に敏感であるため，検出セルやカラム流出液の温度を一定に保つなどの工夫が必要とされる．勾配溶離法を用いる場合には，移動相組成の変化に対応して屈折率も変化するため，使用できない．

　このほか，蛍光光度計，赤外分光光度計，原子吸光光度計，電気伝導度検出器，電気化学的検出器，質量分析計など，それぞれ特徴をもった数多くの検出器があり，個々の目的に合わせて選択することができる．

10・4・3　ペーパークロマトグラフィー（paper chromatography）

　ペーパークロマトグラフィーは，沪紙を固定相あるいは固定相担体として用いる LC の一種であり，装置ならびに操作法が極めて簡便であるという特長をもつ．

　一般的な操作法を述べると次のようになる．まず，少量の試料溶液を，たんざく状あるいは角形の沪紙の一端付近にスポット状または線状につける．これを乾燥させたのち，密閉容器内で沪紙の試料をつけたほうの端を移動相溶媒に浸すと，溶媒が毛管現象によって沪紙を上昇してくるが，それに伴って，試料溶液中の各成分は異なった速度で沪紙上を移動することになる．溶

媒の先端が沪紙の上端近くに達したところで，沪紙を容器内から取り出して乾燥する．試料成分が着色していれば，肉眼で確認することができるが，無色の場合には適当な発色試薬を噴霧するなどして検出を行う．

ペーパークロマトグラフィーおよび薄層クロマトグラフィーにおける試料成分の同定は，一般に次式で定義される R_f 値(図 10・18 参照)を測定し，それを既知物質の R_f 値と比較することによって行われる．

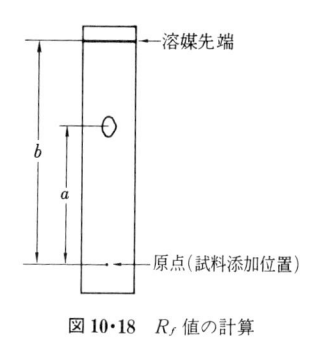

図 10・18 R_f 値の計算

$$R_f = \frac{試料成分の移動距離}{溶媒先端(移動相)の移動距離} = \frac{a}{b} \tag{10・34}$$

R_f 値は同一時間内での試料物質と移動相の移動距離の比であるから，両者の移動速度の比，すなわち，移動率 R に等しいと考えることができる．

試料中に多くの成分が含まれている場合には，一つの移動相溶媒だけですべての成分を完全に分離することは一般に困難である．このような場合，二次元展開法(two dimensional development)を用いることができる．まず，正方形の沪紙の一角に試料溶液をつけ，第1の移動相溶媒の試料成分を沪紙の一辺に平行に展開する．次いで，沪紙を乾燥したのち，第2の移動相溶媒を用いて最初の方向と直角の方向へ展開を行う．これにより，最初の溶媒系では分離できなかった成分同士も第2の系で分離することができるようになる．

沪紙は親水性のセルロース繊維でできており，多量の水 (20 % 以上) を含んでいる．したがって，ペーパークロマトグラフィーにおける溶質の分離機構は，当初，主に沪紙に保持された水と移動相として用いられる有機溶媒との間の分配によるものと考えられた．しかし，溶質の沪紙表面への吸着や，セルロース中にわずかながら含まれるカルボキシ基によるイオン交換などが分離に大きく寄与することもあり，その分離機構は一般に単純ではない．

また，現在では，通常の純粋なセルロースからなる沪紙以外に，セルロ—

スにイオン交換基を導入したり，イオン交換樹脂をすき込んでつくった種々のイオン交換沪紙や，シリコン油を浸み込ませたシリコン処理沪紙などの逆相系の沪紙，さらには，グラスファイバー沪紙といった種々の沪紙をペーパークロマトグラフィー用に使用することができ，これらを用いて多様な分離系を構成することが可能になっている．

10・4・4 薄層クロマトグラフィー (thin-layer chromatography, TLC)

TLCは，ガラス，プラスチック，アルミニウムなどの板の上に固定相あるいは固定相担体を均一に塗布した薄層を分離媒体とし，毛管現象による移動相溶媒の展開を利用して試料成分の分離を行う方法である[1]．TLCにおける操作は，薄層プレートの作製を除けば，試料溶液の添加，移動相溶媒による展開，試料成分の検出など，すべてペーパークロマトグラフィーと同様の方法で行うことができるので，装置が廉価で操作法も簡便であるなど，ペーパークロマトグラフィーに似た特長をもつ．しかし，ペーパークロマトグラフィーにくらべて展開時間がはるかに短く，分離能や検出感度もすぐれているほか，固定相物質を選択することによって，吸着，分配クロマトグラフィー，IEC，SECなどとして利用できる多様性をもっている．

また，カラム法と比較すると，カラムクロマトグラフィーでは，溶質がカラムから流出してこない限り検出することはできないが，TLCでは試料を添加した原点から溶媒先端までのすべての範囲の溶質の溶離挙動をとらえることができるという特長をもつ．このほか，1枚のプレートで多数の試料を展開できるため，1試料当りに要する時間が短いという利点もある．

TLCの欠点としては，結果の再現性がよくないことや，定量分析には不向きであることがあげられる．このため，従来，TLCの適用は定性分析ないしは半定量分析に限定されていた．しかし，HPLCの発展という刺激もあって，1970年代にTLCを高性能化しようとする試みが開始された．ま

---

1) SECに限っては，乾燥した薄層プレートを用いて展開を行うことはできないので，移動相溶媒で湿潤させたプレートに下降法で溶媒を流して展開を行う．

ず，従来の薄層プレートにくらべて，より均一な薄層表面をもち，固定相担体の平均粒径が小さく，粒径分布が小さい高性能なプレートが開発された．さらに，試料の添加，展開，検出の各段階がすべて機器化されるに至り，分離能，再現性，検出感度の向上した TLC システムが実現した．特に，試料の検出および定量は，蛍光や反射光などをプレート上で直接測定することのできる高性能な検出装置（デンシトメーター（densitometer）と呼ばれる）を用いて行われるようになり，その定量性は著しく向上した．この新しく生まれ変わった TLC を，従来の TLC と区別して高性能薄層クロマトグラフィー（high-performance thin-layer chromatography, HPTLC）と呼ぶ．

10・5 電気泳動法

10・5・1 電気泳動の原理

イオンを含む溶液内に正と負の電極を入れると，陽イオンと陰イオンはそれぞれの電荷符号と反対の電極に向かって移動する（図 10・19）．この現象を電気泳動（electrophoresis）という．電気泳動の駆動力 F_{ep} は，イオンの電気量 q (C) と電場の強さ E (V cm^{-1}) の積で与えられる．

$$F_{ep} = qE = zeE \qquad (10 \cdot 35)$$

ここで，z および e はイオンの電荷と電気素量である．一方，溶液中で移動するイオンは溶液による抵抗を受ける．この力 F_r はイオンの移動速度 v_{ep} (cm s^{-1}) と摩擦係数 f により以下のように表わされる．

$$F_r = v_{ep} f \qquad (10 \cdot 36)$$

電気泳動開始後，イオンは F_{ep} と F_r が釣合った状態で一定の速度で移動

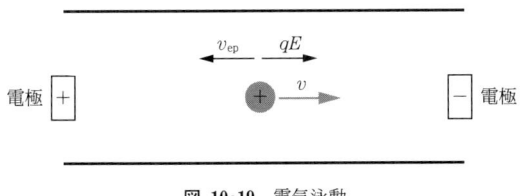

図 10・19 電気泳動

する.したがって,
$$v_{ep} f = qE \tag{10·37}$$
の関係が成り立つ.電気泳動移動度 μ_{ep} は単位電場(電位勾配)当りの移動速度 v_{ep} で与えられるので,次式が導かれる.
$$\mu_{ep} = \frac{v_{ep}}{E} = \frac{q}{f} \tag{10·38}$$
ここで,イオンが半径 r の球であると仮定できるならば,ストークスの法則により摩擦係数は次のように表わされる.
$$f = 6\pi r \eta \tag{10·39}$$
ここで,η は溶液の粘性係数である.したがって μ_{ep} は
$$\mu_{ep} = \frac{q}{6\pi r \eta} \tag{10·40}$$
で示されることになる.この式から,電気泳動移動度はイオンの電荷が大きいほど,また,イオンのサイズが小さく,溶液の粘性が小さいほど大きくなることがわかる.

10・5・2 電気泳動法の分類

電気泳動法の分離モードを分離機構によって分類すると以下のようになる.

(1) ゾーン電気泳動法(zone electrophoresis)

(2) ゲル電気泳動法(gel electrophoresis)

(3) 等速電気泳動法(isotachophoresis)

(4) 等電点電気泳動法(isoelectric focusing)

ゾーン電気泳動法は最も基本的な電気泳動法で,自由な溶液中でのイオンの電気泳動,すなわち電荷とサイズの差にもとづいてイオンの分離が達成される.これに対してゲル電気泳動法は,アクリルアミドゲルやアガロースゲル中で電気泳動を行うもので,イオンの移動に対する抵抗力の効果が大きく現われるので,イオンサイズにもとづいた分離が行われる.一方,等速電気泳動法は,各試料成分イオンが先行イオンと終末イオンのゾーンにはさまれてそれぞれのゾーンを形成し,分離が達成される方法である.また,等電点

電気泳動法はpH勾配を形成させ，各試料成分をそれぞれの等電点に相当するpHゾーンまで泳動させることにより分離を行うものである．

これらの古典的な電気泳動法に対して，近年，毛細管（キャピラリー）内でゾーン電気泳動を行うキャピラリーゾーン電気泳動法（capillary zone electrophoresis）が開発された．この方法は，電気浸透流を巧みに利用して極めて高い分離効率を実現したもので，その後さらにキャピラリーゲル電気泳動（capillary gel electrophoresis），動電クロマトグラフィー（electrokinetic chromatography），電気クロマトグラフィー（electrochromatography）などの優れた技術開発が行われ，急速な普及をみせている．

10・5・3 キャピラリーゾーン電気泳動

a. 電気浸透流（electroosmotic flow）

キャピラリーとしては通常溶融シリカ（fused silica）が用いられる．溶融シリカキャピラリーの内壁表面には多数のシラノール基（≡SiOH）が存在し，水素イオンが解離するため，負に帯電している．その結果，キャピラリー内壁表面には電気的中性を保つため図10・20のような電気二重層が形成される．ここで，キャピラリーの両端に電圧をかけると，内壁表面に集まっている陽イオンは陰極に向かって移動を始める．この際，陽イオンは周囲の水分子を伴って移動する．この溶液の流れを電気浸透流という．キャピラリーの内径が100 μm程度以下の場合，キャピラリー内の溶液全体が陰極に向かって移動するようになる．電気浸透流は，図10・21に示したようにキャピラリー中心からの距離に依存しない一定の流速をもつ栓流に近いフローパターンを示す．これは，ポンプにより送液を行うHPLCにおいてみられる層

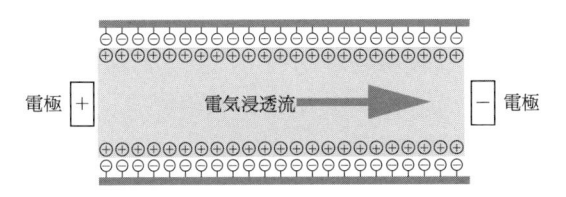

図10・20 電気浸透流

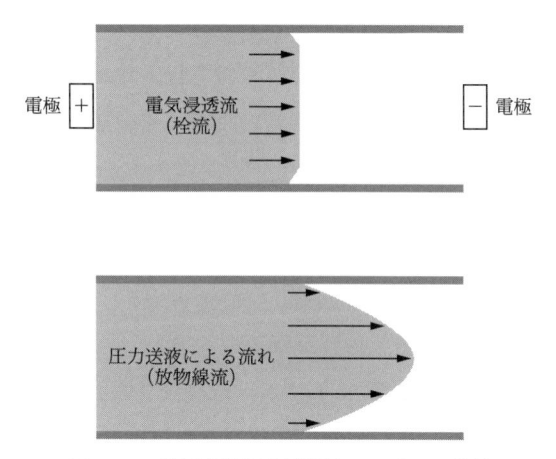

図 10·21 電気浸透流と圧力送液による流れの比較

流とは大きく異なるものである．キャピラリーゾーン電気泳動法の非常に高い分離能は，この栓流に起因している．

電気浸透流の速度は次式で与えられる．

$$v_{eo} = \mu_{eo}E = -\frac{\varepsilon\zeta}{\eta}E \tag{10·41}$$

ここで μ_{eo} は電気浸透移動度であり，ε と ζ は，溶液の誘電率およびキャピラリー内表面のゼータ電位（キャピラリー内表面と溶液間の電位差）である．溶液の pH が高いほど，より多くのシラノール基が解離するので，ゼータ電位は溶液の pH に依存して変化することになる．溶融シリカキャピラリーではゼータ電位が負の値となるので，v_{eo} は正の値となり，電気浸透流は陰極に向かって流れる．

b. イオンの移動速度と理論段数

キャピラリーゾーン電気泳動におけるイオンの移動速度 u は，電気泳動による移動速度と電気浸透流による移動速度の和として次式のように与えられる．

$$u = v_{eo} + v_{ep} = (\mu_{eo} + \mu_{ep})E \tag{10·42}$$

ここで，v_{ep} は陽イオンであれば正の値をとり，陰イオンであれば負の値をとる．通常の条件下では $|v_{eo}|>|v_{ep}|$ であるので，陰極側に検出位置を設置すれば，すべての試料成分を検出することができる（図 10·22）．

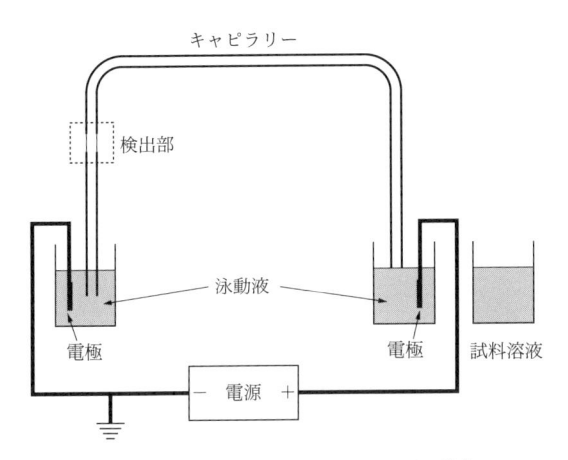

図 10·22 キャピラリー電気泳動装置の構成

キャピラリーゾーン電気泳動においては固定相が存在しないため，クロマトグラフィーにおいてみられるような物質移動（非平衡）による溶質バンドの広がりが生じない．また，電気浸透流と電気泳動においては流れが均一な栓流であり，多流路拡散の寄与も無視できる．したがって，キャピラリー電気泳動ではバンドの広がりは通常拡散のみによることになり，理論段相当高さは次式で与えられることになる（式 (10·20) 参照）．

$$H = \frac{2D_m}{u} \qquad (10·43)$$

ここで，D_m は溶液内での試料化合物の拡散係数である．クロマトグラフィーと同様に，キャピラリーゾーン電気泳動においても理論段数 N は H およびキャピラリーの長さ L と次式の関係にある．

$$N = \frac{L}{H} \qquad (10·44)$$

したがって，式 (10·42)～(10·44) より

$$N = \frac{(\mu_{eo}+\mu_{ep})EL}{2D_m} = \frac{(\mu_{eo}+\mu_{ep})V}{2D_m} \qquad (10\cdot45)$$

と表わされる．ここで，V は印加電圧（$=EL$）である．この式から，キャピラリーゾーン電気泳動では高い電圧を印加するほど，また溶質の拡散係数が小さいほど，理論段数が高くなることがわかる．

c. 装　置

装置の概略を図 10·22 に示す．キャピラリーは通常ポリイミド樹脂をコーティングした内径 5～100 μm，長さ 20～80 cm 程度の溶融シリカを用いる．白金電極を入れた泳動溶液にその両端を浸し，電極に電圧を印加する．高電圧直流電源には出力が 20～30 kV，電流 1 mA 程度のものを使用する．電気泳動に伴って発生するジュール熱の放散を効率よく行うため，キャピラリーは空冷または冷却溶媒を用いて一定温度に保たれる．

試料の注入は，キャピラリー入り口側を試料溶液に浸したあと試料溶液を加圧するか，あるいは試料溶液に電極を挿入して電圧を印加することによって，電気浸透流または電気泳動により行われる．検出は，一般にキャピラリーのポリイミドコーティングを一部はがし，その部分に光を照射して紫外可視吸光検出器または蛍光検出器により行う．キャピラリー自体を検出セルとするため，溶質ゾーンの乱れがなく，再現性が高い．

10·5·4　動電クロマトグラフィー (electrokinetic chromatography)

電気泳動ではイオンの電荷の違いにもとづいて分離が行われるので，電荷をもたない中性化合物同士の相互分離は不可能である．1984 年に寺部 茂 博士は，泳動液にイオン性界面活性剤からなるミセルを加え，ミセル内に溶質が分配する現象を利用した中性化合物の分離法を開発し，ミセル動電クロマトグラフィー (micellar electrokinetic chromatography, MEKC) と名づけた．MEKC では陰イオン界面活性剤であるドデシル硫酸ナトリウム (sodium dodecyl sulfate, SDS) のミセルがよく使用される．図 10·23 に

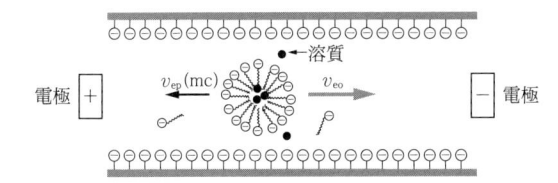

図 10·23 ミセル動電クロマトグラフィーの原理

MEKC の原理を示す．泳動液に SDS を臨界ミセル濃度以上の濃度で加えると，内側が疎水性で外側が親水性のミセルを形成する．このミセルは負電荷をもっているので，それ自身は電気泳動により陽極に向かって移動しようとするが，通常は電気浸透流の移動速度のほうが大きいので陰極側に移動する．しかし，その移動速度は電気浸透流よりも小さい．ミセルの電気泳動移動度を $\mu_{ep}(mc)$ とすると，中性化合物の有効電気泳動移動度 $\mu_{ep}^*(s)$ は次式で与えられる．

$$\mu_{ep}^*(s) = \frac{n_{mc}}{n_{aq}+n_{mc}}\mu_{ep}(mc) = \frac{k}{1+k}\mu_{ep}(mc) \qquad (10·46)$$

ここで k はミセル相を固定相，溶液相を移動相とみなしたときの保持係数であり，n_{mc} と n_{aq} はそれぞれミセル内および溶液内の溶質の物質量を示す．したがって，中性化合物の移動速度 v_s は

$$v_s = \{\mu_{eo}(s)+\mu_{ep}^*(s)\}E \qquad (10·47)$$

と表わされる．これより，中性化合物は，ミセル内への取り込みの差によって分離できることがわかる．その後，中性化合物を取り込むホスト分子あるいは分子集合体として，ミセルのほかにシクロデキストリンやタンパク質，マイクロエマルションなども使用できることが示され，この分離法は動電クロマトグラフィーと総称されている．

11 物質の評価

 合成と分析は化学の両輪である，といわれる．やや単純化された表現ではあるが，21世紀が新素材（new materials）の世紀である，という長期的展望に立って考えるならば，ここに化学が貢献できるのは合成と分析をおいてほかにないといえる．そのように考えるとき，新しい分析化学のもつべき役割ないし内容として"物質の評価"ということが大きく浮び上がってくる．

 例えば新しい高純度物質や機能性物質を開発しようとするとき，それが本当に目的の高純度に達成されているか，あるいは問題の機能性がいかなる微量成分の存在により実現されているのだろうかということは，分析化学による評価に待たなければならない．このような役割を遂行する手段として，最近はいろいろな化学現象ないし物理現象に基礎をおく機器分析手段が開発され利用されるようになった．本章では，そのような立場から主な分析手段と物質評価の関わりについて概観する．

11・1 X線分析

 物質にX線を照射すると，相互作用によりいろいろな現象が生じ，二次X線，光電子，熱エネルギーその他が放出される．これらはその物質の結晶構造を反映し，あるいは含まれる元素に特有なものであるので，その物質の分析・評価に利用できる．X線を利用した分析法は各種あるが，それらの中でX線回折法，けい光X線分析，光電子分光法は最もよく利用されるものである．

11・1・1 X線回折法（X-ray diffraction method）

 熱したフィラメントから発生する熱電子を，高電圧（数十kV）で加速して銅やモリブデンの金属板にぶつけると，そこからX線が発生する．この

11·1 X 線 分 析

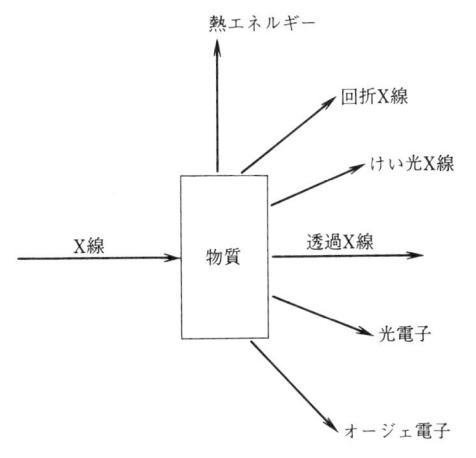

図 11·1 物質と X 線の相互作用

X線は，いろいろな波長を含む連続X線および金属に特有な波長をもつ特性X線（または固有X線）よりなり，後者の強度は，連続X線のそれにくらべて特に大きい．この特性X線を，他の適当な金属フィルターを使って選別すると，一定波長のX線を得ることができる（Cu および Mo の K_a 特性X線波長は，それぞれ 1.54 Å, 0.71 Å）．

a. 結晶構造解析 (crystal structure analysis)

一定波長 λ の X 線を単結晶に対してある入射角 θ で入射したとき，Bragg の関係式 $n\lambda = 2d\sin\theta$ ($n=1, 2, \cdots$; d は結晶の格子面がつくる面間

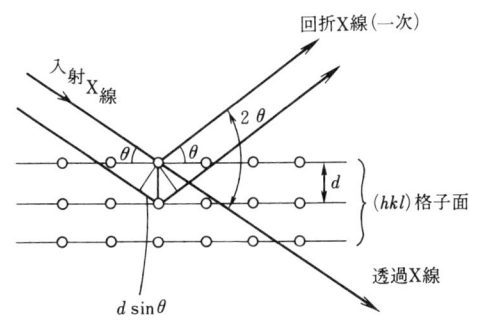

図 11·2 X 線の回折（Bragg 反射）

隔）が満足される特定の方向（複数）に向けて X 線は出射していく．これを回折 X 線という．結晶を次々と動かしていろいろな方向に回折 X 線を出射させ，その方向（Miller 指数と呼ばれる三つの指数 hkl で指定される）と強度データを多数集積し，数学的解析を行うことにより，結晶内の原子配列を決定することができる（この手法の詳細は，専門書にゆずる）．

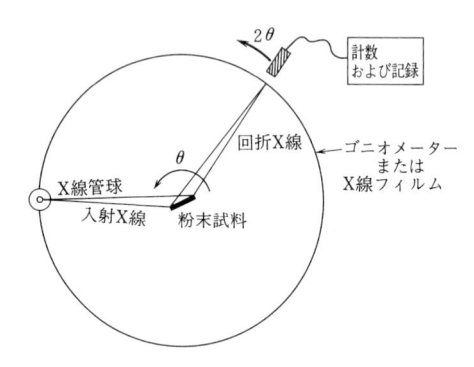

図 11·3　粉末 X 線回折法の原理

b. 粉末X線回折法 (powder X-ray diffraction method)

小さい結晶がたくさん集まった粉末試料に X 線を照射した場合，X 線の進行方向に対して結晶の格子面はさまざまな方向を向いているので，結晶を動かさなくても，Bragg の関係式はどれかの結晶粒において満足されており，いろいろな方向に回折 X 線が出射して行く．したがって，入射 X 線を含む平面内で，X 線の回折角と強度を測定すると，それは試料の結晶構造に特有の強度分布を与えることになる．この強度分布を，試料を中心とする円周上においた細長い X 線フィルム上に記録するか，あるいは検出器を移動させて，その移動角度に対する X 線強度として記録する．後者の方法でチャート紙上に記録した強度曲線を，X 線回折図 (X-ray diffraction pattern) という．これを解析することにより，結晶を同定したり，その精密な格子定数 (lattice constant) を求めたりすることができる．

このようにして得られる回折強度のデータが，これまでに知られた数多くの化合物について集められ，データ集として報告されている．体系だったも

のとして広く知られているものは JCPDS カード（通称 ASTM カード）[1]と呼ばれるもので，無機および有機化合物の回折データが網羅的に集められている．回折X線による未知物質の同定には，その物質の回折データと，既知物質のそれとを比較参照することにより行われる．そのために，上記カード集に対していくつかのインデックスが用意されており，回折図の最強線3本から検索できるインデックス（Hanawalt Index）や，化学式，化合物名，鉱物名から検索できるインデックスなどがある．手もちの未知物質が新物質でない限り，Hanawalt インデックスを利用して最強線3本の d 値と強度をたよりに，その物質名や化学式を探り出すことができる．

11・1・2　けい光X線分析（X-ray fluorescence spectrometry）

試料にX線（一次X線）を照射すると，各種の二次X線が発生する．このうち，含有元素に特有な波長をもつ二次X線はけい光X線[2]（fluorescent X-ray）と呼ばれ，その波長と強度から定性および定量分析が可能である．けい光X線の発生の様子を模式的に図 11・4 に示す．すなわち，照射した一次X線により原子の最内殻の s 電子が光電子として原子外にたたき出されたとすると，空位になった s 準位には，上位のL殻やM殻の電子が

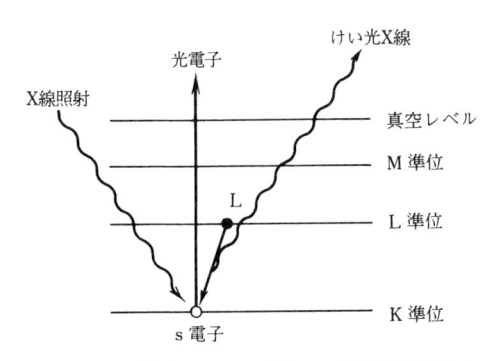

図 11・4　けい光X線の発生．X線照射によりK準位のs電子が光電子としてたたき出され，その空準位にL準位の電子が遷移するときに，けい光X線が放出される．

---

1) JCPDS：Joint Committee on Powder Diffraction Standards
　ASTM：American Society for Testing and Materials
2) 特性X線（characteristic X-ray）ともいう．

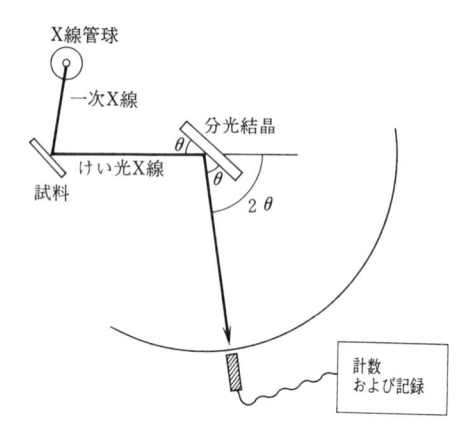

図 11·5 けい光X線分析の原理図

遷移して空準位を満たし,その際に,両エネルギー準位差に相当する電磁波(この場合はX線)を放出する.エネルギー準位やその間隔は原子に固有であるから,放出されるX線も原子に固有な波長をもつ.試料がいろいろな元素を含む場合,出てくる特性X線の波長もいろいろなものが混ざり合っている.これを分光して目的元素の特性X線のみ取り出すために,分光結晶(analyzing crystal)を利用する.粉末X線回折の際に用いたのと同様のゴニオメーター上を検出器が移動すると,各元素ごとの特性X線は別々の角度位置 2θ で Bragg 反射をおこすので,それぞれの位置ごとにそのX線強度を読みとればよい.このような検出方式を,波長分散(wavelength dispersion)方式という.この方式の場合,ただ1種類の分光結晶だけで広い波長範囲のX線を分光するのは一般に困難なので,目的元素に応じて分

表 11·1 主な分光結晶

分光結晶	反射面	$2d$ (Å)
Topaz 黄玉	(111)	2.71
LiF フッ化リチウム	(200)	4.03
EDDT エチレンジアミン二酒石酸	(200)	8.80
ADP リン酸二水素アンモニウム	(101)	10.65

光結晶を選択するのが普通である．表11・1に，しばしば利用される分光結晶を示してある．

より新しい分光方式として，半導体検出器と波高分析器を用いたエネルギー分散 (energy dispersion) 方式も利用される．検出器で生じた電気パルス[1]を，波高分析器において波高幅ごとに区分して，X線エネルギーを分別する方法である．マルチチャンネル波高分析器を用いると，各波高幅ごと（各エネルギーごと）の測定が同時に行えるので，多元素を同時に定量できる利点があるが，波長分散方式にくらべると分解能はやや低く，逆に装置は高価である．

応　用

(i) 定性分析　けい光X線は元素ごとに波長 λ が定まっているので，分光結晶を決めれば（すなわち d が決まれば），ブラッグの関係式から回折角 2θ も定まる．各種分光結晶について，いろいろな回折角に対応する元素名を記したスペクトル表が用意されているので，これを参照しながら存在元素の同定ができる．混合物や付着物中の不純物元素の同定，希土類などほかの手法では確認しにくい元素の分析などに特に有効である．複雑な試料の分析などでは，分析線のごく近くに共存元素のスペクトル線が現われて妨害となる場合がしばしばある．このような場合，分解能を上げる手段として d が小さい分光結晶に取り換えて，λ の変化に対する θ の変化が大きいことを利用することが行われる．また，元素によって励起電圧が異なることを利用して，一次X線を適当なフィルターに通してやって妨害元素のX線発生を除去することも可能である．また，妨害元素の高次線（$n=2,3$ など）が目的元素の一次線に重なって妨害となる場合もあるが，高次線は回折角が同じでもエネルギーが異なっているので，エネルギー分散方式による分光検出を行えば，このような妨害は取り除かれる．

---

1) 電気パルスの高さ V_{PH} がX線エネルギー E と比例する．すなわち
$$V_{PH} \propto E[\text{eV}] = \frac{12\,399}{\lambda[\text{Å}]}$$

（ⅱ）**定量分析**　けい光X線のスペクトル線強度は，試料それ自身の影響により変化を受けるので，注意が必要である．すなわち，試料中で発生したX線は，試料表面に達するまでに試料自身により吸収され（吸収効果），また同時に共存元素が発生するけい光X線によって，二次的に励起される（二次励起効果）ことがある．このために含有率が一定でも，共存元素のちがいにより，X線の絶対強度は必ずしも同じにはならない．これをマトリックス効果（matrix effect）という．定量分析では，これらの補正のために種々の補正式が工夫されているが，実用的な方法としては，適当な標準試料を調製し，これによる検量線を作成して定量に利用するのが一般的である．すなわち，未知試料となるべくよく似たマトリックスをもち，かつ目的元素の含有量が既知であるような標準試料を作製し，それのX線強度と目的試料のそれとを比較する．

けい光X線分析は，標準試料との比較を主とする相対値分析であるため，微量成分の分析には向いておらず，通常 0.01 ％ 程度以上の成分の定量に利用されている．また，一般に軽元素の検出感度は劣る．

11·2　電子分光分析

X線の照射により，物質外に放出された光電子は，さまざまな運動エネルギーをもっている．これは，物質内部において電子が存在する環境のちがいによって束縛力が異なり，それを断ち切って出てくる電子に運動エネルギーの差が生じるためである．したがって，光電子の運動エネルギーを測定することにより，固体表面の構成元素やその化学結合状態を知ることができる．

11·2·1　光電子分光分析

光電子を放出させるための励起源として，X線または紫外線が使われる．前者をX線光電子分光法（XPS, X-ray photoelectron spectroscopy），後者を紫外線光電子分光法（UPS, Ultraviolet photoelectron spectroscopy）といい，特に両者を区別しない場合は，単に光電子分光法（ESCA, elec-

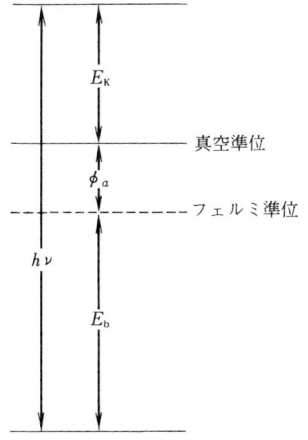

11・2 電子分光分析

図 11・6 電子の結合エネルギー，運動エネルギーおよびX線エネルギーの関係．試料とアナライザーはアースで結ばれているので，基準準位とフェルミ準位は両者に共通であるが，真空準位のみはアナライザーに固有の準位である．

tron spectroscopy for chemical analysis) という．

電子の結合エネルギー (binding energy) E_b，運動エネルギー E_k，X線のエネルギー $h\nu$ の間には，

$$E_b = h\nu - E_k - \phi_a \tag{11・1}$$

の関係がある（図 11・6）．結合エネルギー E_b は，電子をそれが存在する準位からフェルミ準位（固体内で電子エネルギーの最も高い準位）まで引き上げるために必要なエネルギーである．ϕ_a は装置の仕事関数 (work function) と呼ばれるもので，これは電子をさらにフェルミ準位から真空準位（装置の真空内で電子が運動エネルギー 0 で静止している状態）までもってくるために必要なエネルギーであり，装置ごとに固有の値をもつ．したがって，同一の装置を使って実験する場合，ϕ_a は定数と考えられるので，E_k の中にくり入れてしまうと，式 (11・1) はより簡単に

$$E_b = h\nu - E_k \tag{11・2}$$

と表わすことができる．

励起源として，X線では通常，アルミニウムやマグネシウムの特性X線 AlK$_\alpha$ ($h\nu$=1487 eV)，MgK$_\alpha$ ($h\nu$=1254 eV) が用いられ，これにより原子の内殻電子が励起される．紫外線では，ヘリウム放電管から得られる584 eVの共鳴線が用いられ，これにより原子の価電子帯付近の電子が励起される．電子エネルギーの分光には，種々の型式のものが使われるが，図11・7には半球型のアナライザーを示す．両半球間の電圧を掃引することにより，電子は運動エネルギーごとに選別されて検出器に到達する．測定は，一般に 10^{-7} mmHg以下の高真空で行われる．

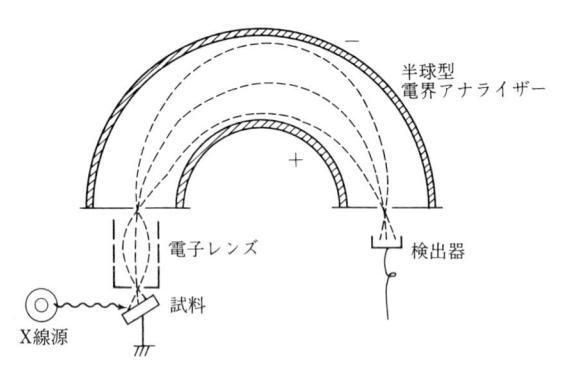

図 11・7 光電子分光分析装置

応 用

原子の内殻電子の結合エネルギーは元素ごとに固有の値をもつので，E_b の測定により構成元素の同定が行える．一方，同一の元素でも，単体，酸化物，硫化物などいかなる化合状態で存在するかにより，測定される E_b にちがいがみられる．これを化学シフト (chemical shift) という．特にイオンの価数が異なっている場合には，その差が顕著に観測されるので，価数の判定に役立つことが多い．例えば図11・8のように，一般に Cu^{2+} イオンは Cu^+ イオンより約3 eV高エネルギー側にシフトしている．

光電子分光分析では，固体から放出される電子は，固体表面近傍の 100 Å 程度以内の層からだけであり，これより深い層から発生した光電子は表面ま

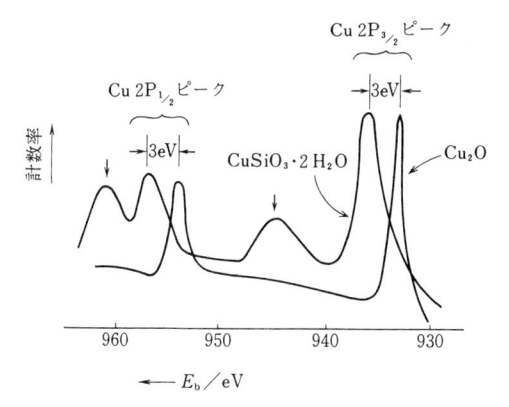

図 11・8 Cu$_2$O（赤銅鉱）およびCuSiO$_3$・2H$_2$O（珪孔雀石）のXPSスペクトル．後者において，945 eV および 962 eV にみられるピーク（矢印）は，Cu^{II} 化合物に特有のサテライトピークである．

で達することなく吸収されてしまう．したがって，試料の表面付近の分析しか行うことができないが，このことから逆に，光電子分光分析が表面分析法として重要であると認められるようになってきている．

11・2・2 オージェ電子分光分析

オージェ電子 (Auger electron) とは，励起状態にある原子が基底状態に遷移するとき，光子（X線）を放出するかわりに，そのエネルギーを原子内の電子に与え，その結果，放出される電子のことである．この過程はけい光X線発生の過程と対比すると理解しやすい．すなわち，けい光X線を放出する分のエネルギーが，近傍の電子に与えられて電子の放出となったものである．最近の装置では，励起状態の原子をつくり出すために，X線を照射するかわりに電子線を照射する場合がむしろ多い．発生した電子のうち，試料の表面から飛び出すことができるのは，表面のごく近傍で発生したものに限られ，したがって，オージェ電子分光法 (Auger electron spectroscopy, AES) は試料のごく表面付近の状態[1]を観測する手段として使われている．

---

1) 深さ方向約 10 Å 程度．

図 11・9 オージェ電子の放出過程

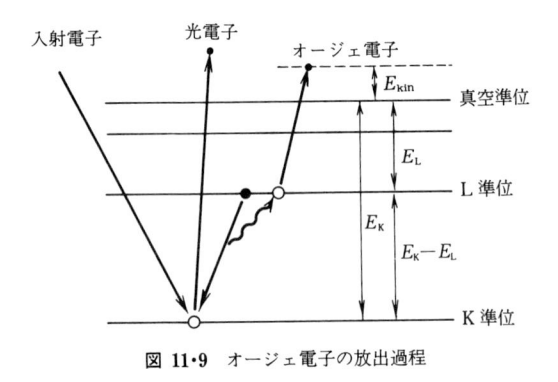

図 11・9 にオージェ電子の放出過程を模式的に示す．ここでのオージェ電子は $E_K - E_L$ のエネルギーを受けて L 準位から飛び出すが，試料表面（真空準位）に達するまでに E_L のエネルギーを消費するので，その残りのエネルギー E_{kin} が真空中に飛び出したオージェ電子のエネルギーに相当する．したがって

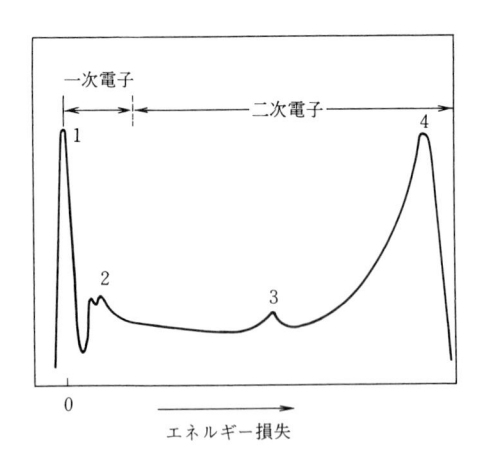

図 11・10 電子のエネルギースペクトルの模式図
1：弾性散乱　2：非弾性散乱によるエネルギー損失ピーク　3：オージェ電子ピーク
4：二次電子ピーク

$$E_{\mathrm{kin}} = E_\mathrm{K} - E_\mathrm{L} - E_\mathrm{L} = E_\mathrm{K} - 2E_\mathrm{L} \tag{11・3}$$

の関係がある．このようなオージェ電子を，KLL オージェ電子という．図 11・10 に，表面を脱出する電子エネルギーの分布を示す．1 の強いピークは，照射一次電子が固体表面で弾性散乱したもの，2 は非弾性散乱によりエネルギー損失を受けた電子によるもの，4 は原子のイオン化による真の二次電子に相当するものである．3 がオージェ電子であり，1 と 4 の大きなピークの中間エネルギー領域に，ごく小さなピークとして観測される．ピークの同定，確認は式 (11・3) を参照することにより行われる．

最近は，一次電子線ビームを固体表面で走査させるオージェ電子マイクロアナリシス法が開発され，固体表面のある微小領域の元素分析に威力を発揮している．

11・3 マイクロビームアナリシス (microbeam analysis)
11・3・1 X 線マイクロアナリシス

細く絞った電子線を試料表面に照射して，その部分から放出される特性 X 線の波長と強度を測定し，その微小部に含まれる元素の定性および定量分析を行うことができる．このような分析法を X 線マイクロアナリシス (XMA, X-ray microanalysis) または電子線マイクロアナリシス (EPMA, electron probe microanalysis) という．けい光 X 線分析では励起源として X 線を用いたが，EPMA では電子線を用いるところが異なっている．電子線は 1 μm 径以下の細いビームに絞ることができるので，試料表面近傍の μm オーダー程度の領域の元素分析が可能である．この方法のアイディアは遠く Moseley (1913 年ごろ) までさかのぼることができるが，実用的な装置として開発されたのは戦後のことで，フランスの Castaing (1949) による．以後，エレクトロニクスやコンピューターの急速な進歩により，固体の微小部の分析手法として大きく発展した．

装置の概略を図 11・11 に示す．熱したフィラメントから出る熱電子を 20～50 kV の高電圧で加速し，かつ電子レンズで集束して試料表面に照射す

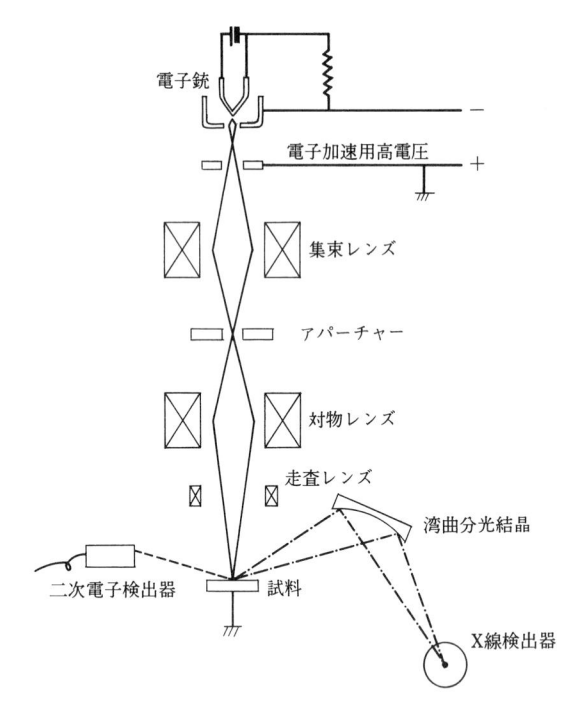

図 11·11 X線マイクロアナライザーの構造

る．試料から発生したX線の中から，目的元素の特性X線のみを分光結晶により選別し，X線検出器により強度を測定する．分光結晶を順次動かして，次々とほかの元素の特性X線を選んで測定する，という操作をくり返すことにより，電子線が照射された微小部についての元素分析（定性および定量）が行える．このような分析を，点分析 (point analysis) という．一方，照射電子線ビームを偏向コイルを用いて二次元的に試料表面上を走査し，X線強度の変化を測定して，その結果を二次元強度分布として再現すれば，試料表面におけるある特定元素についての濃度分布が求められる．このような操作をマッピング (mapping)，あるいは面分析 (area analysis) という．

電子ビームの照射により，試料からはX線のほかに二次電子が放出され

る．これを二次電子増倍管（secondary electron multiplier）で検出して，その強度変化を走査ビームと同期させながらブラウン管上に輝度変化として表示させると，試料表面の凹凸をよく反映した顕微鏡的な走査像（scanning image）を得ることができる．このような目的の装置を，走査電子顕微鏡（SEM, scanning electron microscope）という．走査像の倍率は試料上での掃引幅とブラウン管上の掃引幅の比であり，通常10倍から10万倍程度である．歴史的にはSEMのほうがEPMAより早くから手がけられており（1930年代），その意味ではX線マイクロアナライザーは，SEMの装置にX線分光装置を取りつけたものとして考えることもできる．

定量分析 目的元素について測定されたX線強度（これはカウント数で与えられる）を，試料組成としての元素濃度（パーセント）に換算するには，適当な標準試料を用いてそれと比較する方法により行われる．基本的には，標準試料として金属が用いられる．例えば純銅のカウント数を100とするとき，試料中の銅カウント数が60ならば，銅の濃度は60％とする[1]．しかしながら，この値は相対濃度と呼ばれるもので，実際にはこれにマトリックスのちがいに関する補正を加える必要がある．このために，一般的にはZAF（ザフ）補正が行われるが，これは，マトリックスを構成する元素の原子番号（Z），吸収（A），けい光（F）に関する補正のことである．分析元素の近くに存在するほかの元素の種類や濃度に依存して，発生したX線が試料表面に達するまでに吸収されて弱まったり，あるいは他元素のけい光X線で再励起されて強まったりすることに対する補正である．このために種々の補正式が提出されており，いずれも複雑なものであるが，実際の分析に当ってはコンピュータープログラムによって補正計算が行われる．分析の対象になり得る元素は，通常，ナトリウムより原子番号の大きいものに限られる．分析精度は，湿式分析にくらべて約1桁程度落ちるが，固体中の微小

---

[1] 試料になるべく近い組成をもつ標準試料が使えれば，それだけ分析精度は上がる．もし標準試料が酸化物 CuO ならば $\dfrac{(試料のカウント数)}{(CuOのカウント数)} \times \dfrac{Cu}{CuO} \times 100\%$ となる．

領域に対して全分析が可能という点はほかの機器分析法にみられない長所であり，ますます広く利用されるようになっている．

11·3·2 二次イオン質量分析

固体表面に，正または負電荷の一次イオンビームを衝突させると，表面で乱反射された一次イオンのほかに，試料内部から電子やイオン（二次イオン）などの荷電粒子，中性原子・分子，X線その他が放出される．このような現象をスパッタリング（sputtering）という．スパッタリングにより放出された粒子の中から，二次イオンを質量分析計に導いて，化学種の同定や同位体組成の分析を行う手法を，二次イオン質量分析（SIMS, secondary ion mass spectrometry）という．特に，一次イオンビームの径を1 μm 程度まで絞って，試料の微小部についての高感度微量分析を目的として行うとき，イオンマイクロアナリシス（IMA, ion microanalysis）という．電子プローブマイクロアナリシス（EPMA）では，電子ビームを励起源に用いて放出された特性X線を観測しているのに対し，SIMSではイオンビームを励起に用いて出てくる二次イオンを観測する[1]．

図 11·12 に装置の概略を示す．一次イオンとして Ar^+, Cs^+, O_2^+, O^- などが用いられ，イオン銃から 1～20 keV 程度のエネルギーで出射されて試料表面に照射される．試料表面から放出された二次イオンは，引き出し電極で加速され，扇形電場（セクター電場）で特定のエネルギーをもつイオンだけが選別され，さらに扇形磁場（セクター磁場）により特定の m/e（m：質量，e：電荷）をもつイオンだけが選別されて，二次電子増倍管で検出される．二次イオンの電場と磁場による分光部は，いわゆる質量分析計と同じものであり，図のようなタイプを二重収束型質量分析計（double-focusing mass spectrometer）という．このほかに，四重極型の質量分析計を用いて質量分離を行う場合もある．これは4本の平行電極による四重極場（quad-

---

[1] 最近，一次イオンビームのかわりにレーザービームを励起に用い，放出されるイオンを観測するレーザーマイクロプローブ質量分析法（LAMMA, laser micro-probe mass analysis）も利用されるようになっている．

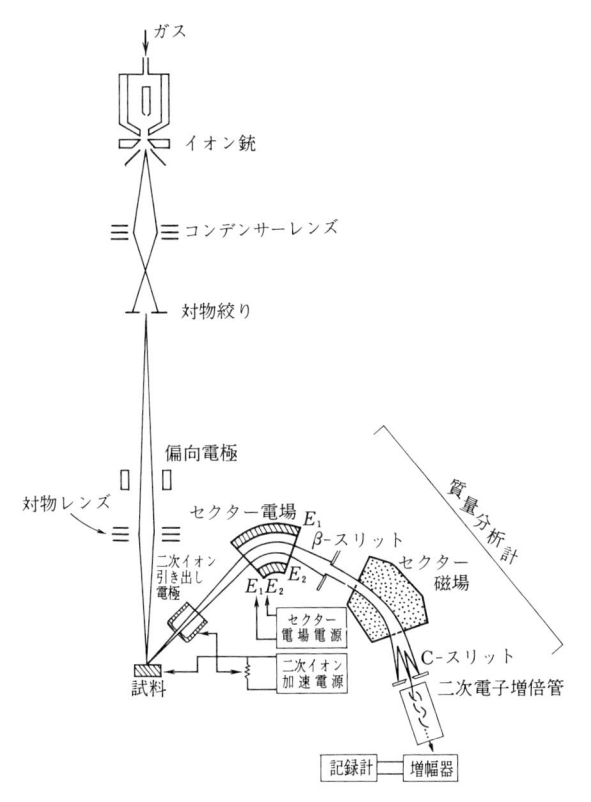

図 11·12 二次イオン質量分析装置

rupole field) の中にイオンを導いて，特定の m/e だけを通過させるようにしたもので，小型軽量にまとめられる特長がある．

　二次イオン質量分析法の特長は，次のような点にある．
1) 径が μm 程度の微小部分の分析ができる．
2) 水素からウランまですべての元素が測定できる．特に X 線マイクロアナリシスでは測定困難な Na 以下の軽元素について有効な分析ができる．
3) 微量成分分析ができる．例えばシリコン中に数十 ppb 程度含まれる軽元素のホウ素を検出できる．

4) 一次イオンビームによるスパッタリングで次第に深い層が露出するので，表面から深さ方向の濃度分布（depth profile）の測定を行うことができる．

5) 極めて薄い表面層の分析ができる．スパッタリングにより，表面より飛び出せるイオンの深さは10 Å程度（数原子層程度）なので，この領域についての分析が行える．すなわち表面分析の手段として有用である．

11・4 赤外・ラマン分析

分子の振動は，赤外線領域（波長にして 2.5〜25 μm, 波数にして 4000〜400 cm^{-1}）の光を吸収し，したがって赤外吸収スペクトル測定は分子構造の研究に重要である．一方，分子に可視光を当てて散乱光を調べると，入射光とは少し波長の異なる光が含まれていることが Raman により見出され（1928年），この波長のずれが分子の振動に密接に関連していることが判明した．

このラマン効果も，分子構造の研究に重要な手段であり，赤外分析と相補的に使われてきたが，最近の電子技術やレーザーの発展に支えられて，ますます重要度を増しつつある．

11・4・1 赤外吸収分析

試料に赤外線を当てて，分子の振動や回転運動を反映する赤外吸収スペクトルを測定し，分子種の同定や定量を行う方法を，赤外吸収分析（infrared absorption spectrometry）という．

分子の振動は，原子に相当する玉が化学結合に相当するばねで結ばれて，それが複雑に振動しているというモデルで考えることができる．この複雑な振動は，いくつかの基本的な振動の重ね合わせとして取り扱うことができる．この基本的な振動を基準振動という．例えば水分子 H_2O や二酸化炭素分子 CO_2 は，図 11・13 のようにいずれも 3 種の基準振動をもち，それぞれ図に示したような固定エネルギー（あるいは固有振動数）で振動している．

一般に原子の結合軸に沿っての振動を伸縮振動（stretching vibration），

11・4 赤外・ラマン分析

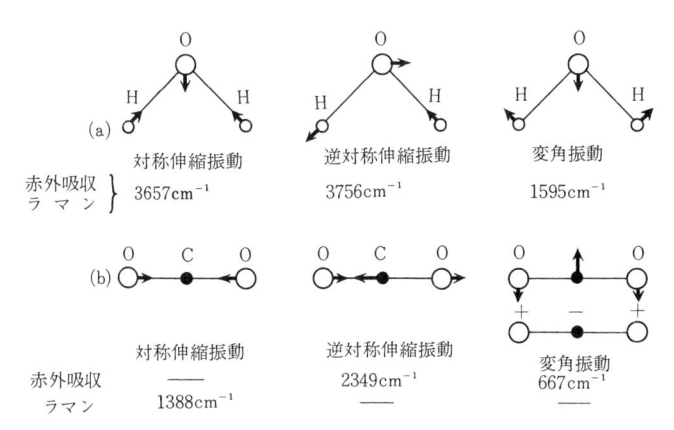

図 11・13 水 (a) および二酸化炭素 (b) の基準振動. 二酸化炭素の変角振動には, 紙面内での振動と, 紙面に垂直な振動の二つがあり, これらは縮重している.

結合角に変化がおこる振動を変角振動 (deformation vibration) という. n 個の原子をもつ n 原子分子は一般に $3n-6$ 個の基準振動をもつが, 直線分子に限っては $3n-5$ 個となる. この理由は, n 個の原子がもつ $3n$ 個の自由度のうち, 並進と回転のために非直線分子では 6 個, 直線分子では 5 個の自由度を奪われるためである. 複雑な有機化合物では, 多数の基準振動のほかに, 倍振動や結合振動も加わって吸収スペクトルは複雑になる. 図 11・14 に赤外吸収スペクトルの例を示す. 横軸には波数または波長のどちらかを目盛る. 波数と波長の関係は次式で表わされる.

$$波数(cm^{-1}) = \frac{10\,000}{波長(\mu m)}$$

量子論的取り扱いによれば, 赤外吸収が観測されるのは, 分子振動に伴って双極子モーメントが変化する場合に限られ, そのような振動を赤外活性といい, そうでないものを赤外不活性という. H_2O の場合, 三種の基準振動はいずれも赤外活性であるが, CO_2 の場合は対称伸縮振動のみは赤外不活性となる. 一般に CO_2 のように対称中心をもつ分子では対称中心に対称な振動は赤外不活性である. したがって, 水素, 酸素, 窒素のような等核二原子分子の振動はすべて赤外不活性であり, 空気が赤外線を吸収しないのはその

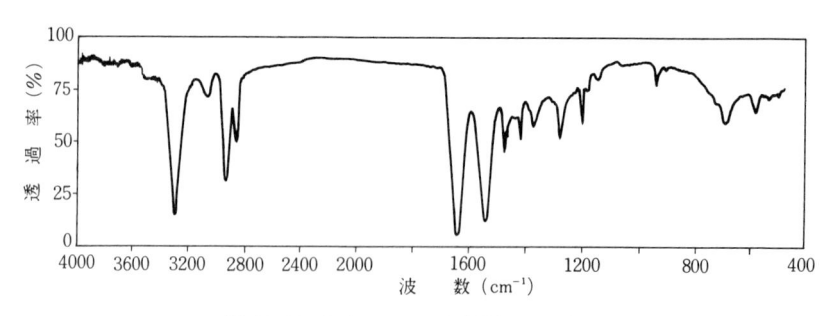

図 11·14 ナイロン 66 の赤外吸収スペクトル

ためである.

有機化合物のように複雑な吸収スペクトルを示す場合でも,分子の中で比較的独立した原子団はそれぞれに特有の吸収帯を示すことが知られている.これを特性吸収帯（characteristic absorption band）という.表 11·2 にいくつかの例を示す.未知化合物の構造推定に特性吸収帯を利用すると,大変効果的である.

表 11·2 特性吸収帯の例

波数領域/cm^{-1}	吸収を示す主な原子団
3700〜3100	O−H, N−H
3300〜2700	C−H
1800〜1500	C=O, C=N, C=C
1500〜1000	C−C, C−O, C−N
1100〜 800	Si−O, P−O
1000〜 650	=C−H（変角）
800〜 650	C−Cl, C−Br

a. 測定装置

（i）分散型赤外分光装置　赤外分光の装置は,光を分光する方式のちがいにより,分散型とフーリエ変換型に大別される.分散型のものは回折格子による光の分散を利用するもので,装置全体の構成は可視域の分光光度計とほぼ同様である.ただし,光源としては炭化ケイ素棒やニクロム線に電

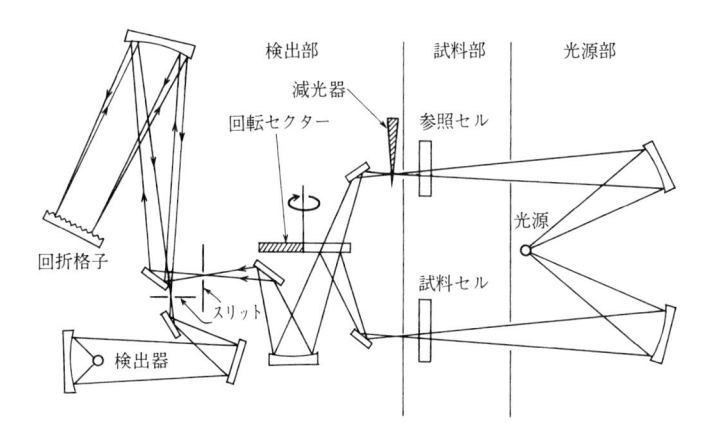

図 11・15 分散型赤外分光器の光学系の例

流を流して加熱したものが使われる．検出器には硫化鉛（PbS）光電導体，熱電対，ボロメーター[1]などが用いられる．図 11・15 に複光束方式の分散型赤外分光装置の光学系の例を示す．

　光源から出た光は，強度が等しい二つの光束に分けられ，それぞれ試料セルおよび参照セルを通る．二つの光束は，回転セクター（半分は鏡で半分は透過窓となっている）によって交互に回折格子系を経て検出器により検出される．試料が光を吸収しないときは，検出器は直流信号を受けるのみであるが，試料が光を吸収すると，試料側の光束がその分だけ強度が下がり，検出器には回転セクターと同じ周波数の交流信号が現われる．この交流信号を増幅し，サーボモーターにより参照側の光束を減らすように減光器を動かして，交流信号がなくなるようにする．このときの減光器による減光の程度が，試料による光の吸収量に対応する．この測定を波長を変えながら行えば，吸収スペクトルが得られる．

（ⅱ）フーリエ変換赤外分光装置　光の干渉を利用してインターフェログラム（interferogram）を測定し，それをフーリエ変換して赤外スペ

---

[1] 白金などの金属，サーミスターのような半導体その他を検知体とし，温度上昇による抵抗変化を利用して放射強度を測定するもの．

クトルを求めるもので,分散法とは原理的に異なる分光方式を用いている.この方法は,分散法と異なって全波長を同時に測定しているので光の利用効率が大変大きいという特長を有している.すなわち,同じスペクトルを得るのにごく短時間しか要しない.

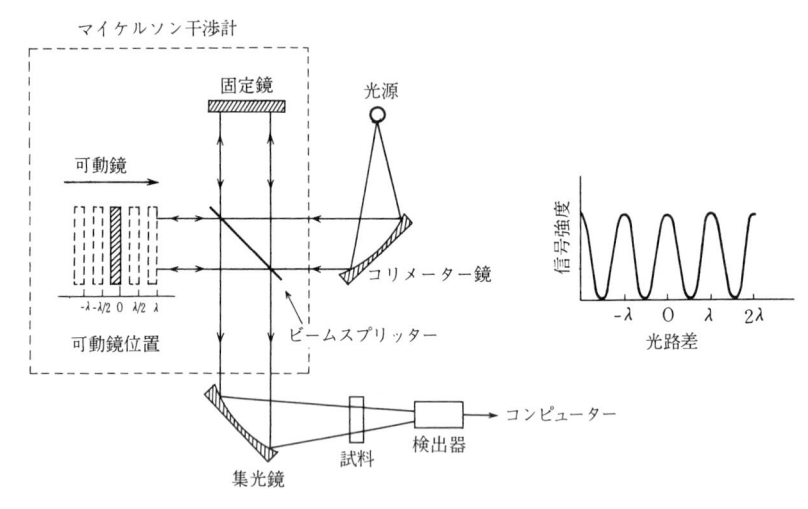

図 11・16　マイケルソン干渉計とインターフェログラム

図 11・16 に光学系の概略を示す.光源から出た光を平行光束にしてマイケルソン干渉計に入れると,ビームスプリッターにより二つの光束に分けられ,一方は固定鏡より反射し他方は可動鏡より反射してもどってくる.そして両光束は干渉する.このとき,二つの光束の通過した距離の差(光路差)が,波長の整数倍であれば二つの光束は強め合い,そこから半波長ずれていれば打消し合う.マイケルソン干渉計を出たあとの光路中に試料をおき,可動鏡を一定速度で動かしながら透過光の強度を検出器で受けて記録すると,試料の吸収スペクトルの情報を含んだ複雑な干渉波形が得られる.これをインターフェログラムといい,この波形をフーリエ変換(Fourier transform)すると,赤外吸収スペクトルを得ることができる.フーリエ変換の計算には

高速のコンピューターを必要とするが，新しい計算ソフトウェアの開発[1]やコンピューター装置の進歩により，今日ではフーリエ変換式の赤外分光法（Fourier transform infrared spectroscopy, FTIR）が主流となっている．

b. 赤外吸収スペクトルの測定

スペクトル測定のための試料容器などは各種市販されており，通常はそれらを利用すれば十分である．

気体試料の測定では，窓材に NaCl，KBr などを用いた気体用セルを使用する．高分解能で測定するためには，試料圧は数十 mmHg 程度にするのが適当である．

液体試料の場合，試料を2枚の窓板（NaCl，KBr など）の間にはさみ，$0.01 \sim 0.1$ mm 程度の膜厚として測定する（液膜法）．食塩板は可視から 650 cm^{-1} 付近まで，KBr 板は 400 cm^{-1} 付近まで，KRS-5 板[2]は 250 cm^{-1} 付近まで測定可能である．試料を四塩化炭素，クロロホルムなどの適当な溶媒に溶かして測定する場合もある（溶液法）．またこの方法は，固体試料にも適用可能である．

固体試料の測定では，前記の溶液法のほかに KBr 錠剤法がよく使われる．これは，微粉末にした試料を 100～300 倍程度の KBr 粉末とよく混ぜ，排気して 5～10 t/cm^2 の圧力をかけ，透明な錠剤に成形して測定するものである．また，ヌジョール（Nujol）と呼ばれる流動パラフィンと混合してペースト状にしたものを，溶液法のように窓板にはさんで測定する方法もある．

赤外吸収分析の一つの欠点は，水が赤外部に大きな吸収をもち，測定の妨げとなることがしばしばあることである．水は試料中にも，また溶媒や錠剤中にも微量ながら存在しており，これらを十分に除去することが必要である．図 11・15 に示したような複光束方式の分光器を用い，参照側に試料の入っていない同重量の KBr 錠剤（液体試料の場合は溶媒）をおくことにより，水分による吸収や，赤外線の散乱による損失，溶媒による吸収，などを消去

---

[1] 高速フーリエ変換（fast Fourier transform, FFT）アルゴリズムの開発．
[2] 臭化タリウムとヨウ化タリウムの混晶．

することができる．

　全反射吸収法（attenuated total reflection method, ATR 法）を測定に利用して，より広範囲の試料を対象とすることができる．これは試料表面に対して斜め方向から赤外光を入射して全反射をおこさせ，この反射光を測定するものである．光が試料面で全反射するとき，光の一部は試料の内部に入ってから反射するので，反射光に試料の吸収特性が含まれていることを利用している．得られるスペクトルは，通常法による吸収スペクトルとほとんど同じであるが，全反射の際の試料へのもぐり込みの深さ（赤外領域では 5 μm 以下）が測定波長に比例するため，長波長側ほど強度が大きくなることに注意しなければならない．実際の実験では，Ge や KRS-5 など屈折率の高い物質を試料表面にのせ，この媒質を通して赤外光を入射して全反射をおこしやすく工夫している．この方法により，従来の方法では測定困難な試料，例えば，加流ゴムのように粉砕の困難なものや，加工しにくい厚い板などの測定も可能となった．さらに水溶液中の主成分の測定などもこの方法で行われる．

c. 応 用

（i） 定性分析　これまでの研究で，多数の物質の赤外吸収スペクトルが集められ，書物やカードの形でまとめられているので，未知化合物のスペクトルをそれらの既知データと比較することにより，同定を行うことができる．これらをコンピューター処理で行うことも今日では一般的になっている．

　赤外吸収スペクトルでは，分子中の各原子団に特有の特性吸収帯が観測されるので，これらに注目して分子構造の推定を行うことができる．この際，ほかの分析法，例えば元素分析，核磁気共鳴法，質量分析法，その他の測定結果を併用することにより，効率的な構造推定が可能となる．

（ii） 定量分析　定量的取り扱いの基礎となるものは，可視，紫外部の場合と同様に Lambert-Beer の法則である．特性吸収帯のうち，なるべく他成分からの妨害が少ないものを選んで吸光度を測定する．

　一般に，各種の原子団の特性吸収は，その吸収波数位置が一定しているば

かりでなく，類似物質の場合には吸収強度もほぼ一定している．このことを利用して，類似物質を標準にして未知化合物の含有量の推定や官能基数などの決定を行うことができる．よく利用される原子団は，C－H基，O－H基，N－H基，C=O基，芳香族化合物の各種置換体，などである．このような方法を官能基分析（functional group analysis）という．

11・4・2 ラマン分析

透明な液体試料の入ったガラスセルに，レーザーのような強い光を照射すると，大部分の光子は液体を通りぬけて行くが，ごく一部分の光子は分子と衝突して方向を変える．これが光の散乱である．この散乱光の波長と強度は試料の分子振動の性質を反映している．このような性質を利用して行う分析方法を，ラマン分析（Raman spectrometry）という．

a. ラマン効果

図 11・17 のような実験装置を構成し，振動数 ν_0 の強い単色光を試料に当て，散乱光をレンズで集めて回折格子で分光すると，散乱光の成分には入射光と同じ振動数 ν_0 の光のほかに，振動数の異なった光も含まれていることがわかる．これをラマン効果（Raman effect）という．前者の入射光と同じ振動数をもつ散乱光をレイリー散乱（Rayleigh scattering），後者の振動数の異なった散乱光をラマン散乱（Raman scattering）という．ラマン散乱光は，入射光の振動数 ν_0 と，その物質に固有な振動数 ν とが結合したもので，振動数 $\nu_0-\nu$ のストークス線（Stokes line，長波長側）と $\nu_0+\nu$ の反ストークス線（anti-Stokes line，短波長側）とからなる．

一般に反ストークス線は強度が弱く，かつストークス線以上の情報は含まれていないので，ラマンスペクトルの測定は普通，ストークス線を対象に，すなわち入射光より低振動数の領域にかけて行われる．この場合にストークス線のレイリー線からの差 ν をラマンシフトと呼ぶ．

ラマン散乱は，分子振動のうち分極率の変化がおこる振動に対して生じる．このような振動は，ラマン活性と呼ばれる．赤外吸収が，分子の双極子モーメントの変化の伴うものに対してだけ生じるのと対照をなしている．し

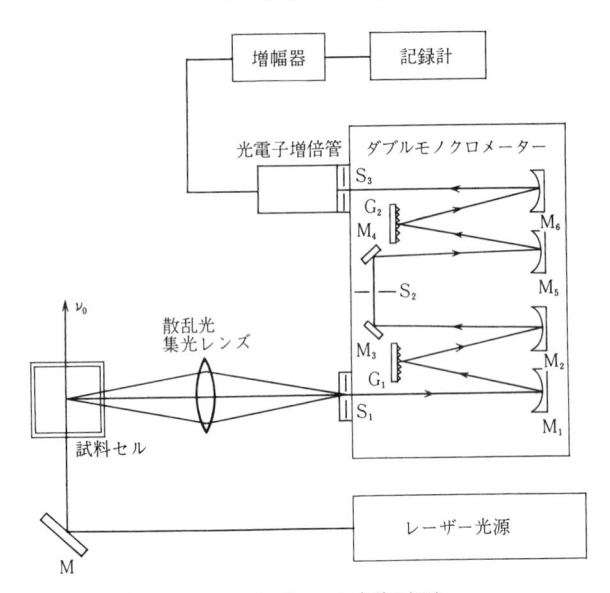

図 11·17 レーザーラマン分光計の概略
　　　　　M：鏡　G：回折格子　S：スリット

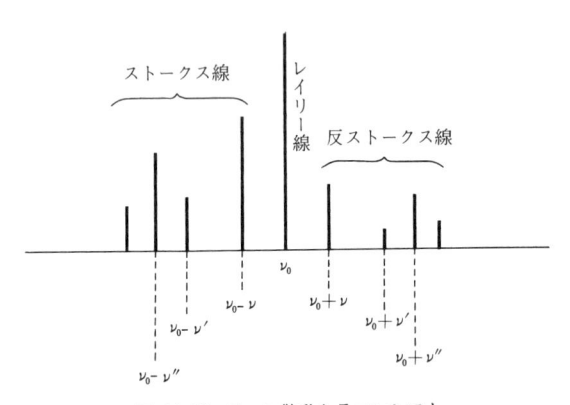

図 11·18 ラマン散乱とラマンシフト

たがって，同一の分子の振動でも，その振動モードによって，赤外，ラマン両方に活性の場合や，その一方のみに活性という場合があり，両者を相補的に利用することができる．例えば H_2O の三種の基準振動（対称伸縮，逆対称伸縮，変角振動）は，いずれも赤外およびラマン活性であるが，CO_2 の基

準振動については,ラマン活性は対称伸縮振動のみである(図11・13, p. 337参照).

b. 測定装置

励起用の光源としては,近年ではもっぱらレーザー光が用いられ,レーザーラマン分析(laser Raman spectrometry)と呼ばれている.アルゴンイオンレーザーの488.0 nmおよび514.5 nm,ヘリウム・ネオンレーザーの632.8 nmなどが用いられる.ラマン散乱光は,レイリー散乱光の10^{-3}程度の強度で極めて弱いので,分光器内の迷光による妨害をできるだけ少なくするために,分光器を2個直列に並べたダブルモノクロメーターが使われることが多い.検出器には高感度な光電子増倍管が用いられ,光子を1個ずつ数える光子計数法(photon counting)も採用される.特に,近年においては,マルチチャンネル検出器(multi-channel detector, MCD)が開発され,分光器を掃引することなくスペクトルが得られるようになり,測定時間が大幅に短縮されるようになった.

c. 応用

ラマン分光法は,可視光およびその検出装置系を用いながら赤外吸光法と同様な分子振動に関する情報が得られるのが特長といえる.したがって,水分を多量に含んだ試料ないし水溶液試料のように赤外吸収法では困難な測定も可能である.古くは,主として有機化合物の分子構造の解析,官能基の分析などに利用されていたが,最近では,それらに加えて,半導体,触媒,生体試料,大気汚染物質などの広い対象についてラマン分析が行われている.

以下にラマン分析の特徴を生かした,いくつかの新しい応用を記す.

(ⅰ) ラマンマイクロプローブ法 レーザー光を細く絞って試料の局部に照射し,そこからのラマン散乱を分光計測する方法をラマンマイクロプローブ法(Raman microprobe technique)という.この方法によると,試料面上の1 μm径程度の微小領域の分析が可能であり,また表面分析法(表面から1 μm程度の深さ)としても有用で,赤外分光法では困難なマイクロアナリシスが行える.

(ⅱ) 共鳴ラマン効果 着色試料の場合,励起光(レーザー光)の波長を分子の吸収極大波長に合わせて照射すると,共鳴ラマン効果(resonance Raman effect)の現象により,強いラマン線が観測できるようになる.これを利用して,微量ないし低濃度試料の定量分析が可能になる.

(ⅲ) 時間分解ラマン分光法 パルスレーザーとマルチチャンネル検出器(MCD)を利用して,反応中間体のような極めて寿命の短い分子種のラマンスペクトルが測定可能となる.これは,ポンプ光と呼ばれる第一のレーザーパルスにより分子を光励起して光化学反応をスタートさせ,次にプローブ光と呼ばれる第二のレーザーパルスを光化学反応が終了する前に照射し,反応途中に存在する中間体のラマンスペクトルを観測する方法である.これを時間分解ラマン分光法(time-resolved Raman spectroscopy)という.プローブ光のポンプ光に対する遅延時間を順次変えて測定することにより,中間体の時間的挙動を追跡することができる.

(ⅳ) コヒーレントアンチストークスラマン散乱 物質中に二つのレーザー光(周波数 ν_1, ν_2 かつ $\nu_1 > \nu_2$)を小さい角で交わるように入射させると,強力な光電場のために強い分極が生じ,その高次項による非線形効果により,第三の方向に周波数 $2\nu_1 - \nu_2$ の反ストークス光が放出される.ν_2 を掃引したときの反ストークス光の強度変化を,CARS(coherent anti-Stokes Raman scattering)スペクトルという.通常のラマン分光分析よりはるかに感度が高く,試料からのけい光や散乱光による妨害が少ないので,液体中の低濃度成分の分光分析などに利用される.

11・5 磁気分析

磁気モーメントをもつ電子や原子核が磁場中におかれた場合,これらは,磁場軸のまわりにコマの首振り運動に似たラーモア歳差運動を行う.その周波数(ラーモア周波数)に等しい振動数の電磁波を当てると共鳴吸収がおこる.原子核の磁気モーメントが示す共鳴は,核磁気共鳴(NMR, nuclear magnetic resonance)と呼ばれ,これはラジオ波領域の電磁波でおこる.

一方,電子の磁気モーメントが示す共鳴は電子スピン共鳴（ESR, electron spin resonance）と呼ばれ,マイクロ波領域でおこる.どちらも戦時中に芽ばえた技術が,戦後になって基礎科学の研究に応用され開花したものである.

11·5·1 核磁気共鳴（NMR, nuclear magnetic resonance）

原子核には,磁気モーメント μ をもつものともたないものとがあり,核スピン I が 0 でないもののみが磁気モーメントをもっている.核スピン I とは,古典的には核の自転による角運動量に対応するもので,$\hbar$（プランク定数 h を 2π で割ったもの）を単位にして表わすと $I\hbar$（$\hbar$ の I 倍）と書け,ここに I は整数または半整数の値をもつ.ゼロでない I をもつ核種は,質量数が奇数のものすべてと ^{2}D, ^{6}Li, ^{10}B, ^{14}N であり,現在までに 135 種知られている.分析化学で最も多く対象とされる核種は ^{1}H（プロトン）であり,次いで ^{13}C, ^{2}D, ^{15}N, ^{19}F, ^{31}P その他があげられる.

μ と $I\hbar$ とは比例関係にあり

$$\mu = \gamma I\hbar \tag{11·4}$$

と表わすことができる.γ は電磁気的量 μ と力学的量 $I\hbar$ を結ぶ比例定数で磁気回転比（gyromagnetic ratio）と呼ばれ,核ごとに固有の値をもつ.

磁気モーメント μ が磁場 H_0 の中におかれると,μ は H_0 軸のまわりにラーモアの歳差運動を行う.このような μ と H_0 との相互作用によるポテンシャルエネルギー E は

$$E = -\mu_H \cdot H_0 \tag{11·5}$$

で与えられる.μ_H は μ の H_0 方向の成分である.このエネルギーは,巨視的世界では連続的に各種の値をとり得るが,量子論的にはとびとびの値しかとることが許されず,核スピン I については

$$E_m = -\gamma \hbar m H_0, \quad m = I, I-1, I-2, \cdots, -(I-1), -I \tag{11·6}$$

の $(2I+1)$ 個のエネルギー準位（ゼーマン準位）のみが許される.水素は核スピン $I=1/2$ であるから,$m=1/2$ および $-1/2$ の二つのゼーマン準位が許される.エネルギーの低い準位（$m=1/2$）は磁場に対してスピンが平

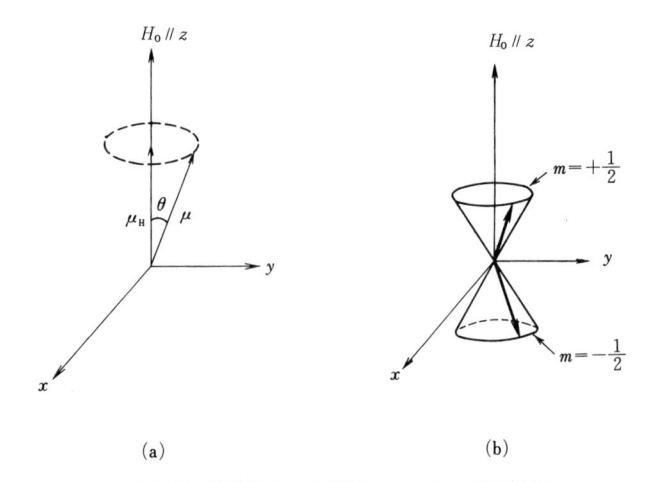

図 11·19 静磁場の中の磁気モーメント μ の歳差運動
(a)：古典論的立場では，H_0 と μ のなす角 θ は連続的に変化し得る．
(b)：量子論的には，スピン平行 $\left(m=+\frac{1}{2}\right)$ とスピン反平行 $\left(m=-\frac{1}{2}\right)$ の二つの状態のみ生じる．

行，高い準位はスピンが反平行の状態に対応している．平衡状態ではボルツマン分布則に従って，スピン平行の安定な準位のほうが，スピン反平行の準位よりも状態占有の割合がやや大きくなっている．外部からエネルギー $h\nu$ を与えられると，ゼーマン準位間で遷移がおきるが，可能な遷移は m の値が1だけ変化するもの（$\Delta m=\pm 1$）に限られ，したがって共鳴遷移の条件として $h\nu=\Delta E_m=\gamma\hbar H_0$ より

$$\nu=\frac{\gamma H_0}{2\pi} \tag{11·7}$$

が得られる．すなわち，周波数 ν の電磁波を当てながら H_0 の大きさを変えて行くと，式 (11·7) が満足される H_0 のところで共鳴吸収がおきる．

NMR 装置の概略を図 11·20 に示す．共鳴条件（式 (11·7)）を得るために，発振コイルの周波数を一定にして磁場を掃引する（順次変える）方式と，磁場を一定にして周波数を掃引する方式とがある．これらの方式はいずれも CW 法 (continuous wave method) と呼ばれる．発振コイルによる振

動磁場 H_1（ラジオ波領域，例えば 100 MHz）を磁場 H_0 に対して垂直に照射し，共鳴吸収によって発生した磁気的変化（H_0 と H_1 に垂直）を受信コイルで検出する．

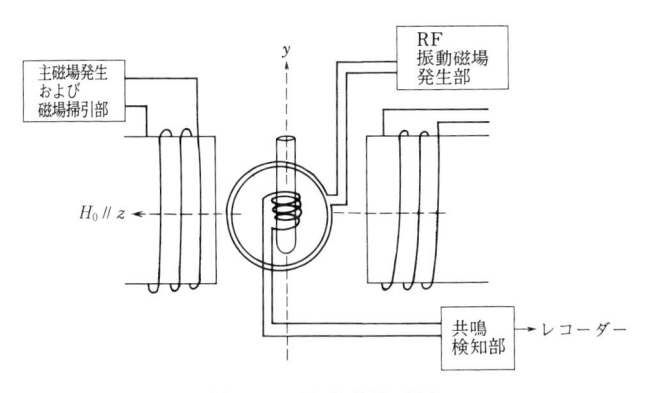

図 11·20　NMR 装置の概略

このほかに最近ではフーリエ変換法（FT 法，Fourier transform method）が用いられ，今日ではこれが主流である．この方式は，ラジオ波を短いパルス（パルス幅～数十 μs）として試料に照射し，これに対する試料からの応答信号をコンピューター処理によりフーリエ変換して NMR スペクトルを得るものである．図 11·21 は，この方法の概要を CW 法と対比して示したものである．周波数 ν_0，時間幅 τ のラジオ波パルスは，近似的に $\nu_0 \pm 1/\tau$ で与えられる範囲内の周波数成分を含んでいる．したがって，τ が十分短くかつ強力なパルスを試料に照射してやれば，試料中のすべてのプロトンは一斉に共鳴吸収をおこす．その結果，出力信号（インパルス応答，$h(t)$）として観測されるものは，これらの共鳴が相互に干渉し合った複雑なパターンをもつもので，FID 信号（free induction decay，自由誘導減衰）と呼ばれるものである．この信号を多数回積算して S/N 比を向上させてから，フーリエ変換の操作を実行する．$h(t)$ から $H(\nu)$ へのフーリエ変換（FT）は

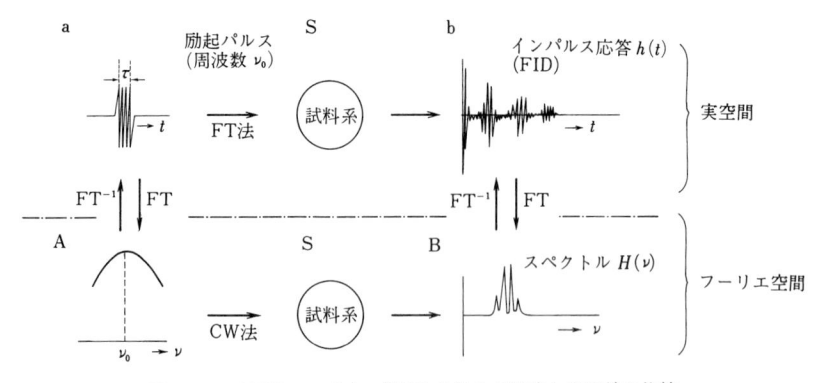

図 11・21 NMR スペクトル測定における FT 法と CW 法の比較

$$H(\nu) = \int_{-\infty}^{\infty} h(t) e^{-i2\pi\nu t} dt \tag{11・8}$$

で与えられ，逆に $H(\nu)$ から $h(t)$ へのフーリエ逆変換（FT^{-1}）は

$$h(t) = \int_{-\infty}^{\infty} H(\nu) e^{i2\pi\nu t} d\nu \tag{11・9}$$

で与えられる．$h(t)$ と $H(\nu)$ はフーリエ変換対をなしている．フーリエ変換 (11・8) の物理的意味は，時間の関数 $h(t)$ に含まれる周波数成分をすべて抽出して，それらを周波数 ν の大きさ順に配列し直すことである．こうして得られた $H(\nu)$ が NMR スペクトルと呼ばれるものに相当する．

人間の目にはこのように NMR スペクトル $H(\nu)$ として与えられたほうが理解しやすいが，FID 信号 $h(t)$ とスペクトル $H(\nu)$ とは信号の呈示の仕方が異なるだけであり，内容的には等価なものである．いいかえれば図 11・21 において，FT 法では a→S→b→B の経路で NMR スペクトルを求めているのに対し，CW 法では A→S→B の経路でスペクトル（$H(\nu)$）を求めている，ということができる．

ちなみに，a のパルスと A の周波数強度スペクトルもフーリエ変換対をなしている．

a. 化学シフト

　有機化合物のような試料中のプロトンは,いずれも原子価電子によって囲まれているが,その電子濃度が結合位置によってそれぞれ異なるために外部磁場の感じかたにもわずかずつ差異が生じる.つまり外部磁場 H_0 に対する遮へい効果 (shielding effect) に差異が生じている.したがって式 (11・7) の共鳴条件を満たす磁場の大きさも,プロトンの結合位置(化学環境)によってわずかずつ異なることになる.これを化学シフト (chemical shift) という.化学シフトの大きさは,プロトンのNMRにおいては,主磁場 H_0 の大きさに対してppm(百万分の一)単位で表わせる程度である.通常は標準物質としてのTMS(テトラメチルシラン)の共鳴位置から,低磁場方向への化学シフトをppm単位で表わし,これを δ 値と呼ぶ. δ 値は次のように定義される.

$$\delta = \frac{H_r - H_s}{H_r} \times 10^6 \qquad (11 \cdot 10)$$

ただし, H_r, H_s はそれぞれTMS,試料の共鳴磁場である.

b. スピン-スピンカップリング

　同じ分子に属しているプロトンでも,結合位置が互いにごく近くである場合(例えばエチルアルコール中のメチル基とメチレン基のプロトン),これらは磁気的な相互作用を及ぼし合う.これをスピン-スピンカップリング (spin-spin coupling) と呼ぶ.スペクトルの上では,相手のプロトンの数に応じて吸収ピークが複数ピークに分裂 (split) して観測される.例えばエチルアルコール中のメチル基のプロトン(三つある)を考えよう.これらは分子の中で幾何学的に等価な環境にあるので,本来はただ一つのピークを与えるはずである.しかるに C-C 結合を隔てたとなりに二つのメチレンプロトンが存在するため,このプロトンスピンの向きの3通りの組合わせに従って[1],これらスピンによる3種のわずかに異なった付加的磁場を主磁場 H_0

---

[1] スピンの二つの量子状態を↑(スピン上向き),↓(スピン下向き)で表わすことにすれば,二つのプロトンスピンの組合わせとして↑↑,↓↓,↓↑の3通りの場合がある.

に重畳して感じる．この結果，メチルプロトンは3本に分裂する．同様の原因により，メチレンプロトンは3個のメチルプロトンの影響により，4本に分裂する．一般に，隣接プロトン数がnの場合，$(n+1)$本に分裂する．このようにシグナルの分裂から，分子中の各プロトンの位置関係を知ることができる．

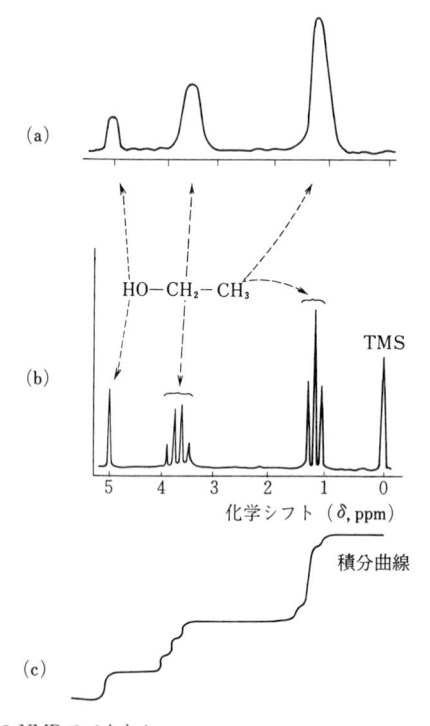

図 11·22 エタノールの NMR スペクトル
(a)：分解能は悪い（初期の NMR）が，化学シフトは観測される．(b)：スピン-スピン分裂が観測される．(c)：積分曲線を記録すると，プロトンの相対濃度がわかる．

プロトン NMR では，主としてスペクトルの化学シフトとスピン-スピン分裂の様子を調べることにより，1) 化合物の同定，2) 分子構造の推定，3) プロトン濃度の定量分析，その他を行うことが可能で，有機化合物の研究には欠かすことができないものとなっている．特に最近では，超伝導磁石を利用することにより分解能が向上し，その応用性が飛躍的に高まってきた．複

雑な化合物の解析に対しては二次元 NMR（two dimensional NMR）の手法が開発され，また，生体の断層撮影を可能にする MRI（magnetic resonance imaging）なども臨床医学の分野に利用されるようになった．

11·5·2　電子スピン共鳴（ESR, electron spin resonance）

電子は磁気モーメントをもっている．すなわち，電子はミクロな磁石である．これは，電子が自転し，かつ原子核のまわりに軌道運動しているというモデルにより理解することができる．自転運動はスピン角運動量 S，軌道運動は軌道角運動量 L で表わされ，それぞれに由来する磁気モーメント μ_S, μ_L は，次式で与えられることが知られている．

$$\mu_\mathrm{S} = -g_\mathrm{e}\frac{e\hbar}{2mc}S = -g_\mathrm{e}\beta S = \gamma_\mathrm{e}\hbar S \tag{11·11}$$

$$\mu_\mathrm{L} = -g_\mathrm{e}\frac{e\hbar}{mc}L \tag{11·12}$$

ただし，$\beta = \dfrac{e\hbar}{2mc} = 9.2741\times 10^{-21}\mathrm{erg\ gauss}^{-1}$

ここで m は電子の質量，e は電荷，c は光速度，$\hbar = h/2\pi = 1.0546\times 10^{-27}\mathrm{erg\ s}$，$h$ はプランク定数である．g_e は自由電子の g 値と呼ばれる量で，$g_\mathrm{e} = 2.0023$ である．β はボーア磁子と呼ばれ，電子の磁気モーメントの単位である．

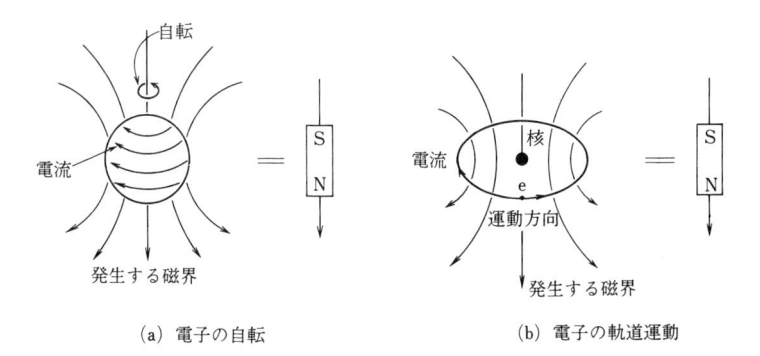

図 11·23　電子のつくるミクロな磁石
（a）電子の自転　　（b）電子の軌道運動

簡単のため軌道角運動量による磁気モーメントがなく $(L=0)^{1)}$，スピン角運動量による磁気モーメントのみ存在している場合を考えよう．s 電子がそれに当る．磁気モーメント μ_s が静磁場 H_0 の中におかれると，核磁気モーメントの場合と同様に，μ_s は H_0 軸のまわりにラーモアの歳差運動を行う．核と電子とは電荷の符号が逆なので，プロトンの核スピン（$\gamma>0$）の回転が右まわりとすれば，電子スピン（$\gamma_e<0$）の回転は左まわりになる．回転の角速度はラーモアの(角)周波数として知られており，$\omega=2\pi\nu=|\gamma|H_0$ である．μ_s と H_0 との相互作用によるポテンシャルエネルギーは

$$W = -\mu_s \cdot H_0 = g_e \beta S_z H_0 \tag{11·13}$$

で与えられる．S_z はスピン角運動量 S の H_0 方向の成分である．電子1個の場合，$S=1/2$ であるから，$S_z=\pm 1/2$ に対応する二つの状態が許される．すなわち，二つのゼーマン準位が生じる．これらの準位のエネルギーは，それぞれ $\pm 1/2 g_e \beta H_0$ で与えられ，その間隔 ΔE は $g_e \beta H_0$ である．エネルギー的に安定な状態（H_0 方向と磁気モーメントの向きが同じ，すなわち平行のとき）は $S_z=-1/2$ の場合である[2]．

電磁波が加えられると，適当な振動数 ν のところで二つの状態間に遷移が生じ，スピン状態の反転がおこる．このような遷移がおこるためには，$\Delta E=h\nu$ が満たされねばならず，したがって共鳴条件の一般式として

$$h\nu = g\beta H \tag{11·14}$$

が得られる．g は分子中の電子の g 値で，g_e からは一般にシフトしている．H は，共鳴吸収が現われる磁場の強さである．

今，仮に $H=3\,000$ gauss としたときの共鳴電磁波の周波数を求めると

$$\nu = \frac{g\beta H}{h} = \frac{egH}{4\pi mc} = 8.4 \times 10^9 \text{ Hz} \tag{11·15}$$

であり，これに相当する波長は $\lambda=c/\nu \fallingdotseq 3.6$ cm である．これはマイクロ波領域に属し，いわゆるレーダー波の領域である．

---

1) 軌道角運動量の消失（quenching）という．
2) NMR の場合と符号が反対になるので注意．

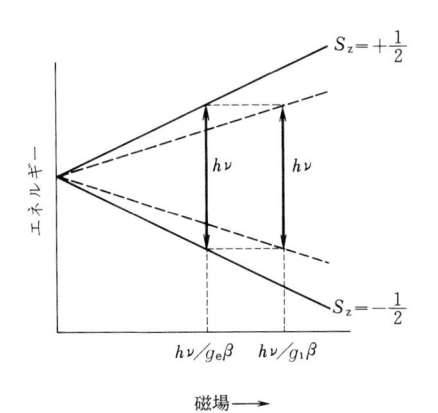

図 11·24 不対電子のゼーマン準位と共鳴磁場

$S_z=\pm\dfrac{1}{2}$ の二つの準位は磁場 $H=0$ では同じエネルギーをもつが，外部磁場が加わると，$\pm\dfrac{1}{2}g_e\beta H_0$ に従って分裂間隔は大きくなる．
$h\nu$ の電磁波（マイクロ波）により，$h\nu/g_e\beta$ の位置で共鳴遷移する（自由電子のとき）．
$g_1>g_e$ のような試料の場合（破線）は，より高磁場で共鳴遷移する．

ESR の研究対象となるものは不対電子（unpaired electron）をもつ物質であり，次のような化学種のもの，またはそれらを含むものである．

1) 遷移金属イオン（Cu^{2+}，Mn^{2+} など），2) 遊離ラジカル，3) 常磁性の分子や原子（O_2，NO など），4) 伝導電子（金属，半導体など），5) 格子欠陥，6) 放射線損傷を受けた物質，などである．

これらの不対電子は，物質中において周囲といろいろな相互作用をし，それが ESR スペクトルに反映する．重要な相互作用は，i) ゼーマン相互作用（主磁場との相互作用），ii) 結晶場エネルギー（配位子による静電場効果），iii) スピン-軌道相互作用（同一の電子でも μ_S と μ_L が磁気的に相互作用をもつ），iv) 超微細相互作用（電子スピンが核スピンと磁気的に相互作用する），v) スピン-スピン相互作用（電子スピン同士が相互作用する）などがある．

ESR スペクトルを解析して，これらの相互作用を表わすパラメーター（g 値ほか）を決定し，それから不対電子やその周囲との結合状態などを調べる

ことができる．また，不対電子をもたない物質でも，例えば安定ニトロキシドラジカルを共有結合させたり（スピンラベル法），または共存させる（スピンプローブ法）ことによって，ラジカルのESR測定を通じて，間接的にその物質の構造や動的特性などを知ることができる．

11・6 放射能分析（radiochemical analysis）

放射能元素は不安定な原子核をもつ元素であり，外部に α 線，β 線，γ 線などの放射線を放出しつつ，より安定な原子核に変化する．このような放射性核種（radioactive nuclide）は現在 1 000 種以上知られており，これらを高感度な分析に応用することができる．特に放射性同位体（radioisotope, RI）を用いる方法が一般的である．

11・6・1 放射能とその測定

放射性原子の壊変は，統計的な現象である．個々の原子についての壊変の予測を行うことはできないが，多数の原子集団については，正確にその挙動を記述することができる．すなわち，原子の数を N とするとき，壊変による原子数の減少速度 $-dN/dt$ はそのとき存在する原子数 N に比例し，

$$-\frac{dN}{dt} = \lambda N \tag{11・16}$$

で与えられる．λ は壊変定数（disintegration constant）と呼ばれ，放射性核種に固有の定数である．時刻 $t=0$ のときに存在していた原子数を N_0 として式（11・16）の微分方程式を解くと

$$N = N_0 \exp(-\lambda t) \tag{11・17}$$

となり，原子数は壊変により指数関数的に減少する．原子数が初めの半分になるまでの時間，すなわち $N=N_0/2$ になるまでの時間 $t_{1/2}$ を半減期（half life）といい，式（11・17）より

$$\lambda t_{1/2} = \ln 2 = 0.693 \tag{11・18}$$

の関係が導かれる．すなわち，壊変定数と半減期は反比例の関係にある．放射能の強さは，原子の壊変速度 $-dN/dt$ に密接に関連している．もともと

はラジウム 1 g の示す放射能を単位としてこれを 1 キュリー（記号 Ci）と呼んでいたが，現在では 3.7×10^{10} ベクレル（Bq）[1] と定義されている．

一方，放射線が照射される物質の立場に立つと，その物質が吸収する線量の単位として SI 単位系ではグレイ（Gy）が使われる．1 Gy は物質 1 kg 当り 1 J のエネルギー吸収に相当する線量のことである．さらに同じ吸収線量でも，放射線の種類によってその生物学的効果がちがう点を考慮に入れた場合，レム（rem）が使われる．これは次のように示される．

$$\text{rem} = \text{RBE} \times \text{rad} = \frac{1}{100} \text{RBE} \times \text{Gy} \qquad (11 \cdot 19)$$

RBE は放射線の生物学的効果比（relative biological effectiveness）と呼ばれる一種の係数で，放射線の種類，照射される部位などによって異なるものであり，正確な値を決めることは困難であるが，おおよそ，α 線に対して 5～20，β 線，γ 線，X 線に対して 1 の値が与えられている．

放射線の測定

γ 線：γ 線は波長が 0.1 Å 程度以下，エネルギーで 10^5 eV 以上の電磁波である．測定はヨウ化ナトリウム［NaI(Tl)］[2] シンチレーション検出器，またはゲルマニウム［Ge(Li)］[3] 半導体検出器などを波高分析器と組合わせて行う．横軸にはチャンネル数が目盛られるが，これは γ 線のエネルギーに対応している．縦軸には各チャンネルに対応する放射線強度をカウント数で示す．このようにして得られたスペクトルを，γ 線スペクトルという．

β 線：β 線は電子の流れである．β 線のエネルギースペクトルは連続であるが，その最大値は核種によって固有である．比較的高エネルギーの β 線の測定には GM 計数管が使われ，低エネルギーの場合はガスフロー型計数管や比例計数管が使われる．

α 線：α 線はヘリウムの原子核 ^4_2He の流れである．物質によって吸収されやすく，物質透過力は非常に小さい．測定には比例計数管または電離箱が

---

1) ベクレル：SI 単位系における 1 秒当りの壊変数（disintegration per second, dps）．
2) タリウムを微量含んだヨウ化ナトリウムの単結晶．
3) リチウムを拡散させたゲルマニウム．

使われる．

11・6・2 放射分析

試料中のある成分（一般に非放射性）を定量するのに，適当な標識化合物（放射性トレーサー）を加えて，その放射能の測定から分析を行う方法を，一般に放射分析（radiometric analysis）という．特に沈殿反応にこの方法を利用した放射滴定は，その代表的なものである．その一例として，水溶液中の Cl^- を ^{110m}Ag[1) で標識した $AgNO_3$ 標準液で滴定する方法がある．この場合，滴定法ではあるが通常のやり方と少し異なって，まず一定量の試料液を入れた容器（遠心分離管をそのまま使うと便利）を用意し，各容器には $AgNO_3$ 標準液の量を種々変えて加える．AgClの沈殿を完成させてから，母液の一定量をとってこの放射能を測定し，滴定曲線を書くと図 11・25 のような結果が得られる．試料液中の Cl^- 量に対して標準液が不足の場合は，放射能はすべて AgCl 沈殿中に取り込まれるので，母液の放射能はゼロ値である．しかし，当量を過ぎると沈殿反応に関与しない Ag^+ が母液中に残り，したがって母液は標準 ^{110m}Ag による放射能を示すようになる．当量点は測定値からの内挿で求める．

今日では，多くの元素について，人工放射能をもたせたトレーサーがつくられているので，適当な沈殿反応に対して前記のような放射滴定が可能であり，簡便で応用範囲が広いといえる．例えば Cl^- と I^- が含まれる混合溶液

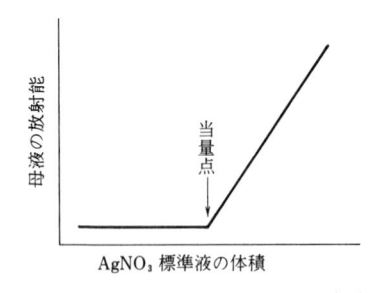

図 11・25　Cl^- の $AgNO_3$ 標準液による放射滴定

---

1) ^{110m}Ag：銀 110 metastable と読む．$t_{1/2}=252$ 日，β^-，γ を放出する．

を放射性ヨウ素 ^{131}I ($t_{1/2}$ 8日, β^-, γ) で標識し,これを ^{110m}Ag で標識した AgNO$_3$ 標準液で滴定して,I$^-$ と Cl$^-$ を定量する,といった分析も可能である.

11・6・3 同位体希釈分析 (isotope dilution analysis)

この方法の原理は,たとえ話でいえば次のようなものである.今,仮に多数のテニスボールと野球ボールが大きな箱の中に混じって入っているとし,この中のテニスボールの数を推定することを考える.今,試みに10個のテニスボールに赤い印をつけて箱の中に加え,ボール全体をよくかき混ぜる.その後,任意個のテニスボールを箱から選び出し,その中の赤印のついたテニスボール数の割合を調べる.その割合がもしも1/10だとするならば,初めの赤いテニスボールは箱の中で10倍に希釈されたと考えられ,したがって全体のテニスボールの数は100個(=10個×10倍)と推定される.

試料中の目的元素または化合物の量(未知量)を X とし,これに放射性同位体(あるいは放射性同位体で標識された目的元素や化合物)を既知量 M(放射能を A とする)加えてよく混合する.この混合物の中から,目的元素または化合物の一部分 m を分取し,その放射能 a_m を測定する.分離の前後で比放射能(単位質量当りの放射能)は変化しないものとすれば,

$$\frac{A}{X+M} = \frac{a_m}{m} \quad \text{すなわち} \quad X = \frac{A}{a_m}m - M \qquad (11 \cdot 20)$$

が成り立つ.よって m の量がわかれば X を求めることができる.ここで $M \ll X$ が成り立つならば式 (11・20) は

$$X = \frac{A}{a_m}m \qquad (11 \cdot 21)$$

で与えられる.

この方法は,目的元素または化合物を混合物から定量的に分離する必要がなく,その一部だけを純粋に分離しさえすればよいところに特長がある.したがって構造や性質の似た化合物の混合物を,それらを定量的に相互分離するのが困難な場合について有効な分析法となる.

11・6・4 不足当量分析（substoichiometry）

前項における希釈法では，式（11・20）により X を求めるために分取量 m を正確に知る必要があるのだが，微量分析の場合には，m の量を正確に求めることが容易でない場合も多い．今，添加する放射性同位体にも全く同様の分離操作を実行して，同じ不足当量の m を分取し，その放射能 a を測定することにする．前と同様に，比放射能は分離の前後で不変であるから

$$\frac{A}{M} = \frac{a}{m} \tag{11・22}$$

が成り立つ．式（11・20）と（11・22）より m を消去することができて

$$X = M\left(\frac{a}{a_m} - 1\right) \tag{11・23}$$

として X が求められる．すなわち，この方法では m の量を決定する必要がなく，放射能 a と a_m を測定するだけで定量ができることになる．この方法は，鈴木信男博士により開発されたものである．

11・6・5 放射化分析

試料に中性子，高エネルギー荷電粒子（陽子，α 粒子など）あるいは γ 線などを照射すると，試料中の目的元素は核反応により放射化されるので，これによる放射線のスペクトルや放射能を測定して定性や定量を行うことができる．これを放射化分析（activation analysis）という．誘起される放射能は，その元素の存在量に比例する．最も一般的に利用される核反応は，熱中性子[1]による (n, γ) 反応である．一例として，安定同位体 ^{75}As に熱中性子を照射することにより，放射性同位体 ^{76}As が

$$^{75}\text{As} + ^{1}_{0}\text{n} \rightarrow ^{76}\text{As} + \gamma$$

の反応により得られる．この反応は通常 ^{75}As$(n, \gamma)^{76}$As と略記される．このようにして生成した放射性同位体による放射能を A とするとき

$$A = N \cdot f \cdot \sigma_{\text{act}} \cdot (1 - e^{-\lambda t}) \tag{11・24}$$

で与えられる．

---

[1] 熱中性子：周囲の媒質と熱平衡にあるか，またはほぼ熱平衡に近い状態にある中性子．常温でそのエネルギーは $0.025\,\text{eV}$ である（平均速度 $2.2 \times 10^3\,\text{m s}^{-1}$）．

式 (11・24) の導出

ある安定同位体を放射化する場合，放射性同位体の生成速度 R は

$$R = N \cdot f \cdot \sigma_{\text{act}} \tag{11・25}$$

で与えられる．ここで N は照射される試料（ターゲットという）中に含まれる着目原子の数，f は照射粒子の線束（単位時間に単位面積を通過する放射線粒子の数）である．σ_{act} は放射化断面積で，放射化のおこる確率の大きさを表わす．この放射性同位体は，生成速度 R で生成する一方，壊変定数 λ で与えられる速度で壊変する．生成した放射性同位体の数を N' とすれば壊変速度は $-\lambda N'$ で与えられる．よって照射開始後の時間 t においては

$$\frac{dN'}{dt} = R - \lambda N' \tag{11・26}$$

が成り立つ．$t=0$ で $N'=0$ の初期条件を入れてこれを解くことにより，放射能 A は

$$A = \lambda N' = N \cdot f \cdot \sigma_{\text{act}} \cdot (1 - e^{-\lambda t}) \tag{11・27}$$

と得られる．

式 (11・24) によれば，σ_{act} が既知の核反応に対して，f が既知であるような照射粒子を時間 t だけ照射した直後の放射能 A を測定することにより，試料中の原子数 N すなわち目的成分元素の量を求めることができる．しかしながら実際の分析においては，このような絶対値測定が用いられることは少なく，次のような相対的方法が用いられる．すなわち未知試料のほかに，目的元素が既知量だけ含まれた標準試料を用意し，これらをターゲットとして同一条件下で照射し，照射後それぞれの放射能を同じく同一条件下で測定する．このようにして両者の放射能の比較から，目的元素の定量を行うことができる．試料を照射するとき，どの程度の放射能が生成するかを概算するためには，照射粒子の線束や，反応の断面積を知らなければならないが，この場合はそれを必要としない．

11・7 質量分析法 (mass spectrometry)

質量分析法は20世紀初めに，原子量の精密測定を目指して開発された．歴史的には最も古い時代から存在する機器分析法といえる．元素に同位体が

あることもこの方法によって初めて明らかにされた．最近では簡単な分子から複雑な有機分子に至るまで応用範囲が広がっている．また，ガスクロマトグラフィーや液体クロマトグラフィーなどの分離手段と組合わせることにより，分析の能力も一段と向上している．

原　理

分子に電子線をぶつけるなどの方法により，分子をイオン化し，これを電場や磁場の中を通過させる．イオン化した分子はその m/z の値（m は質量，z は荷電の大きさ）によって電磁場から受ける力が異なり，半径の異なった円弧に沿って運動する．この違いを質量スペクトルとして検出し，ピークの位置から定性分析を，ピークの強度から定量分析を行うものである．図 11・26 に測定法の模式図を示した．これらは図中にも示してあるように

(1) 試料導入部
(2) イオン化部
(3) 質量分離部
(4) 検出・記録部

からなっているとみなせる．

(1) 対象とする試料は気体が基本であるが，液体や固体でも何らかの方

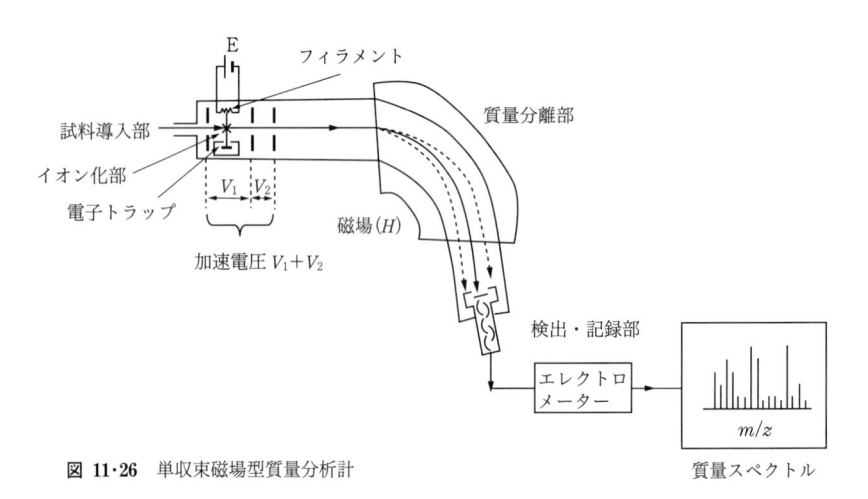

図 11・26　単収束磁場型質量分析計

法で気化することができれば測定が可能である．質量分析は中性分子をイオン化して分解生成イオンを扱うので，一種の破壊分析である．一方，超微量 (10^{-12} mol 程度) の試料量で分析を行えるという特徴をもっている．

（2） イオン化のためには種々の方法が開発されている．新しいイオン化法の開発とともに適用可能な化合物も増え，またより詳細な分子情報が得られるようになった．表 11・3 に代表的なイオン化法についてまとめた．これらの中で，電子イオン化（EI）は最も古くから用いられている標準的な方法である．MALDI はノーベル化学賞を受賞した田中耕一氏の開発によるもので，初めてタンパク質のような生体高分子化合物の構造研究が可能となった．表中のはじめの五つは主として有機物質の解析に用いられ，あとの二つは主として無機物質の分析に用いられる．

（3） イオン化された分子は質量分離部に送られ，ここで m/z ごとにその存在量（マススペクトルの強度）が求められる．質量分離は (a) 磁場との相互作用によるもの，(b) 電場との相互作用によるもの（四重極型），(c) イオン飛行時間の差を利用するもの（飛行時間型）などに分類される．

表 11・3 代表的なイオン化法

名称 (略号)	イオン化機構	適用物質
EI	気体分子に熱電子をぶつける	揮発性低分子
CI	化学反応によるイオン生成	揮発性低分子
FAB	高速原子（イオン）による衝撃	分子量数千までの分子
ESI	試料溶液のスプレーによるイオン化	極性基をもつ生体高分子
MALDI	レーザー照射によるマトリックス中の試料のイオン化	高分子，タンパク質
ICP	高温プラズマによる試料分解	溶液中の無機物
SIMS	高速イオンによる衝撃	無機固体，半導体

EI：electron ionization 電子イオン化，CI：chemical ionization 化学イオン化，FAB：fast atom bombardment 高速原子衝撃，ESI：electrospray ionization エレクトロスプレーイオン化，MALDI：matrix-assisted laser desorption ionization マトリックス支援レーザー脱離イオン化，ICP：inductively coupled plasma 誘導結合プラズマ，SIMS：secondary ion mass spectrometry 二次イオン質量分析

(b) の四重極型のものは, 装置も比較的小型で, 簡易型といえる.

質量分離部は当然のことながら, 高真空が要求され, これにより分解能が定まるといってよい. 質量分析における分解能とは, 近接するピークが分離できる程度を示すもので, 今日の進んだ装置では100万の程度に至っている. これはわかりやすくいえば, 質量が1 000 000の分子と1 000 001の分子を区別できることに相当する.

(4) イオンを金属電極に集め, 電流として計測するものをファラデーカップという. また, Cu-Be合金などに電子がぶつかると二次電子が放出されるが, これを多段にわたってくり返し増幅してイオン強度を測定するものを二次電子増倍管という. これらが主に用いられる検出器であるが, このほかに, チャネルトロン, また小さなチャネルトロンを無数に平面的に並べたアレイ検出器なども利用される. これらのデータをすべてコンピューターに導いて, 結果を質量スペクトルとして示す. スペクトルの様相は対象試料の分子量によっても, またイオン化法によっても異なる. スペクトルの中で相対強度の最も大きいピークを基準ピーク (base peak) といい, これを100として各ピークの強度を表わす. ピークには, 試料分子から電子1個がとれて生成する分子イオン (M^+ と表わす), 同位体ピーク (同位体存在比が異なることに由来する附随ピーク), フラグメントイオンピーク (分子が分解されて生じるイオンに由来するもの) 等々あり, これらを総合的に解析して, 物質の同定や定量を行う.

質量分析は, 最近はGC, LC, キャピラリー電気泳動 (CE) の分離手段と組合わせて使うことが多い. これらはGC-MS, LC-MS, CE-MSと呼ばれ, ハイフン (-) で両装置名を示すので, ハイフェネーティッドマススペクトロメトリーと総称される.

11・8 熱分析

多くのスペクトロメトリー (分光分析法) は, 物質に電磁波や粒子線 (電子流など) を照射して物質の反応を調べるものであるが, 熱分析においては

加熱することが励起源であり，さらに検出法も重量または熱という巨視的な変化を測る面で，やや特異な分析法に属する．しかしながら，今日では，素材分析，食品分析等において広い応用性が見出され，重要な分析手段として認められつつある．

原　理

物質の温度をあるプログラムに従って変化させながら，その物質の物理的性質の変化を記録する．今日ではいろいろな分析方法が開発されているが，主なものは，

a. 熱重量測定/thermogravimetry（TG）
b. 示差熱分析/differential thermal analysis（DTA）
c. 示差走査熱量測定/differential scanning calorimetry（DSC）

の三つである．

a. 熱重量測定

熱重量測定は，温度の変化に対する質量変化を測定する技法である．1915年に本多光太郎によって考案された．装置の概要を図 11·27 に示す．本体は，試料を加熱するための加熱炉部および質量を測定するための天秤部よりなる．通常は試料温度を一定の割合で加熱昇温させ，これによる水分の揮散やガス発生による質量減少を記録する．

b. 示差熱分析

示差熱分析は，試料と基準物質の温度差を測定する技法である．基準物質と

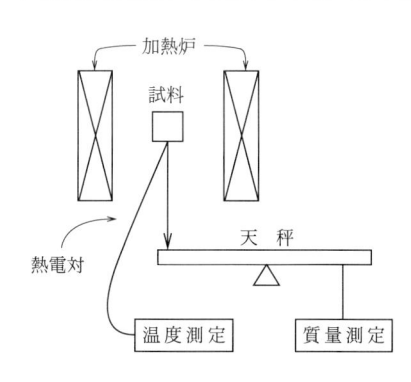

図 11·27　熱重量測定の構成図

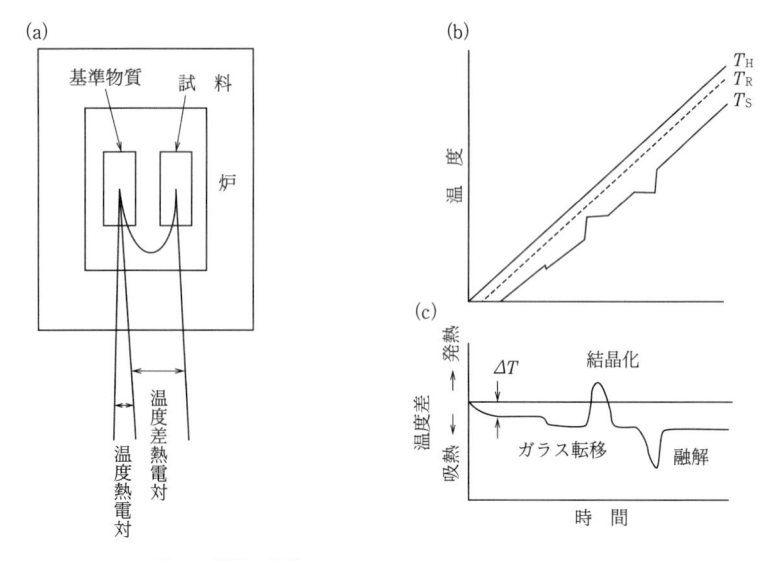

図 11・28　(a) DTA装置の構成図
(b), (c) ポリエチレンテレフタレートのDTA曲線（T_Hはヒーター温度）

して，通常はアルミナ Al_2O_3 粉末が用いられる．試料とアルミナを同じ雰囲気内で一定の割合で昇温させる．この間（0～1000℃）アルミナは変化を生じないが，試料は転移，結晶化，融解といった熱の出入りを伴う物理的（または化学的）変化を生じ，試料と基準物質の間に温度差が生じる．すなわち，試料温度を T_S，基準物質温度を T_R とするとき，$\Delta T = T_S - T_R$ は発熱の場合は正の値となって上向きピークを生じ，吸熱の場合は ΔT が負の値となって下向きピークを生じることになる．図 11・28 (b, c) は PET（ポリエチレンテレフタレート）に対する DTA 曲線を示すもので，ガラス転移，結晶化，融解が観測される．

c. 示差走査熱量測定

　示差走査熱量測定は，DTA と同様の測定を行う方法であるが，試料と基準物質の温度差を調べるのではなく，出入りした熱量を測定する．DTA に比較して，定量性のあることが大きな違いであり，このため，比熱の測定も行うことができる．

付表 1 酸と塩基の解離定数

表中に示した pK_a および pK_b は，特にことわらないかぎり，25°C，無限希釈溶液中での値である．

a．酸解離定数

酸	化学式	pK_{a1}	pK_{a2}	pK_{a3}	pK_{a4}
無機酸					
亜硝酸	HNO_2	3.15			
亜硫酸	H_2SO_3	1.91	7.18		
クロム酸	H_2CrO_4	−0.7	6.52		
次亜塩素酸	$HClO$	7.53			
シアン化水素酸	HCN	9.22			
炭酸	H_2CO_3	6.35	10.33		
ヒ酸	H_3AsO_4	2.19	6.94	11.50	
フッ化水素酸	HF	3.17			
ホウ酸	H_3BO_3	9.24			
硫化水素	H_2S	7.02	13.9		
硫酸	H_2SO_4		1.99		
リン酸	H_3PO_4	2.15	7.20	12.35	
有機酸					
ギ酸	$HCOOH$	3.75			
クエン酸	$C(CH_2COOH)_2(OH)COOH$	3.13	4.76	6.40	
クロロ酢酸	$CH_2ClCOOH$	2.87			
コハク酸	$(CH_2COOH)_2$	4.21	5.64		
酢酸	CH_3COOH	4.76			
シュウ酸	$(COOH)_2$	1.27	4.27		
d-酒石酸	$(CH(OH)COOH)_2$	3.04	4.37		
フェノール[1]	C_6H_5OH	10.00			
o-フタル酸	$C_6H_5(COOH)_2$	2.95	5.41		
EDTA[2]	$[CH_2N(CH_2COOH)_2]_2$	2.0	2.68	6.11	10.17

1) 20°C 2) I=0.1

b. 塩基解離定数

塩 基	化学式	pK_{b1}	pK_{b2}
アンモニア	NH_3	4.76	
アニリン	$C_6H_5NH_2$	9.40	
エチレンジアミン	$NH_2(CH_2)_2NH_2$	4.07	7.15
ジメチルアミン	$(CH_3)_2NH$	3.23	
トリエタノールアミン	$(C_2H_4OH)_3N$	6.24	
トリメチルアミン	$(CH_3)_3N$	4.20	
ピリジン	C_5H_5N	8.78	
メチルアミン	CH_3NH_2	3.36	

付表 2 標準電極電位（25 °C）

電極	電極反応	電極電位(V)
	酸性溶液	
Li^+/Li	$Li^+ + e \rightleftarrows Li$	-3.045
K^+/K	$K^+ + e \rightleftarrows K$	-2.925
Ba^{2+}/Ba	$Ba^{2+} + 2e \rightleftarrows Ba$	-2.906
Ca^{2+}/Ca	$Ca^{2+} + 2e \rightleftarrows Ca$	-2.866
Na^+/Na	$Na^+ + e \rightleftarrows Na$	-2.714
Mg^{2+}/Mg	$Mg^{2+} + 2e \rightleftarrows Mg$	-2.363
Al^{3+}/Al	$Al^{3+} + 3e \rightleftarrows Al$	-1.662
Zn^{2+}/Zn	$Zn^{2+} + 2e \rightleftarrows Zn$	-0.7628
Fe^{2+}/Fe	$Fe^{2+} + 2e \rightleftarrows Fe$	-0.4402
Cd^{2+}/Cd	$Cd^{2+} + 2e \rightleftarrows Cd$	-0.4029
Sn^{2+}/Sn	$Sn^{2+} + 2e \rightleftarrows Sn$	-0.136
Pb^{2+}/Pb	$Pb^{2+} + 2e \rightleftarrows Pb$	-0.126
Fe^{3+}/Fe	$Fe^{3+} + 3e \rightleftarrows Fe$	-0.036

付表 2（つづき）

電極	電極反応	電極電位(V)
$H^+/H_2/Pt$	$2H^+ + 2e \rightleftarrows H_2$	0
$Sn^{4+}, Sn^{2+}/Pt$	$Sn^{4+} + 2e \rightleftarrows Sn^{2+}$	+0.15
$Cu^{2+}, Cu^+/Pt$	$Cu^{2+} + e \rightleftarrows Cu^+$	+0.153
$S_2O_3^{2-}, S_4O_6^{2-}/Pt$	$S_4O_6^{2-} + 2e \rightleftarrows 2S_2O_3^{2-}$	+0.17
Cu^{2+}/Cu	$Cu^{2+} + 2e \rightleftarrows Cu$	+0.337
$I^-/I_2/Pt$	$I_2 + 2e \rightleftarrows 2I^-$	+0.5355
$Fe(CN)_6^{4-}, Fe(CN)_6^{3-}/Pt$	$Fe(CN)_6^{3-} + e \rightleftarrows Fe(CN)_6^{4-}$	+0.69
$Fe^{2+}, Fe^{3+}/Pt$	$Fe^{3+} + e \rightleftarrows Fe^{2+}$	+0.771
Ag^+/Ag	$Ag^+ + e \rightleftarrows Ag$	+0.7991
Hg^{2+}/Hg	$Hg^{2+} + 2e \rightleftarrows Hg$	+0.854
$Hg_2^{2+}, Hg^{2+}/Pt$	$2Hg^{2+} + 2e \rightleftarrows Hg_2^{2+}$	+0.92
$Br^-/Br_2/Pt$	$Br_2 + 2e \rightleftarrows 2Br^-$	+1.0652
$Mn^{2+}, H^+/MnO_2/Pt$	$MnO_2 + 4H^+ + 2e \rightleftarrows Mn^{2+} + 2H_2O$	+1.23
$Cr^{3+}, Cr_2O_7^{2-}, H^+/Pt$	$Cr_2O_7^{2-} + 14H^+ + 6e \rightleftarrows 2Cr^{3+} + 7H_2O$	+1.33
$Cl^-/Cl_2/Pt$	$Cl_2 + 2e \rightleftarrows 2Cl^-$	+1.3595
$Ce^{3+}, Ce^{4+}/Pt$	$Ce^{4+} + e \rightleftarrows Ce^{3+}$	+1.61
$Co^{2+}, Co^{3+}/Pt$	$Co^{3+} + e \rightleftarrows Co^{2+}$	+1.808
$SO_4^{2-}, S_2O_8^{2-}/Pt$	$S_2O_8^{2-} + 2e \rightleftarrows 2SO_4^{2-}$	+2.01
	塩基性溶液	
$OH^-/Ca(OH)_2/Ca/Pt$	$Ca(OH)_2 + 2e \rightleftarrows 2OH^- + Ca$	−3.02
$H_2PO_2^-, HPO_3^{2-}, OH^-/Pt$	$HPO_3^{2-} + 2e \rightleftarrows H_2PO_2^- + 3OH^-$	−1.565
$ZnO_2^{2-}, OH^-/Zn$	$ZnO_2^{2-} + 2H_2O + 2e \rightleftarrows Zn + 4OH^-$	−1.215
$SO_3^{2-}, SO_4^{2-}, OH^-/Pt$	$SO_4^{2-} + H_2O + 2e \rightleftarrows SO_3^{2-} + 2OH^-$	−0.93
$OH^-/H_2/Pt$	$2H_2O + 2e \rightleftarrows H_2 + 2OH^-$	−0.82806
$OH^-/Ni(OH)_2/Ni$	$Ni(OH)_2 + 2e \rightleftarrows Ni + 2OH^-$	−0.72
$CO_3^{2-}/PbCO_3/Pb$	$PbCO_3 + 2e \rightleftarrows Pb + CO_3^{2-}$	−0.509

付表 3 錯体の生成定数

a. 無機配位子

配位子	イオン	$\log \beta_1$	$\log \beta_2$	$\log \beta_3$	$\log \beta_4$	$\log \beta_5$	$\log \beta_6$	媒 質
Cl^-	Ag^+	3.04	5.04	5.04	5.30			無限希釈溶液
	Cd^{2+}	1.58	2.23	2.35				3 M $NaClO_4$
	Fe^{3+}	0.66						1 M $HClO_4$
	Hg^{2+}	6.74	13.22	14.17	15.22			0.5 M $NaClO_4$
	Pb^{2+}	1.23	1.76	2.15	1.58	1.3		4 M $NaClO_4$
	Zn^{2+}	-0.49	0.02	-0.07				2 M $NaClO_4$
CN^-	Ag^+		20.48	21.4				無限希釈溶液
	Cd^{2+}	6.01	11.12	15.65	17.92			無限希釈溶液
	Cu^+		16.26	21.6	23.1			無限希釈溶液
	Fe^{2+}						35.4	無限希釈溶液
	Fe^{3+}						43.6	無限希釈溶液
	Hg^{2+}	17.00	32.75	36.31	38.97			無限希釈溶液
	Zn^{2+}		11.7	16.05	19.62			無限希釈溶液
NH_3	Ag^+	3.315	7.31					無限希釈溶液
	Cd^{2+}	2.54	4.78	6.08	7.26			1 M NH_4ClO_4
	Co^{2+}	2.11	3.74	4.79	5.55	5.73	5.11	2 M NH_4NO_3 (30℃)
	Cu^{2+}	4.27	7.82	10.72	12.90			1 M NH_4ClO_4
	Ni^{2+}	2.36	4.26	5.81	7.04	7.89	8.31	1 M NH_4NO_3
OH^-	Ag^+	2.30	3.55	4.77				無限希釈溶液
	Al^{3+}	8.99						無限希釈溶液
	Ba^{2+}	0.85						無限希釈溶液
	Ca^{2+}	1.64						無限希釈溶液
	Cu^{2+}	6.66						無限希釈溶液
	Mg^{2+}	2.58						無限希釈溶液
	Zn^{2+}	5.04	8.34	13.83	18.16			無限希釈溶液

b. 有機配位子

配位子	イオン	$\log \beta_1$	$\log \beta_2$	$\log \beta_3$	温度(°C)	イオン強度
アセチルアセトン	Cd^{2+}	3.83	6.65		25	0
	Cu^{2+}	8.16	14.76		25	0.1
	Fe^{3+}	9.8	18.8	26.2	30	0
	Ni^{2+}	5.72	9.66		25	0.1
	Zn^{2+}	4.68	7.92		25	0.1
酢酸イオン	Cd^{2+}	1.17	1.82	2.04	25	1.0
	Cu^{2+}	1.83	3.09		25	0.1
	Fe^{3+}	3.38	6.5	8.3	20	0.1
	Zn^{2+}	1.1	1.9		25	0.1
シュウ酸イオン	Cu^{2+}	4.84	9.21		25	0.1
	Fe^{3+}	7.53	13.64	18.49	25	0.5
	Zn^{2+}	3.88	6.40		25	0.16
EDTA	Ag^+	7.32			20	0.1
	Al^{3+}	16.13			20	0.1
	Ba^{2+}	7.76			20	0.1
	Ca^{2+}	10.59			20	0.1
	Cd^{2+}	16.46			20	0.1
	Cu^{2+}	18.80			20	0.1
	Fe^{2+}	14.33			20	0.1
	Fe^{3+}	25.1			20	0.1
	Mg^{2+}	8.69			20	0.1
	Ni^{2+}	18.62			20	0.1
	Pb^{2+}	18.04			20	0.1
	Zn^{2+}	16.50			20	0.1

付表 4 難溶性塩の溶解度積

化合物	K_{sp}	温度(℃)	化合物	K_{sp}	温度(℃)
$AgCl$	1.78×10^{-10}	25	$BaCO_3$	8×10^{-9}	25
$AgBr$	5.2×10^{-13}	25	$CaCO_3$	9.9×10^{-9}	15
AgI	1.5×10^{-17}	25	$MgCO_3$	2.6×10^{-5}	12
Ag_2CrO_4	1.1×10^{-12}	25	$PbCO_3$	3.3×10^{-14}	18
CaF_2	4.0×10^{-11}	26	$SrCO_3$	1.6×10^{-9}	25
CuI	5.0×10^{-12}	18	$AgSCN$	1.2×10^{-12}	25
Hg_2Cl_2	2.0×10^{-18}	25	$CuSCN$	1.6×10^{-11}	18
$HgCl_2$	2.6×10^{-15}	25	$BaCrO_4$	2.4×10^{-10}	28
Hg_2I_2	1.2×10^{-28}	25	$PbCrO_4$	1.8×10^{-14}	18
$PbCl_2$	1.0×10^{-4}	25	CaC_2O_4	2.6×10^{-9}	25
Ag_2S	5.7×10^{-21}	20	MgC_2O_4	8.6×10^{-5}	18
Bi_2S_3	1.6×10^{-72}	25	SrC_2O_4	5.6×10^{-8}	18
$CoS(\alpha)$	7×10^{-23}	25	$Al(OH)_3$	3×10^{-32}	0
$CoS(\beta)$	2×10^{-27}	25	$AgOH$	2×10^{-8}	0
CuS	4×10^{-38}	25	$Ca(OH)_2$	1×10^{-5}	0
FeS	5×10^{-18}	25	$Cd(OH)_2$	2×10^{-14}	0
HgS	4×10^{-53}	18	$Cu(OH)_2$	6×10^{-19}	0
MnS	7×10^{-16}	18	$Cr(OH)_3$	5×10^{-31}	0
$NiS(\alpha)$	3×10^{-21}	25	$Fe(OH)_3$	1×10^{-38}	0
$NiS(\beta)$	1×10^{-26}	25	$Fe(OH)_2$	2×10^{-15}	0
PbS	3.4×10^{-28}	18	$Mg(OH)_2$	4×10^{-11}	0
ZnS	1×10^{-24}	0	$Mn(OH)_2$	5×10^{-13}	0
$BaSO_4$	1×10^{-10}	25	$Ni(OH)_2$	2×10^{-17}	0
$CaSO_4$	6.1×10^{-5}	10	$Pb(OH)_2$	2×10^{-16}	0
$PbSO_4$	1.1×10^{-8}	18	$MgNH_4PO_4$	2.5×10^{-13}	25

索　引

ア

ICP	271, 363
ICP 分析	271
アノード	207
アフィニティークロマトグラフィー	300
R_f 値	311
アルカリ滴定	129
アルカリ融解	94
α 線	356
Arrhenius の定義	58
安全ピペッター	122
安定度定数	78
アンペア	19

イ

EI	363
ESI	363
ESR	347, 353
イオン活量	54
イオン強度	57
イオンクロマトグラフィー	302
イオン交換	194
──クロマトグラフィー	276, 301
──樹脂	195
──樹脂点滴法	205
──体吸光光度法	205
──等温線	202
──法	10
──膜	198
──容量	199
イオン線	264
イオン選択性電極	216
イオン対抽出	181
イオン電極	216
イオンマイクロアナリシス	334
一塩基酸	66
一酸塩基	66
位置敏感検出器	253
EDTA	80
──キレートの生成（安定度）定数	159
──標準液	166
移動相	276
──体積	280
移動率	279
EPMA	331
陰イオン交換膜	198
陰イオンの定性分析	37
陰イオンの分属	38
インターフェログラム	339

ウ

ウィンクラー法	156

エ

AAS	253
ATR 法	342
HSAB	86
HSCCC	193
液液クロマトグラフィー	300
液固クロマトグラフィー	298
液体クロマトグラフィー	276, 297, 298
SI 単位系	18
ESCA	326
エチレンジアミン四酢酸	80
XMA	331
X 線回折	320, 322
X 線光電子分光法	326
X 線マイクロアナリシス	331
XPS	326
NMR	347
エネルギー分散	325
FT 法	349
MRI	353
エリオクロムブラック T	164
塩基	58
塩基解離定数	61
塩析	186

オ

オキシン	175
オージェ電子	329
──分光分析	329
汚染	93

索引

カ

オルト(1,10)フェナントロリン　181, 238

回帰分析　26
回折X線　322
回折格子　245
回転チョッパー　247
壊変定数　356
ガウス分布　190
化学結合型固定相　294
化学シフト　351
化学フレーム　254
化学平衡の条件　50
化学ポテンシャル　41, 45, 47, 49, 51, 54, 168
化学用体積計　118
拡散電流　226
核磁気共鳴　347
過剰化学ポテンシャル　49
CARS　346
加水分解　69
ガスクロマトグラフィー　276, 290
カソード　207
硬い酸塩基と軟らかい酸塩基　84
偏り　20
活量　46, 49, 50, 63
—— 係数　46, 49, 50, 57
過電圧　221
加熱黒鉛炉法　260
過マンガン酸カリウム　151
ガラス器具　12
ガラス材料　13
ガラス沪過器　15
カラムクロマトグラフィー　277
カラム効率　284
カラム充填剤　293, 307
渦流拡散　285
ガルバニ電池　146, 147
カールフィッシャー法　156
カロメル電極　147, 213
緩衝指数　75
緩衝能　75
緩衝溶液　73
カンデラ　19
感度　7
γ線　356

キ

気液クロマトグラフィー　293, 294
気固クロマトグラフィー　293
基準振動　336
キセノンランプ　244
規定度　116
Gibbsの自由エネルギー　41
逆相法　300
逆抽出　186
逆滴定　167
キャピラリーゾーン電気泳動　315
キャリヤーガス　292
吸光光度定量分析　236
吸蔵　105
吸着クロマトグラフィー　277, 298
吸着指示薬法　144
強塩基性陰イオン交換樹脂　196
強酸性陽イオン交換樹脂　195, 203
共沈　104
共通イオン　98
—— 効果　88
協同効果　179
—— 試薬　179
共鳴線　254
共鳴遷移　254
共鳴ラマン効果　346
共役　59
—— 酸塩基対　59
キールダール法　141
キレート　76, 291
—— 環　76
—— 試薬　76, 175
—— 樹脂　196
—— 滴定　157
—— の抽出　174
—— 配位子　76, 174
キログラム　19
キログラム原器　19
銀-塩化銀電極　213
均質沈殿法　102
金属イオン濃度緩衝液　83
金属錯体　75
金属指示薬　163

ク

偶然誤差　20
クラウンエーテル　182
グレイ　357

索　引

クロマトグラフ	280	
クロマトグラフィー	276, 280	
クロマトグラム	280	
クロム酸混液	12	

ケ

計画温度ガスクロマト
　グラフィー　　　296
けい光 X 線　　　323
系統誤差　　　　　20
ゲルクロマトグラフィー
　　　　　　　　303
ゲル浸透クロマト
　グラフィー　　　303
ケルビン　　　　　19
ゲル沪過クロマト
　グラフィー　　　303
原子化　　　　　254
原子吸光　　　　254
原子けい光　　　254
原子スペクトル線　264
原子スペクトル分析　254
原子線　　　　　264
原子発光　　　　254
検出限界　　　　267
検量線　　　　　267

コ

光源のパワースペクトル
　　　　　　　　244
光子計数法　　　345
格子定数　　　　246
高次の回折光　　246
高性能薄層クロマト
　グラフィー　　　313
構造形成イオン　54, 186

構造破壊イオン　54, 181
高速液体クロマト
　グラフィー　298, 306
高速向流クロマト
　グラフィー　　　193
光電管　　　　　248
光電子増倍管　　248
光電子分光法　　326
光熱現象　　　　250
光熱偏向分光法　249
勾配溶離法　　　299
向流分配法　　　188
恒量　　　　　　109
誤差　　　　　　20
固定イオン　　　195
固定相　　　　　276
コヒーレントアンチスト
　ークスラマン分光法
　　　　　　　　346
固有 X 線　　　321

サ

サイズ排除クロマト
　グラフィー　277, 303
再沈殿　　　　　105
錯生成平衡　　　75
ZAF（ザフ）補正　333
サーマルレンズ法　249
酸　　　　　　　58
酸塩基指示薬　　137
酸塩基滴定　　　129
酸塩基平衡　　　58
酸解離定数　　　61
酸化還元指示薬　149
酸化還元滴定　　145
酸化還元反応　　145
参照電極　　　　208

酸滴定　　　　　129

シ

CI　　　　　　　363
JCPDS　　　　　323
紫外線光電子分光法　326
紫外分光光度計　309
時間分解ラマン分光　346
磁気回転比　　　347
β-ジケトン　　175
シーケンシャルタイプ
　　　　　　　　274
自己吸収(self-
　absorption)　　267
仕事関数　　　　327
示差屈折計　　　310
示差走査熱量測定　366
示差熱分析　　　365
指示薬　　　　130, 137
　――定数　　　137
四重極型質量分析計　334
JIS 試薬規格　　　9
CW 法　　　　　348
ジチゾン　　　　175
実験標準偏差　　23
質量均衡　　　　65
質量作用の法則　50, 52
質量分析法　　　361
SIMS　　　　　334
試薬　　　　　　9
　――びん　　　14
弱塩基性陰イオン
　交換樹脂　　　196
弱酸性陽イオン交換樹脂
　　　　　　　　196
遮へい効果　　　351
自由エネルギー

	41, 42, 43, 46, 50	スパッタリング	334	**タ**		
重水素放電管	244	スピン-スピン				
重量パーセント	45	カップリング	351	対イオン	195	
重量分析	90	スピンプローブ法	356	第1属陽イオン	29	
――に用いられる		スピンラベル法	356	第2属陽イオン	30	
試薬	112	スペクトル線強度	264	第3属陽イオン	33	
重量モル濃度		**セ**		第4属陽イオン	34	
	44, 48, 49, 50, 51			第5属陽イオン	34	
――選択係数	201	正確さ	21	第6属陽イオン	35	
熟成	103	正規分布	21	体積器具	118	
主量子数	232	精製水	9	体積許容差	118	
順相法	300	生成定数	78	体積計の温度補正	127	
昇温ガスクロマト		精度	20	体積計の校正	125	
グラフィー	296	生物学的効果比	357	体積計の取り扱い	120	
条件生成定数	81, 83	赤外活性	337	第2当量点	135	
蒸留水	10	赤外吸収分析	336	多塩基酸	70	
蒸留装置	11	絶対誤差	20	多元素同時分析システム		
蒸留法	10	ゼーマン準位	347		274	
試料の分解	28, 92	SEM	333	多座配位子	76	
しんきろう効果	253	セルロースイオン交換体		多酸塩基	70	
真空準位	327		197	脱イオン水	10	
伸縮振動	336	洗浄	107	多流路拡散	285	
浸漬	105	全生成定数	79	タングステンランプ	244	
真度	20	選択係数	200	単座配位子	76	
信頼限界	23	選択律	233	**チ**		
ス		全多孔性微粒子	308			
		全反射吸収法	342	チオ硫酸ナトリウム		
水銀ランプ	244	全噴霧式	266	標準液	154	
水素炎イオン化検出器		全量ピペットの校正	125	置換活性	80	
	295	**ソ**		置換滴定	167	
水素化物生成法	261			置換不活性	80	
水素電極	209	総イオン交換容量	199	逐次生成定数	79	
水平化効果	62	走査電子顕微鏡	333	中空陰極放電管	257	
水和	52	相対誤差	20	抽出吸光光度法	183	
Studentのt	23	測定値	20	抽出定数	176	
ストークス線	343			抽出百分率	169	
ストリッピング	186			中心原子	75	

索　引

中和滴定	129	Debye-Hückel の極限則	57	ドップラー幅	256
超臨界流体クロマトグラフィー	298	テフロンボンベ	92	Dalton の法則	46
直示天秤	5	δ 値	351	**ナ**	
直接滴定	167	電位差滴定	218	内標準法	270
直流ポーラログラフィー	225	電解分析	220	**ニ**	
沈殿	107	電荷均衡	65	二クロム酸カリウム	152
——条件	102	電気泳動法	313	二項分布	190
——滴定	141	電気化学セル	206, 210	二次イオン質量分析	334
——の乾燥	109	電気浸透流	315	二次元 NMR	353
——の機構	96	電気透析	198	二次元展開法	311
——の灼熱	109	電極電位	208	二次電子	332
——の熟成	103	電子イオン化	363	——増倍管	333
——の純度	104	電子スピン共鳴	347, 353	二重収束型質量分析計	334
——の性質	101	電子線マイクロアナリシス	331	**ヌ**	
——の生成	96	電子対供与体	60	ヌジョール	341
——の灰化	109	電子対受容体	60	**ネ**	
——のひょう量	109	電子天秤	8	ネオクプロイン	181
——平衡	87	デンシトメーター	313	熱拡散長	252
ツ		電子捕獲検出器	295	熱拡散率	251
通常拡散	284	でんぷん	155	熱重量測定	365
ツェルニー・ターナー型分光器	247	点分析	332	熱中性子	360
		電量滴定	222	熱伝導度検出器	291, 294
テ		**ト**		熱力学的交換平衡定数	200
TLS	250	同位体希釈分析	359	熱力学的分配係数	169
定感量式直示天秤	5	透過率	234	熱力学的平衡定数	51
定性分析	28	動電クロマトグラフィー	318	Nernst の式	210, 212
定電位電解分析	220	銅の定量	156	**ノ**	
定電流電解分析	222	当量	116	濃度	115
滴下水銀電極	225	——イオン分率選択	200	——分布	336
滴定曲線	130, 147, 159	特性 X 線	321		
滴定試薬	157	特性吸収帯	338		
デシケーター	16	時計ざら	15		
鉄の定量	152				

377

378　　　　　　　　　　　索　　引

ハ

配位結合	75
配位子	75
配位数	76, 175
薄層クロマトグラフィー	277, 312
PAS	251
波長分散	324
白金器具	13
発光分光分析	262
Paschen 系列	233
バッチ抽出法	184
Balmer 系列	233
パワースペクトル	244
反ストークス線	343
半抽出 pH	177
半電池	208
半導体検出器	325
反応進行度	41, 42

ヒ

PDS	252
pH	63
pM	84
ビーカー	14
光音響分光法	249
光吸収係数	251
光透過長	252
ヒドロキシルアミン	238
ピペット	17, 121
百万分率	45
ビュレット	121
──の校正	127
標識化合物	358
標準液	138, 154
標準化学ポテンシャル	

	45, 46, 47, 48, 49, 54
標準酸化還元電位	210
標準水素電極	208
標準添加法	268
標準電極電位	210
標準偏差	23
標定	129, 151
表面多孔性粒子	307
ひょう量	5, 106
1-ピリジルアゾ-2-ナフトール	166

フ

FAB	363
Fajans 法	144
van Deemter の式	287
1,10-フェナントロリン（オルト-フェナントロリン）	181, 238
フェロイン	149
フォルハルト法	143
不均化	29
副イオン	195
複光束方式	339
副反応係数	82, 161
不足当量分析(法)	184, 360
不対電子	355
物質移動	285
物質均衡	65
フラウンホーファー線	253
フラスコ	14
プラズマ	271
──発光分析	270
Bragg の関係式	321
Brackett 系列	233

フーリエ変換	340
──赤外分光装置	339
プリズム式	245
プレート理論	282
フレーム発光分析	262
フレームレス法	261
Brønsted-Lowry の定義	58
プローブ光	253
分解能	246
分光結晶	324
分散	22
分散型赤外分光装置	338
分子ふるい効果	303
分析試薬	9
分属試薬	29
分注器	17
Pfund 系列	233
分配クロマトグラフィー	277, 300
分配係数	168, 169, 201, 202, 279, 305
分配比	169, 170
分別滴定	139
粉末 X 線回折法	322
分離係数	201, 202, 289
分離度	288, 289

ヘ

平均活量	55, 56
──係数	55, 56
平均重量モル濃度	55
平均値	22
平衡定数	51
β 線	356
ペーパークロマト	

グラフィー	277, 310	
ベールの法則	234	
変角振動	337	
変色域	137, 163	

ホ

ボーアの原子モデル	230
方位量子数	233
ホウ酸塩融剤	96
放射化分析	360
放射性同位体	356
放射性トレーサー	358
放射能分析	356
放射分析	358
保持係数	281, 288, 289
保持時間	280
保持体積	280
母集団	22
補助酸化剤	93
ポテンショメトリー	218
ポーラログラフィー	225
ポーラログラム	226
ポリクロメーター	274
ボルタンメトリー	225
ホローカソードランプ	258

マ

マイケルソン干渉計	340
Maxwell-Boltzmann 分布則	254
膜電位差(EM)	215
マスキング	83, 187
マスク剤	83, 181, 187
マッピング	332
マトリックス効果	326
マルチタイプ	274
マルチチャンネル検出器	345
MALDI	363

ミ

Miller 指数	322

ム

無機イオン交換体	197
無機物質の溶解	91
無限希釈状態	47

メ

メスシリンダー	17
メスフラスコの校正	125
メートル	18
面分析	332

モ

モノクロメーター	245
モル	19
モール塩	238
モル吸光係数	234
モル濃度選択係数	201
モル比法	240
モル分率	44, 49, 50
モール法	141

ユ

融解	94
有機イオン交換体	195
有機相洗浄	186
有機物の分解	93
有効数字	24
有効理論段数	284, 289
U字管	16
誘導結合プラズマ	271
誘導体化ガスクロマトグラフィー	291
UPS	326

ヨ

陽イオン交換膜	198
陽イオンの定性分析	28
陽イオンの分属	28
溶出曲線	279
ヨウ素	153
——還元滴定	154
——酸化滴定	153
溶媒抽出	168
溶離剤	277
容量分析	115
——用標準試薬	127
予混合式	266

ラ

Lyman 系列	232
ラマン効果	343
ラマン散乱	343
ラマン分析	343
ラマンマイクロプローブ法	345
ラーモア歳差運動	346
ラーモア周波数	346
ランベルトの法則	234
ランベルト・ベールの法則	234

リ

理想気体	45, 46
理想希薄溶液	48, 51, 54
理想溶液	45, 46, 48
硫酸水素カリウム融解	95

両性物質 60
理論段 282
　——数
　　282, 283, 288, 289, 316
　——相当高さ 283

ル

Lewis の定義 60
るつぼのひょう量 100

レ

零位法 249
冷却器 16
レイリー散乱 343
レーザーマイクロプローブ質量分析法 334
レーザーラマン分析 345
レム 357
連続 X 線 321
連続光源 244
連続抽出法 187
連続変化法 241

ロ

漏斗 15
沪過 107
沪紙 108
Rosencwaig-Gersho の理論 252
ローレンツ幅 256

著者略歴

黒田 六郎（くろだ ろくろう）
- 1926年 東京に生る
- 1950年 東京文理科大学化学科(旧制)卒業
- 1965年 千葉大学工学部教授
- 1984年 大学入試センター教授(併任)
- 1992年 千葉大学名誉教授
  (社)日本分析化学会名誉会員
- 2001年 歿
  理学博士

杉谷 嘉則（すぎたに よしのり）
- 1939年 東京に生る
- 1965年 東京大学大学院修士課程修了
  東京教育大学理学部助手
- 1975年 筑波大学化学系講師
- 1981年 筑波大学化学系助教授，
  筑波大学分析センター助教授
  (併任)
- 1989年 神奈川大学教授
- 2010年 神奈川大学名誉教授
  現在に至る
  理学博士

渋川 雅美（しぶかわ まさみ）
- 1953年 岩手県盛岡市に生る
- 1976年 東北大学理学部化学科卒業
- 1978年 東北大学大学院理学研究科修士課程修了
- 1981年 東京都立大学大学院理学研究科博士課程修了
  聖マリアンナ医科大学医学部助手
- 1983年 同講師
- 1991年 同助教授
- 1992年 千葉大学助教授
- 2001年 日本大学教授
- 2007年 埼玉大学教授
  現在に至る
  理学博士

分析化学（改訂版）

1988年4月25日	第1版 発行
2004年3月25日	改訂第18版発行
2017年1月20日	第24版1刷発行
2022年2月25日	第24版3刷発行

検印省略

定価はカバーに表示してあります．

増刷表示について
2009年4月より「増刷」表示を「版」から「刷」に変更いたしました．詳しい表示基準は弊社ホームページ
http://www.shokabo.co.jp/
をご覧ください．

著作者　　黒田六郎
　　　　　杉谷嘉則
　　　　　渋川雅美

発行者　　吉野和浩

発行所　　東京都千代田区四番町8-1
　　　　　電話 東京 3262-9166（代）
　　　　　郵便番号 102-0081
　　　　　株式会社　裳華房

印刷所　　中央印刷株式会社
製本所　　株式会社　松岳社

一般社団法人
自然科学書協会会員

JCOPY 〈出版者著作権管理機構 委託出版物〉
本書の無断複製は著作権法上での例外を除き禁じられています．複製される場合は，そのつど事前に，出版者著作権管理機構（電話03-5244-5088，FAX03-5244-5089, e-mail: info@jcopy.or.jp）の許諾を得てください．

ISBN 978-4-7853-3069-9

© 黒田六郎，杉谷嘉則，渋川雅美，2004　　Printed in Japan

スタンダード 分析化学

角田欣一・梅村知也・堀田弘樹 共著
B5判／298頁／定価 3520円（税込）

基礎分析化学と機器分析法をバランスよく配した教科書.
【主要目次】 I 分析化学の基礎 1. 分析化学序論 2. 単位と濃度 3. 分析値の取扱いとその信頼性 II 化学平衡と化学分析 4. 水溶液の化学平衡 5. 酸塩基平衡 6. 酸塩基滴定 7. 錯生成平衡とキレート滴定 8. 酸化還元平衡と酸化還元滴定 9. 沈殿平衡とその応用 10. 分離と濃縮 III 機器分析法 11. 機器分析概論 12. 光と物質の相互作用 13. 原子スペクトル分析法 14. 分子スペクトル分析法 15. X線分析法と電子分光法 16. 磁気共鳴分光法 17. 質量分析法 18. 電気化学分析法 19. クロマトグラフィーと電気泳動法

環境分析化学

中村栄子・酒井忠雄・本水昌二・手嶋紀雄 共著
B5判／224頁／定価 3300円（税込）

【主要目次】1. 環境分析のための公定法 2. 化学平衡の原理 3. 機器測定法の原理 4. 水試料採取と保存 5. 酸・塩基反応を利用する環境分析 6. 沈殿反応を利用する環境分析 7. 酸化還元反応を利用する環境分析 8. 錯生成反応を利用する環境分析 9. 分配平衡を利用する環境分析 10. 電気伝導度測定法による水質推定 11. 吸光光度法を用いる環境分析 12. 蛍光光度法による環境分析 13. 原子吸光光度法による環境分析 14. 発光分析法による環境分析 15. 高周波誘導結合プラズマ（ICP）- 質量分析法（MS） 16. 高速液体クロマトグラフ法による環境分析 17. イオンクロマトグラフ法（IC）による環境分析

テキストブック 有機スペクトル解析
－1D, 2D NMR・IR・UV・MS－

楠見武徳 著　B5判／228頁／定価 3520円（税込）

理学・工学・農学・薬学・医学および生命科学の分野で，「有機機器分析」「有機構造解析」等に対応する科目の教科書・参考書. ていねいな解説と豊富な演習問題で，最新の有機スペクトル解析を学ぶうえで最適である. 有機化学分野の学部生, 大学院生だけでなく, 他分野, とくに薬剤師国家試験や理科系公務員試験を受ける学生には, 最重要項目を随時まとめた【要点】が試験直前勉強に役立つであろう.
【主要目次】1. ^{1}H 核磁気共鳴（NMR）スペクトル 2. ^{13}C 核磁気共鳴（NMR）スペクトル 3. 赤外線（IR）スペクトル 4. 紫外・可視（UV-VIS）吸収スペクトル 5. マススペクトル（Mass Spectrum：MS） 6. 総合問題

実戦ナノテクノロジー 走査プローブ顕微鏡と局所分光

重川秀実・吉村雅満・坂田 亮・河津 璋 共編　A5判／444頁／定価 6600円（税込）

半導体から生体材料までの幅広い物質や材料における表面構造や各種物性研究のための最も有効な手法として脚光を浴びている「走査プローブ顕微鏡法」について，基礎原理をはじめ，現在も工夫改良され発展し続けている各種手法まで，最前線で活躍する執筆陣が問題解決へのアイデアを含め解説.

裳華房ホームページ　https://www.shokabo.co.jp/

物　理　定　数　表

定　数	記　号	数　値[a]
真空中の光速度	c	2.99792458×10^8 m s^{-1} （定義値）
プランク定数	h	$6.6260693(11) \times 10^{-34}$ J s
プランク定数/(2π)	$\hbar$	$1.05457168(18) \times 10^{-34}$ J s
アボガドロ定数	N_A	$6.0221415(10) \times 10^{23}$ mol^{-1}
原子質量単位[b]	m_u	$1.66053886(28) \times 10^{-27}$ kg
真空の透磁率	μ_0	$1.2566370614 \times 10^{-6}$ N A^{-2} （定義値）
真空の誘電率	ε_0	$8.854187817 \times 10^{-12}$ C^2 N^{-1} m^{-2} （定義値）
電気素量	e	$1.60217653(14) \times 10^{-19}$ C
ファラデー定数	$F = N_A e$	$9.64853383(83) \times 10^4$ C mol^{-1}
ボーア磁子[c]	$\beta_B = eh/(4\pi m_e)$	$9.27400949(80) \times 10^{-24}$ J T^{-1}
核磁子[c]	$\beta_N = eh/(4\pi m_p)$	$5.05078343(43) \times 10^{-27}$ J T^{-1}
電子の静止質量	m_e	$9.1093826(16) \times 10^{-31}$ kg
陽子の静止質量	m_p	$1.67262171(29) \times 10^{-27}$ kg
中性子の静止質量	m_n	$1.67492728(29) \times 10^{-27}$ kg
リュードベリ定数	$R_\infty = m_e e^4/(8\varepsilon_0^2 c h^3)$	$1.0973731568525(73) \times 10^7$ m^{-1}
ボーア半径	$a_0 = \varepsilon_0 h^2/(8 m_e e^2)$	$5.291772108(18) \times 10^{-11}$ m
ハートリー（エネルギーの原子単位）		
	$E_h = e^2/(4\pi\varepsilon_0 a_0)$	$4.35974417(75) \times 10^{-18}$ J
気体定数	R	$8.314472(15)$ J mol^{-1} K^{-1}
ボルツマン定数	$k = R/N_A$	$1.3806505(24) \times 10^{-23}$ J K^{-1}

a) （　）内の値は最後の2桁の誤差（標準偏差）
b) ^{12}C の質量の 1/12
c) 通常の表記では，β_B, β_N の代わりに，μ_B, μ_N である．
　なお，0 °C = 273.15 K, 1 atm = 1.01325×10^5 Pa, 1 cal = 4.184 J, 1 Å = 0.1 nm, 1 bar = 10^5 Pa

(1) SI 基本単位

物理量	SI 単位の名称	SI 単位の記号
長　　さ	メートル (meter)	m
質　　量	キログラム (kilogram)	kg
時　　間	秒 (second)	s
電　　流	アンペア (ampere)	A
温　　度	ケルビン (kelvin)	K
光　　度	カンデラ (candela)	cd
物質の量	モル (mole)	mol

(2) 非 SI 単位 (SI と併用される単位)

物理量	単位の名称	単位の記号	SI 単位による値
時　間	分 (minute)	min	60 s
時　間	時 (hour)	h	3600 s
時　間	日 (day)	d	86400 s
長　さ	オングストローム (ångström)	Å	10^{-10} m
体　積	リットル (litre)	l, L	10^{-3} m^3
質　量	トン (ton)	t	10^3 kg
圧　力	バール (bar)	bar	10^5 Pa
平面角	度 (degree)	°	$(\pi/180)$ rad
エネルギー	電子ボルト (electronvolt)	eV	1.60218×10^{-19} J

(3) 非 SI 単位

物理量	単位の名称	単位の記号	SI 単位による値
力	キログラム重	kgw	9.80665 N
力	ダイン	dyn	10^{-5} N
圧　力	気圧	atm	101 325 Pa
圧　力	トル (mmHg)	torr(mmHg)	13.5951×9.80665 Pa
エネルギー	キロワット時	kWh	3.6×10^6 J
エネルギー	カロリー	cal	4.184 J
エネルギー	エルグ	erg	10^{-7} J
磁束密度	ガウス	G	10^{-4} T
粘性率	ポアズ	P	10^{-1} N s m^{-2}
放射能	キュリー	Ci	3.7×10^{10} s^{-1}
放射線強度	レントゲン	R	2.58×10^{-4} C kg^{-1}
長　さ	ミクロン	μ	10^{-6} m
長　さ	ミリミクロン	mμ	10^{-9} m